2015 Summer No.131

A-Dコンバータ，OPアンプそしてマイコンを使ってスマートに

実験研究に！
測る電子回路の作り方

CQ出版社

CONTENTS
トランジスタ技術 SPECIAL

特集　実験研究に！　測る電子回路の作り方

計測の基本から高精度システム設計まで
Introduction 実験研究に！ 測る電子回路の作り方　中村 黄三 …………………… 6

第1部 基本編　A-D変換ICを使いこなす！

A-D変換の基礎と変換方式の違いによるICの得手，不得手
第1章 アナログ信号をディジタル信号にするということ　中村 黄三 ………… 8

A-Dコンバータ事始め
■ 精度が高いことはいいことだ　■ アナログ信号をディジタル化するとどうなる？
A-D変換の原理が分かればA-DコンバータICの適材適所が分かる！
逐次比較型（SAR）
■ 逐次比較型の長所と変換原理　■ 逐次比較型の生かし方　■ 逐次比較型の短所
フラッシュ型
■ フラッシュ型の長所と変換原理　■ フラッシュ型の長所を生かした使い方　■ フラッシュ型の短所
パイプライン型
■ パイプライン型の長所と変換原理　■ パイプライン型の長所を生かした使い方　■ パイプライン型の短所
ΔΣ型
■ ΔΣ型の長所　■ ΔΣ型の回路動作を追う　■ ディジタル・フィルタでマルチ・ビット・コードを生成
■ ΔΣ型A-Dコンバータの基本的な性質　■ ΔΣ型の短所を踏まえて逐次比較型と使い分ける

A-Dコンバータの用語が分かる
Appendix A データシートの読み方ガイド　中村 黄三 …………………… 35
■ データシートの記述は簡素化されている　■ 静特性を読み解く　■ サンプリングについての基礎知識
■ サンプリング特性を読み解く　■ 動的特性を読み解く　■ 16ビット以上の高分解能ADCに関する仕様

直流信号をディジタル信号に変換する
第2章 数mVの直流信号を1万分の1まで高精度に分解　中村 黄三 ………… 47

0～500℃，0.1℃精度の温度測定回路
■ 熱電対の信号を取り込む回路の設計　■ ステップ1…センサ（信号源）の仕様や性質を調べる　■ 熱電対
■ RTD　■ ステップ2…情報の整理と予備実験　■ ステップ3…詳細設計を行う　■ ステップ4…試作して実験を行う　■ ステップ5…回路のシンプル化の検討　**Column** Pt100を使った範囲100℃以上の測定は定電流で励起

フルスケール数mV，分解能1μVのひずみ測定回路

交流信号をディジタル信号に変換する
第3章 数百mVの交流信号を10万分の1に分解する　中村 黄三／山路 澄子 … 63
■ 本章の目標仕様　■ 構想設計と部品の選定　■ A-Dコンバータ・モジュールの設計　■ カットオフ周波数1kHz，-72dB/oct.の12次LPFの実現　■ A-Dコンバータの出力をパソコン上でリアルタイムに評価する　**Column 1** 圧電センサの性質とプリアンプに必要な周波数特性　**Column 2** ゲインやひずみに影響するOPアンプの基本性能

ホール素子やフォト・ダイオードの広レンジ出力をワンチップで変換
第4章 0.1pA以下の微小電流や100A級大電流のA-D変換　中村 黄三 … 76
■ 100A級の電流を10mA以下の分解能で検出する　■ 0.1pA以下の直流電流を検出する　■ フォト・ダイオードからの微小な光電流出力を取り出す方法　■ フォト・ダイオードの光電流検出専用のA-Dコンバータ

本書の関連データ・ファイルのダウンロード・サービスについて ……………………… 004

CONTENTS

表紙／扉デザイン　シバタ ユキオ（ナカヤ デザインスタジオ）
本文イラスト　神崎 真理子

2015 Summer
No.131

第2部　製作編　精密温度計の設計と製作

序　章　部品代1万円で，誤差±0.03℃の精密温度計の設計・製作にチャレンジ
安価なMPUとΔΣ型A-Dコンバータのコラボで測定精度をもう1桁上げる　中村 黄三 … 85
■ 精密温度計の設計と製作の概要　■ 今回採用した新規設計手法のアウトライン　■ 設計・製作に当たって実施した新規設計の手順　Column 1 分解能のいろいろ

第1章　まずは，センサの物理的な性質を読み解くことから始める
事前調査・検討　〜温度センサの選定〜　中村 黄三 …………………… 95
■ 熱電対と測温抵抗体　■ 使用する温度センサの検討　■ 熱電対と測温抵抗体，どちらを選ぶべきか？　■ 熱電対と白金測音抵抗体の特性を比べる　■ 白金測温抵抗体の特性を調べる　Column 1 エンド・ポイント法で直線性誤差を評価する　Column 2 寄生熱電対とは　Column 3 冷接点補償とは

第2章　精度出しの第1歩は，適切なセンサのドライブ方法の見極め
事前調査・検討　〜温度センサの扱い方〜　中村 黄三 ………………… 104
■ RTDの$R-V$変換方式の検討　■ 抵抗性信号源の励起による$R-V$変換　■ アナログ・フロントエンドの設計　■ Pt100とアンプ回路との接続方法を探る

第3章　表計算ソフトのグラフ機能を活用して，補正式を楽々導出
事前調査・検討　〜Pt100の非直線性補正の検討〜　中村 黄三 …… 109
■ 表計算ソフトを活用して補正する方法を検討する　■ 表計算ソフトを使ってらくらく補正　■ 表計算ソフトの活用と補正式を得る方法　■ 表計算ソフトに補正式を表示させよう　■ 得られた式で現実のセンサV_Oを補正しよう　■ 小さなMPUでも荷が重くない補正式を探る

第4章　目標仕様から製品開発の流れでは，事前に立てる動作・性能のプランが重要
構想設計　〜原理試作の結果を検証して実用化への構想を練る〜　中村 黄三 … 119
■ 原理試作の検討内容と方法　■ 一次試作の結果に対する評価・検討　■ 二次試作の検討内容と方法　■ 一次試作の結果を踏まえた二次試作の回路検討　Column 1 反転アンプの入出力関係は直線的　Column 2 同相モード電圧によるオフセット・シフトの測定法　Column 3 4のn乗によるノイズの低減

第5章　目標仕様を達成するためには，部品選びもバッチリ計算式を立てて検討
詳細設計ハードウェア編　〜部品選択から回路図作成まで〜　中村 黄三 … 132
■ スプレッドシートを使ったハードウェアの詳細設計の概要　■ 部品の選定段階からスプレッドシートを活用　■ 部品の選定と詳細設計　■ 信号収集／処理部の構成と動作概要　■ 表示／電源部の構成と動作概要

第6章　表計算ソフトによるスプレッドシートがものをいう
詳細設計ソフトウェア編　〜センサ入力からDAC出力まで伝達式を導出〜　中村 黄三 … 146
■ スプレッドシートの内容と意味　■ 表1：PGA入力からPGA出力までの式と，許容できる最大同相モード電圧まで　■ 表2：ADC出力からセンサV_Oの非直線性補正前の誤差確認まで　■ 表3：補正定数の拾い出しからLCDによる表示誤差まで　■ 表5：DAC用データ生成からDACのアナログ出力まで　■ 表6：内部REF基準のアナログ出力からADCのPGA入力（AIN-3）まで　■ 表7：ADC出力からDAC用元データの再構築と温度換算による最終確認まで

第7章　μVオーダの信号を観測する実験では，外部誤差要因の徹底排除が重要な要素
製作した精密温度計の精度検証実験と考察　中村 黄三 ………………… 158
■ 実験準備　■ 精度検証実験のための抵抗ボックスの製作　■ 実験環境の研究　■ 精度検証実験と考察　■ 抵抗ボックスに変わる次世代ジグの考察　■ 外部へ出した校正表

Appendix B　**精密温度計の一次試作詳細回路図** ……………………………………………… 171

用語解説索引 ………………………… 005　　　索　引 ……………………………… 174

▶ 本書は，トランジスタ技術2006年12月号特集「A-D変換ICを使いこなす！」に加筆，修正を行い，書き下ろしの章を追加して再構成したものです．流用元は各章の章末に記載してあります．

● 本書の関連データ・ファイルのダウンロード・サービスについて
　本書では，関連データ・ファイルのダウンロード・サービスを行っております．
　提供ファイルは一つにまとめられ，TRSP131_DL_DATA.zipに圧縮されています．
　ダウンロード・サービスの内容は下記のようになっています．

▶ダウンロード・ファイルは，CQ出版社のWebサイト http://www.cqpub.co.jp 内のトランジスタ技術SPECIALの本書(No.131)のWebページに掲示されます．クリックしてダウンロードしてください．

(1) ファイルは，本書を読むに当たって読者の便宜を図るために，筆者のご厚意により提供されるものです．自己責任によりご利用ください．
(2) 提供されるファイルの内容は次の通りです．

▶フォルダ名 "EXCEL_FILE"
　第2部の各章で紹介した表の元データが入っています．内容は以下のようなものです．
　① 第2章　Pt100の素性分析
　② 第3章　Pt100の補正
　③ 第4章　DAC系誤差補正
　④ 第4章　レシオメトリックの確認
　⑤ 第4章　一次試作時の実験データ
　⑥ 第6章　PGA_最大許容VCM
　⑦ 第6章　RTD_Temp_Meter_V11(精密温度計全体のスプレッドシート)
　⑧ 第7章　実験データと分析

▶フォルダ名 "Design_Material"
　本ファイルには，製作当時の検討資料が入っています．
　本書で紹介したものよりPt100の直線性補正が複雑ですが，補正精度は同じです．直線性補正が簡単なぶん，本書に掲載した式の方が優れています．
　⑨ サブフォルダ "Analysis_Basic_Program" には精密温度計のアルゴリズムを確認したベーシックのプログラム "Temp_Meter_RTD.tbt" が入っています．プログラムの操作方法はフォルダ内の「初めにお読み下さい」に記述があります．
　⑩ サブフォルダ "Excel_Design_Material" には "RTD_Temp_Meter_V11.xls" が入っています．スプレッドシートとディテール・フローチャートを束ねたBookです．プログラムの活用方法は，フォルダ内の「初めにお読み下さい」に記述があります．

▶フォルダ名 "TR0612A"
　本ファイルには，第1部 第3章で開発したDSPプログラムが入っています．

●用語解説索引

[数字]	1/f雑音・白色雑音	55
[英文]	D-Aコンバータ	13
	dBcとdBFS	39
	DC的な仕様とAC的な仕様	35
	LVDS(Low-Voltage Differential Signaling)	17
	PGA	61
	PN接合	79
[ア]	アクイジション・タイム	25
	アナログ・マルチプレクサ	21
	位相余裕	71
[カ]	ガード・リング・パターン	83
	高調波	41
	コンデンサ方式のD-AコンバータCDAC	23
	コンパレータ	19
[サ]	サージ波形	29
	シリアル出力	15
	シャント抵抗	77
	信号源抵抗	51
	静電結合方式	60
[タ]	ディレイ・ラッチ	31
	デカップリング・コンデンサ	57
	同相モード除去比	65
	ドリフト	49
[ナ]	ナイキスト周波数	43
	入力インピーダンス	69
	ノイズ・ゲイン	81
	ノッチ	33
[ハ]	バイポーラ入力型	53
	パス・バンド	67
	バッファ・アンプ	27
	ビート	37
	フルパワー応答	73
	フローティング状態	59
[ラ]	リニア・アンプ	11

Introduction 計測の基本から高精度測定システム設計まで
実験研究に！ 測る電子回路の作り方

中村 黄三

1 はじめに

白物家電や液晶テレビなどが全盛期であった2000年代の初頭まで，日本においてはディジタル万能時代の風潮が主流でした．しかし，これらの製品の世界的シェアを近隣諸国に奪われた昨今，電気/電子業界は，重電(インフラ)や高度な工業機器への回帰に力を注いでいるように見受けられます．

見方によれば，これはアナログへの回帰ともいえます．つまりこれらの機器は，フィールドの物理的情報をセンサで捉えて，その状況に応じた動作(出力/制御)をしなければならないためです(図1)．そこで，こうしたトレンドを多少なりともサポートしようと企画したのが本書で，各種のセンサ信号を高精度にA-D変換する手法について解説しています．

2 本書の構成

センサ信号を高精度にA-D変換するといっても，どのようなA-Dコンバータ(以下，ADC)を選ぶべきかが最初の課題です．白物家電の電子炊飯器レベルの温度制御ならマイコン内蔵のADCで事足りますが，ICの製造に使う拡散炉の温度制御では高分解能な専用ADCが必要になります(図2)．これは，そのアプリに必要な有効分解能(以下，$ENOB$)と変換速度でほぼ決まります．とりあえず変換速度はさておき，話を単純化して$ENOB$だけで考えてみましょう．

マイコン内蔵のADCの$ENOB$は10ビット程度です．すると，温度表示100℃の最小桁を安定に表示するアプリまではOKといえます(図3の上)．1桁上がって1000℃になると16ビットになり，ここからADC専用ICの出番になります(図3の下)．

3 A-D変換の基礎を理解しよう

● ADC選択のための予備知識

そこで最初に基本編として『第1部　A-D変換ICを使いこなす！』を配置し(図4の左側)，「第1章　アナログ信号をディジタル信号にするということ」を読んでいただければADCを選ぶための予備知識が得ら

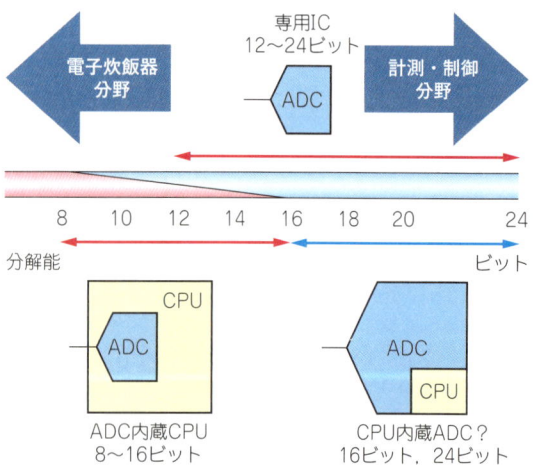

図2　マイコン内蔵のADCと専用ADCのすみ分け

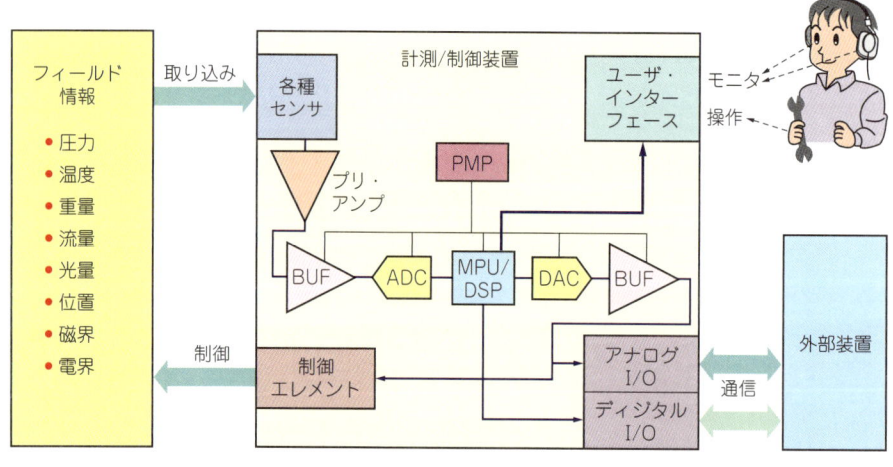

図1 フィールド情報と計測/制御機器

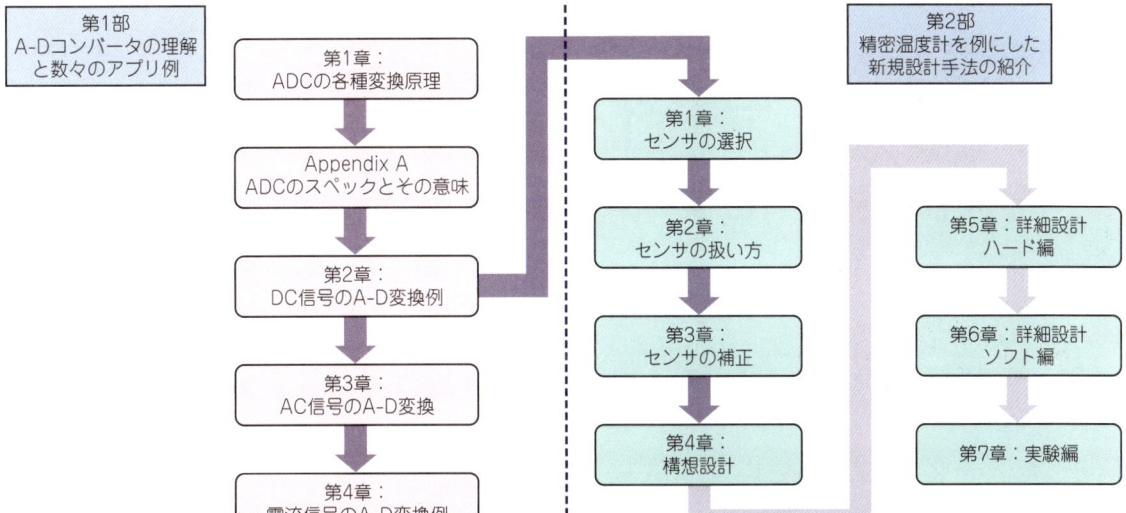

図4 本書の構成

れるようにしています.

またADCの性能を表す専門用語(以下,スペック)とその意味が理解できないと,最適なADCを選択することができません.「Appendix A データシートの読み方ガイド」ではメーカのカタログに出てくるスペックとその意味を実際のADCをもとに解説しています.

● センサ信号の具体的なA-D変換例

物理量といっても,温度や重量のようなDC的なものから振動解析などのAC的なものまで,多種多様でセンサもそれぞれ異なります.

第1部の第2章～第4章では,DC,AC,電流といった形態のセンサ信号に関して,具体的なA-D変換例を紹介しています.第3章の"交流信号をディジタル信号に変換する"では実際に実機を製作して,テキサス・インスツルメンツ社C5000シリーズのDSPによるADCの制御やディジタル・フィルタを実現しています.

このファームおよびWindows上のデバイス・ドライバ(仮想COMポート)は,本書のWebサイトからダウンロード・サービスで提供しています.

4 効率的な新規設計の進め方

第2部では,精密温度計(表示分解能0.01℃,精度±0.03℃)を例にした筆者流の新規設計方法を紹介し

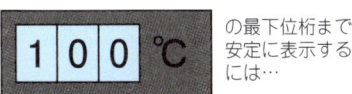

の最下位桁まで安定に表示するには…

$ENOB = \text{Log}_2(100) + \text{Log}_2(6.6) = 9.36\,(\text{Bit\_rms})$
　　　　　NFB　　　　CF　　　マイコン内蔵の
　　　6.64ビット　2.72ビット　　　ADCでOK

の最下位桁まで安定に表示するには…

$ENOB = \text{Log}_2(10000) + \text{Log}_2(6.6) = 16.01\,(\text{Bit\_rms})$
　　　　　NFB　　　　CF　　　単体のADCを
　　　13.29ビット　2.72ビット　　　使用

図3 ADCに必要な有効分解能は必要なカウント数で決まる
ENOB：Effective Number Of Bitの略で,日本語訳は有効分解能.
NFB：Noise Free Bit
CF：Crest Factor

ています(図4の右側).これも実機を製作し,セミナのテーマとしてとりあげ,その会場に展示しました.いずれにせよ,ICの製造・販売会社でFAEとして勤務していた筆者にとってはまさしく新規設計であり,新規設計が未経験な読者には十分に役立つ内容と自負しています.

各設計段階で作成した設計資料(スプレッドシートなど)は,同様にダウンロード・サービスを行っています.目次ページの案内をご覧ください.

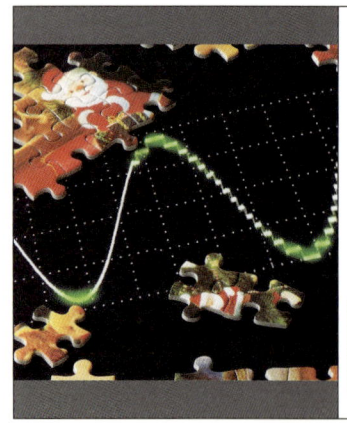

第1章 アナログ信号をディジタル信号にするということ

A-D変換の基礎と変換方式の違いによるICの得手，不得手

中村 黄三

最適なA-Dコンバータ(ADC)を選ぶには，変換方式による一長一短を知る必要があります．本章では，市場に流通しているADCの代表的な変換方式の原理，長所，短所について解説します．

A-Dコンバータ事始め

■ 精度が高いことはいいことだ

● A-DコンバータはCPUやDSPの窓

　A-Dコンバータ(以下，ADC)はCPUやDSPが**アナログ世界の情報を取り入れる大切な窓**です．CPUやDSPで高精度な演算処理をするには，それに見合った窓の大きさ(ビット幅)と，光の通過に対する透明度(雑音レベル)や直進性(ひずみ率)が必要です(**図1**)．

　身近な例として，エアコンの動作で考えてみましょう．CPUは，ADC越しにセンサでとらえたフィールド，つまり空調をする部屋の情報(温度や湿度)を見ます．この大事な情報がADCという窓を通過した結果，ひずんでしまったり，雑音混じりになってしまったのでは，高性能なCPUによる計算結果や判断分岐も台無しです．結果として，信頼性のないデータを基に間違った制御を行い，蒸し風呂のような部屋へ暖房による追い討ちをかけるという笑い話のような状況に陥ります．

● 自動制御は正しいA-D変換なくしては成り立たない

　自動制御システムの制御精度は，センサ，計測回路，

(a) 窓と窓の間隔が広く，分解能が低い．外の情報が伝わらない

(b) 窓が汚れていたりゆがんでいたりしている．外の情報が正確に伝わらない

図1　A-Dコンバータはアナログの世界を見るための窓

第1部　基本編

第1部　A-D変換ICを使いこなす！

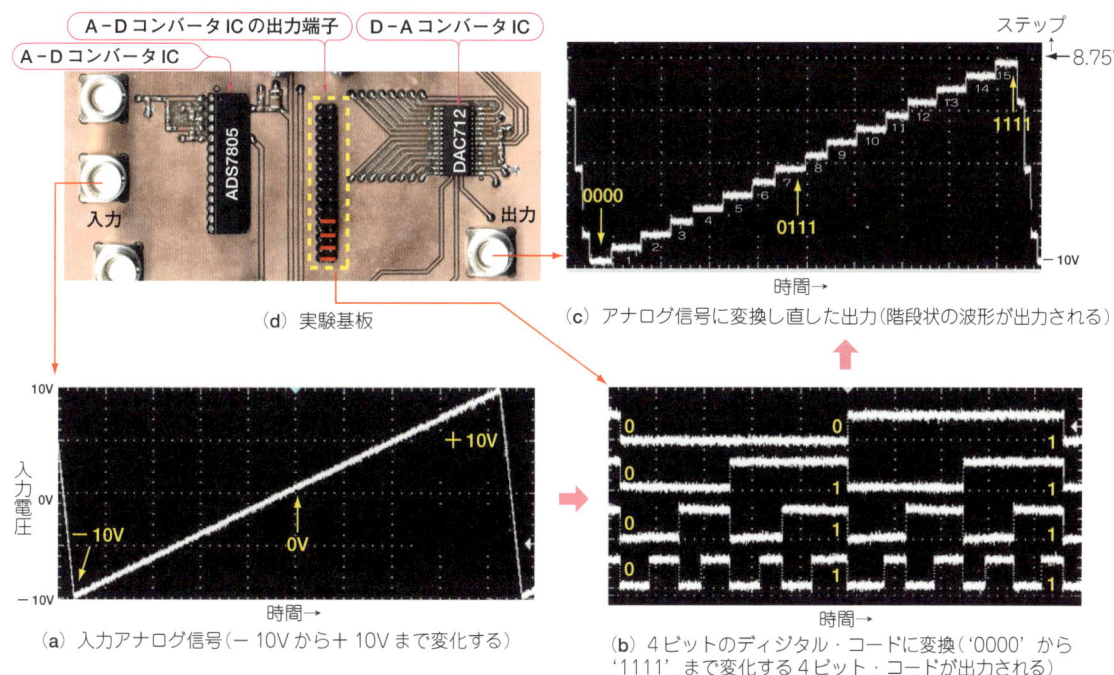

写真1　アナログ信号をディジタル化(4ビットA-D変換)する実験
A-D変換して出力されたディジタル・コードをD-A変換すると，元は直線だったアナログ信号が，15ステップ，16レベルの階段状のアナログ信号となって出力される．

そしてCPUによる計算・制御アルゴリズムの過程における最も貧弱な部分によって決まります．一方，制御部はパワーさえあれば，ONとOFFつまり冷やすか暖めるかの1ビット制御でも何とかなります．無論，制御部をないがしろにしてもよいということではありません．低精度な計測部に精密な制御部をつけても期待された性能は得られない，つまり宝のもち腐れだということです．

■ アナログ信号をディジタル化するとどうなる？

● アナログ信号を4ビットでA-D変換してみる

ADCが連続したアナログ量を離散的なディジタル量へ変換する役割上，量子化やサンプリングといった，リニア・アンプ(用語解説あり)とは異なる概念が必要になります．

写真1は，時間とともに直線的に電圧振幅が増大するアナログ信号をADCでいったんディジタル変換して，D-Aコンバータ(以下，DAC)でアナログ信号に戻した信号をオシロスコープで観測した波形です．使用したADCとDACは，±10V(20 V_{P-P})の入出力レンジを持つ16ビットのコンバータですが，これらの波形は上位4ビットだけを使ったもので，4ビットのコンバータとして見立ててください．

▶ それぞれのコードが重みの違う電圧値を持つ

中央の波形[写真1(b)]はADCからの出力コードです．最上段のビットは一番大きな重みを持ち，MSB(Most Significant Bit)と呼びます．MSBの'0'から'1'

(c) 窓の分解能が十分で，汚れやゆがみが十分に小さい．外の情報を高い精度で取り込める

第2部　精密温度計の設計と製作

の変化は20Vレンジの1/2，アナログ量10Vの重みになります．最下段のビットは一番小さな重みでLSB(Least Significant Bit)と呼びます．MSBの'0'から'1'の変化は20Vレンジの1/16，アナログ量1.25Vの重みになります．なお，LSBは変化量や誤差の単位としても使われ，図の階段波形で1ステップの変化を1 LSBの変化などといいます．

▶アナログ信号はディジタル化されると階段状になってしまう

20Vというアナログ量を4ビットのディジタル量で近似しているため，DAC出力が階段波形になっていることが分かります．4ビットのすべての組み合わせはバイナリで'0000 b'～'1111 b'であることからレベルは16段階ですが，ステップは15なので，DACの出力レンジは1.25V足りない－10Vから＋8.75Vになります．

図2はこの関係を詳しく示すものです．図中の式(1)と式(2)がレベルとステップの計算式になります．4ビットでは細かすぎるので図は3ビットに落としています．このアナログ量の変化に対応する1ステップの変化幅をビット幅と呼びます．

なお，図中の中心コードとは0Vとフルスケール(7V)の中間，ミッド・スケールに対応するコードです．3ビットでは7ステップなので，中心コードを'100 b'とすれば上が3ステップで下が4ステップに振り分けられます．実際のADCでもステップ数は奇数になるので，ミッド・スケールを基準にして上か下のどちらかが1ステップ少なくなります．

● 正弦波形を4ビットと8ビットでA-D変換する

次に写真2を見てください．(a)が同じ4ビットの近似で±10Vの振幅を持つ正弦波を通した波形，(b)は8ビットにした波形です．4ビットと8ビット，この4ビットの差は16倍の差になり，ビット幅が格段に

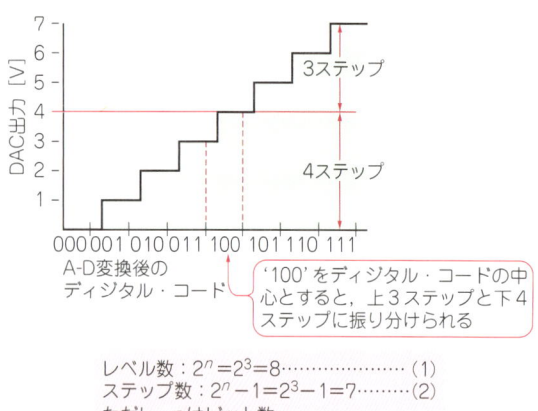

レベル数：$2^n=2^3=8$ ……………………(1)
ステップ数：$2^n-1=2^3-1=7$ ………(2)
ただし，nはビット数

図2　A-D変換後に得られるディジタル・コードのレベルとステップ数(3ビットA-D変換の場合)

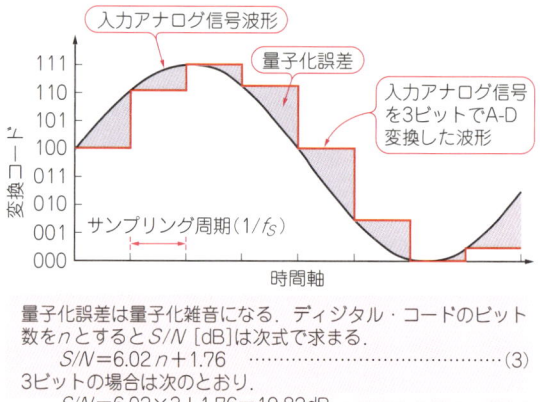

量子化誤差は量子化雑音になる．ディジタル・コードのビット数をnとするとS/N [dB]は次式で求まる．
　$S/N=6.02n+1.76$ ……………………(3)
3ビットの場合は次のとおり．
　$S/N=6.02×3+1.76=19.82$dB

図3　A-D変換すると雑音(量子化雑音)が出る
A-D変換するときのビット数nが大きいほど，量子化雑音は小さくなる．

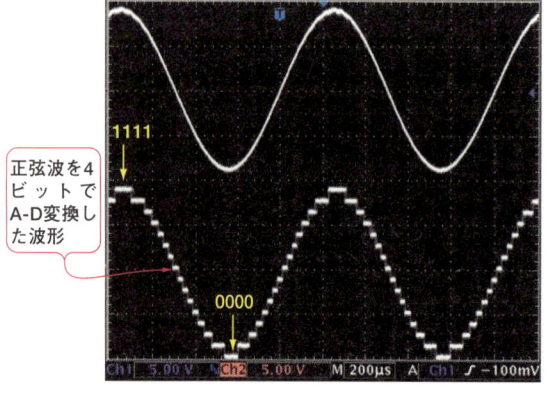

(a) 4ビットでA-D変換．1ステップ当たりの電圧(分解能)は20V/16＝1.25V

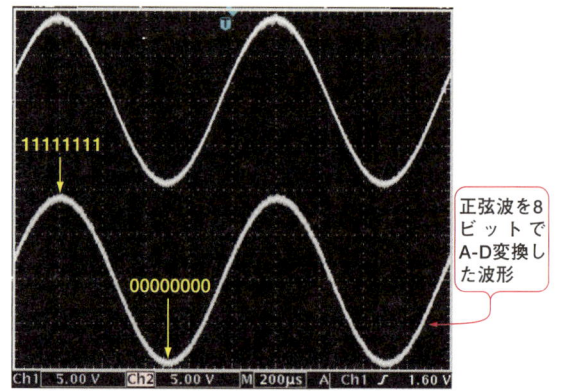

(b) 8ビットでA-D変換．1ステップ当たりの電圧(分解能)は20V/256＝78mV

写真2　4ビットのADCより8ビットのADCの方がきめの細かいディジタル変換ができる
正弦波形を4ビットと8ビットのディジタル・コードでA-D/D-A変換したアナログ信号の比較．

小さくなっています．余談ですが，これを言い換えると，8ビットのA-Dコンバータは4ビットのA-Dコンバータより16倍の精度が必要になります．

CPUの世界では，処理速度を向上させるため8ビット・マイコンから16ビット・マイコンに置き換えたと事もなげにいいますが，A-Dコンバータの世界では周辺回路設計も含めて，256倍の精度が必要になるため容易なことではありません．

▶量子化によりアナログ信号を断続的な信号に近似する

このように，無限に小さい変化幅で滑らかに変化するアナログ量（レベル）を，有限なビット幅で近似することを量子化するといい，近似できずにはみ出した部分を量子化誤差（図3）と呼び雑音源となります．ビット数で定まる雑音を理論量子化雑音と呼び，図中の式は理論量子化雑音と，最大の信号振幅（'000 b'～'111 b'）との比を求めるものです．式中のビット数Nが増大すれば，前出の写真2の(a)と(b)で示したように量子化誤差は減少します．

▶分解できるビット数の最大値「分解能」

そこで，ADCの出力コードを形成するビット数は，アナログ量を一定のビット幅で分解する性能なのでこれをビット分解能と呼び，前後の説明から明確な場合は単に分解能とも呼びます．また，アナログ量を量子化すると，時間軸上で不連続な値となることから，量子化されたデータを離散的信号あるいはデータと表現します．

A-D変換の原理が分かればA-DコンバータICの適材適所が分かる！

● まず4タイプのA-DコンバータICをおさえる！

どの用途にどのタイプのA-Dコンバータが適切なのかを，A-Dコンバータの変換原理，長所と短所を一緒に紹介します．これらをまとめた一覧を表1に示します．

A-Dコンバータの代表的な変換方式には，現在，
(1) 逐次比較（SAR）
(2) ΔΣ
(3) パイプライン
(4) フラッシュ

の4種類があります．汎用A-DコンバータICとして豊富に市場へ出回っています．

● 分解能と変換速度のトレード・オフ

実現可能な変換速度と分解能は変換原理で決まり，これを図4に示します．サンプリング・レート（秒当たりの変換速度で単位はSPS = Sampling Per Second, 特集では[S/秒]とする）は数Hzから1.5 GHzまでさまざまです．

最も高分解能が実現できる方式はΔΣ型で，16ビットから24ビットで製品化されています．24ビットΔΣ型のサンプリング・レートは現在125 kS/秒が最高速です．

市販品で最も高速なのがフラッシュ型です．上限分解能は8ビットで，1.5 GS/秒を実現している製品が

表1　A-D変換方式の種類ごとの長所と短所

方式	長所	短所	用途
逐次比較型	変換開始のタイミングと変換間隔が管理できる	ラダー抵抗の積み重ね誤差によってミッシング・コードが発生する	中速で多チャネル入力用途
パイプライン型	高速な変換が可能	データ待ち受け時間がある	ビデオ帯域の信号処理
ΔΣ型	高分解能なA-D変換が可能．ミッシング・コードが発生しない	変換が低速．時間軸上で変換データの同期がとれない注	DCに近い低周波信号の高精度測定

注▶同期端子により変換データを時間軸上で管理できる製品もある

用語解説—1　リニア・アンプ

正弦波のような連続的に変化する信号を入力すると，電圧や電流を相似形のまま増幅して出力するアンプです（図A）．発熱は小さくありませんが，低ひずみで低雑音な増幅が可能です．代表格は100個近いトランジスタ数で構成されるOPアンプです．リニア・アンプを構成する増幅素子（図AのTr₁）は，非飽和状態で動作します．最近の薄型テレビや携帯電話などには，リニア・アンプではなく，スイッチングするトランジスタを出力段に持つスイッチング・アンプ（D級アンプと呼ぶ）が採用されています．

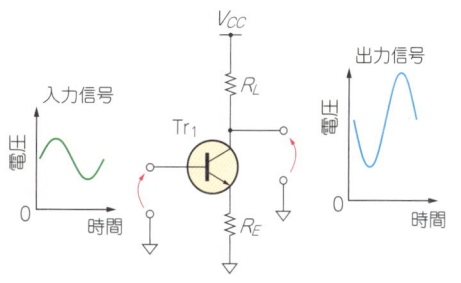

図A　トランジスタ1個のリニア・アンプ

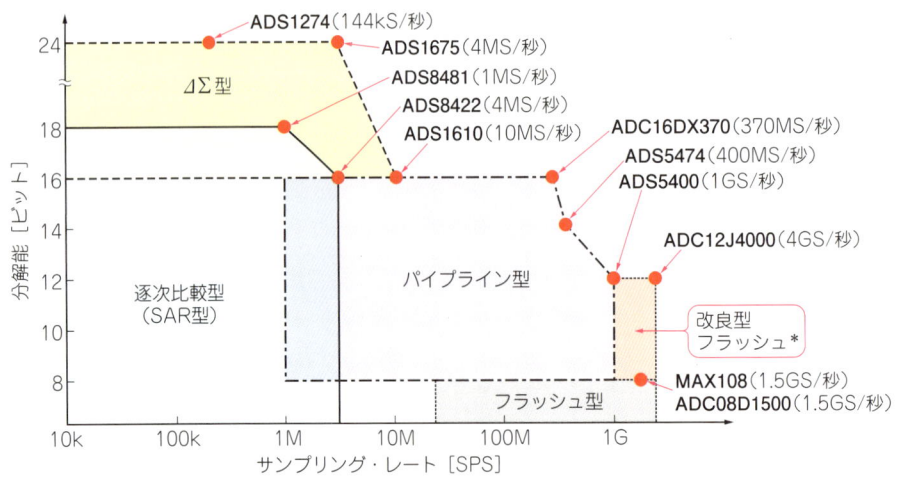

図4 代表的なA-D変換方式の分解能と変換速度（2015年4月15日現在）

＊：改良型ラッシュ：正確にはフォールディング・インターポーレーション方式

あります．

分解能と変換速度は反比例の関係になります．高分解能に適した方式では高速化が難しく，高速化に特化した方式では逆に高分解能が望めません．このことは図4からも読み取れます．

逐次比較型（SAR）

● 16ビット，4 MS/秒が現在の最高性能クラス

先に挙げた変換方式の中では最も長い歴史を持ちます．変換結果をストアする逐次比較レジスタ（Successive Approximation Register）が中心にあることから，その英語の頭文字をとってSARと呼ばれることもあります．

分解能については，CPUへ組み込まれた8ビットから，単品では16ビットまでが一般的で，図4で示したように，18ビットの製品も最近ではリリースされています．また，傾向として中低速の高分解能ADCでは，パッケージの小型化と変換データのバス幅を抑えるためにシリアル出力が主流になってきており，現時点では16ビットで2 MS/秒のA-Dコンバータ（ADS8410/13）が市販されています．ただし，16ビット×2 MS/秒（＝32 Mビット/秒）と高速な通信が必要なため，インターフェースはLVDSになります．

■ 逐次比較型の長所と変換原理

● 狙った時刻のアナログ値を即読み込める

変換開始のタイミングを任意にコントロールできる

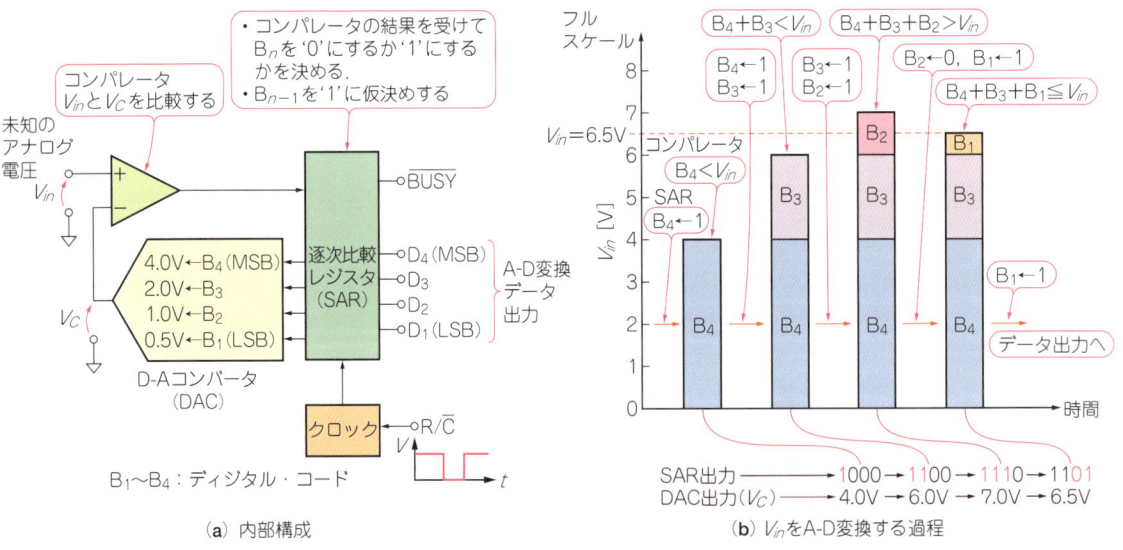

図5 逐次比較型の内部構成と入力信号を変換する過程

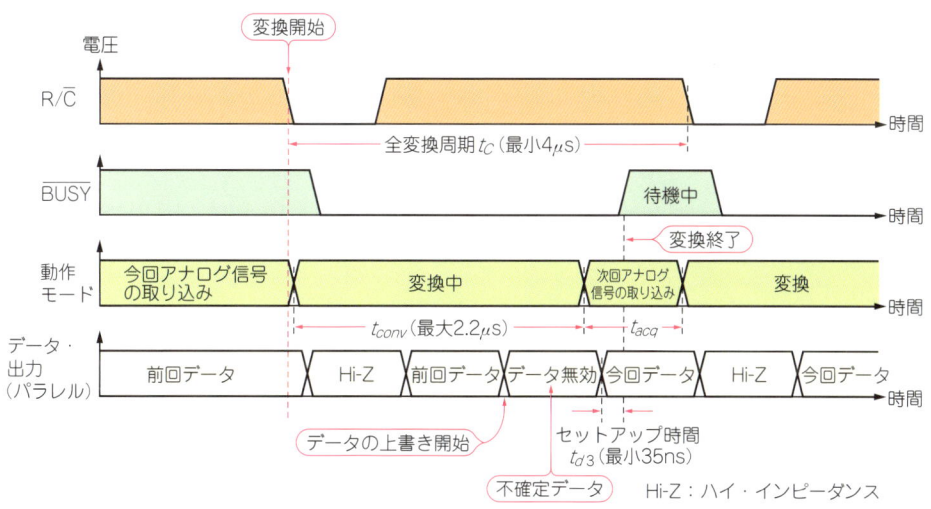

図6 パラレル出力のA−DコンバータICにおける変換開始から終了までのダイアグラム
ADS8505(分解能16ビット)の例.

だけでなく，変換データが時間遅れなく出力されます．最も使い勝手のよい方式であるため，現在でも販売数量ベースで間違いなくトップの座にあります．

● **変換動作の過程**

図5は逐次比較型の変換原理を4ビットの例で示したもので，(a)は内部構成，(b)はV_{in}をA−D変換するまでの過程(変換シーケンス)です.

▶ **アナログ信号が入力して最初の変換動作**

変換スタートのパルスが端子(この例ではR/$\overline{C}$)に入ると，変換が開始されBUSY端子から変換中のサインを出します(この例では"L")．変換は，コンパレータに入力された未知のアナログ電圧V_{in}と，DACからのアナログ出力V_cとを比較することで行われます．最初の比較では，最上位ビット(MSB)だけ '1' のデータ('1000')がSARからDACへ無条件にロードされ，DACはそれに対応する電圧V_c(1/2FS = 1/2フルスケール)を出力します．比較の結果，V_{in}の方がまだ大きい場合はSARのMSBはそのまま保持され，小さい場合はリセットされます．

▶ **2回目以降の変換動作**

2回目(MSB − 1)以降は，SARからこれまでの比較結果のビット値に '1' をプラスしたコードがDACにロードされ，それに応じたV_cが出力されます．MSBで行ったのと同様に，比較の結果V_{in}の方がまだ大きい場合はSARのそのビットは '1' のまま保持され，小さい場合はリセットされます．こうしてADCの最上位ビットから最下位ビットまでの比較が終了すると変換データが確定し，$\overline{BUSY}$端子が変換終了のサインを出します(この例では"H")．こうしたことから，逐次比較方式での変換はビット数と同じ回数の比較プロセスが必要になります．

▶ **パラレル出力型とシリアル出力型の出力データ確定タイミングの違い**

逐次比較型A−Dコンバータには，シリアル出力型とパラレル出力型があります．図6と図7に示すのは，パラレル出力型とシリアル出力型のA−D変換開始から出力データ確定までのタイミングを示したものです．

用語解説—2　D−Aコンバータ

ディジタル信号をアナログ信号に変換する回路またはICです．一般にDAC(ダック)と呼ばれています．オーディオCDプレーヤにはDACが内蔵されており，ディスク表面に記録されているディジタル・データからアナログ信号を再生しています．図Bに示すのは，8ビットDACの復調原理です．R−2Rラダーと呼ばれる抵抗ネットワークで基準電圧V_{ref}を分圧して出力します．分圧率は外部ディジタル・データで切り替わる各スイッチの位置(V_{ref}またはグラウンド)に依存します．

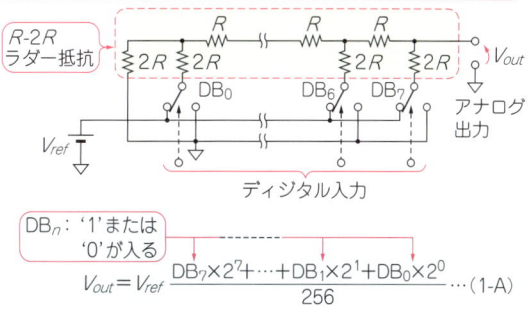

$$V_{out} = V_{ref} \frac{DB_7 \times 2^7 + \cdots + DB_1 \times 2^1 + DB_0 \times 2^0}{256} \cdots (1\text{-}A)$$

図B D−Aコンバータの基本回路

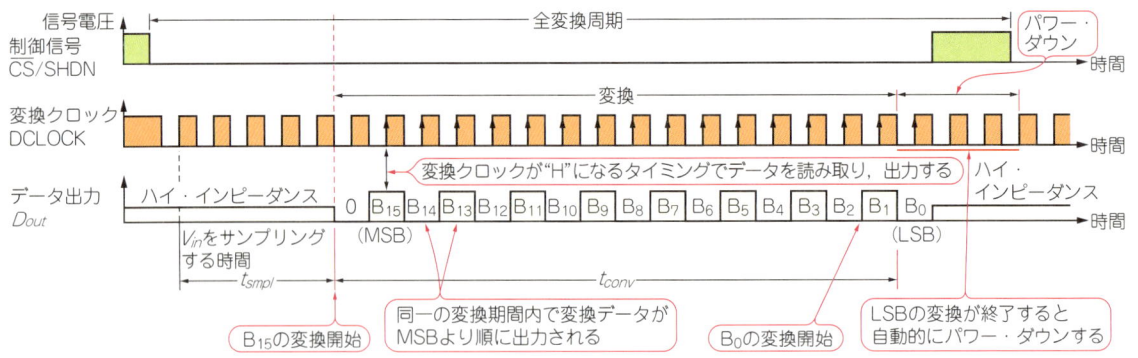

図7 シリアル出力の逐次比較型A-DコンバータICにおける変換開始から終了までのダイアグラム
ADS8320（分解能16ビット）の例．

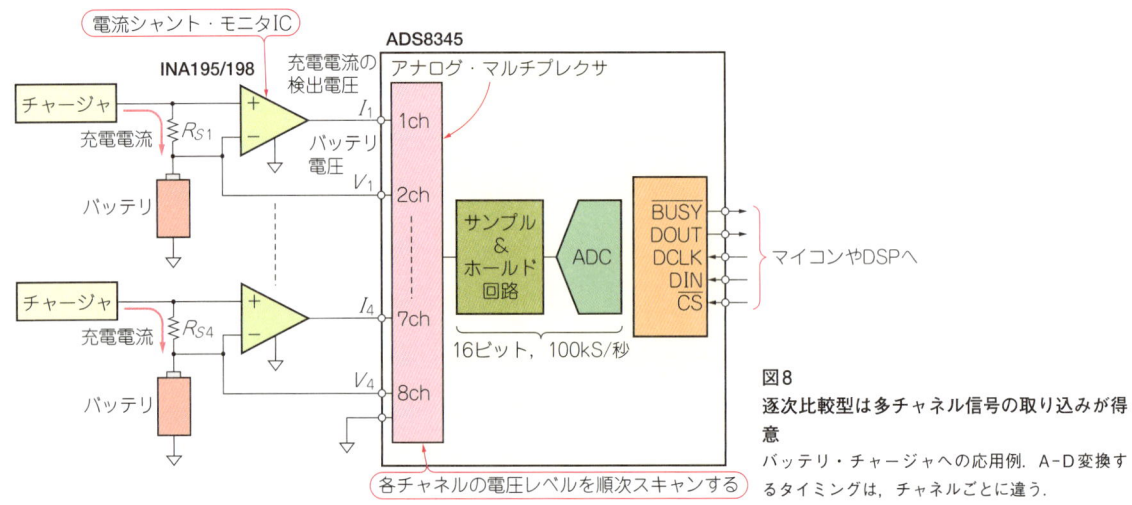

図8 逐次比較型は多チャネル信号の取り込みが得意
バッテリ・チャージャへの応用例．A-D変換するタイミングは，チャネルごとに違う．

　図6に示すようにパラレル出力型は，今回のアナログ信号のA-D変換開始後しばらくは，前回アナログ信号の変換データが出力され続けます．変換開始後しばらくして，いったんデータ出力は無効状態になります．その後，今回アナログ信号の変換データが確定し，マイコンやDSPで読み取りが可能な状態になります．
　シリアル出力型の場合は，A-D変換が開始してからすぐに（1～2クロック後），ビットが確定するMSBから順次データが出力されます．

逐次比較型の生かし方

　逐次比較型は，前述したように変換開始タイミングをユーザが任意に決めることができます．また変換結果が直ちに得られることから次の用途に向いています．

● 多入力のアナログ信号を順次変換する

　図8は前段にアナログ・マルチプレクサ（MUX）を配置して，各入力チャネルを順次スキャンしてA-D変換する例です．信号のレベル変化が比較的遅い多数のアナログ信号を一つのADCで賄えるため，16チャネルあるいは32チャネルといった多チャネル・データを収集する用途ではコスト・メリットがあります．アプリケーションとしては，バッテリ出荷時において充電工程で使われるライン用バッテリ・チャージャの充電電圧，充電電流，温度のモニタなどが挙げられます．

● 複数のアナログ信号源を同じタイミングで変換できる

　図9は多チャネル・データ収集システムという点では図8と同じですが，複数の信号波形を同じタイミングでA-D変換しなければならないアプリケーションに使われます．このようなデータの取り込み方を同時サンプリングと呼び，信号間の振幅や位相差を検出する場合に使われます．アプリケーションとしては，三相交流モータの電流検出などが挙げられます．

● 信号が入力されたときにだけ変換動作させられる

　図10(a)は，単発の信号取り込みでよく使われるタイミング回路です．CPUが処理を行っている間，目的の信号が来たときだけ頻繁にデータを取り込みます．

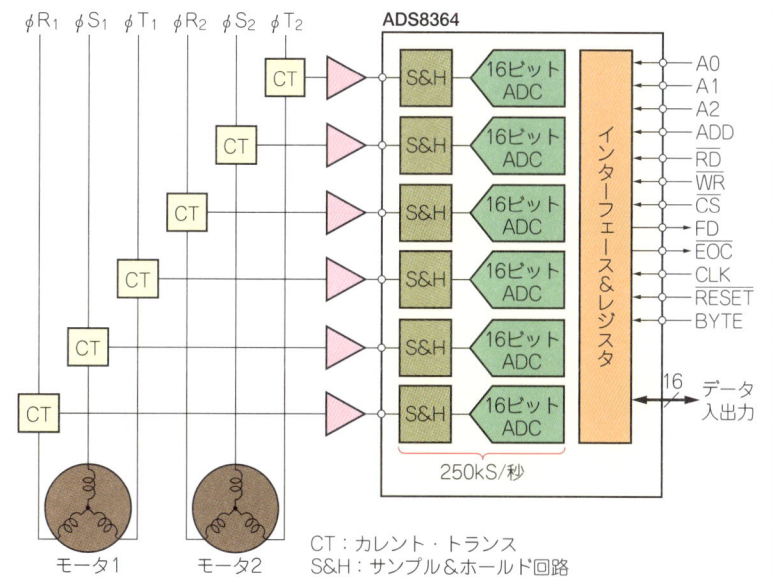

図9 逐次比較型A-DコンバータICによる複数チャネルの同時取り込み
2軸三相交流モータの電流モニタ例．全チャネルを同じタイミングでA-D変換する．

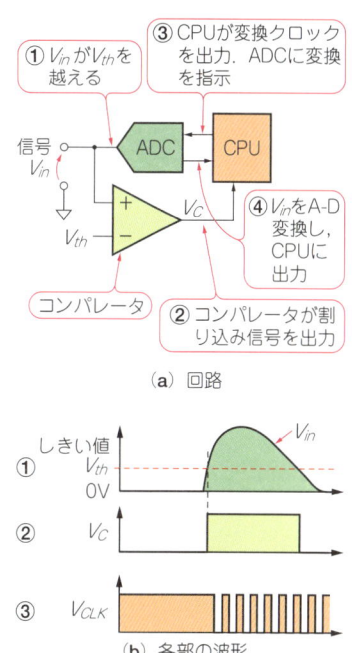

(a) 回路

(b) 各部の波形

図10 逐次比較型は必要なときだけA-D変換動作させることができる
CPUの仕事の分散と消費電流の低減が可能．

この例は，(b)のようにコンパレータで入力電圧V_{in}が閾値V_{TH}を越えた時点でCPUに割り込みをかけ，CPUからADCへ高密度な変換指示を出すものです．必要なときにADCをフル回転させることで，CPUの仕事を分散できます．また，図11で示すようにADCの消費電流も低減できるので，バッテリを電源とするアプリケーションに向きます．

■ 逐次比較型の短所

● 高分解能の実現が難しい

逐次比較型は改良が進み，方式としては現在安定期に入っています．間違った使い方さえしなければ実使用上で問題となる短所は特にありません．

なぜΔΣ型のように24ビット分解能の逐次比較型ADCが実現できないのかについてだけ触れておきます．

理由は，高分解能になるほど比較用の基準電圧を発

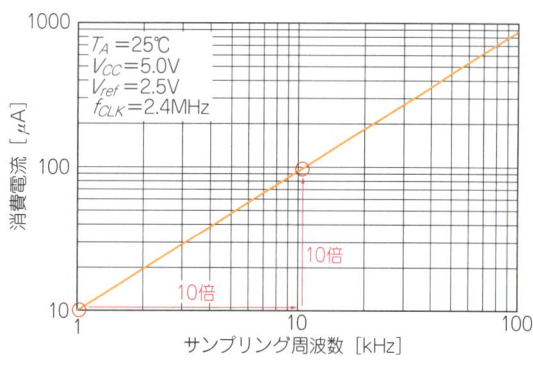

図11 逐次比較型は必要なときにだけサンプリング周波数を上げることができるので消費電流を抑えられる

用語解説—3　シリアル出力

例えば，ICからほかのICに向かって'1010'の4ビット・データを送信する場合，4本の配線に'1'，'0'，'1'，'0'をそれぞれ乗せる方法があります．これをパラレル出力と呼び，複数のデータを一度に高速伝送できます．シリアル出力とは，データを1本の通信線に乗せることをいいます．

図Cでは，クロック(D_{CLK})と合わせて，16ビットのデータを送信しています．クロックの立ち上がりに合わせて，D_{out}から1ビットずつデータを出力します．パラレル出力よりも配線は少なくなりますが，転送時間を要します．

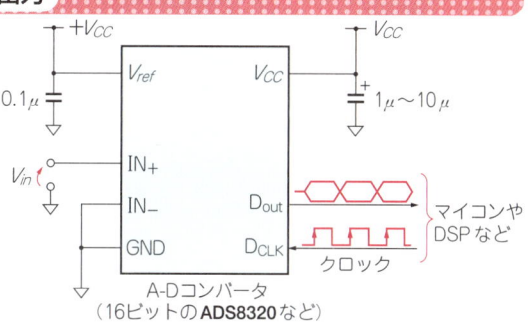

図C シリアル出力をもつA-Dコンバータ

生するD-Aコンバータの単調性を維持するのが難しく，精度を得にくくなることと，変換速度に見合うコンパレータの設計が難しいためです．

● 高分解能と高精度の両立は難しい
▶ 変換精度はD-Aコンバータの単調性に左右される
　図12は18ビットADCのD-Aコンバータ部分を少し細かく示したものです．D-Aコンバータのアナログ出力V_Cは，複数の抵抗を入力コードB_{18}〜B_1に対応するスイッチで切り替えて，基準電圧に対する分圧比を変えることで得ています．

　図12のような抵抗の組み合わせをR-$2R$ラダーと呼びます．この抵抗の分圧によってD-Aコンバータの出力が決まります．B_{18}(MSB)のスイッチだけがONのときと，B_{18}はOFFでB_{17}からB_1(LSB)までのスイッチがすべてONのときとの差が正確に1LSBでないと単調性が得られません．

▶ D-Aコンバータの単調性を得るには高精度の抵抗ブロックが必要
　図12中の表に，各ビットに対応する正しい分圧電圧V_Cと，B_{18}とB_2〜B_{18}までの正しい積み重ね電圧との差$B_1 - \Sigma(B_2 \sim B_{18}) = \Delta 1$LSBを示します．

18ビットD-Aコンバータでは$\Delta 1$LSBが15.625μVと極めて微小です．この精度は，18個の抵抗ブロックの相対精度が0.000190735％(1/2LSB)以内でないと達成できません．

　現在のADCに内蔵されるD-Aコンバータは，コンデンサ方式(CDACと呼ばれる)が主流で，例で示したR-$2R$ラダーより10倍以上の精度と安定性が得られます．しかし，方式的にはやはり18ビットが今のところ限界のようです．市販品としては，ADS8481(1MS/秒)のほかに数品種あります．

▶ 精度が足りないとミッシング・コードが発生する
　図13は，アナログ入力電圧V_{in}が2.048Vをなだらかに横切ったときのミッシング・コードの発生を示しています．(a)はDAC出力V_Cがビットに対応した正しい大きさ(重み)になっており'1FFFEh'から'20000h'までの三つのコードが出ています．(b)は精度が足りず，B_1が1LSBぶん低い状態の変換過程を示したもので，'1FFFEh'から'20000h'に出力データが飛び，'1FFFFh'がミッシング・コードになっています．

● 高速変換と高ゲインの両立は難しい
　図12で示したように，LSB近傍の電圧比較ではコ

ビット	ラダー回路の分圧電圧 [mV]
B_{18}(MSB)	2048
B_{17}	1024
B_{16}	512
B_{15}	256
B_{14}	128
B_{13}	64
B_{12}	32
B_{11}	16
B_{10}	8
B_9	4
B_8	2
B_7	1
B_6	0.5
B_5	0.25
B_4	0.125
B_3	0.0625
B_2	0.03125
B_1(LSB)	0.015625

B_{18}だけだと2048mV
B_{17}〜B_1をすべて足し合わせると2047.9844mV

表より(B_{18}, B_{17}, B_{16}, B_{15}…)が(10000…)のときと(011111…)のときのDAC出力の電圧差は次の式で求められる．
2048 − 2047.9844 = 0.015625mV = (1LSB)

(a) D-Aコンバータの各ビットに対応する分圧電圧

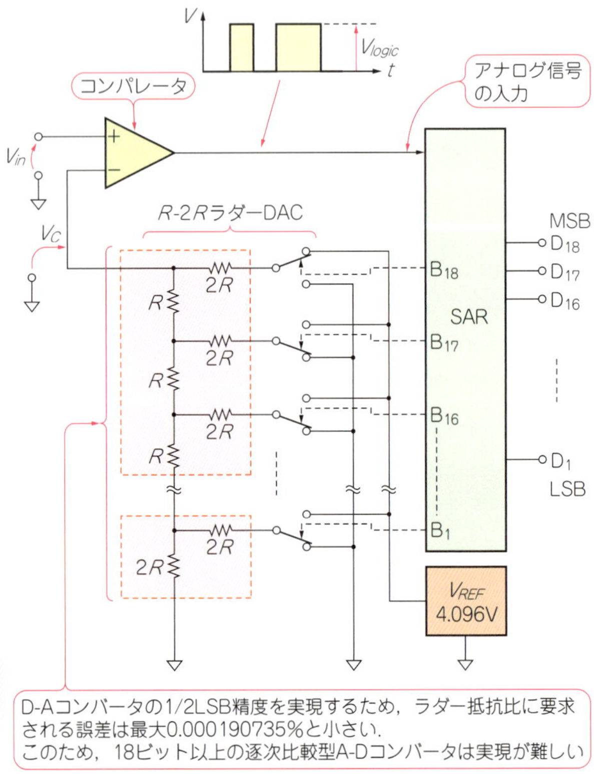

D-Aコンバータの1/2LSB精度を実現するため，ラダー抵抗比に要求される誤差は最大0.000190735％と小さい．
このため，18ビット以上の逐次比較型A-Dコンバータは実現が難しい

(b) 回路図

図12 18ビット以上の逐次比較型の実現は難しい
18ビットのD-Aコンバータに必要なラダー抵抗の相対精度．ラダー抵抗比に要求される精度は高い．

第1章　アナログ信号をディジタル信号にするということ

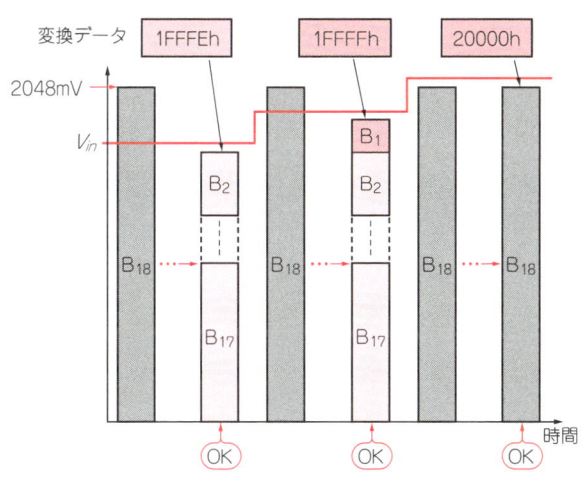

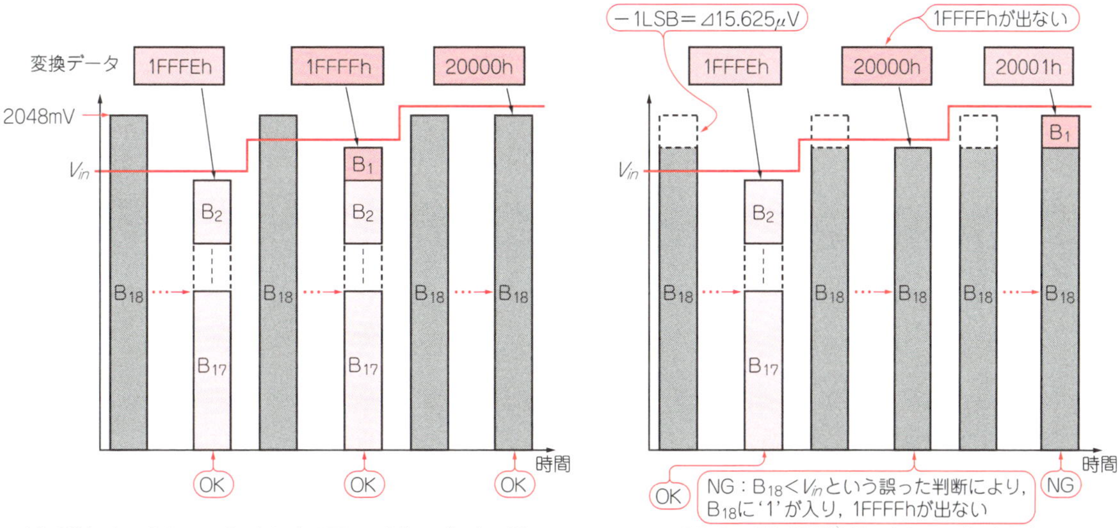

(a) 誤差のないA-Dコンパータによる正しい変換のプロセス例　　(b) B₁₈が1LSBぶん低いA-Dコンパータによる誤った変換のプロセス例

図13　B₁₈が1LSB低いことによるミッシング・コードの発生例

ンパレータに入るV_{in}とV_Cの差は微小です．仮にコンパレータ出力のロジック振幅V_{logic}を1Vとすると，1/2 LSBの7.8125 μVから1Vの振幅を得るには，コンパレータのゲインは最低128000倍（102 dB）必要です．

例えば，図4にあるADS8481（1 MS/秒）の場合，アクイジション・タイムが250 nsで変換時間が750 nsですから，750 nsの中で18回の比較をするには，V_Cが安定することも含めて，1回当たり最大でも39 nsで終わらせなければいけません．つまり15.625 μVを64000倍して，39 ns以内に'0'か'1'を1Vの振幅で出力しなさいということです．

短時間でこれだけ微妙な比較をしなければならないADCの脇に，DSPのような高速ロジックがブンブンうなりをたててスイッチング・ノイズをまきちらしていては，正しい変換などできないことも理解いただけるかと思います．

フラッシュ型

● 1.5 GS/秒の超高速変換も可能

　フラッシュ型は変換原理の制約から今のところ8ビット分解能が限界ですが，1クロックで全ビットの変換を終了するため，ADCの中では1.5 GS/秒と最高速です．

　初期のころはスパークル・コード（連続性がない過渡的なコード）が混じり，このADCのデータによって表示される画面に閃光（スパークル）が走る現象がありましたが，今は対策により実用領域に達しています．

■ フラッシュ型の長所と変換原理

● 高速変換の理由はシンプルな変換原理

　フラッシュ型の長所は前述したように変換が高速な

用語解説—4　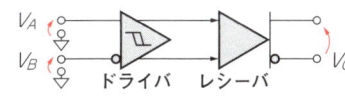　LVDS（Low-Voltage Differential Signaling）

　Gbps以上の超高速のデータを伝送するために，電圧振幅を数百mV程度まで低くしたインターフェースです．データ通信に使用する配線は2本で，互いに180°位相が異なる信号を乗せます．電圧振幅が小さいので，ドライバやレシーバに要求されるスルー・レートが小さくてすみます．また同相ノイズが配線に重畳しても，レシーバでキャンセルされるため，耐ノイズ性も高いのが特徴です．図Dに示

すのは，実際のLVDSデバイスの入出力信号波形です．データ・レートは1.5 Gbps，信号の周波数は750 MHzです．

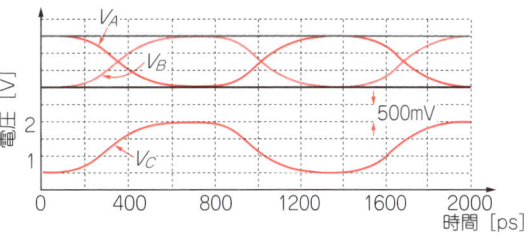

図D　LVDSインターフェースの伝送波形

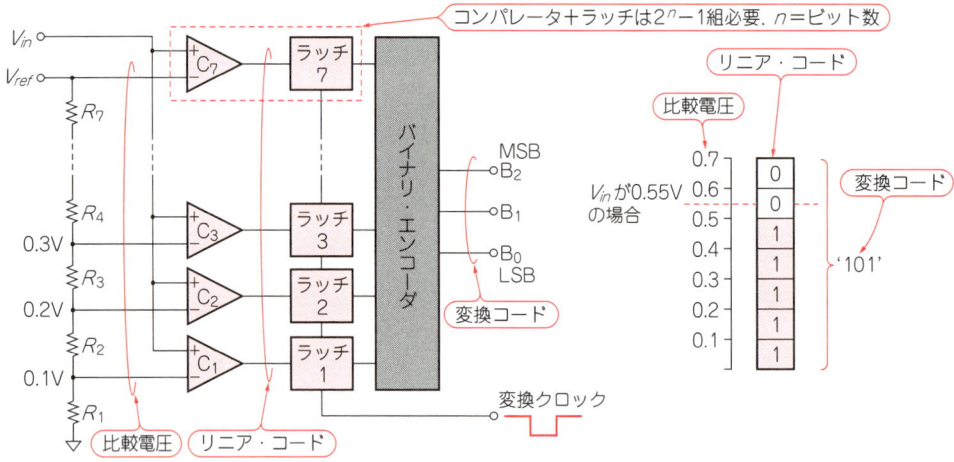

図14 フラッシュ型の変換原理
3ビットA-DコンバータICの例.

▶ビット数に応じた数のコンパレータで入力電圧を一気に比較

変換方法は実にシンプルで，**図14**で示すようにビット分解能に応じた数のコンパレータを使用し，入力された未知のアナログ電圧 V_{in} を一気に比較します．

V_{in} のレベルより低い比較電圧を参照する各コンパレータはすべて '1' になり，V_{in} のレベルより高い基準電圧を参照する各コンパレータはすべて '0' になるため，雰囲気としてはドットで構成されるバー・グラフのようなリニア・コードが生成されます．このリニア・コードは，変換クロックのエッジで2進数に変換するエンコーダへラッチされ，瞬時に変換データとして出力されます．

▶変換の難所はコンパレータの高速ドライブ

この構成で最も難しいのは，V_{in} を一気に比較するためにパラレル接続されたコンパレータを，高速で安定にドライブすることです．例えば8ビットのADCでは255個のコンパレータが必要になり，1個のコンパレータの入力容量が1 pFであるとすれば，合計は255 pFになります．

V_{in} を仮に1 Vとすれば，255 pFの容量をおおよそ660 ps（1.5 GS/秒）以内に1 Vまでチャージアップするには瞬時電流が386 mAとなり，前置アンプにかなり

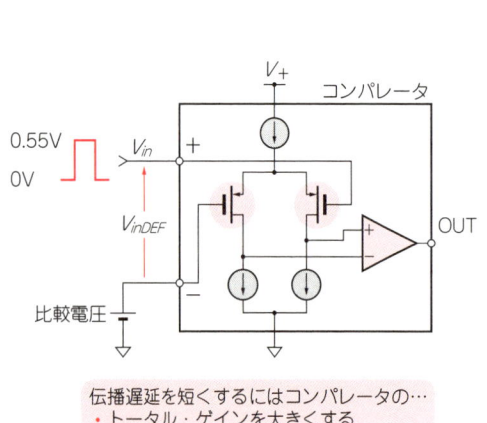

(a) コンパレータのブロック図

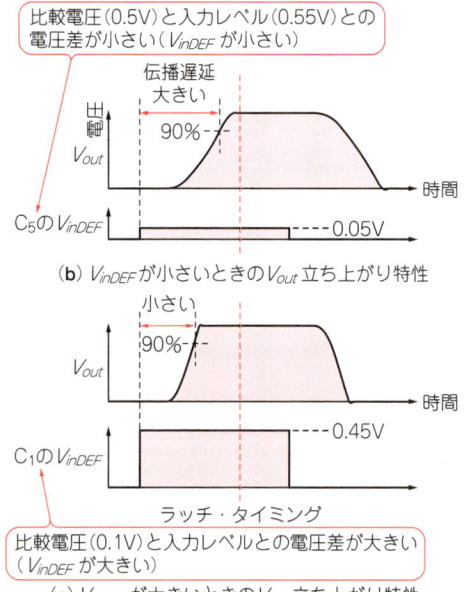

(b) V_{inDEF} が小さいときの V_{out} 立ち上がり特性

(c) V_{inDEF} が大きいときの V_{out} 立ち上がり特性

図15 フラッシュ型の高分解能化を阻む要因
差動電圧の違いによるコンパレータの伝搬遅延が大きくなる.

の馬力と容量性負荷で発振しない安定性が要求されます．幸い今のフラッシュ型は，各コンパレータを同時にドライブできるバッファ・アンプが内蔵されているため使い勝手は格段に良くなっています．

■ フラッシュ型の長所を生かした使い方

高速であることを利用して，100 MHzを越える高周波，あるいは単発のサージ波形などの表示や解析に向きます．ディジタル・オシロスコープなどの応用では，人間の目の分解能がそれほど高くないので，8ビットの再生波形でもかなり滑らかに見えます．

■ フラッシュ型の短所

● 高分解能変換が難しい

高速であるということで割り切れば，8ビット分解能が上限であることは短所にはならないでしょう．ここでは，高分解能化を阻む要因についてだけ触れておきます．

▶高分解能にするとコンパレータ間の伝搬遅延を均一に保ちにくい

フラッシュ型の高分解能化を阻む要因は，高分解能になるにつれてコンパレータの伝搬遅延が大きくなり，コンパレータ間の伝搬遅延の均一性が保てないことにあります．図15の(a)はコンパレータを簡略化した回路(等価回路)です．

入力にはアナログ入力V_{in}と比較電圧との差電圧V_{inDEF}が加わります．図15のようにV_{in}が0Vから0.55Vに変化したとすると，C_1からC_5までのコンパレータはそれぞれの比較電圧よりV_{in}の方が大きくなるため，出力V_{out}はハイ・レベルになります．このとき，C_5ではV_{in}と比較電圧との差V_{inDEF}が0.05Vと小さいためC_1と比べ伝搬遅延が増大します．

これは，各コンパレータのスイッチング速度が同じであっても，ゲインが有限なために起きる現象です．ゲインが同じ場合は，V_{inDEF}が大きければV_{out}のスイングは速くなり，V_{inDEF}が小さければスイングは遅くなります．

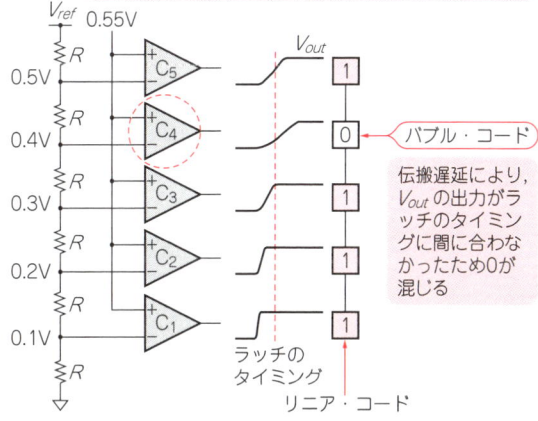

図16 フラッシュ型は高分解能化するとミス・コードが発生しやすくなる
高分解能化することでコンパレータの伝搬遅延が大きくなり，バブル・コードが発生する．

▶コンパレータ間の伝搬遅延が誤変換の元になる

図16はC_1からC_5までの伝搬遅延を見渡したものです．温度変化によってC_4の何かの特性が悪化して伝搬遅延が増大し，ラッチのタイミングに間に合わず'0'と判定され，リニア・コードの一部に'0'が混ざる結果となっています．混ざった'0'は水銀温度計の中に気泡が混ざった状態をたとえてバブル・コードと呼ばれ，これはスパークル・コードの発生要因となります．

ところで，C_4の何かの特性とは，コンパレータのオフセット電圧，ゲイン，スイッチング速度のどれか，あるいはこれらの複合です．高分解能になればなるほどV_{in}に近い比較電圧を参照するコンパレータのV_{inDEF}は小さくなるため，ギガS/秒のような高速ADCではこうした問題がクローズ・アップされます．

用語解説—5　コンパレータ

二つの入力端子の電圧を比較するアンプです．OPアンプと同じように反転入力と非反転入力を持ち，出力回路がロジック回路になっています．コンパレータの出力はロジックICで受けるため，Hレベルの電圧V_{OH}とLレベルの電圧V_{OL}をTTLレベルやCMOSロジック・レベルに合わせてあります．

図Eは，2個のコンパレータの反転側をつないだウインドウ・コンパレータと呼ばれるものです．出力AとBのL/Hを調べることで，2Vと4Vの間に入力電圧があるかないかを判別できます．

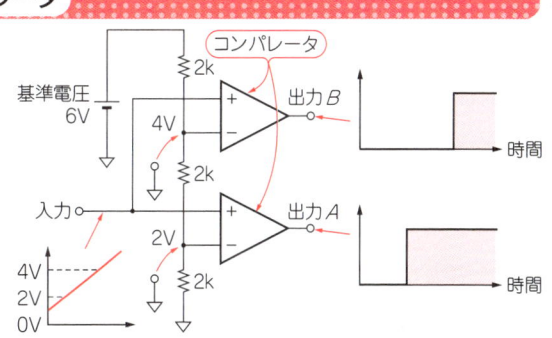

図E　入力電圧が2〜4Vの範囲にあるかないかを判別する回路

フラッシュ型　19

パイプライン型

● ビデオ信号のA-D変換によく使われる

パイプライン型は，変換スピードではフラッシュ型に劣るものの，16ビット程度までの分解能が得られるため，民生/医療分野におけるビデオ・イメージング機器や携帯電話の基地局などで盛んに使われています．なかでも，ディジタル・スチル・カメラ(DSC)への応用が数量的に飛びぬけて大きくなっています．

■ パイプライン型の長所と変換原理

● 長所は高速変換と高分解能の両立

パイプライン型の長所は，逐次比較型より高速で，フラッシュ型より高分解能なところです．これを可能にしているしくみを，図17のブロック図と図18のタイミング図を基に4ビットの変換例で解説します．

● 変換のしくみをブロック図とタイミング図で追う

▶変換ステージを連続的に使って変換時間を短縮

パイプライン方式は，サンプル&ホールド・アンプ(S&H)，低分解能なフラッシュ型A-DコンバータとD-Aコンバータ(例では共に2ビット)，そしてアナログ減算回路がワンセットになったブロックが複数直列につながってできています．逐次比較とは異なり各ステージが独立しているので，現在行っているA-D変換が終了してデータを次のステージに送ると，直ちに次の信号を取り込み変換が開始できます．これが逐次比較より高速に変換できる理由です．

図18において，S_1の最終データが誤り訂正回路で生成され確定されたとき，ステージ3にはS_2，ステージ2にはS_3，そしてステージ1にはS_4と，各段では変換途中の信号がV_{A1}〜V_{A3}として数珠繋ぎになっています．したがって，最初のS_1の変換に要した時間を30 nsとすれば，S_2からは1/3の10 nsごとにデータが

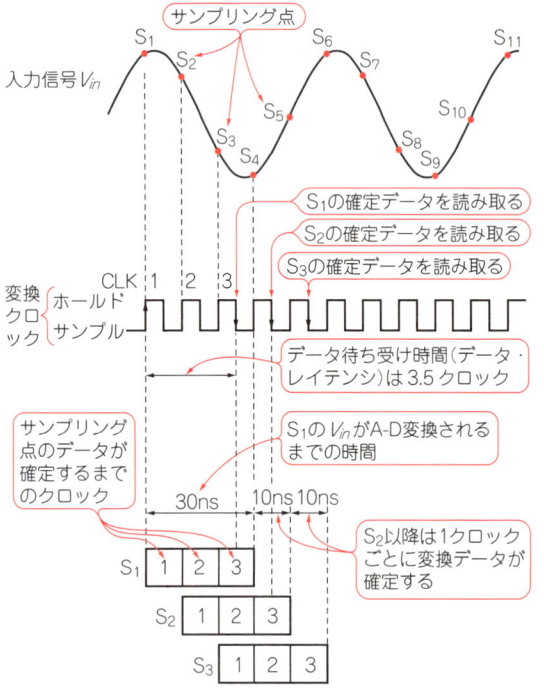

図18 パイプライン型によるA-D変換のタイミング図

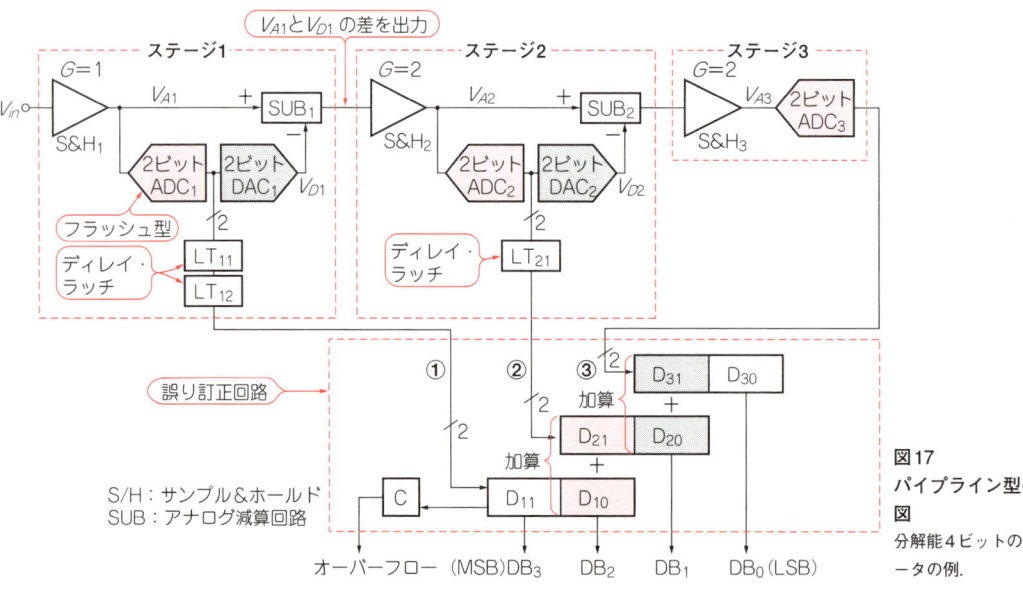

図17 パイプライン型のブロック図

分解能4ビットのA-Dコンバータの例．

確定することになります．ただし，各データはステージ1から3を通り抜けて確定するまで3.5クロックを要するため，時間軸上の元の位置から3.5クロックずれたものとなります．これをデータ・レイテンシ（データ待ち受け時間）と呼び，例ではデータ・レイテンシは3.5クロックです．

▶上位ビットを変換，「余り」を次のステージへ

電源が投入された最初のクロックの立ち上がりエッジで変換が始まり，時間軸上のサンプリング・ポイントS_1の入力信号V_{in}がステージ1の$S\&H_1$でホールドされます．この$S\&H_1$の出力V_{A1}はADC_1で変換され，2ビットの変換データはディレイ・ラッチと呼ばれるLT_{11}とDAC_1に送られます．DAC_1はADC_1の変換データをアナログに戻し，アナログ減算器（差動アンプ）SUB_1によってV_{A1}との差が取られ余りとして出力されます．これがステージ1における変換プロセス（上位の変換）です．

▶上位ビットの「余り」を増幅して中位ビットに変換する

SUB_1からの余りはステージ2の$S\&H_2$によって2倍に増幅され，2回目のクロックの立ち上がりエッジで

ホールドされます．この時点で，ステージ1は次のS_2をホールドします．ステージ2での変換プロセスはステージ1の繰り返しで，中位の変換になります．変換が終了してSUB_2からS_1の2回目の変換の余りをステージ3に送ると，ステージ1で上位の変換が終了したS_2を取り込みます．同時にステージ1はS_3を取り込みます．

▶中位ビットの「余り」を増幅して下位ビットに変換する

ステージ3ではADC_3による変換が終了すると，データ③は3回目のクロックの立ち下がりエッジと同期して直ちに誤り訂正回路へ送られます．これはステージ3が下位の変換を行うプロセスなので，余りを送る次のステージがないためです．前段ステージの変換データは，ステージ1で2段のディレイ・ラッチ，ステージ2で1段のディレイ・ラッチを経由するので，①から③までのデータは同時に誤り訂正回路へ送られることになります．

▶誤り訂正回路で誤変換の出力を予防する

①から③のデータは2ビットで構成されていますが，ステージ1の上位ビットD_{31}とステージ2の上位ビッ

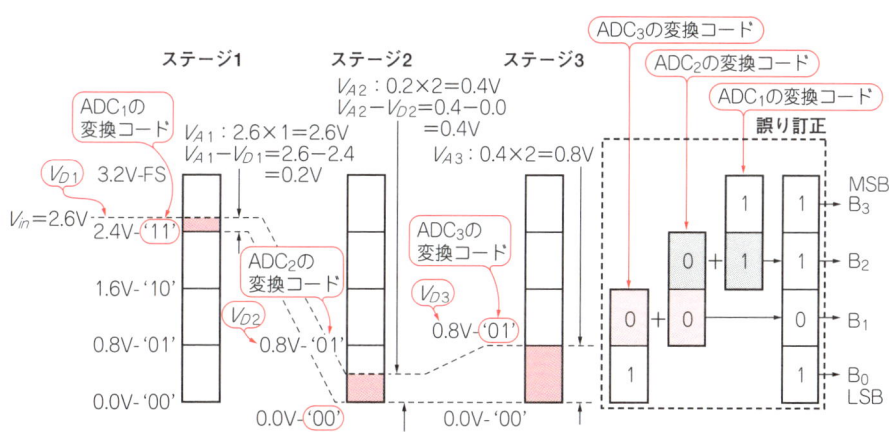

図19　各変換ステージの電圧信号の変化
分解能4ビットのA-Dコンバータの例．

用語解説—6　　アナログ・マルチプレクサ

アナログ信号用の入力切り替え器のことです．

図Fは，8チャネルのアナログ入力信号のうちの1チャネルを選択して出力するアナログ・マルチプレクサです．

最近のA-Dコンバータはシングルエンド入力なら16チャネル，差動入力なら8チャネルまでのアナログ・マルチプレクサを内蔵しており，単品のマルチプレクサを使う機会は減っています．

記号で表す場合は，"MUX"がよく使われています．

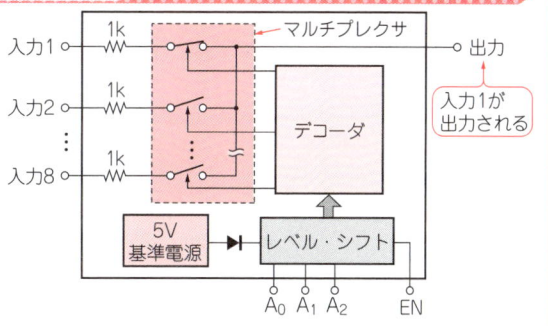

図F　アナログ・マルチプレクサICの内部回路の例

ト D_{21} は冗長ビットで，誤り訂正回路に入ると D_{31} と D_{20}，D_{21} と D_{30} のように前段ステージの下位ビットとの和が取られます．これは，ステージ2とステージ3では余りが各S&Hによって2倍されA-D変換されたため，変換データはそれぞれ1ビット右シフトした重み（1/2と1/4）をもち，図17のようにビットを重ねることでシームレスな3ビットの最終変換データ DB_3 〜 DB_0 が生成できるからです．

ここで，変換が正常に終了すると D_{11} からキャリが立ちませんが，入力信号 V_{in} がレンジ・オーバするとキャリが立ちオーバ・フローとなります．

● 変換のしくみをステージごとの電圧値で追う

図19は，今まで説明してきた内容についてアナログ電圧の動きを中心として表現したものです．

▶ 変換ステージ1からステージ2にかけての動作

フルスケール（FS）3.2 V に対して，2.6 V の入力信号 V_{in} が加わっているものとします．この値は2ビットのA-D変換では '11 b' となりDACで再生すると2.4 V なので0.2 V の余りが出ます．

▶ 変換ステージ2，ステージ3にかけての動作

ステージ1の余りはステージ2で2倍にされて0.4 V となりA-D変換されますが，1ビットの重み0.8 V に達しないため結果は '00 b' で，DACによる再生も0 V なので0.4 V はそのまま余りになります．

▶ 変換ステージ3から誤り訂正回路にかけての動作

ステージ2の余りはステージ3で2倍にされ0.8 V になり変換結果 '01 b' を得ます．最後にこれらの結果は誤り訂正回路に送られ，最終変換データ '1101 b' が生成されます．'1101 b' が正しいかどうかを確かめるため電圧に換算すると，1.6 V × '1' + 0.8 V × '1' + 0.4 × '0' + 0.2 V × '1' = 2.6 V となって V_{in} と一致します．

■ パイプライン型の長所を生かした使い方

● 高速な変換と高分解能が高周波信号の解析と処理に向く

逐次比較より高速で，フラッシュ型より高分解能という特長を生かすとすれば，DSPとの組み合わせによる高周波信号の各種解析/処理が考えられます．このなかで，今後最も普及することが予測される，ディジタル無線通信におけるダイレクト・ディジタル・ダ

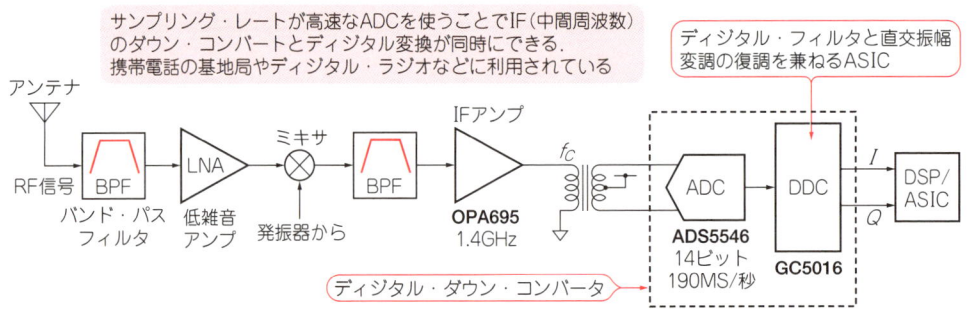

図20 パイプライン型の代表的な用途例
無線通信機器で実際に採用されているダイレクト・ディジタル・ダウン・コンバータ．

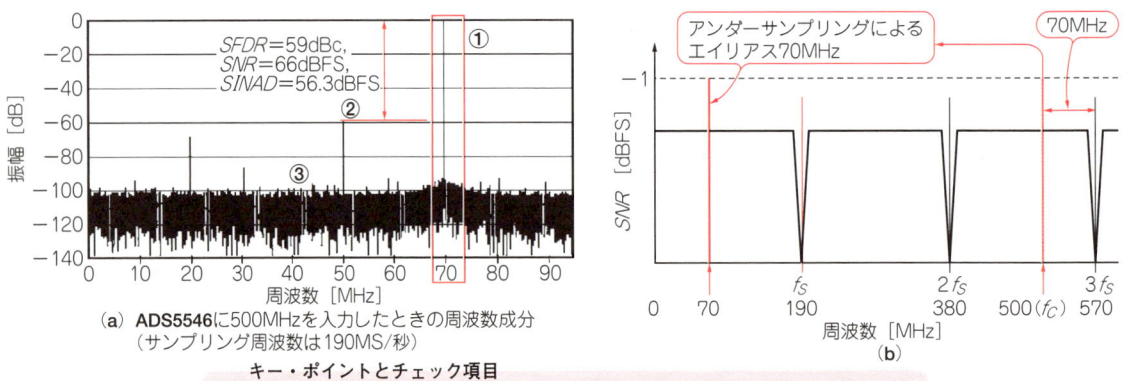

（a）ADS5546に500MHzを入力したときの周波数成分
（サンプリング周波数は190MS/秒）

キー・ポイントとチェック項目
・ADCのアナログ部が広帯域であること…信号増幅の平坦性（①）とひずみ特性（②）
・アパーチャ・ジッタ Δt が十分小さいこと…雑音特性（③）
ADS5546では150 f_S，よって… $SNR = 20\log(2\pi \times 500\text{MHz} \times 150 f_S) = -66.5\text{dB}$

図21 A-Dコンバータの最高サンプリング周波数より高い周波数を入れる
アンダーサンプリングによるエイリアスを利用する．

ウン・コンバータの例を紹介します．

図20は，ADS5546を使うことで，高周波アナログ信号を波形の原形を保ったまま低い周波数に下げ，後段のディジタル信号処理IC（GC5016）へ直接ディジタル・データを供給するダウン・コンバータの例です．

▶ダウン・コンバータで使うときはAC特性に注意する

ダウン・コンバータ方式を使うメリットは…①出力がディジタルなのでDSPなどと直結できる，②アナログ式より誤差要因が少ない…の2点が挙げられます．原理はナイキストの定理の逆利用で，**図21**で示すように入力信号をアンダーサンプリングすることで，オリジナルの信号周波数より低い周波数を持ったエイリアスを信号として利用するものです．

ただし，この種の応用はADCのAC特性に依存することは否めません．S&Hアンプが低雑音で，その周波数特性が信号周波数f_cより高い周波数までフラットでないと実現できません．また，アパーチャ・ジッタが小さくないとSNRを十分に確保できません．ADS5546のデータシートを見ると，こうした用途を狙って開発されたADCのようです．

■ パイプライン型の短所

パイプライン型の短所は何といってもデータ・レイテンシ（データ待ち受け時間）です．取り込んだデータを加工して出力（垂れ流し）するだけの機器には向きますが，データを基にフィードバック・ループを構成する制御系に応用する場合はデータ・レイテンシを考慮したシステム設計が必要です．

データ・レイテンシは単純にパイプラインの本数で決まりますが，パイプラインの本数は「ADCの分解能÷各ステージでのADCの分解能」で決まり，同じ14ビットのADCでも3クロック（ADS5423, 80 MS/秒）～14クロック（ADS5546, 190 MS/秒）とまちまちです．傾向としては，高速/高分解能になるほどパイプが深くなるので，このあたりを考慮に入れて信号処理用，あるいは制御用というように使い分けてください．

ΔΣ型

● 125 kS/秒，24ビットが現在の最高性能クラス

一昔前までは，ΔΣ型ADCは高分解能の反面，変換速度はたかだか1 kS/秒でした．こうした事情から2重積分型ADCの後継として，変換速度は遅くても高分解能が必要なディジタル・マルチメータ，電子秤，クロマトグラフなどの分析機器，測定精度が要求される温度，流量，圧力測定などのアプリケーションへ普及してきました．

変換速度に関する現在の状況は，**図4**で示したとおり24ビットで逐次比較並みの125 kS/秒が実現されています．こうなると，両者のビット対変換速度が重複するエリアに関して，ADCを販売する側も購入する側もどちらを使用すべきかについて迷いが生じ，しばらくは混乱が続くと思われます．

■ ΔΣ型の長所

● 長所は高分解能かつ低雑音

ΔΣ型の長所が高分解能であることは何度も出てきましたが，回路構成によって決まる名目上の分解能に対してそれに見合った性能，ミッシング・コードが発生しない，低雑音であるということが重要な点です．これはCPU/DSPにとって，広い範囲で信号を見渡すことができて，同時に微小な部分も認識できる窓ということになります．

24ビットの窓をイメージするには，**図22**のように距離で表すと分かりやすいかもしれません．フルスケール・レンジを0～5Vとして1 LSBを1 mmとすれば，窓のサイズは16.8 km，微小な部分の認識能力は2の

用語解説—7　コンデンサ方式のD-AコンバータCDAC

図Gのように複数のコンデンサで構成したDACでCDACと呼びます．A-Dコンバータの入力V_{in+}とV_{in-}の差電圧を探すためのDACとして使われます．容量はDACのMSBが一番大きく（20 pF），LSBに向かって半分ずつの値にしてあります．

S_1～S_{19}のスイッチをV_{ref}につないだり，グラウンドにつないだりしながらコンデンサの間で電荷を再配分し，コンパレータ入力のS&HとCDACの電圧差を最も少なくします．最後にスイッチのポジションを読み取れば，変換データが得られます．

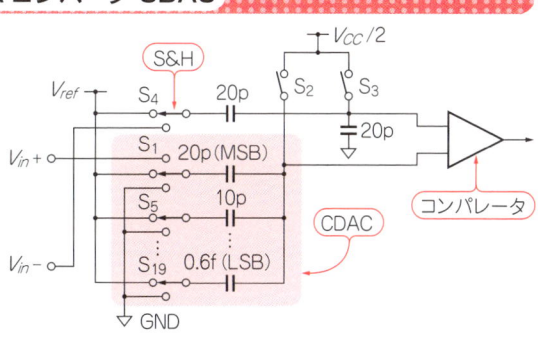

図G　CDACの動作原理

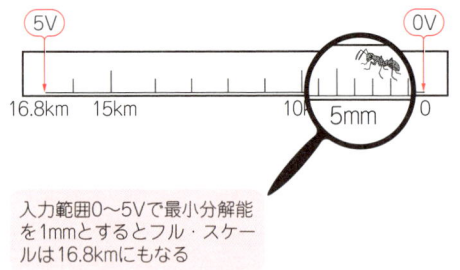

図22 24ビット分解能を長さに置き換えたイメージ
縮尺1/75000の地図に相当する高度から地面を見たとき，地面の蟻がうごめくのが分かる．

入力範囲0～5Vで最小分解能を1mmとするとフル・スケールは16.8kmにもなる

24乗で1,600万カウントです．つまり，縮尺75000分の1の地図に相当する高度から地面を眺めたとき，地面の上で蟻がうごめくのが分かる窓です．

● **変換回路の肝はモジュレータとディジタル・ローパス・フィルタ**

他のADCと比べ，ΔΣ型ADCの動作原理は複雑です．各部の細かい説明を読みながら，ΔΣ型の長所や全体の動きをとらえるのは難しいため，はじめに全体像からお話します．

ΔΣ型は図23のブロック図で示すように，ΔΣモジュレータ（以下，モジュレータ）とディジタル・ローパス・フィルタ（以下，ディジタル・フィルタ）が構成の中心になります．

モジュレータがアナログ入力電圧に比例した '1' と '0' からなるビット・ストリーム（行列）を出し，ディジタル・フィルタはビット・ストリームからバイナリ・コードを生成します．

ΔΣにミッシング・コードがなく低雑音であるしくみは，このモジュレータによるオーバーサンプリングとノイズ・シェーピング，そしてディジタル・フィルタによる高域雑音のカット，この三つの合わせ技です．

● **ミッシング・コードは発生しえない**

なぜΔΣ型ではミッシング・コードが発生しないのか，それは，アナログ入力V_1をモジュレータ内部にある1ビットだけのADCによって変換するので，他のマルチビットADCのようなビットの積み重ね誤差がないためです（逐次比較型参照）．図24はその構成図と変換波形です．

マルチビットADCの変換が縦の積み重ねであるように，モジュレータによる変換は横（時間）方向への展開です．変換波形はアナログ入力V_1のレベルに比例した密度のパルスを出します．

● **モジュレータのしくみを回路ブロックの出力信号で追う**

モジュレータの動きを理解するには，帰還ループを持ったOPアンプによるアンプ回路のように見ると分かりやすいかもしれません．入力がアナログで出力がディジタルのアンプ，帰還ループにはディジタルとアナログの架け橋になる1ビットD-Aコンバータがあるサーボ・アンプです．帰還量はモジュレーション・クロックnごとに更新されます．

▶ **変換し始めたときの各回路ブロックの出力**

最初は，アナログ入力V_1の大きさに関係なく変換結果Xは '0' です．D-Aコンバータの出力V_4はXが '1' のときフルスケールV_{FS} [V]，Xが '0' のときは0 [V] の2レベルで，Xが '0' なのでV_4も0 [V] です．この状態でV_1が入力に加わっているとします．

▶ **積分器の出力がA-Dコンバータの閾値を越えたときの動作**

積分器出力V_3がA-Dコンバータの変換閾値V_{th}より高くなると，出力Xは '1' になり，DACを介してV_{FS} [V] が入力へ帰還されます．

V_1がフルスケール・レンジ内であれば必ず$V_1 < V_4$なので，減算器の出力V_2は負になります．この動きはADCに伝わりますが，積分されるのでV_3の電圧は直ぐにはV_{th}以下にならず，ある時間をかけて降下し

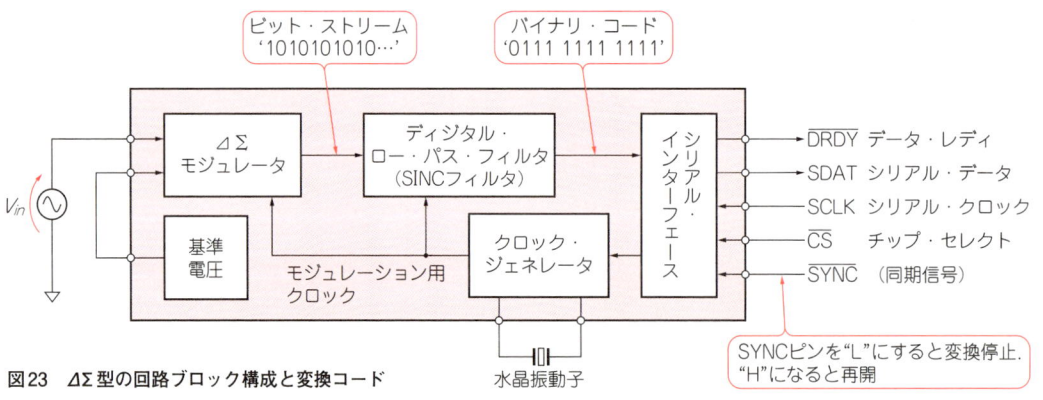

図23 ΔΣ型の回路ブロック構成と変換コード

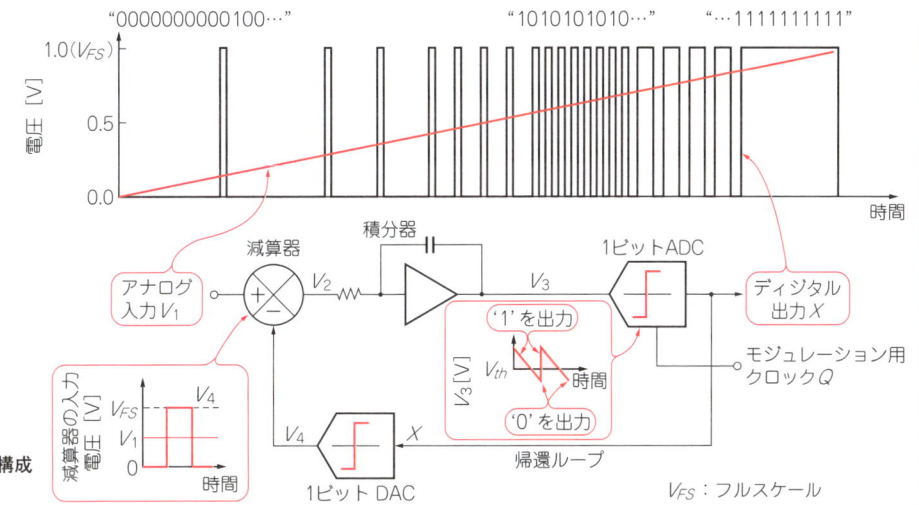

図24 ΔΣ型A-Dコンバータの構成図と変換波形

ます．したがって，V_{th} に達するまで X は '1' のままです．降下にかかる時間は，V_1 の大きさに比例して長くなります．

▶積分器の出力がA-Dコンバータの閾値より低くなったときの動作

V_3 が V_{th} 以下になると X が '0' となり D-A コンバータ出力 V_4 が0Vになります．すると $V_1 > V_4$ になるので減算器出力 V_2 は正になり，積分器出力 V_3 は上昇に転じます．上昇速度はアナログ入力 V_1 に比例します．V_1 が小さければ上昇速度が鈍く，D-A コンバータによる V_{th} への引き戻し時間が短くて済み，V_1 が大きければその逆です．

モジュレーション・クロックQが高速でこの一連の動作が高速であれば，X の '0' と '1' の比率はアナログ入力 V_1 に対してより滑らかに追従します．

● オーバーサンプリングで量子化雑音を減らす

▶オーバーサンプリングによる量子化誤差の減少を電圧波形で比較する

とりあえず，オーバーサンプリングによって量子化誤差が小さくなり，量子化雑音が減少することをマルチビットADCの波形で示します．写真1で示したADC+DAC基板を使って実験した波形が写真3です．

共に4ビットの分解能に設定して撮った写真ですが，同じ分解能でもサンプリング・レートを高くすることで誤差面積（＝量子化雑音）が小さくなることが分かります．

写真3(a)は正弦波の周波数の10倍でサンプリングした波形で，(b)の18倍の波形と比べるとサンプリング・レートが低いぶん，量子化誤差が目立ちます．

▶オーバーサンプリングによる量子化誤差の減少をスペクトルで比較する

図25の(a)と(b)は通常のサンプリングと K 倍のオーバーサンプリングによるFFTの図です．(a)では誤差面積が大きいぶん，ノイズ・フロアが高いレベルになります．

対して，(b)の K 倍オーバーサンプリングでは，階段波一つ一つの誤差面積が小さくなりノイズ・フロアが低くなります．これは，K 倍のオーバーサンプリングをすることによって，雑音が周波数方向へ K 倍に薄

用語解説—8　アクイジション・タイム

サンプル＆ホールド・アンプ（以下，S&Hアンプ）が，入力信号の電圧値の維持モードからサンプリング・モードに移行した直後から，S&Hアンプの出力電圧が新規の入力信号電圧に追いつくまでの時間を指します．

「追い付く」とは，図HのようにS&Hアンプの出力が，新しい入力信号電圧から許容誤差幅内に到達することを意味します．許容誤差幅は，A-Dコンバータのビット分解能で決まり，16ビットA-Dコンバータではフルスケール入力電圧の±0.0015％（±1 LSB）が許容誤差幅になります．

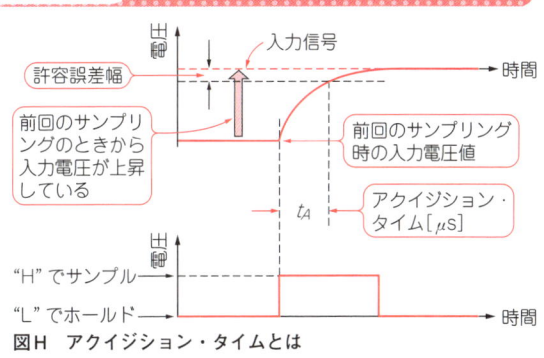

図H　アクイジション・タイムとは

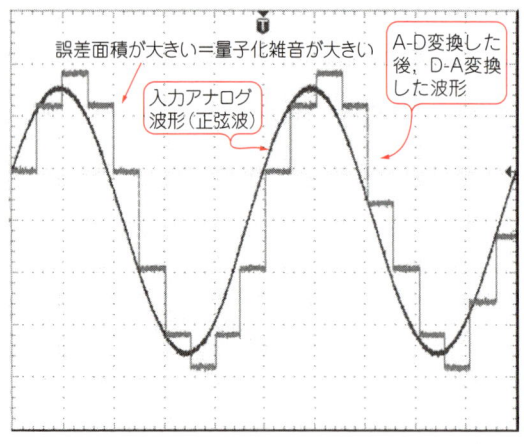
(a) 入力アナログ信号（正弦波）の周波数×10でサンプリングした場合

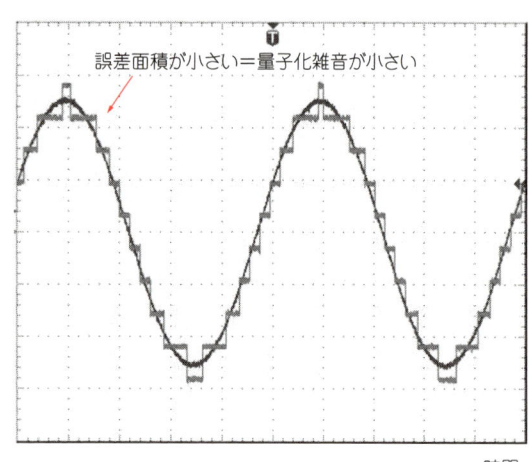
(b) 入力アナログ信号（正弦波）の周波数×18でサンプリングした場合

写真3　オーバーサンプリングの倍数による量子化誤差の比較
4ビットのマルチビットA-DコンバータICのサンプリング・レートを変えることで比較した．分解能は4ビット．

く引き伸ばされ，そのぶんノイズ・フロアは$1/K$になるためです．

実を言うと，総合雑音（雑音レベル×周波数幅）は(a)も(b)も同じなのです．それでも，高域はディジタル・フィルタによりカットできるので，ノイズ・フロアが下がるのは大きなメリットといえます．

▶オーバーサンプリングだけでは低雑音を得られない

表2はオーバーサンプリングの倍数とダイナミック・レンジの改善を示すものです．では，オーバーサンプリングだけで24ビットにふさわしい低雑音特性が得られるでしょうか？　これは不可能です．実用可能な範囲内で十分なダイナミック・レンジを得られるのは，実はモジュレータによるノイズ・シェーピングとディジタル・フィルタの効果によるものです．

● ノイズ・シェーピングとディジタル・フィルタで量子化雑音を減らす

ノイズ・シェーピングとは雑音を削ぎ取るというイメージで使われており，図26で示すように低域雑音が減少して高域が盛り上がる状態のことです．この雑音はモジュレータで発生する量子化雑音で，実際には雑音全体が高域にシフトして，低域雑音が減少し高域が盛り上がります．この盛り上がった高域をディジタル・フィルタでカットすることで，著しい低雑音特性が実現します．

▶ノイズ・シェーピングはモジュレータの帰還ループにある積分器が起こす現象

このまことに都合の良い現象はモジュレータの性質によるものです．モジュレータはアナログ入力に対してはロー・パス・フィルタ，自身が発生する量子化雑

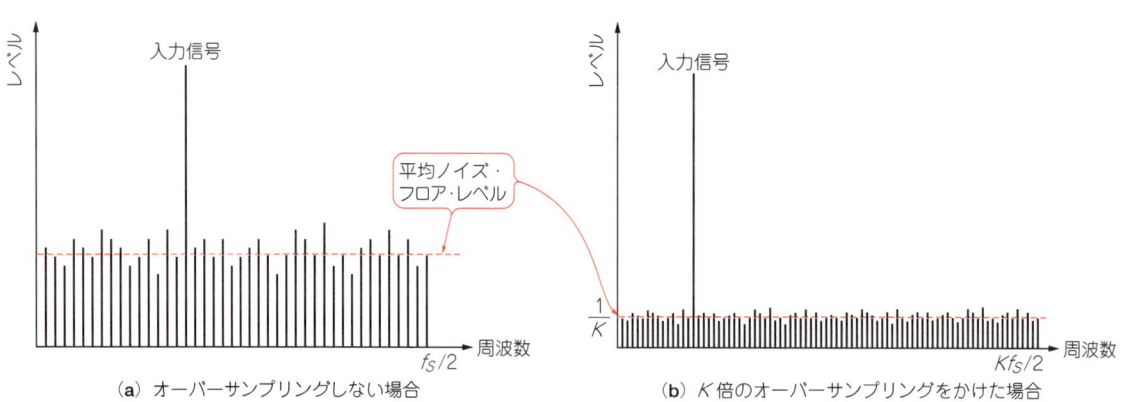

(a) オーバーサンプリングしない場合　　(b) K倍のオーバーサンプリングをかけた場合

図25　オーバーサンプリングの有無による量子化誤差をスペクトラムで比較
オーバーサンプリングにより，ノイズ・フロア・レベルは$1/K$倍に，周波数幅はK倍になる．

表2 オーバーサンプリングの倍数とダイナミック・レンジ改善の関係

ただし，24ビットにふさわしい低雑音特性は，オーバーサンプリングだけでは得られない．

オーバーサンプリング	ダイナミック・レンジ
1倍（4^0）	0
4倍（4^1）	6dB
16倍（4^2）	12dB
64倍（4^3）	24dB

＊ダイナミック・レンジ：フロア雑音レベルの平均値とフルスケール入力レベルとの差（Appendix A 参照）

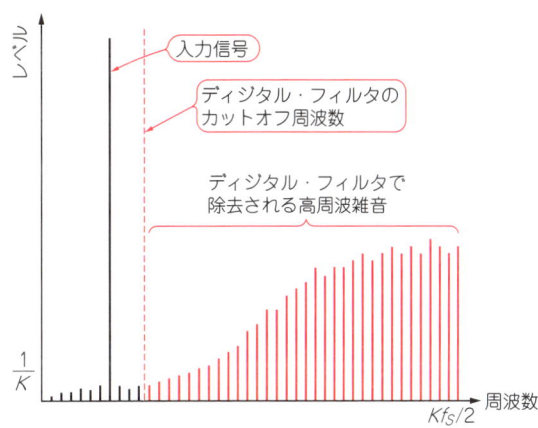

図26 モジュレータの周波数特性
高域にシフトした雑音をディジタル・フィルタでそぎ取る．

音に対してハイ・パス・フィルタとして作用するためです．

図27は，量子化雑音を考慮した1次のモジュレータ（積分器が1段）のモデル図と，アナログ入力V_{in}と量子化雑音N_Qに対するモジュレータの周波数応答特性のグラフを示したものです．

種明かしは，モジュレータの積分器（ロー・パス・フィルタ）が帰還ループ内にあることです．1次のロー・パス・フィルタの周波数応答は$1/j\omega$（$\omega=2\pi f$）なので，V_{in}のfが増大すると積分器から出ていく量が減ります．従って，式(4)に示す出力Xとの比であるゲイン式が構成されます．

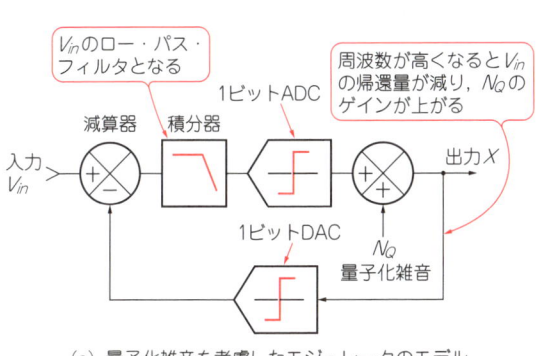

(a) 量子化雑音を考慮したモジュレータのモデル

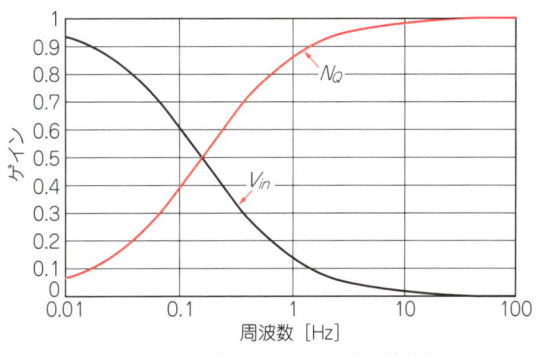

(b) 1次のモジュレータの周波数応答特性

V_{in}のゲイン　$\dfrac{X}{V_{in}} = \dfrac{1}{j\omega+1}$ ……… (4)　　N_Qのゲイン　$\dfrac{X}{N_Q} = \dfrac{j\omega}{j\omega+1}$ ……… (5)　　X：出力　V_{in}：入力　N_Q：量子化雑音

図27 モジュレータの量子化雑音特性
モジュレータは，アナログ入力に対してロー・パス・フィルタ，量子化雑音N_Qに対してはハイ・パス・フィルタとして作用する．

用語解説——9　バッファ・アンプ

bufferとは，緩衝器や緩和物という意味です．図Iに示すのは，高精度OPアンプとA-Dコンバータを直結した回路です．高精度OPアンプの負荷は，A-Dコンバータ内のスイッチがON/OFFするたびに，容量性になったり，ハイ・インピーダンスになったりします．スイッチのON/OFFのたびに高精度OPアンプの出力電圧が変動するため，正しくA-D変換することができません．そこで，負荷変動による高精度OPアンプのストレスを和らげるお助けアンプを挿入します．これがバッファ・アンプです．バッファ・アンプは，入力インピーダンスが大きく，出力インピーダンスが低いアンプです．

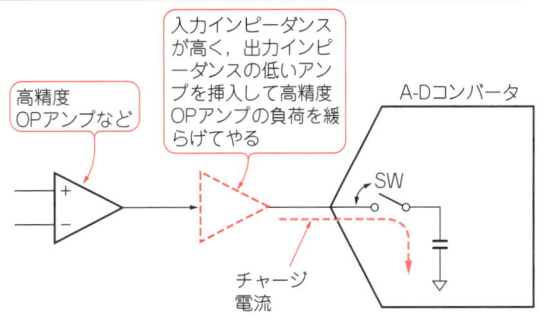

図I バッファ・アンプは信号源の電圧変動を小さくするためのお助けアンプ

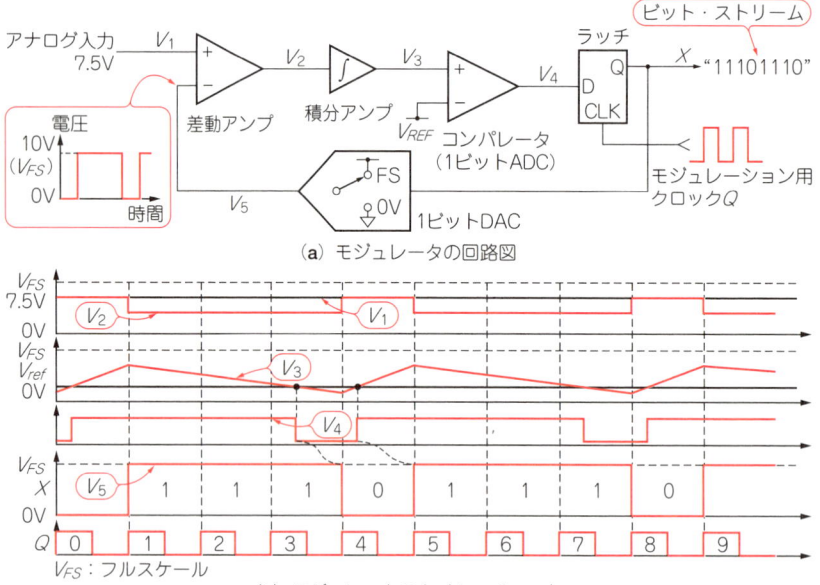

(a) モジュレータの回路図

(b) モジュレータのタイム・チャート

図28 ΔΣモジュレータのタイム・チャート

一方，量子化雑音N_Qも同様に帰還されますが，ロー・パス・フィルタによって$2\pi f$のf(周波数)が増大するとV_{in}の帰還量が減ります．つまり低周波の雑音については十分なV_{in}の負帰還量によってN_Qのゲインが小さく抑制されるが，高周波領域ではV_{in}の帰還量が減るのでN_Qのゲインが増大することになります．これを出力XとN_Qの比で示したノイズ・ゲインを式(5)に示します．

■ ΔΣ型の回路動作を追う

● 構成部品

ΔΣ型の変換原理を説明しましょう．**図28**はモジュレータの詳細なブロック図です．次の部品で構成されています．

▶ **1ビットDAC**

アナログ入力信号レベルV_1を比較する電圧源となります．

▶ **差動アンプ**

入力信号V_1とDAC出力V_5(0Vか10Vの2値)の差電圧V_2を出力します．

▶ **積分アンプ**

差電圧V_2を積分します．

▶ **コンパレータ(1ビットADC)**

積分アンプ出力V_3を基準電圧V_{ref}と比較してV_4(V_3が大きければ'1'，低ければ'0')を出力します．

▶ **ラッチ**

外部タイミング回路から来るモジュレーション・クロックに同期してコンパレータ出力V_4を取り込みます．

ラッチ出力X(ビット・ストリーム)は後段のディジタル・フィルタへ供給されますが，1ビットDACの入力データとしても利用されます．これによってV_2〜V_5による帰還ループが形成され，積分アンプ出力V_3をV_{ref}電圧にロックインする方向に働きます．

● 各部品の動作

次の①〜③が繰り返されます．

①変換し始めの動作

図28の例はA-DコンバータのフルスケールV_{FS}が10Vで，アナログ入力V_1が7.5V(V_{FS}の75%)です．D-Aコンバータ出力V_5が0Vで差電圧V_2が7.5V，積分アンプ出力V_3がV_{ref}から遠ざかりV_{FS}の方向に上昇しているところから始まっています．

②積分アンプ出力が基準電圧よりも高くなったとき

コンパレータ出力V_4は，V_3がV_{ref}より高いため'1'です．

モジュレーション・クロックQの立ち上がりエッジでラッチ出力から'1'が返され，D-Aコンバータ出力V_5は10Vになります．V_5がアナログ入力V_1(7.5V)より高くなったので差電圧V_2は7.5V − 10V = − 2.5Vになり，V_3はV_{ref}に向かって下がり始めます．

③積分アンプ出力が基準電圧よりも低くなったとき

3番目と4番目のクロック・エッジの間(図の最初のエッジは数えない)でV_3がV_{ref}より低くなるのでV_4は'0'になります．これが4番目のエッジでラッチに取り込まれてDACに返されるので，DAC出力が再び0Vになり7.5Vに対する変換結果'1110'が得られました．

①〜③の繰り返しから，変換波形は**図24**のようになり，モジュレータは入力信号レベルに応じたパルス

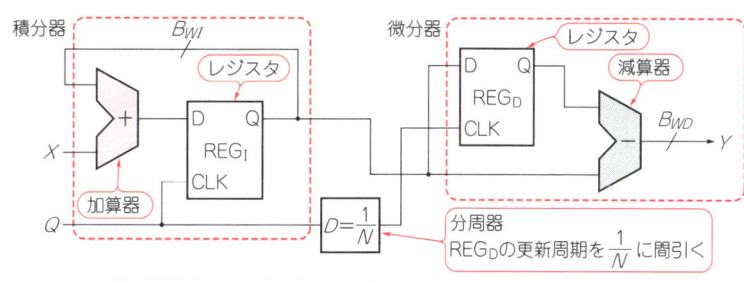

(a) SINCフィルタ（1次）の回路

ディジタル・フィルタの役割は，高域雑音を除去しビット・ストリームをマルチ・ビットに変換すること

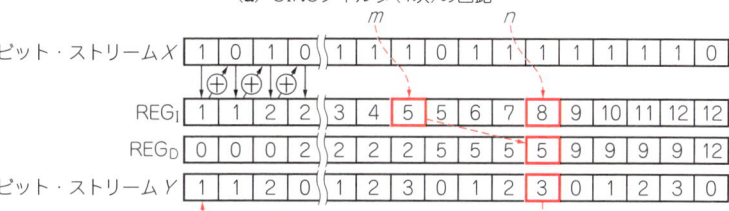

(b) N=4とした場合のデータの遷移

図29 モジュレータから出力されるビット・ストリームをマルチ・ビットに変換するSINCフィルタのブロック図とデータの遷移

密度変調器であることが分かります．

■ ディジタル・フィルタでマルチ・ビット・コードを生成

モジュレータ出力のビット・ストリームから，ディジタル化された高周波雑音を除去してバイナリ・コードを作るのがディジタル・フィルタ（以下，フィルタ）の役割です．

ここでは，ディジタル・フィルタの働きを理解するという観点から，1次のモジュレータ出力をサイン変換（SINC）フィルタで処理して，4ビット出力のADCに仕立てるということで話を進めます．

● SINCフィルタの動作と構成

SINCフィルタは，図29で示すように積分器と微分器およびモジュレーション・クロックQの分周器（図の例では÷4）からなります．積分器は加算器とレジスタREG_Iで構成され，加算器に入力されたビット・ストリームX（図28のラッチ出力）とREG_Iの値（一つ前のデータ=z^{-1}）との和がとられ，クロックQに同期してREG_Iに戻されます．これによって，REG_Iの値はXの総和がとられ，図29(b)のようにマルチビットになります．

▶分周期の動作

REG_Iの値は4個のクロックQごとに微分器のレジスタREG_Dに取り込まれます．つまり，REG_Iの値がクロックQごとに更新されるのに対して，REG_Dの更新周期はREG_Iの4倍まばらということで，これをデシメーション（間引き）と呼び，その比率をデシメーション比と呼びます．

▶微分器の動作

微分器は減算器とレジスタからなり，減算器に入力されたREG_Iの値とレジスタREG_Dの値との差が取られ出力されます．この結果，微分器の出力YはREG_I

用語解説—10　サージ波形

リング波形とも呼ばれます．リレー内の接点から火花が出て，これが電磁波として回路に回り込んだりすると，図Jのような波形が見られます．

超音波診断装置では，圧電式の振動子から図のような波形の超音波を発生させ，骨や患部に当たって戻ってくる成分を高速A−Dコンバータで量子化し画像を作っています．

図Jのように，1μs幅のリング波形を正確に量子化するには，変換スピード100MS／秒程度のA−Dコンバータが必要です．

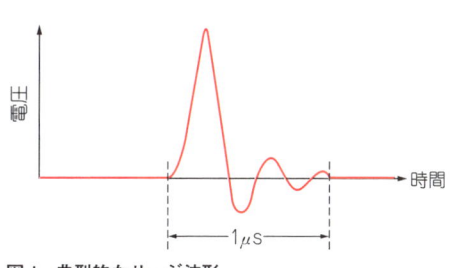

図J　典型的なサージ波形

表3 希望のデータ・レートとSNR(表5参照)を実現するために必要な積分器と微分器のビット幅とデシメーション比(f_Q = 10MHzのとき)

デシメーション比 M	積分器のビット幅 B_{Win} [ビット]			微分器のビット幅 B_{WD} [ビット]			データ・レート f_{DATA} [Hz]
	K=1	K=2	K=3	K=1	K=2	K=3	
4	3	5	7	2	4	6	2500000
8	4	7	10	3	6	9	1250000
16	5	9	13	4	8	12	625000
32	6	11	16	5	10	15	312500
64	7	13	19	6	12	18	156250
128	8	15	22	7	14	21	78125
256	9	17	25	8	16	24	39063

$$B_{Win} = 1 + K \log_2 (M^K) \cdots\cdots (6)$$
$$B_{WD} = K \log_2 M \cdots\cdots\cdots (7)$$
$$f_{DATA} = \frac{1}{M} f_Q \cdots\cdots\cdots\cdots (8)$$

ただし,K:フィルタの次数, $M = \frac{1}{D} = N$:デシメーション比, f_Q:モジュレーション用クロック周波数 [Hz]
D:分周比 $\left(\frac{1}{N}\right)$

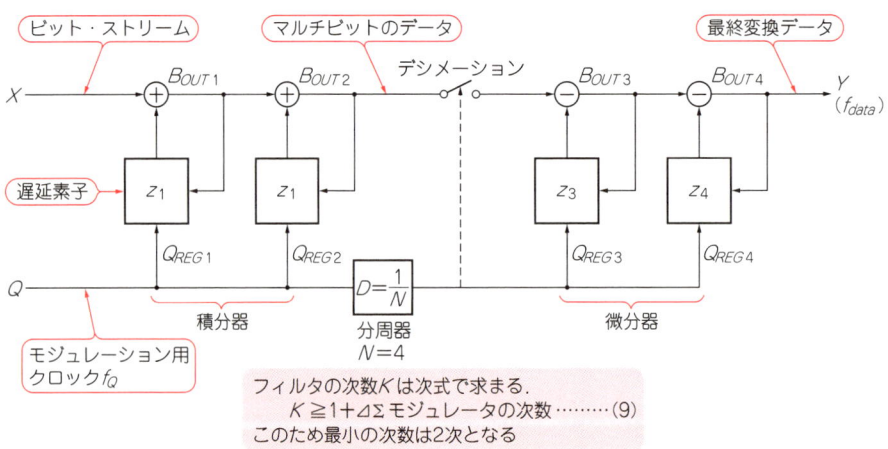

図30 2次のSINCフィルタのブロック図

のmとnの変化分になります.

▶ **動作に必要なビット幅**

こうした動作をするために必要な積分器と微分器のビット幅B_{Win}とB_{WD}はモジュレーションの比率,デシメーション比$M(M = 1/D)$によって決まり,これらを表3の式(6)と式(7)に示します.f_Qはモジュレーション・クロック周波数です.

▶ **出力Yのデータ周期**

フィルタ出力Yからのデータ周期f_{DATA}は,式(8)で求められ,モジュレーション・クロック周波数と,デシメーション比の逆数の積となります.

● **必要となるSINCフィルタの次数**

ところで,図29で示したフィルタは積分と微分の各1段からなる1次のフィルタ$SINC^1$でしたが,意味のある数値(最終変換データ)を得るには,モジュレータの次数に見合った次数のフィルタが必要です.

図30の式(9)にその関係を示します.変換原理の説明ではモジュレータの次数は1次としますので,それに必要な次数Kは式から2次のフィルタ$SINC^2$となり,そのブロック図を同図に示します.

$SINC^2$の場合は積分器が2段と同数の微分器,および分周器からなり,レジスタZ_1からZ_4(最終変換データ)の動きは表4を見ると明らかになります.

表は,モジュレータ入力V_{in}が0Vから2.5Vステップで10Vまで変化したときの各レジスタ値を示しており,2次のフィルタでは最終変換データを確定するには2回の変換が必要になります.

● **実際のA-Dコンバータは?**

ここまで,単純な1次のモジュレータと2次のSINCフィルタをモチーフにして変換原理を説明してきまし

表4 2次のSINCフィルタのデータの遷移

① 4モジュレーション・クロックごとに，0.0 V → 2.5 V → 5.0 V → 7.5 V → 10.0 V というように，入力電圧を上昇させたときの，1モジュレータの出力 X と，2次のSINCフィルタ($SINC^2$) を構成する二つの積分器レジスタ(Z_1 と Z_2)と微分器レジスタ(Z_3 と Z_4)の値の変化を示している．

② 入力電圧が7.5 Vの欄に注目してほしい．このときの SINC フィルタの出力(微分器レジスタ Z_4 の出力)は，8回目変換の4モジュレーション・クロック後に確定する．

③ 8回目変換の4モジュレーション・クロック後の Z_3 の値(45) は，7回目変換の4モジュレーション・クロック後の Z_2(81)と8回目変換の4モジュレーション・クロック後の Z_2(126)の差である．

④ Z_4(12)は，7回目変換の4モジュレーション・クロック後の Z_3(33)と8回目変換の4モジュレーション・クロック後の Z_3(45)の差である．ここで $SINC^2$ フィルタの動作は次式で表せる．

$V_I = 7.5$ V, $X = $"1110", $Z_4(n=8) = 12 = $"1100"
$V_I = 7.5$ V は次式で求まる．
$5\,V \times \text{'1'} + 2.5\,V \times \text{'1'} + 1.25\,V \times \text{'0'} + 0.625\,V \times \text{'0'} = 7.5\,V$

入力電圧 V_{in}	変換ステップ(モジュレーション・クロックが4パルスで1回) n	X	二つの積分器レジスタの内容 Z_1	Z_2	二つの微分器レジスタの内容(4モジュレーション・クロックに1回更新される) Z_3	Z_4
0.0 V	1回目	0	0	0	0	0
		0	0	0	0	0
		0	0	0	0	0
		0	0	0	0	0
	2回目	0	0	0	0	0
		0	0	0	0	0
		0	0	0	0	0
		0	0	0	0	0
2.5 V	3回目	1	1	1	0	0
		0	1	2	0	0
		0	1	3	0	0
		0	1	4	4	4
	4回目	1	2	6	4	4
		0	2	8	4	4
		0	2	10	4	4
		0	2	12	8	4
5.0 V	5回目	1	3	15	8	4
		0	3	18	8	4
		1	4	22	8	4
		0	4	26	14	6
	6回目	1	5	31	14	6
		0	5	36	14	6
		1	6	42	14	6
		0	6	48	22	8
7.5 V	7回目	1	7	55	22	8
		1	8	63	22	8
		1	9	72	22	8
		0	9	81	33	11
	8回目	1	10	91	33	11
		1	11	102	33	11
		1	12	114	33	11
		0	12	126	45	12
10 V	9回目	1	13	139	45	12
		1	14	153	45	12
		1	15	168	45	12
		1	16	184	58	13
	10回目	1	17	201	58	13
		1	18	219	58	13
		1	19	238	58	13
		1	20	258	74	16

た．実際のADCでは，2次以上のモジュレータと3次以上のフィルタが使用されており，これらの次数によって SNR やデータ・レート(フィルタから出力される秒当たりのデータ数で単位はHz)が決定されます．

■ ΔΣ型A-Dコンバータの基本的な性質

● モジュレータの次数が大きいほど雑音は高域より に分布する

▶ 計算で求める

モジュレータによるノイズ・シェープについて前出の式(5)より精密な式(10)と，この式で得られた計算上のグラフを図31に示します．高次のモジュレータほど低域の量子化雑音のレベルが低くなり，高域でブーストされているのが分かります．

オーディオ関係のアプリケーションに利用するADCでは，SNR を改善するため通常5次以上のモジュレータを採用します．

▶ 実測値

図32は，実際のADCのモジュレータから発生する雑音のFFT結果です．ノイズ・シェープのアウトラ

用語解説—11　ディレイ・ラッチ

データをクロック・エッジで取り込んで，一時的に保持する回路です．

ディレイ・ラッチは，足並みをそろえて一度に出力したい複数のデータが，クロック・タイミングで足並みがそろっていないとき，早く来たデータをラッチして一番遅いデータに足並みをそろえるためのラッチとなります．図Kは，1クロック早目に入ってきた $DATA_A$ をいったんラッチに入力して遅延をかけ，$DATA_B$ と同じクロック・タイミングで出力できるようにした回路です．

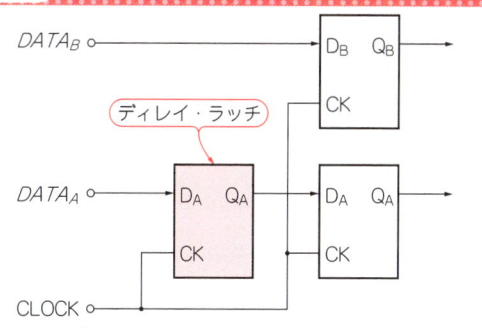

図K　ディレイ・ラッチ回路の使用例

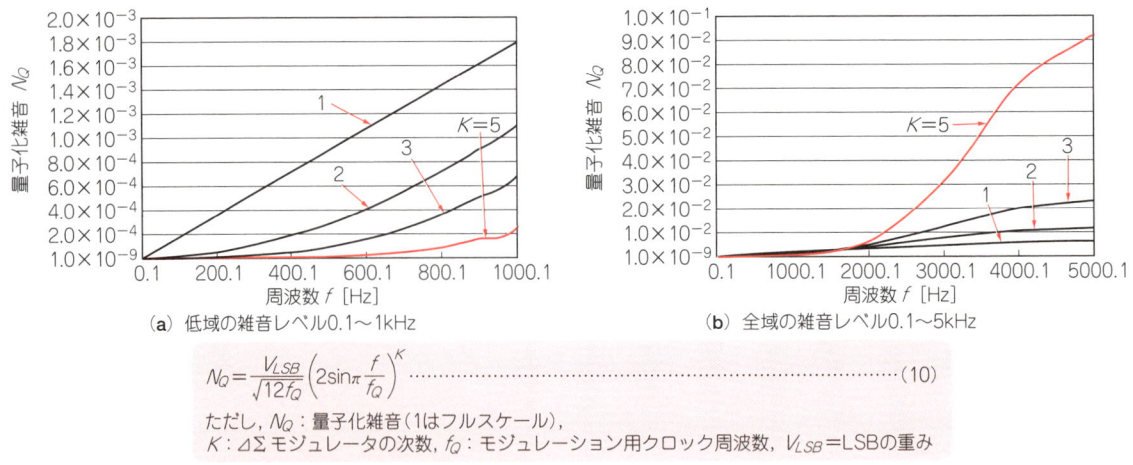

(a) 低域の雑音レベル 0.1～1kHz
(b) 全域の雑音レベル 0.1～5kHz

$$N_Q = \frac{V_{LSB}}{\sqrt{12 f_Q}} \left(2\sin\pi \frac{f}{f_Q} \right)^K \quad \cdots\cdots (10)$$

ただし，N_Q：量子化雑音（1はフルスケール），
K：$\Delta\Sigma$モジュレータの次数，f_Q：モジュレーション用クロック周波数，V_{LSB}＝LSBの重み

図31 計算によるモジュレータのノイズ・シェープ特性
高次のモジュレータほど，低域の量子化雑音のレベルが低く，高域で高い．

インは計算結果と同じ傾向になりますが，1次のモジュレータでは雑音のリプル幅が使用に耐えないほど大きくなっています．このような理由から，市販のADCでは，最低2次のモジュレータを採用しています．ちなみに，新規設計での採用が減っている$V\text{-}F$コンバータは，1次のモジュレータになります．

● モジュレータの次数とデシメーション比による雑音特性

表5は，モジュレータの次数とデシメーション比で決まるSNRの一覧です．市販されている$\Delta\Sigma$型ADCでは，デシメーション比が固定になっているものと，ユーザが一定の範囲で設定できるものとがあります．

設定可能なものは，デシメーション比を大きくとることで，$ENOB$（有効分解能）を高めることができます．ただし，データ・レートは下がりますので，実際の用途に応じたデータ・レートとデシメーション比の配分がカギになります．

● SINCフィルタの次数と周波数応答

図33は$SINC^3$フィルタの周波数応答カーブで，図中の式(11)を用いて作表したものです．最初の*ノッチ*はデータ・レート156 kHzと一致します．フィルタの次数が高いと，阻止域での減衰率が高まります．従って，

表5 デシメーション比とモジュレータの次数によるSNR

デシメー ション比 M	モジュレータの 次数 K 1次	2次	3次
4	20.67	24.99	28.55
8	29.70	40.04	49.62
16	38.73	55.09	70.69
32	47.76	70.14	91.76
64	56.79	85.19	112.83
128	65.82	100.24	133.91
256	74.86	115.30	154.98

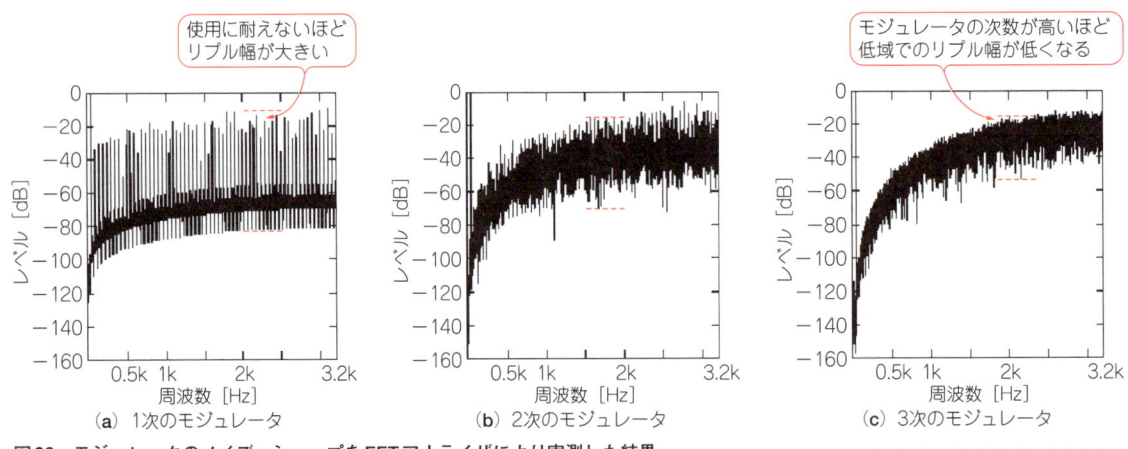

(a) 1次のモジュレータ
(b) 2次のモジュレータ
(c) 3次のモジュレータ

図32 モジュレータのノイズ・シェープをFFTアナライザにより実測した結果

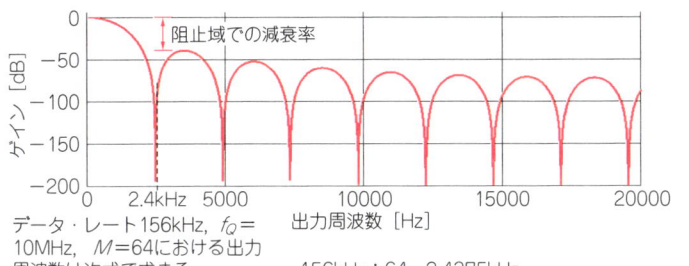

阻止域での減衰率

データ・レート156kHz, $f_Q=$10MHz, $M=64$における出力周波数は次式で求まる．

$156kHz \div 64 = 2.4375kHz$

連続時間表現式は次のとおり，

$$|H(e^{j\omega})| = \left(\frac{1}{M} \frac{\sin(\omega M/2)}{\sin(\omega/2)}\right)^K \cdots (11)$$

ただし，M：デシメーション比，$\omega = 2\pi \dfrac{f}{f_Q}$

図33 SINC³フィルタの周波数応答カーブ

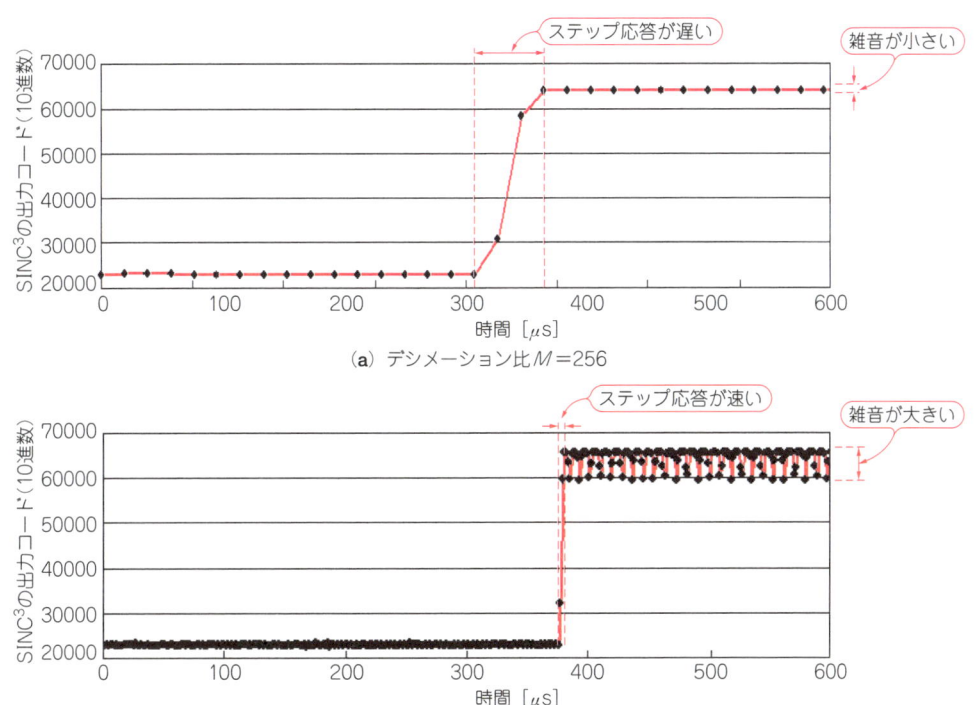

(a) デシメーション比 $M=256$

(b) デシメーション比 $M=16$

図34 デシメーション比に依存する雑音特性とステップ応答特性
ADS1208（2次のモジュレータ出力）と外部SINC³フィルタ（FPGA）による波形．

用語解説—12　ノッチ

ノッチとはくぼみという意味です．

図Lに示すように，フィルタなどの周波数特性に見られる，くぼんだ部分のことをノッチと呼んでいます．50Hzや60Hzの周波数成分だけを意図的に除去するフィルタをノッチ・フィルタと呼びます．その反対はバンド・パス・フィルタです．

ADS1244などの$\Delta\Sigma$ A-Dコンバータのディジタル・フィルタにもノッチがあります．

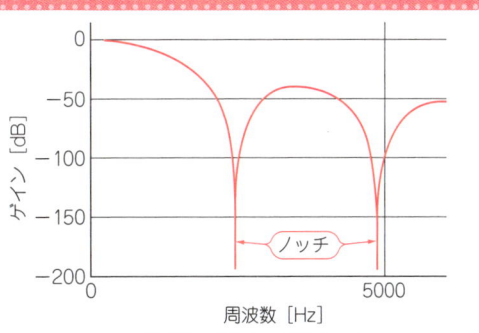

図L　ノッチとは周波数特性のくぼみのこと

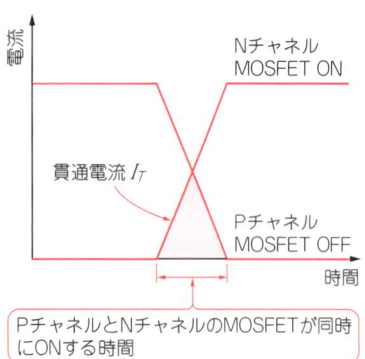

(a) 貫通電流

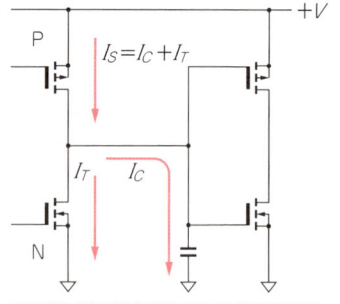

(b) CMOS ICのスイッチング電流

図36
ΔΣ型A-DコンバータICの消費電流は高サンプリング・レート時に増える

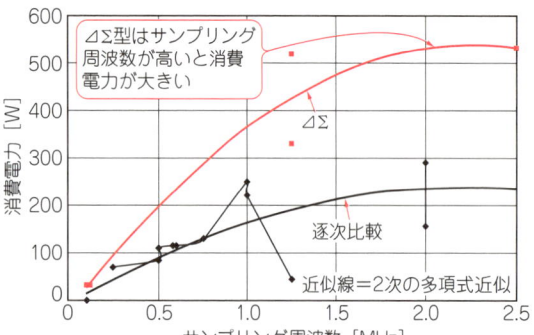

図35 ΔΣ型A-Dコンバータは高サンプリング・レート時に消費電流が増大する
サンプリング・レートが500kHzを超えるあたりから、ΔΣ型の消費電流が増大している.

高次のフィルタほど回路全体のSNRが向上します.

ただし，前述したようにデータを確定するための変換回数とフィルタの次数は比例するので，これもデータ・レイテンシとの引き換えになります.

余談ですが，SINC型ロー・パス・フィルタは乗算器が不要で構造が簡単なため，通過域がフラットでないにもかかわらず多くの工業用途ADCに採用されています.

■ ΔΣ型の短所を踏まえて逐次比較型と使い分ける

● ステップ応答特性と雑音特性のトレードオフ

図34は，デシメーション比とステップ応答の関係を測定して得た実測データです. Y軸がSINC^{3}からのコードを10進数表記したもので，X軸は時間軸です.

ご覧のように，デシメーション比を大きくすれば，雑音は減りますが，ステップ応答は遅くなります. デシメーション比を小さくすれば，ステップ応答は速くなりますが雑音が増大します. したがってΔΣ型は，図8（逐次比較の長所を活かす用途）で示したアナログ・マルチプレクサでADCの入力を高速に切り替え，かつ低雑音が要求される用途には向きません.

● 高サンプリング・レート時の消費電流の増大

図35は，変換速度が異なる多数の逐次比較型ADCとΔΣ型ADCの消費電流についてグラフ化したものです. 傾向を捉えるため2次の多項式近似を用いていますが，ご覧のようにサンプリング・レートが500kHzを越えるあたりから，ΔΣ型ADCの消費電流が増大しています. これは，ΔΣ型ではモジュレータを高周波でスイッチングさせて入力をトラッキングしているためです.

▶スイッチング時の消費電流が高周波で効いてくる

消費電流増加の要因は，図36で示すCMOS回路の貫通電流や次段のゲートに寄生する容量へのチャージ電流によるものです. これらはスイッチングのたびに流れ，スイッチング頻度が増大する高周波スイッチングでは，その電流密度が増大して回路の消費電流が増えます.

したがって，図4においてΔΣ型と逐次比較型がオーバーラップしている部分は，以上のことを考慮してどちらのタイプを選ぶかを決めてください.

（初出：「トランジスタ技術」2006年12月号 特集 第1章）

第1部 基本編

Appendix A A-Dコンバータの用語が分かる
データシートの読み方ガイド

中村 黃三

データシートの記述は簡素化されている

ここでは，A-Dコンバータ（ADC）のスペックに関連する用語とその意味を，実際に市販されているADCのデータシートを見本に解説します．データシートは読み手側の知識を当てにして簡素化されており，対象となるスペックと欄外にある付加条件が明示的にリンクされていない場合が大半です．

高性能ADCのメーカは外資系がほとんどなので，データシートは英文のまま記載します．この理由は，どの外資系メーカもオリジナルのデータシートによってスペック保証をしているためです．私の推奨は，「ICの動作原理は（もしあれば）日本語版で理解し，スペックはオリジナルで確認する」です．

ADCのスペック（以下，仕様）はDC的な仕様とAC的な仕様とに大別され，ロジック部分のタイミング仕様などはAC仕様に包含されます．

静特性を読み解く

OPアンプを使用した固定ゲイン・アンプ（以下，リニア・アンプ）と同様に，ADCも入力に対する出力の関係を持ち，理想は図1で示す1次のグラフ $y=x$（x がアナログ入力，y がディジタル出力）で示せることです．

実際のADCは，理想のグラフに対し，ゲイン誤差 a，直線性誤差 n，およびオフセット誤差 b が追加され $y=ax^n+b$ のようになります．これらの誤差を定量的に示したものが，ADCに関する直流（DC）的な仕様です．誤差の表記はグラフのX軸を基準にする入力換算（単位は電圧）とY軸を基準にする出力換算（単位はLSB）の2種類があります．なお，ビット・ステップごとのアナログ入力の変換値における誤差に微分直線性誤差とミッシング・コードがあります．

● 欄外に各仕様項目の共通仕様が記載されている

DC的な仕様に関するデータシートの見本を表1に示します．このように，表の上部と下部（フットノートと呼ぶ）に追記があります．

上部欄外の条件は表中の各仕様項目で，試験条件が特記されていない場合に適用される条件です．左から順に，仕様を保証する温度範囲 T_A，アナログ電源電圧 $+V_A$，ディジタル電源電圧 $+V_{BD}$，使用する基準電圧 V_{ref} そしてサンプリング・レート f_{sample} です．フットノートは，各仕様項目の試験条件を詳しく説明するための追記です．これらの意味は，以下の該当する項目の解説時に一緒に説明します．

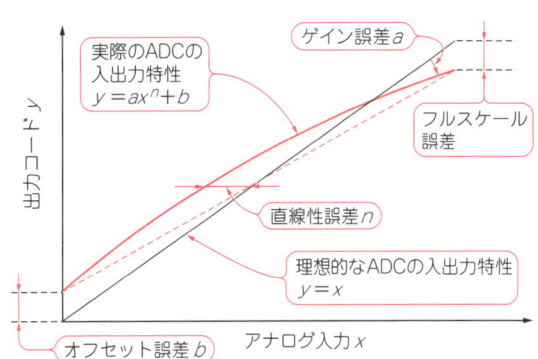

図1　A-DコンバータICの直流的な仕様
理想直線 $y=x$ に，ゲイン誤差，直線性誤差，オフセット誤差が加わっている．

用語解説——1　　DC的な仕様とAC的な仕様

データシートのDC仕様欄には，ICが作られる過程で混り込む誤差，例えば，入力オフセット電圧やゲイン誤差，温度による緩やかな変動誤差の大きさが示されています．スタティック（静的）特性ともいいます．温度，流量，重量など，センサから発生するμVオーダの微小な直流信号を扱う際の性能指標になります．

データシートのAC仕様欄には，雑音やひずみなどの変動が速く，周波数に関連するものが示されています．ダイナミック（動的）特性ともいいます．雑音のうち，白色雑音は，A-D変換値の移動平均をとることで軽減できますが，ひずみの除去は困難です．こうしたことから，リニアICメーカは多様な尺度からひずみ特性を定義し，データを提供しています．特に，全高調波ひずみ（THD：Total Harmonic Distortion），SFDR（Spurious Free Dynamic Range），相互変調ひずみ（IMD：Inter Modulation Distortion）は，AC解析を主目的とするFFTアナライザ，ディストーション・メータ，通信機器に採用するうえでの重要な指標になっています．

SPECIFICATIONS

$T_A = -40°C$ to $85°C$, $+VA = 5V$, $+VBD = 5V$ or $3.3V$, $V_{ref} = 4.096V$, $f_{sample} = 2MHz$ (unless otherwise noted)

※各仕様で共通な規定条件．表中の「TEST CONDITION」に条件がない場合はこれらが適用される

表1 A-DコンバータICの直流的な仕様例
ADS8410のデータシートから抜粋．

PARAMETER			TEST CONDITIONS	MIN	TYP	MAX	UNIT
ANALOG INPUT							
	Full-scale input voltage span (1) ①		+IN – (–IN)	0		V_{ref} → 4.096V	V
	Absolute input voltage range		+IN	–0.2		V_{ref} + 0.2	V
			–IN	–0.2		+0.2	
C_i	Input capacitance				25		pF
	Input leakage current				500		pA
SYSTEM PERFORMANCE							
	Resolution				16		Bits
	No missing codes ⑥	ADS8410IB		16			Bits
		ADS8410I		16			
INL	Integral linearity(2) ④	ADS8410IB		–2.5	±1	2.5	⑦ LSB(3)
		ADS8410I		–4.0	±2.5	4.0	
DNL	Differential linearity ⑤	ADS8410IB		–1	0.8/–0.5	1.5	LSB(3)
		ADS8410I		–1.0	1.5/–0.8	3	
E_O	Offset error ③	ADS8410IB	External reference	–0.75	±0.1	0.75	mV
		ADS8410I		–1.5	±0.75	1.5	
E_G	Gain error(4) ②	ADS8410IB	External reference	–0.05	±0.01	0.05	% of FS
		ADS8410I		–0.15	±0.05	0.15	

※二つのグレードが存在することを意味する

※標準値「TYP」は保証されない．参考データとして見る

(1) Ideal input span; does not include gain or offset error. ①
(2) This is endpoint INL, not best fit. ④
(3) Least significant bit ⑦
(4) Measured relative to actual measured reference. ②

※フットノートの注釈も規定条件であり重要

① Full-scale input voltage span

「フルスケール入力電圧の幅」のことで，入力レンジを意味しています．「フルスケール入力範囲」はFull-scale input rangeが一般的な書き方です．

入力レンジは出力コードと厳密な対比が取られた入力の範囲です．したがって，リニア・アンプの入力範囲(直線性などの精度が保たれる範囲)より厳格な規定になります．入力レンジと出力コードとの対比例を表2に示します．このADCでは0VからV_{ref}となっているので，上部欄外の値を採用すれば0Vから4.096Vになります．

表にはありませんが，V_{ref}の許容範囲は3.9～4.2Vで，この範囲なら入力レンジを変えられますが，他の仕様が保証されなくなります．このADCの場合は，リファレンスIC(データシートによる推奨はREF3040)のばらつきを許容する範囲と見るべきです．

表1のフットノート①にも関連しますが，表2はADCのゲイン誤差とオフセット誤差はないものとしたときの仕様です．この表は，前段アンプのゲイン設定とCPUによる値の扱いに必要ですが，'0000h'や'FFFFh'の飽和コードを当て込んだぎりぎりの設計は禁物です．飽和コードは，CPUがアナログ回路の異常を判断しアラームを出すときに使うべきです．

アンプなどの温度ドリフトを考慮に入れて，入力レンジの50%くらいで使えば安心できます．

② Gain error, ③ Offset error

ゲイン誤差とオフセット誤差に関する項目です．

ゲイン誤差は理想直線の傾きに対する誤差です．通常，ずれをフルスケール・レンジ(FSR)に対して傾きの「% of FSR」や「ppm of FSR」で表します．図2で示すように，試験方法は出力コードが'FFFEh'から'FFFFh'に遷移するときの入力電圧V_2と'0000h'から'0001h'へ遷移するときの入力電圧V_1との差(傾き)を求め，理想の傾きと比較します．簡単に言うと，オフセット誤差の要素を追い出すわけです．

Table 3. Ideal Input Voltages and Output Codes

DESCRIPTION	ANALOG VALUE (+IN – (–IN))	HEX CODE
Full-scale range	$+V_{ref}$ ← リファレンス電圧(仕様の規定条件より4.096Vとする)	
Least significant bit (LSB)	$+V_{ref}/2^{16}$ ← 1LSBの重み：$4.096V/2^{16}=62.5\mu V$	
Full scale	V_{ref} – 1 LSB ← フルスケール：$4.096V-62.5\mu V$	FFFF
Midscale	$+V_{ref}/2$ ← ミッドスケール：$4.096V/2=2.048V$	8000
Midscale – 1 LSB	$V_{ref}/2 - 1 LSB =$電圧値は$2.0479375V$	7FFF
Zero	0 V	0000

※コード形式：ストレート・バイナリ

※入力レンジ：リファレンス電圧V_{ref}が4.096Vなら，0～4.0959375Vは'0000h'～'FFFFh'に対応する

表2 入力レンジと出力コードとの対比仕様
ゲイン誤差とオフセット誤差はないものとしたときの仕様．

Appendix A データシートの読み方ガイド

見本のデータシートでは単位だけ見ると，% of FS（フルスケール）となっています．フルスケール値に対する誤差ということでオフセット誤差を含んだ値と解釈できます．ただしこの場合は，仕様の名目がフルスケール誤差でなければなりません．名目と単位が矛盾して迷う場合はワースト・ケースで考え，オフセット誤差を含まないと解釈するのが無難です．

ゲイン誤差の注釈②がフットノートにあります．測定条件のカラムに外部リファレンスと書いてあるので，測定の際に使用したリファレンスがこのデータにかかわります．短縮した表現なのでこれも分かりにくいです．このようなときは，遠慮せずメーカに問い合わせましょう．多勢の人が繰り返して同じ質問をすると，データシートが改定されることもあります（時間はかかりますが）．この場合の解釈は「ぴったり4.096 Vでテストしないで不良といわれても困ります」となります．

オフセット誤差は入力換算として電圧［mV］で表すのが普通で，ADCの入力レンジが－10 Vから＋10 Vのように正と負にまたがる場合は，バイポーラ（両極性の意味）・オフセット誤差といいます．

ゲイン誤差とオフセット誤差などの初めから存在する誤差を初期誤差と呼び，周囲温度の変化や時間の経過により新たに積み足される誤差分と普通は区別されます．このADCの場合は温度ドリフトの項目がなく，上部欄外の温度規定が－40～＋85℃となっているので，記載されたゲインおよびオフセット誤差の値は－40～＋85℃の範囲内で適用されます．

● ゲインとオフセットの温度ドリフト

ゲイン誤差とオフセット誤差は温度に依存して変化します．これらをゲイン温度ドリフト，オフセット温度ドリフトと呼び，初期誤差で使用した単位を基に1℃当たりの変化量で示します．温度による変化量があまりにも小さい場合は，適切な別の単位で表すこともあります．

見本のデータシートには，ゲインとオフセットの温度ドリフトに言及した項目がありません．上部欄外にある温度範囲でゲイン誤差とオフセット誤差を規定しているので，これらの値にゲインとオフセットの温度ドリフトが含まれます．

ここで「温度」という表現ですが，前後の説明から明らかに「温度ドリフト」と分かる場合は単に「ドリフト」とするケースもあります．一方，時間の経過とともに特性がずれるドリフトは，「経時ドリフト」または「経時シフト」と「経時」を省略せずに示します．

④ Integral linearity, ⑤ Differential linearity

積分直線性，微分直線性と訳されます．リニア・アンプの直線性は前者の積分直線性に該当しますが，後者の微分直線性は，ADCやDAC特有の用語です．一般的な記述は積分非直線性(Integral Non Linearity)，微分非直線性(Differential Non Linearity)であり，記号としてそれぞれ英語による用語の頭文字をとったINLとDNLが使われます．

同じ意味で，積分直線性誤差(ILE = Integral

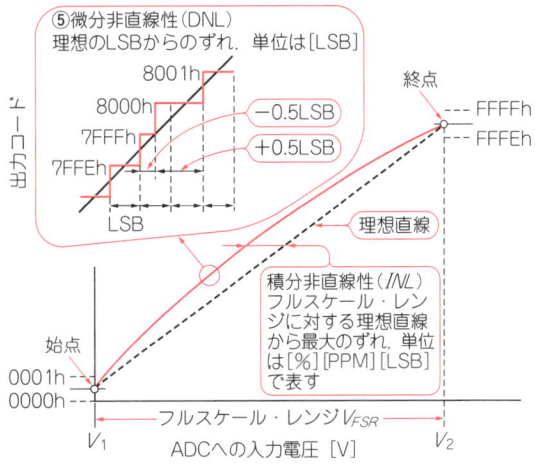

図2 DNLとエンド・ポイント法によるINL
エンド・ポイント法によるINLは，理想直線とADCの実際のゲイン・カーブとの最大偏差．

用語解説—2　ビート

2種類以上の周波数の異なる信号が互いに干渉し合うと，それらの信号よりも低い周波数成分が新たに生まれます．この現象をビートと呼びます．例えば，発振周波数が近い二つのスイッチング電源を近接して基板に実装すると，出力端子からビートによって新しい周波数成分が出てくることがあります．図Mの赤線で示された波形は，120 kHzの信号を100 kHzでA-D変換した結果生じる信号です．その周波数は120 kHzと100 kHzの差分，つまり20 kHzです．これもA-Dコンバータのサンプリング周波数と信号周波数とのビート現象です．A-D変換の世界では，この新たに生まれた成分をエイリアスと呼んでいます．

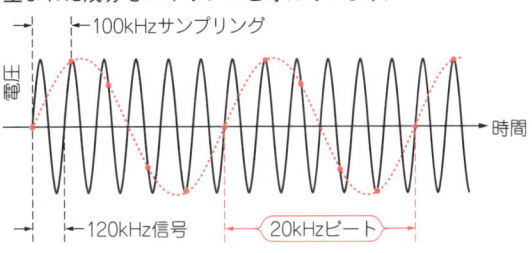

図M　120 kHz信号を100 kHzでサンプリングすると20 kHzが生まれる

静特性を読み解く　37

出力コード		出力頻度
16進数	10進数	[回]
5FF7	24567	148
5FF8	24568	174
5FFD	24573	2399
5FFE	24574	864
5FFF	24575	9241
6000	24576	0
6001	24577	15
6002	24578	492
600B	24587	154
600C	24588	2
合計サンプル数		32000回

出力コード24575の発生頻度が高い

出力されないコード（ミッシング・コード）は，コードを構成するビットが総入れ替えになるコード・パターンで出やすい

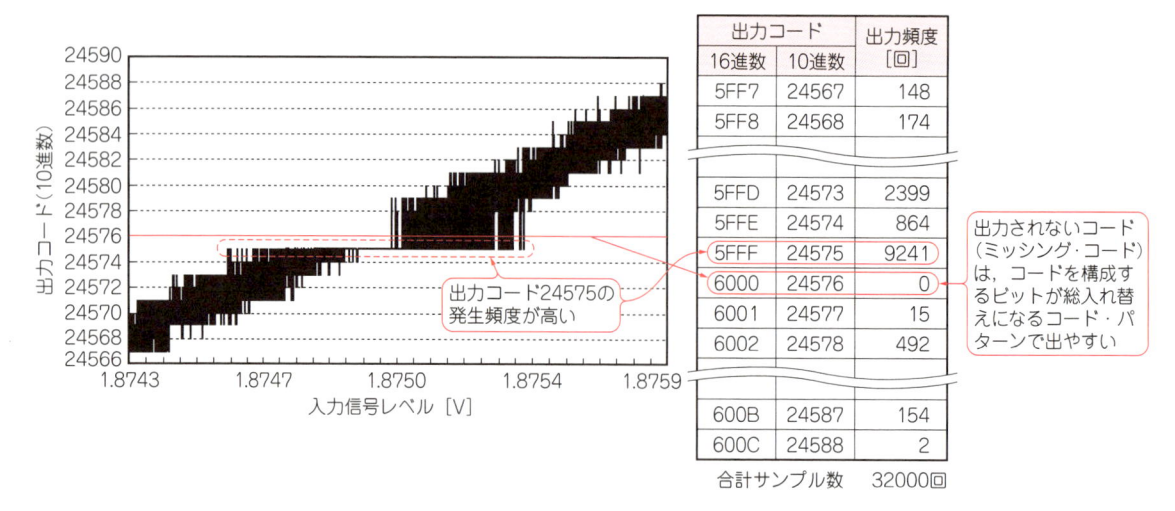

図3 ミッシング・コードの実験結果(16ビット分解能，15ビット・ノーミッシング保証の製品)
1.873 Vから1.8759 Vへ直線的に変化するアナログ入力信号をサンプリング回数32000回によりA-D変換した．

Linearity Error)，微分直線性誤差(DLE = Differential Linearity Error)とする場合もあります．各ICメーカとも語句の統一はなく，特徴のところにDNLは0.8 LSBと書いておいて，仕様表ではDLEは0.8 LSBと記述するケースもあります．見本のデータシートでもINLの記号の後にIntegral Linearityと記述しています．データシートの語句の不一致に対する苦情ばかり述べましたが，本記事ではINL，DNLに語句を統一します．

▶ **INL（積分非直線性）**

図2を基にまず④INLから解説します．これは普通のアンプと同じで，入力レンジ全体の視野で見たマクロ的な直線性誤差を指し，理想直線からの最大のずれ（偏差）をフルスケール・レンジ($V_2 - V_1$)に対する比率として％やppm，あるいはLSB換算で表します．見本の例では出力換算（LSB）で，⑦としてLSBの意味の解釈をフットノートに記述しています．

INLに関しては④の追加条件があり，記載したINLの定義はエンド・ポイント（法）でありベスト・フィット（ライン法）ではないとなっています．要は誤差の見積もりの手法のことで，エンド・ポイント法がよりシビアで現実的です．ここでエンド・ポイント法とは，図2で示した誤差の定義で，始点と終点を結んで理想直線を引き，湾曲する実際のADCのゲイン・カーブを重ね，理想直線から最大に膨らんだ（偏差）ところをINLの値に採用する方法です．一方ベスト・フィット・ライン法とは，ADCのゲイン・カーブを下にずり下げ，誤差を等分に振り分ける方法です．ベスト・フィットライン法の誤差規定では，INLはエンド・ポイント法の半分になります．

▶ **DNL（微分非直線性）**

次に⑤DNLですが，これは図2で示すように，出力コードが1増えるまでの実際の電圧とLSBとの最大偏差のことです．このとき，LSBはフルスケール電圧をA-Dコンバータの分解能（$2^n - 1$）で均等に分解したときの電圧値とします．表し方は，DNL = ± 0.5 LSBなどLSB換算です．

A-Dコンバータの入力電圧を大きくしていくと，出力コードも1ずつ増えていきます．理想的なADCであれば，入力電圧がちょうど1 LSBぶん増えるたびに，出力コードも1ずつ増えていきます．しかし実際のADCは，内部の回路のさまざまなばらつき要因によって，出力コードも1増えるまでの電圧が1 LSB均一ではないことがあります．

⑥ **No missing code**

日本語がなくカタカナでそのままノーミッシング・コードです．アナログ入力を全入力レンジにわたって変化させたとき（図2），それに対応するディジタル・コードの一部が出ないことをミッシング（失われる）・コードと呼びます．ADCのデータシートで，このような問題はないと主張する場合は否定形のノーミッシング・コードを使います．

例えば，16ビット分解能のADCで16ビット・ノーミッシング・コードという場合は'0000h'～'FFFFh'のすべてのコードが発生することを保証しています．15ビット・ノーミッシング・コードという場合は，上位15ビットのサイズで見ればミッシング・コードはないとなります．前後の説明から明らかにノーミッシング・コードと分かる場合は，単にノーミッシングとするケースもあります．

ところで，ミッシング・コードはまんべんなく発生するわけではなく，'0111b'から'1000b'のようにビットが総入れ替えになるコード（メジャー・キャリ

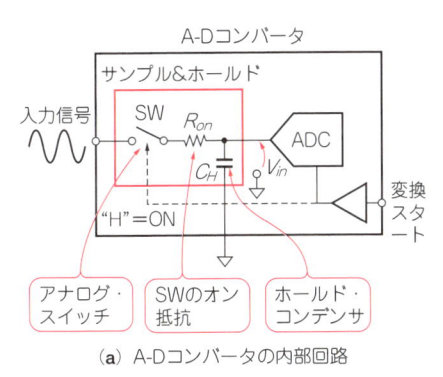

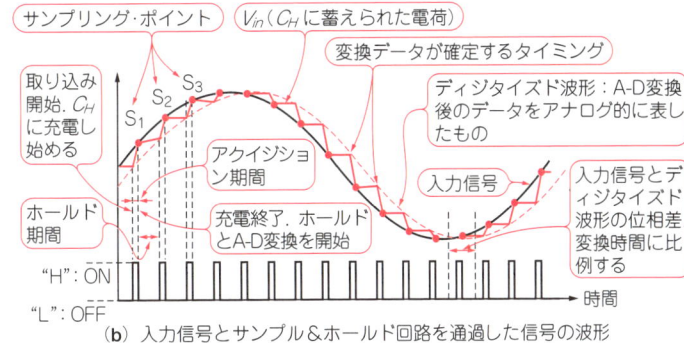

(a) A-Dコンバータの内部回路

(b) 入力信号とサンプル&ホールド回路を通過した信号の波形

図4 サンプリングA-Dコンバータによる交流信号の取り込み
SWのON/OFFによりC_HへのチャージとC_Hにチャージされた電荷の保持を行い，ADCはC_Hの両端電圧V_{in}をA-D変換する．

ーと呼ぶ)で出やすくなります．この理由は，'0111b'のように三つのコードを積み重ねると，誤差の積み重ねによって'1000b'よりも1LSB小さいビット幅を保つのが難しいためです．百聞は一見にしかずということで，具体的な例を**図3**に示します．いずれにせよ，ディジタル表示がある機器では表示飛びが発生しないように，表示分解能より1段上のノーミッシングが保証されたADCを使います．

サンプリングについての基礎知識

● サンプル&ホールド

刻々と変化するAC信号を正確にA-D変換するには，ADCの入力を変換開始の直前から終了まで一定に保つ必要があります．この機能をサンプル&ホールド(以下，S&H)と呼び，S&HとADCの組み合わせでサンプリングA-Dコンバータとなります．昔はサンプル&ホールド・アンプの呼び名で個別のICとして販売されていましたが，今はS&H内蔵のADCが主流になっているので，単にADCといえばサンプリングA-Dコンバータを指します．

図4にサンプリングA-Dコンバータのブロック図と，AC波形の取り込みの模様を示します．S&Hの部分は，アナログ・スイッチSWとホールド・コンデンサC_Hで構成されており，SWのON/OFFによりC_Hへのチャージ(サンプル)とC_Hにチャージされた電荷の保持(ホールドと呼ぶ)を行い，ADCはC_Hの両端電圧V_{in}をA-D変換します．

サンプリングA-D変換のプロセスは，①変換直前にSWがONからOFFに切り替わり，S_1やS_2で示す時間の1点(サンプリング・ポイントと呼ぶ)でAC電圧(黒の実線波形)をホールドする，②A-D変換を行う，③変換が終了とSWがONになりC_HはAC波形を取り込み(アクイジションと呼ぶ)始めます．階段波状の波形(赤の実線)はC_H両端電圧の変化を表したもので，斜めの傾斜がアクイジション期間，平坦な部分がホールド期間になります．

各サンプリング・ポイントで平坦部分の右縁と傾斜部分が接するところが変換データの確定タイミングです．したがって，ここを結ぶとディジタル値をアナログ的に表現したディジタイズド波形(赤の破線)になり，変換時間が短ければ黒の実線波形に対する位相差も小さくなります．このことから，AC信号を基にフィードバック制御を行うアプリケーションでは，高速なADCが有利であることが分かります．

用語解説—3　dBcとdBFS

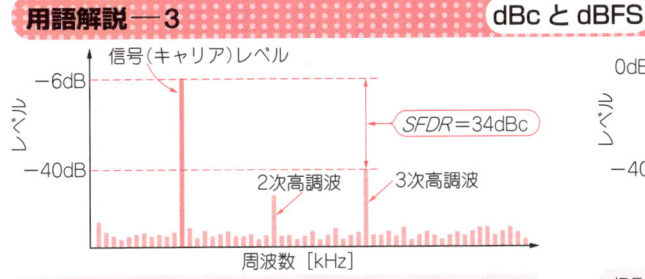

図N　dBcの使用例

dBcは信号と高調波ひずみとの比を表すdBの派生単位．もともとは通信機分野で使われており，添え文字の"c"はcarrier(搬送波)の頭文字．

図O　dBFSの使用例

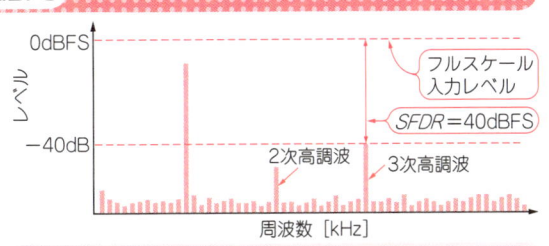

dBFSは，高調波ひずみとフルスケール(FS)入力レベルとの比を表すdBの派生単位．ピークが最大の高調波とフルスケール入力との比を表す$SFDR$などに使われる

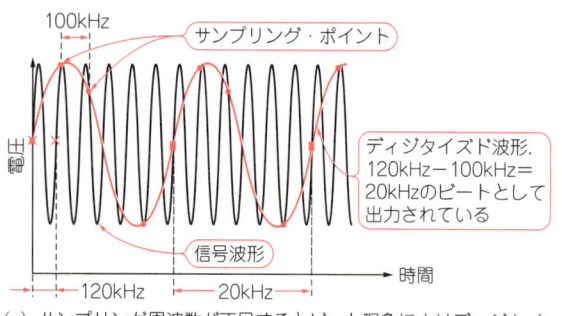

(a) サンプリング周波数が不足するとビート現象によりディジタイズド波形は低周波になる

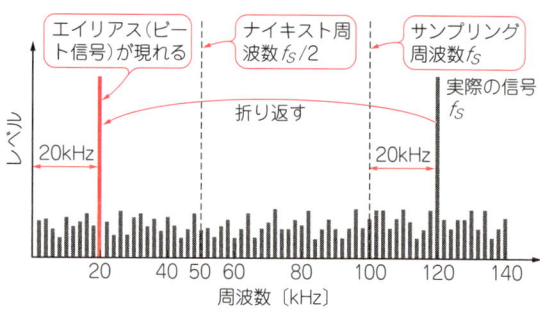

(b) (a)の波形をFFT解析すると，20kHzのビートが低周波領域に折り返していることが分かる

図5 アンダーサンプリングによる信号の折り返し
入力信号の周波数に対してサンプリング周波数が低いとビートによる低周波が発生する．

● サンプリングの定義

　サンプリングについてちょっと整理しておきます．サンプリングとはAC信号の一部を切り出して標本化することで，図4で示したS_1, S_2, …, S_nにおける各V_{in}の値がサンプリングされたアナログ量です．S&Hのサンプル・モード＝サンプリングではありません．正確にはアクイジション・モードです．サンプリング・ポイントはSWがONからOFFになった瞬間の時間の1点です．1秒間に存在するサンプリング・ポイントの数を表す場合はサンプリング周波数と呼び，単位は［Hz］を使います．

● アンダーサンプリング，折り返し，エイリアス

　これまでは，入力AC信号の周波数に対して，十分な数のサンプリング・ポイントで波形を標本化してきました．入力AC信号の周波数に対してサンプリング周波数が低いとどうなるかを図5の(a)と(b)に示します．

　(a)で黒の実線がAC波形で赤の点がサンプリング・ポイントです．サンプリング周波数が100 kHzと入力AC信号の周波数120 kHzより低いのでポイントがまばらになっています．それでも，ポイントとポイントを破線で結んだディジタイズド波形は，元の波形を再現しています．ただし，周波数は20 kHzと低くなっています．これは，入力信号の周波数120 kHzとサンプリング周波数100 kHzの差である20 kHzのビートとしてディジタイズド波形が再現されるためです．

　(b)は(a)の状態をFFT解析するとどうなるかを示したもので，周波数軸のf_Sがサンプリング周波数，f_Cが信号周波数，$f_S/2$がナイキスト周波数です．FFTグラフは，$f_C - f_S = 20$ kHzのビートが出現している模様を示しています．これをアンダーサンプリングによる「折り返し」といい，このビートをエイリアス（みせかけ）と呼びます．また，このような状態になることを「エイリアシングを起こす」といいます．エイリアシングは信号周波数がナイキスト周波数$f_S/2$より高いと発生します．

　図Fはエイリアシングに関する実験波形で，共に16ビットのADC（ADS8505，100 kS/秒）とDAC（DAC712）を第1部 第1章 写真1のように組み合わせて撮ったものです．ADCを100 kHzでサンプリング動作させ，ファンクション・ジェネレータから90 kHzの信号f_C（上段）を入れたもので，DAC出力（下段）からは10 kHzのエイリアスが出ていることが確認できます．

サンプリング特性を読み解く

　前出の図4からも推測できますが，ADCでAC波形を正確に取り込むにはサンプリング動作に対する時間的なタイミングとその誤差が重要です．これを定量的に示すものがサンプリング仕様で，主なものとしてアクイジション・タイム，アパーチャ・ディレイ，アパーチャ・ジッタが挙げられます．表3で示す見本のデータシートを基にこれらの内容を解説します．

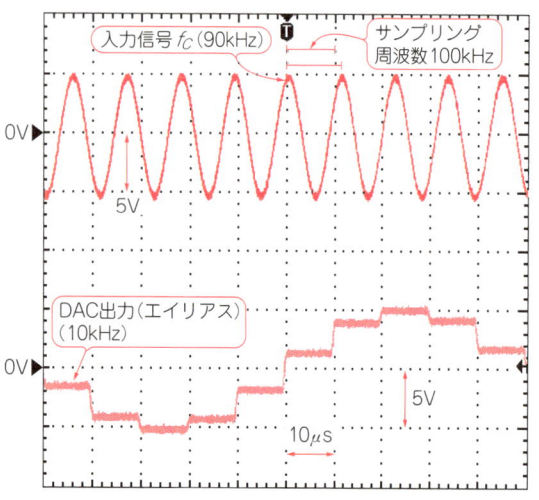

図6 アンダーサンプリングによるビート波形の出力
エイリアスが確認できる．

40　**Appendix A**　データシートの読み方ガイド

① **Conversion time**

図7と図8にこれらの用語にかかわる図を示します．まずConversion time（変換時間）ですが，これはADCがアナログ信号をディジタル信号へ変換するために必要な時間で，単位は［秒］です．

② **Acquisition time**

Acquisition time（アクイジション・タイム）は，ホールド・コンデンサC_Hへ所定の電圧精度までチャージするために要する時間です．図4で示したSWのオン抵抗R_{on}によってC_Hへのチャージ電流が制限されるため，図7のようにランプ波形になります．アクイジション・タイムは実用上，フルスケール・レンジ内の全変化に対して，信号レベルを0.5 LSB以内の誤差で追従する時間で規定されます（図8）．ADCに必要なアクイジション時間を与えないと，実際の信号振幅より小さな値で変換されるゲイン誤差の要因となります．

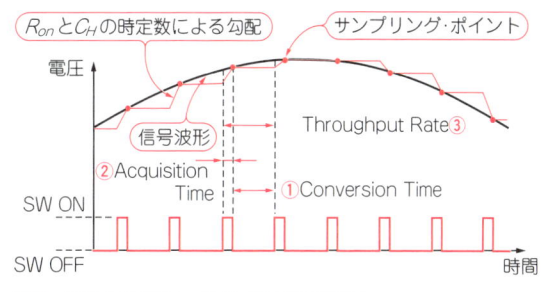

図7 波形上でのサンプリング仕様の用語1

③ **Maximum throughput rate**

throughputは処理量ですが，この場合は信号が入力されて出ていくまでの時間，アクイジション・タイム＋変換時間になります．rateは割合で，秒当たりの割合＝サイクルとして単位は［Hz］を用います．この意味で使う用語としてはサンプリング・レートの方が汎用的で，単位はやはり［Hz］です．サンプリン

表3 A-DコンバータICのサンプリング仕様例
ADS8410のデータシートから抜粋．

SPECIFICATIONS

T_A = –40°C to 85°C, +VA = 5 V, +VBD = 5 V or 3.3 V, V_{ref} = 4.096 V, f_{sample} = 2 MHz (unless otherwise noted)

PARAMETER	TEST CONDITIONS	MIN	TYP	MAX	UNIT
SAMPLING DYNAMICS					
① Conversion time	+VBD = 5 V		360	391	ns
	+VBD = 3 V			391	
② Acquisition time	+VBD = 5 V	100			ns
	+VBD = 3 V	100			
③ Maximum throughput rate with or without latency				2.0	MHz
④ Aperture delay			20		ns
⑤ Aperture jitter			10		psec
⑥ Step response			50		ns
⑦ Overvoltage recovery			50		ns

ディジタル電源電圧について特記された条件があるのでこちらを優先する

TIMING REQUIREMENTS

T_A = –40°C to 85°C, +VA = 5 V, +VBD = 5 V or 3.3 V (unless otherwise noted)

図を参照するように求めている

	PARAMETER	MIN	TYP	MAX	UNIT	REF
	SAMPLING AND CONVERSION RELATED					
t_{acq}	Acquisition time ②	100			ns	Figure 1, Figure 2
t_{cnv}	Conversion time ①			391	ns	Figure 1, Figure 2
t_{w1}	Pulse duration, $\overline{CONVST}$ high	100			ns	Figure 1
t_{w2}	Pulse duration, $\overline{CONVST}$ low	40			ns	Figure 1, Figure 2
t_{d1}	Delay time, $\overline{CONVST}$ rising edge to sample start ⑧			5	ns	Figure 1

用語解説―4　高調波

ひずみのない正弦波を構成する周波数成分は一つで，これを基本波と呼びます．しかし，どんな正弦波でも少なからずひずんでいます．ひずんだ正弦波は，図Pのように，基本波周波数の整数倍の副次的な周波数成分を含んでいます．これは，正弦波をFFT解析すると見えます．この副次的な成分を高調波や高調波ひずみと呼びます．2倍の周波数を持つ高調波を第2次高調波，3倍のものを第3次高調波と呼びます．A-Dコンバータのひずみに対する評価は，第9次の高調波までを行うのが一般的で，これらのひずみの合計を総合ひずみ（THD：Total Harmonic Distortion）と呼びます．

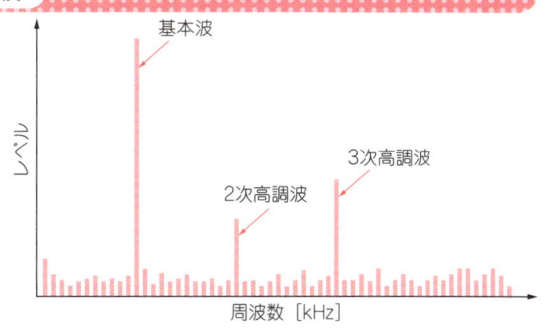

図P　ひずんだ正弦波の周波数成分

グ/秒ということで，最近ではSPSという表し方も多くなってきました．本書ではS/秒とします．

④ Aperture delay

アパーチャ・ディレイはS&Hがサンプルからホールドへ切り替わるときの時間遅れです．図4で示したSWがOFFし始めて完全にOFFになるまでの時間を指し，厳格な規定はS&Hの出力(V_{in})が入力に追従しなくなるまでの時間で，図8のS_Nと記したポイントです．

⑤ Aperture jitter

アパーチャ・ジッタは，アパーチャ・ディレイS_Nの時間上における揺らぎで，S_{N1}からS_{N2}のことです．

このジッタは波形に対するサンプリング・ポイントの振動なので，振れ幅$t_{SN1} - t_{SN2}$(Δt)はディジタイズド波形のノイズ成分として反映されます．そのようなことから，アパーチャ・ジッタの振幅はビット分解能に見合った値が要求されます．

図9はアパーチャ・ジッタΔtとSNRとの関係を図示したもので，図中の式(A)はSNRの定量的な見積もり方法です．変換クロックに同期したA-D変換データは，メモリの連続したアドレス空間へ順番にストアされ，その後，メモリから順番に読み出されてディジタイジング処理されます．処理の過程では，メモリ上のデータが時間軸上で等間隔にサンプリングされたことを前提に行うため，アパーチャ・ジッタが大きいと，図のように再生された波形は変形し，ひずみや雑

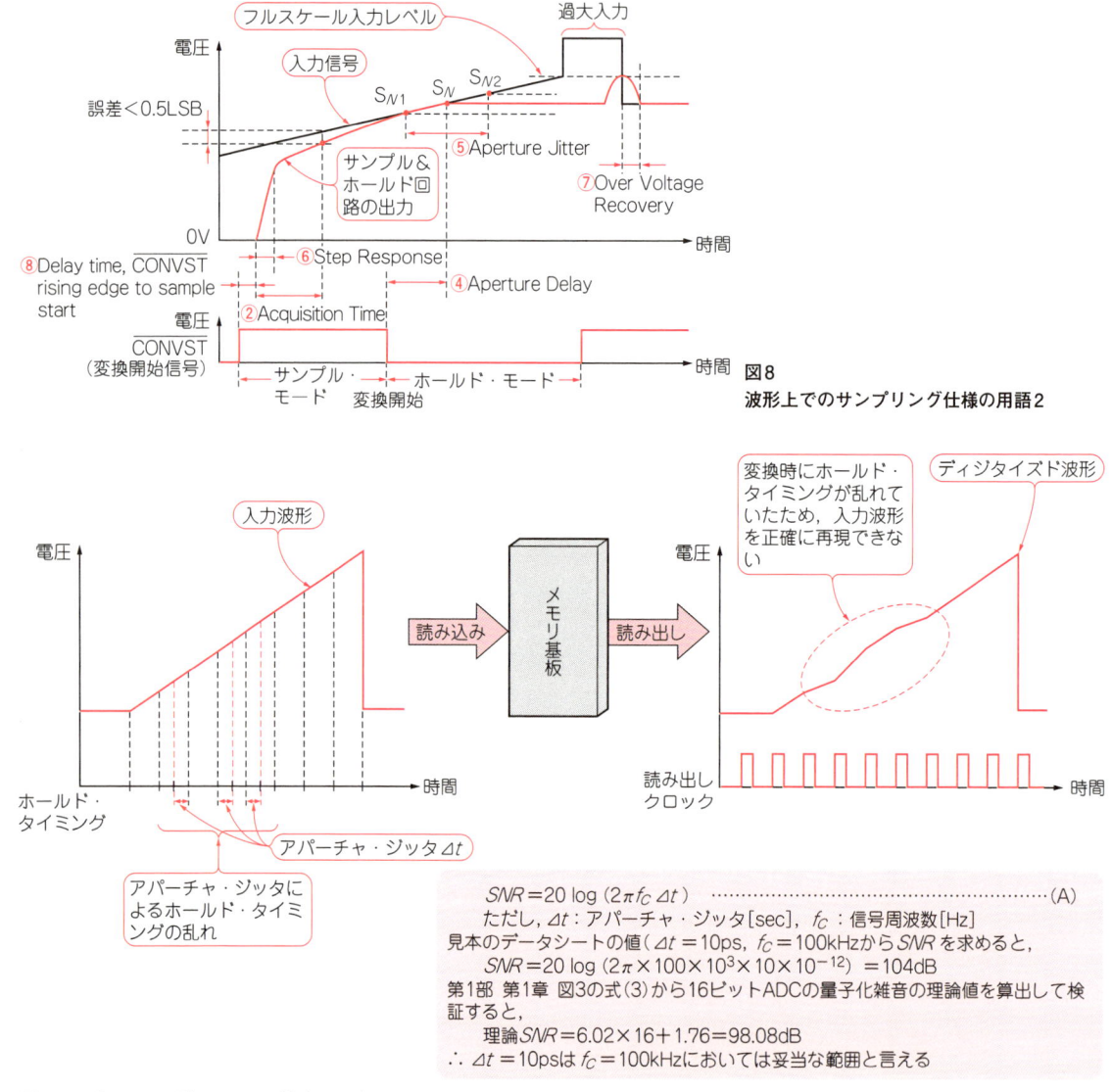

図8 波形上でのサンプリング仕様の用語2

$$SNR = 20 \log (2\pi f_C \Delta t) \quad \cdots\cdots (A)$$

ただし，Δt：アパーチャ・ジッタ[sec]，f_C：信号周波数[Hz]
見本のデータシートの値($\Delta t = 10$ps，$f_C = 100$kHzからSNRを求めると，
$SNR = 20 \log (2\pi \times 100 \times 10^3 \times 10 \times 10^{-12}) = 104$dB
第1部 第1章 図3の式(3)から16ビットADCの量子化雑音の理論値を算出して検証すると，
理論$SNR = 6.02 \times 16 + 1.76 = 98.08$dB
∴ $\Delta t = 10$psは$f_C = 100$kHzにおいては妥当な範囲と言える

図9 アパーチャ・ジッタによる雑音のしくみ
アパーチャ・ジッタが大きいと雑音やひずみの原因になる．

音の要素となります．

⑥ Step response

ステップ・レスポンスはステップ応答とも呼ばれ，入力信号のステップ変化に対する応答で，前述したアクイジション・タイムはこのステップ・レスポンスを含んだ値です．

リニア・アンプの規格で対比すれば，アクイジション・タイムがセトリング・タイム，ステップ・レスポンスはスルー・レートと等価です．

⑦ Over voltage recovery

過電圧復帰時間の意味で単位は時間です．入力電圧がフルスケール範囲を超した場合は，ADCの入力回路は飽和します．過電圧復帰時間は，入力がフルスケール・レンジ内に戻った時点から，入力回路の飽和が正常な状態に戻るまでの時間です．過電圧復帰時間はアクイジション・タイムにプラスされます．

⑧ Delay time, CONVST rising edge to sample start

"CONVST" は，このADCの変換クロック入力ピンの名称で，変換開始パルスの立ち上がりエッジからS&Hがサンプリング・モードへ移行するまでの遅れ時間を指します．このADCでは "CONVST" はアクティブ・ローなので，立ち上がりエッジとはノンアクティブ（アクイジション期間）への移行，すなわちアパーチャ・ディレイと逆の関係になります．アクイジション・タイムが十分に確保できていれば，この遅れ時間のジッタはサンプリング特性に対して影響はありません．

動的特性を読み解く

ADCのサンプリング特性がパーフェクトでも，ADCの内部で発生する雑音やひずみが取り込んだAC波形の品質を左右します．これらの項目は，DSPとのペアで，波形解析や通信分野での信号復調などを行う場合は重要な要素となります．

内容的には，S/N (SNR)，総合高調波ひずみ（THD），信号対雑音＋ひずみ（$SINAD$），スプリアス・フリー・ダイナミック・レンジ（$SFDR$），アナログ部の周波数特性など盛りだくさんで，単位は通信機器向けを意識した高速ADCでは [dBc]，[dBFS] を使用し，このADCのような汎用品では単に [dB] としています．

解説に先立ち，各計算式のまとめを表4に，そして見本のデータシートを表5に示します．

表4 A-DコンバータICの交流的な仕様の計算式

- SNR：正弦波実効値電力と雑音実効値電力との比
$$SNR = 10 \log \frac{最大相互変調積電力}{正弦波信号電力} \text{[dBc]} \quad\quad (B)$$
- THD：全高調波ひずみ率．高調波成分（規定の次数まで）の実効値電力の合計と，正弦波実効値電力との比
$$THD = 10 \log \frac{正弦波電力}{雑音＋高調波電力} \text{[dBc]} \quad\quad (C)$$
- $SINAD$：正弦波実効値電力と，雑音＋THD の実効値電力との比
$$SINAD = 10 \log \frac{全高調波電力}{正弦波信号電力} \text{[dBc]} \quad\quad (D)$$
- IMD：相互変調ひずみ．ADCの内部で周波数が近い二つの信号が干渉し発生する変調積の実効値と，通常の正弦波実効値電力との比
$$IMD = 10 \log \frac{正弦波信号電力}{雑音電力} \text{[dBc]} \quad\quad (E)$$

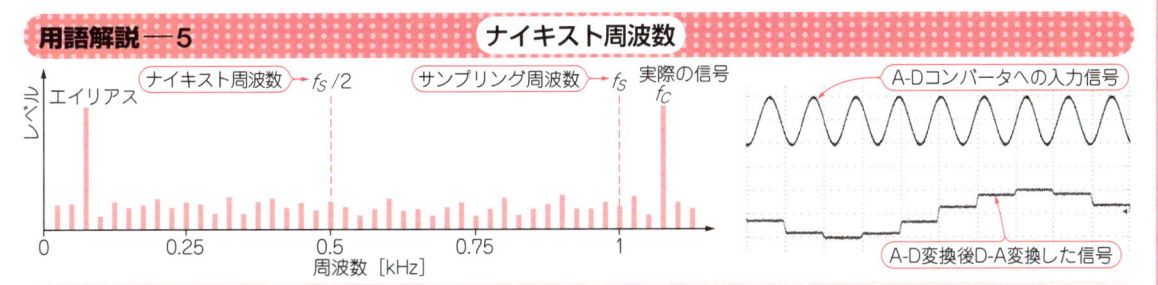

用語解説—5　ナイキスト周波数

ナイキスト（Nyquist）氏が打ち立てた量子化理論からきている．サンプリング周波数より少し高い周波数の信号を入力すると，その差分の周波数成分が低域に出現する．この信号成分をエイリアスと呼ぶ．サンプリング周波数の1/2の周波数をナイキスト周波数と呼び，これより高い周波数を持つ信号をA-D変換すると，元の周波数情報が失われる

図Q　ナイキスト周波数はサンプリング周波数の1/2

動的特性を読み解く

表5 A-DコンバータICの交流的な仕様例
ADS8410のデータシートから抜粋．

SPECIFICATIONS
T_A = −40℃ to 85℃, +VA = 5 V, +VBD = 5 V or 3.3 V, V_{ref} = 4.096 V, f_{sample} = 2 MHz (unless otherwise noted)

サンプリング周波数と入力信号の電圧レベル，周波数は重要な規定条件

PARAMETER	TEST CONDITIONS	MIN	TYP	MAX	UNIT
DYNAMIC CHARACTERISTICS					
THD ② Total harmonic distortion(5)	V_{IN} 0.5 dB below FS at 10 kHz		−98		dB
	V_{IN} 0.5 dB below FS at 100 kHz		−92.5		
SNR ① Signal-to-noise ratio	V_{IN} 0.5 dB below FS at 10 kHz		87.5		dB
	V_{IN} 0.5 dB below FS at 100 kHz		86		
SINAD ③ Signal-to-noise and distortion	V_{IN} 0.5 dB below FS at 10 kHz		87		dB
	V_{IN} 0.5 dB below FS at 100 kHz		85		
SFDR ④ Spurious free dynamic range	V_{IN} 0.5 dB below FS at 10 kHz		−101		dB
	V_{IN} 0.5 dB below FS at 100 kHz		−93		
⑤ −3 dB Small signal bandwidth			37.5		MHz

(5) Calculated on the first nine harmonics of the input frequency. ②

出荷時に全数検査しない項目は，標準値で示される

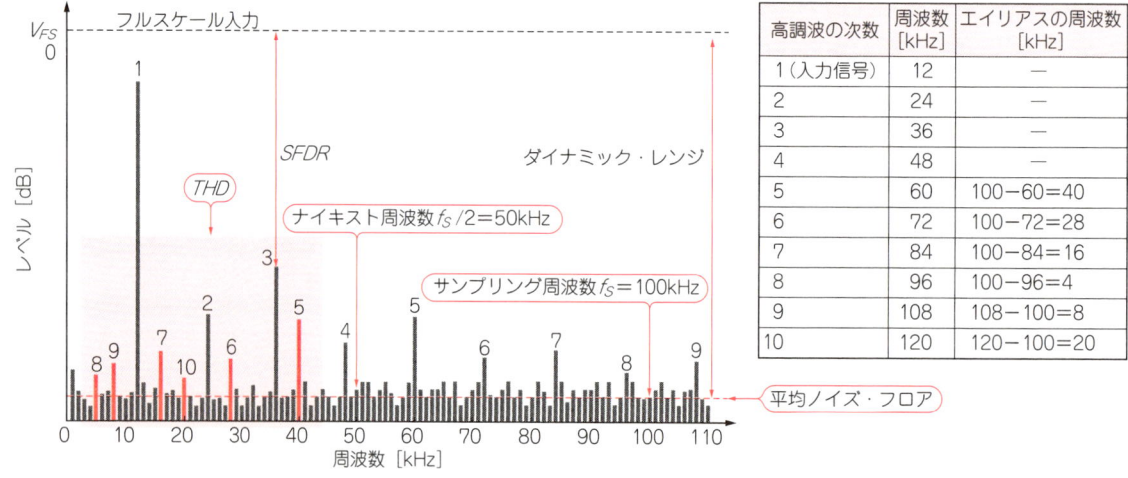

高調波の次数	周波数 [kHz]	エイリアスの周波数 [kHz]
1（入力信号）	12	−
2	24	−
3	36	−
4	48	−
5	60	100−60=40
6	72	100−72=28
7	84	100−84=16
8	96	100−96=4
9	108	108−100=8
10	120	120−100=20

図10 100 kS/秒で動作したA-DコンバータのFFT解析
5～10次の高調波はナイキスト周波数（$f_S/2$＝50 kHz）を超えるため，ビートとして低周波領域に折り返す．

① Signal-to-noise ratio

S/Nのことです．正確な表現は信号対雑音の比ですが，Signal-to-Noise Ratioの頭文字をとってSNRと記号化しています．SNRは入力信号に対する内部雑音との比ですから，入力信号の大きさが定義されています．表5のデータシートではADCの入力部の飽和を防ぐため，入力レンジ0～4.096 Vの幅に対して0.5 dB振幅の小さい正弦波を入れています．

雑音の規定は実効値（RMS）を用いるのでSNRも実効値同士の比になります［式（B）］．実効値は特定の帯域幅内に発生する全雑音の合計ですから，SNRも帯域幅の規定が必要です．見本のデータシートによれば，このADCの小信号帯域幅⑤は37.5 MHzなので，この帯域幅の中で発生する全雑音成分が分母のNとなります．

入力信号周波数が10 kHzに対して100 kHzではSNRが若干悪くなっています．これは，内部のサンプル＆ホールド・アンプが，サンプルからホールドになるときのタイミングにジッタがあるためです．サンプリング・ダイナミック特性については次節で解説します．

② Total Harmonic Distortion

総合高調波ひずみのことで，Total Harmonic Distortionの頭文字をとってTHDと記号化しています．ひずみは基本波（信号周波数）の整数倍の周波数を持つので高調波ひずみといいます．

THDは複数のひずみの合成値ですから，計算式［式（C）］に対して含まれる次数の範囲を規定します．見本の例では，入力周波数の最初の9個の高調波ひずみで計算したと規定しているので，2次から10次となります．図10はADCを100 kS/秒（100 kHz）で動作させた場合に，高調波ひずみが出現する位置について示したものです．

高調波ひずみがナイキスト周波数を超えるものであっても，低周波領域にエイリアスとして折り返すため無

44 **Appendix A** データシートの読み方ガイド

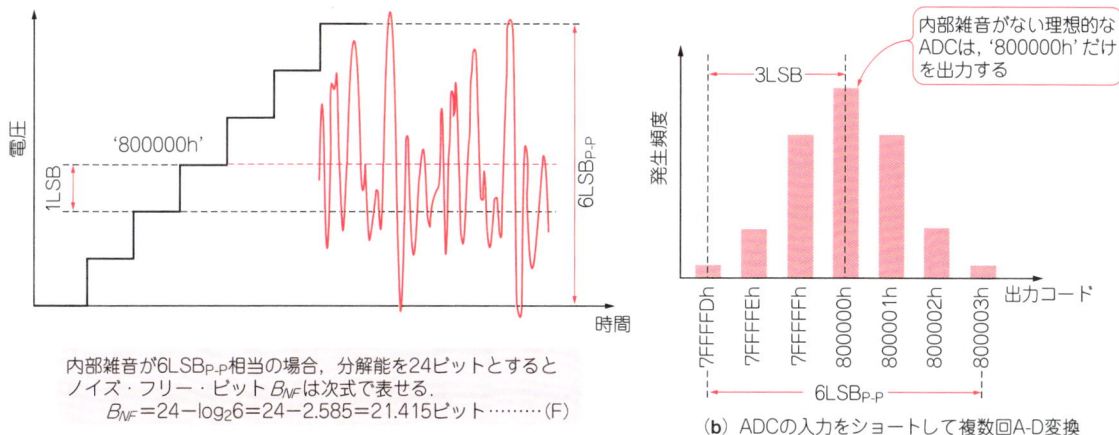

図11 24ビット分解能のA-DコンバータICにおけるノイズ・フリー・ビットの例
入力をショートした状態で1000回以上A-D変換した結果のヒストグラム．ノイズ・フリー・ビットが分かる．

内部雑音が6LSB_P-P相当の場合，分解能を24ビットとするとノイズ・フリー・ビット B_{NF} は次式で表せる．
$$B_{NF} = 24 - \log_2 6 = 24 - 2.585 = 21.415 \text{ビット} \cdots \cdots (F)$$

(a) 高分解能なADCでは内部雑音が1LSBを上回ることがある

(b) ADCの入力をショートして複数回A-D変換したときの出力コード

視できません．むしろディジタル・フィルタでは除去できないので，この成分が大きいとわずらわしい誤差成分となります．*THD* についてはメーカ間の標準規定はありませんので，個々のデータシートでチェックする必要があります．

③ *SINAD*

SINAD は，英語表記によるSIgnal-to-Noise And Distortionの頭文字を記号としたもので，日本語訳としては信号対雑音およびひずみです．*SNR* にひずみをプラスした用語で，信号に対する雑音+ひずみの比とする方が分かりやすいかもしれません［式(D)］．*THD* と *SNR* が複合されているので，使う側にとってはより現実的な用語ですが，デバイスのAC仕様としては最も数値が悪くなります．

④ *SFDR*

SFDR は，英語のSpurious Free Dynamic Rangeの頭文字を記号としたもので，単位は［dBFS］です．意味はスプリアスの影響がないダイナミック・レンジで，図Jで示すように，発生する最も大きな高調波ひずみのピーク値とフルスケール入力との比として定義されます．

「なになにダイナミック・レンジ」のように特にことわりがなければ，一般的に図10のノイズ・フロアの平均レベルからフルスケール入力レベルとの幅を指します．またオーディオ業界などではダイナミック・レンジをDレンジと省略した言い方で呼ぶこともあります．

16ビット以上の高分解能ADCに関する仕様

ADCの分解能が16ビットを越えてより高分解能化に向かうと，ICの設計上で内部ノイズを1/2 LSB内に押さえ込むのが次第に難しくなってきます．結果として，20ビットを越す分解能のADCでは，雑音レベルが1 LSBのビット幅を超します．

これを正しく表現するため，（回路構成で決まる）名目上の分解能とは別に *ENOB* とノイズ・フリー・ビットという用語が追加されます．

● ノイズ・フリー・ビット

内部で発生する雑音のピーク・ツー・ピークによって影響を受けないビット分解能を意味し，比較的新しい用語なので記号はありません（ここでは，B_{NF} とする）．

図11の(a)は，6 LSB相当のピーク・ツー・ピーク雑音が発生している例です．このADCの機械的分解能が24ビットであれば，B_{NF} は21.415ビットになります［式(F)］．言い換えれば，上位から21ビットまではふらつかないということです．

同図の(b)は，ADC内部のピーク・ツー・ピーク雑音を評価するときに使うグラフです．ADCの入力をショートした状態で，1000回以上A-D変換して得られたデータをヒストグラムで表します．雑音のない理想のADCなら，出てくるコードは1種類です．図の例では，6 LSB_P-Pの雑音が発生しているので，センタ・コード（アナログ入力に対応するコード）以外に6種類のコードが発生します．発生頻度はセンタ・コードから離れるにつれて少なくなります．

図12は製品のデータシートから起こしたグラフで，(a)が16ビットのADS8320で(b)が24ビットのADS1232です．ADS1232は内部にプログラマブル・ゲイン・アンプ（PGA）を内蔵しているため，ADS8320と条件を合せる意味でゲイン1倍のときのグラフを採用しています．16ビットではさすがにコードのばらつきは少なく，センタ・コードの発生割合は97.28％で

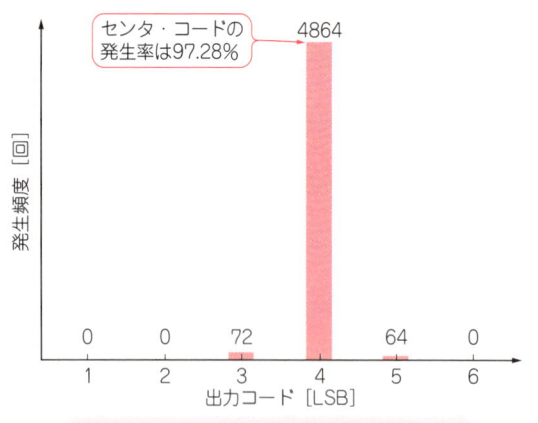

(a) 16ビットADC（**ADS8320**）の出力ヒストグラム（データ5000個の分布）

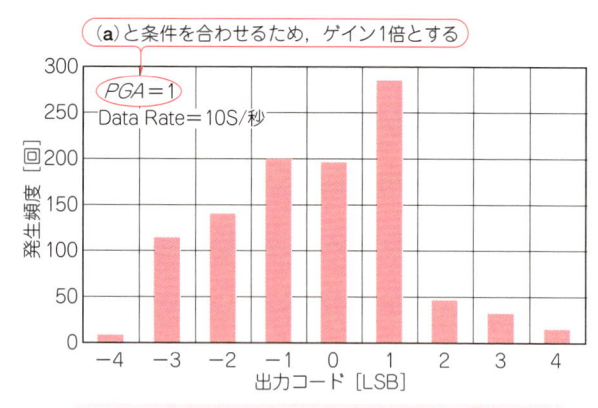

(b) 24ビットADC（**ADS1232**）の出力ヒストグラム（データ1000個の分布）

図12 A-DコンバータICの内部雑音の比較
入力をショートして複数回A-D変換した結果．製品のデータシートに記載されている．

The RMS and Peak-to-Peak noise are referred to the input. The Effective Number of Bits (ENOB) is defined as:
- ENOB = ln (FSR/RMS noise)/ln(2) ← ①

The Noise-Free Bits are defined as:
- Noise-Free Bits = ln (FSR/Peak-to-Peak Noise)/ln(2) ← ②

Where FSR (Full-Scale Range) = V_{REF}/Gain

表6
*ENOB*とノイズ・フリー・ビットの定義と計算式および仕様例
ADS1232のデータシートから抜粋．

Table 1. AVDD = 5V, V_{REF} = 5V, Data Rate = 10SPS

GAIN	RMS NOISE	PEAK-TO-PEAK NOISE(1)	① ENOB (RMS)	② NOISE-FREE BITS
1	420nV	1.79μV	23.5	21.4
2	270nV	900nV	23.1	21.4
64	19nV	125nV	22.0	19.2
128	17nV	110nV	21.1	18.4

$$① \ ENOB = \frac{\ln\left(\frac{V_{FSR}}{V_R}\right)}{\ln 2} = \log_2\left(\frac{V_{FSR}}{V_R}\right) \cdots\cdots (G)$$

$$② \ NFB = \frac{\ln\left(\frac{V_{FSR}}{V_p}\right)}{\ln 2} = \log_2\left(\frac{V_{FSR}}{V_p}\right) \cdots\cdots (H)$$

ただし，
V_R：実効値雑音電圧 [V]
V_{FSR}：フルスケール・レンジ [V]
V_p：ピーク・ツー・ピーク雑音 [V]

す．一方，24ビットでは±4LSB（8LSB$_{P-P}$）と幅が広がっています．ただし，両者の分解能を考慮すると，8ビットの差は256倍の差に相当するので，むしろADS1232の内部雑音の方がかなり小さいといえます．

● *ENOB*
表6はADS1232のデータシートの抜粋です．用語の定義と計算式も示されていますが，これについてもう少し丁寧に説明します．

①の*ENOB*は英語のEffective Number Of Bitの頭文字を記号としたもので，日本語の訳は有効分解能です．つまり，名目上の分解能に対して雑音を考慮したときの有効な分解能となります．*ENOB*は前述したB_{NF}よりだいぶ前から用語として使われていますが，*ENOB*の定義は電圧換算のフルスケール・レンジに対する実効値雑音との比，B_{NF}はピーク・ツー・ピーク雑音との比，という違いがあります．両者とも式(G)と式(H)で示すように，互いの比を2進数であるビットに換算して表します．余談ですが電卓でLog$_2$の計算機能がない場合は，自然対数の比ln(FSR/雑音)/ln(2)をとることで同じ結果が得られます．

*ENOB*とB_{NF}の有用性ですが，使う立場からすればB_{NF}に軍配があがります．実際の装置が6桁（100000カウント）のディジタル表示付きだとして，使うADCが*ENOB*で16.6ビット（100000カウント）であってもこれは実効値なので，下位ビットはふらつきます．一方，B_{NF}はピーク・ツー・ピークで保証されるため，最下位桁まで安定した表示ができます．

（初出：「トランジスタ技術」2006年12月号 特集 Appendix A）

第1部 基本編

第2章 直流信号をディジタル信号に変換する
数mVの直流信号を1万分の1まで高精度に分解

中村 黄三

温度測定は代表的なDC物理量測定の一つです．本章では，温度センサである熱電対や測温抵抗体をとりあげ，その微小なセンサ信号をいかに高精度にA-D変換するかについて解説します．

私たちの身の周りにあってなじみ深い物理量といえば温度，圧力，重量などです．

工業でのプロセス制御や商取引で用いる重量計測において，これらの物理量を高精度に測定するため，熱電対やロードセルといったセンサが開発され改良されてきましたが，電気的な視点から見れば昔も今もその動作原理に大きな変化はなく，出力もさほど大きくなっていません．

最大測定量すなわちフルスケールにおいて10mV前後と考えればよいでしょう．より細かな量を測ることができるようになったのは，OPアンプやA-Dコンバータなどの高性能化（低ノイズ，低ドリフト，高分解能）に帰するところが大でしょう．

本章では，高分解能な$\Delta\Sigma$型A-Dコンバータを用いて10mV程度のセンサ信号を取り込み，10000カウントまで安定に表示する設計手法を解説します．

例題としては，写真1に示す熱電対と測温抵抗体（RTD：Resistive Temperature Detector）による絶対温度測定回路です．熱電対による温度測定で10000カウントを目指すとすれば，0～1000℃のレンジを仮定した場合0.1℃ステップとなります．この場合，センサ出力は数μV/0.1℃と小さい値になりますが，微弱な信号に対する付き合い方が分かれば何の心配も要りません．

0～500℃，0.1℃精度の温度測定回路

熱電対の信号を取り込む回路の設計

はんだ槽の温度制御システム用として，表1の目標仕様による温度計測回路を設計します．下記のような筆者流の設計プロセスの順で行います（第2部で詳述）．①信号源の調査 → ②構想設計 → ③詳細設計 → ④部品の選択+誤差見積 → ⑤試作+実験 →（手直し）

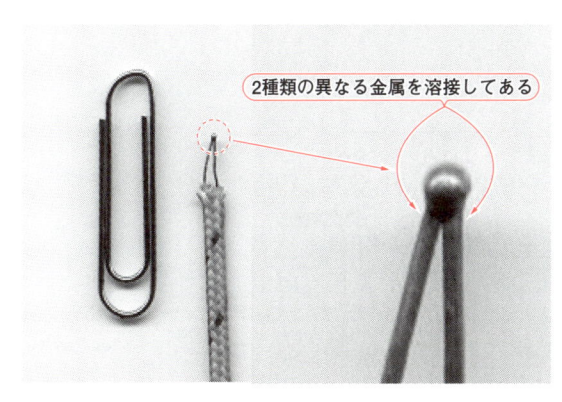

- ゼーベック効果により，温度に比例した電圧が発生することを利用 ●感度：10μ～60μV/℃

(a) 熱電対

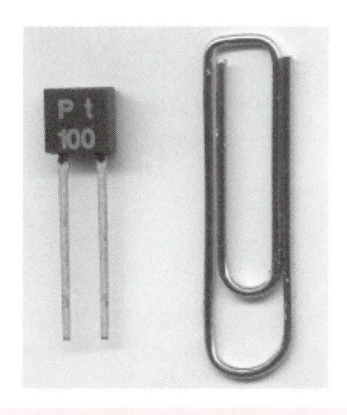

- 温度によって金属の電気抵抗が変化することを利用
- 特に白金(Pt)は温度特性が良好で経時変化が少ない

(b) 測温抵抗体（RTD：Resistive Temperature Detector）

写真1 本章で製作した絶対温度測定回路に使った2種類の温度センサ

まずJIS関係の資料を調べ，熱電対の熱起電力表やRTDの温度対抵抗表から，測定レンジにおけるセンサの感度を調べることから始めます．

ステップ1…センサ（信号源）の仕様や性質を調べる

■ 熱電対

● 熱電対の動作原理

図1に熱電対の動作原理を示します．

異なる種類の金属素線をペアにして両端を結ぶと，2点間の温度差に比例する熱起電力（ゼーベック効果）が発生して電流が流れます．このとき，起電力はペアにするときの形状やサイズに依存しません．結ばれている片方をオープンにすると測定点温度T_Mと基準点温度T_{CJ}との温度差に比例した電圧となって現れ，これを利用することで温度計測が行えます．図中のCは計測回路へのリード線ですが，これも金属なので測定には不要な熱起電力を発生するため，2本とも同じ材質にして熱起電力を相殺します（通常は基板の銅箔）．

● RTDと併用し絶対温度を知る

熱電対からは温度差に比例した電圧が発生しますが，測定点温度T_Mと基準点温度T_{CJ}の両方が未知数では絶対温度が測れません．

熱電対から正しい絶対温度情報を得るには，T_{CJ}を既知の温度に固定する必要があります．このためJIS規格で規定されたすべての熱電対はT_{CJ}を0℃として，0℃のときに熱起電力0Vになるように校正されています．したがって図のT_{CJ}が0℃でなければ，熱電対の電圧V_{TC}は正しい値になりません．基準点を0℃に保つという意味から，ここの部分（端子台）を冷接点（CJ＝Cold Junction）と呼んでいます．

冷接点の温度を0℃にするために昔は氷水を用いて

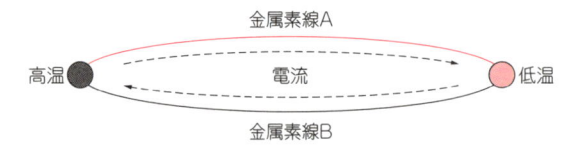

表1 温度計測部の仕様

項目	値など
測定温度範囲	0～500℃
表示精度	機器内温度25±25℃で0.1％（±0.5℃）
表示の揺らぎ	0.1℃刻みの5,000カウントで，0.1℃の桁が揺らがない
電源	アナログ側：＋5V，ディジタル側：＋3.3V
冷接点補償	基準点の温度測定にはPt100を使用

(a) 異なる金属素線をペアにして閉回路を構成すると，2点間の温度差に比例する熱起電力（ゼーベック効果）が発生し，電流が流れる

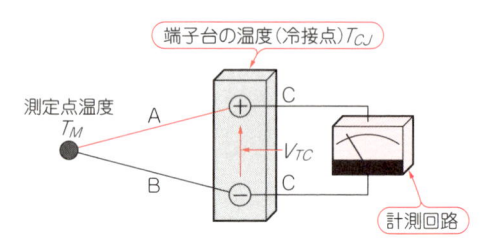

(b) 一端を開放すると，熱起電力により温度差（$T_M－T_{CJ}$）に比例した電圧が得られる

図1 熱電対の動作原理

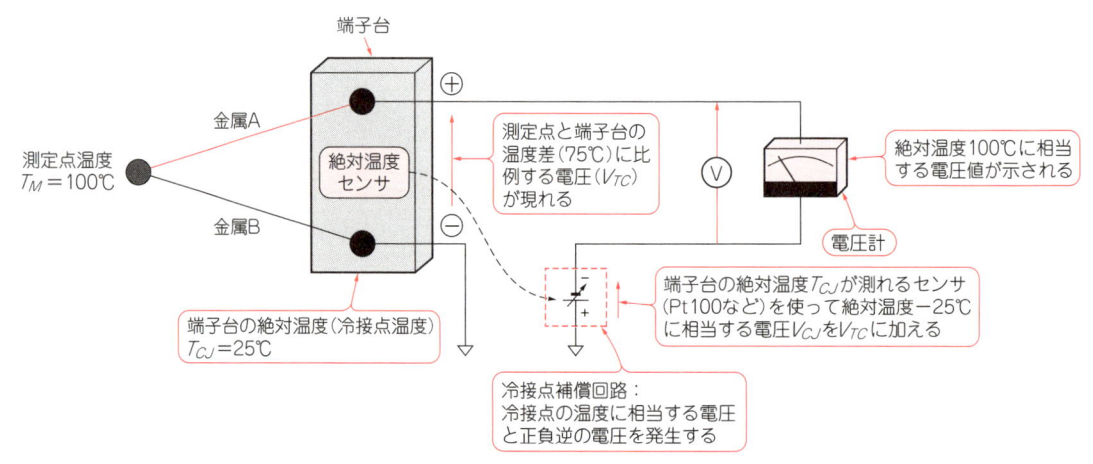

図2 熱電対で絶対温度を測るには冷接点補償が必要
現在主流となっている氷水を使わない冷接点補償の原理．

いましたが，現在では図2に示すように，熱電対を接続するコネクタの温度(冷接点温度)を測定して電気的に補正しています．これを冷接点補償と呼びます．

補正方法は何通りかあります．

図の例では測定回路の負極側に冷接点の温度T_{CJ}(25℃)に反比例する電圧を加え，測定点の温度T_MとT_{CJ}との狭まった温度差(本来は100℃のところが75℃)をかさ上げして，計測回路から見るとあたかも100℃のように見えるようにしています．

このように，熱電対のアプリケーションでは，基準接点の温度を測る局部的な温度測定回路が別途必要になり，これには測定精度の高いRTDが広く用いられています．RTDは温度測定そのものにも利用されています．

● 熱電対の種類と性質

表2に金属素線の組み合わせとそのゼーベック係数の一覧を示します．

電圧の極性を固定するため，正極には正のゼーベック係数を持つ材質，負極には負あるいは正極より小さい値のゼーベック係数を持つ材質が使われます．

表2の一番上のクロメル-アルメルが本章で扱うK型熱電対で，その熱起電力はJISで規定されています．表で平均熱起電力とあるのは，熱電対から発生する電圧が全温度レンジにわたり直線的ではないためです．

▶ K型の温度特性は41 μV/℃

熱電対の信号源としての性質は，温度に比例した微小電圧(K型では41 μV/℃)を発生する電圧源です．

信号源抵抗R_Sは1Ω以下です．これに配線抵抗の10Ω程度が加わると考えれば問題ありません．このような信号源の出力信号をOPアンプで増幅するときは，低ドリフトで低雑音なバイポーラ入力型を選びます．

■ RTD

● RTDの動作原理

RTDとは測温抵抗体の英語の頭文字Resistive Temperature Detectorにちなんでおり，温度によって抵抗値が変化するセンサです．

高い精度が要求される測定では，物質的に安定で温度変化に対する直線性がよい白金がよく利用されます．なかでもポピュラーなのがPt100です．Ptは白金(プラチナ)の原子記号，100は0℃における初期抵抗値を表します．

表2 熱起電力の大きさは熱電対の材質で決まる

記号	正極(+)	負極(-)	平均熱起電力 (μV/℃) (区間 0～100℃)	測定温度 0.25級	0.4級	0.75級	1.5級	備考
K	クロメル	アルメル	40.96	-	0～1000℃	0～1200℃	-200～0℃	熱起電力の温度変化が直線的で，腐食にも強い
J	鉄	コンスタンタン	52.69	-	0～750℃	0～750℃	-	熱起電力が大きい
T	銅	コンスタンタン	42.79	-	0～350℃	0～350℃	-200～0℃	電気抵抗が小さく，低温まで使用可
E	クロメル	コンスタンタン	63.19	-	0～800℃	0～800℃	-200～0℃	JISの中では最も熱起電力が大きい
R	白金	白金13%ロジウム	6.47	0～1600℃	-	-	-	熱起電力は小さいが，高温まで耐え，腐食に強い

用語解説—1　ドリフト

ドリフト(drift；漂流)と単純にいう場合は，一般にOPアンプの入力オフセット電圧の温度による変動を指します．入力オフセット電圧とは，図A(a)で示すようにOPアンプの出力をゼロにするために外部から与える(オフセット)電圧のことです．

図(b)のように変動量は温度に対して直線ではなく，一般に0℃以下の低温で勾配がきつくなります．25℃のときの値を初期値とし，変動ぶんをμV/℃で表します．動作温度範囲の最低/最高の2点間を直線で結んだ変化量を平均温度ドリフトといいます．

(a) 入力オフセット電圧

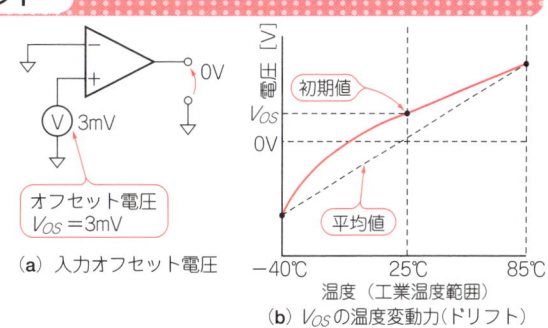

(b) V_{OS}の温度変動力(ドリフト)

図A 入力オフセット電圧とその温度特性

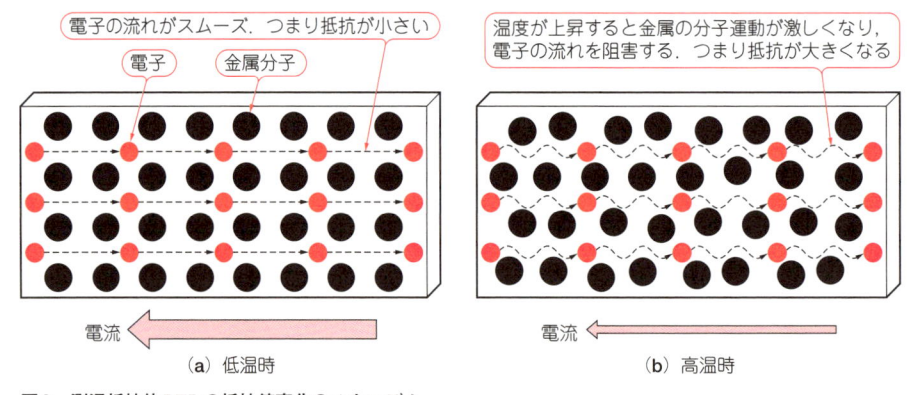

図3 測温抵抗体RTDの抵抗値変化のメカニズム

(a) 低温時　　(b) 高温時

電子の流れがスムーズ．つまり抵抗が小さい
電子　金属分子
温度が上昇すると金属の分子運動が激しくなり，電子の流れを阻害する．つまり抵抗が大きくなる
電流

表3 白金測温抵抗体Pt100はJISによってその仕様が規定されている (JIS C1604-1997)

(a) 感度規定(0℃と100℃における抵抗比で規定される)

JIS 記号	抵抗比(R_{100}/R_0)
Pt100	1.3851

(b) 誤差規定

種類	許容差 [℃]
A級 高精度測定用	$\pm (0.15 + 0.002 \, |t|)$
B級 汎用	$\pm (0.3 + 0.005 \, |t|)$

$|t|$ は測定温度(℃)で絶対値を適用

(c) 規定温度範囲における許容誤差

種類	温度 [℃]									
	-200	-100	0	100	200	300	400	500	600	650
A級	±0.55	±0.35	±0.15	±0.35	±0.55	±0.75	±0.95	±1.15	±1.35	±1.46
B級	±1.3	±0.8	±0.3	±0.8	±1.3	±1.8	±2.3	±2.8	±3.3	±3.6

　測温抵抗体には他の材質でできているものもありますが，単にRTDと呼ぶ場合は慣習として白金測温抵抗体のことを指します．

　RTDの動作原理はシンプルで，これを図3に示します．同図において(a)が低温時，(b)が高温時の様子を示したもので，黒い粒は金属分子，赤い粒は電子の流れを表しています．抵抗体に電圧を加えることで電子が移動し，それによって電流が流れます．低温時では金属分子が整列した状態なので電子の流れはスムーズ(抵抗値が低い)ですが，高温になるにつれて金属分子のブラウン運動が盛んになって配列が乱れ，電子の流れが阻害(抵抗値が増大)されます．

● **Pt100の仕様**

　Pt100の感度と誤差はJIS規格のC1604-1997で規定されています．表3(a)，(b)にこれらを示します．

　感度規定は0℃と100℃における抵抗比で規定されており，表中の「R_{100}/R_0」とはこのことを示す記号です．規定では1.3851，すなわち138.51Ω対100Ωとなります．誤差規定は，A級(高精度用途)とB級(汎用用途)の2種類にクラス分けされています．

　表3(c)は規定された温度範囲における許容誤差です．0℃を基準温度としている関係から0℃が最も厳しく，0℃を中心に低温および高温側の対称温度(例えば-200℃と+200℃)で同じ規定になっています．これはPt100の直線性誤差が2次の放物線状になっているためで，JISで規定された温度対抵抗値を基に作ったグラフ(図4)からも確認できます．

　なお，グラフは理想直線からの偏差をズームアップするためエンド・ポイント法(第1部 第1章参照)で作図されています．

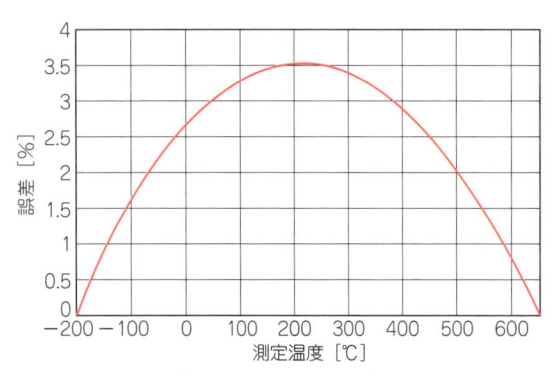

図4 -200～+650℃におけるPt100の直線性誤差
エンド・ポイント法で見ると2次の放物線状を示す．

● **Pt100の抵抗値の温度特性**

　Pt100は抵抗体なので，初期値と温度1℃当たりの

図5 抵抗性信号の初期値と信号成分

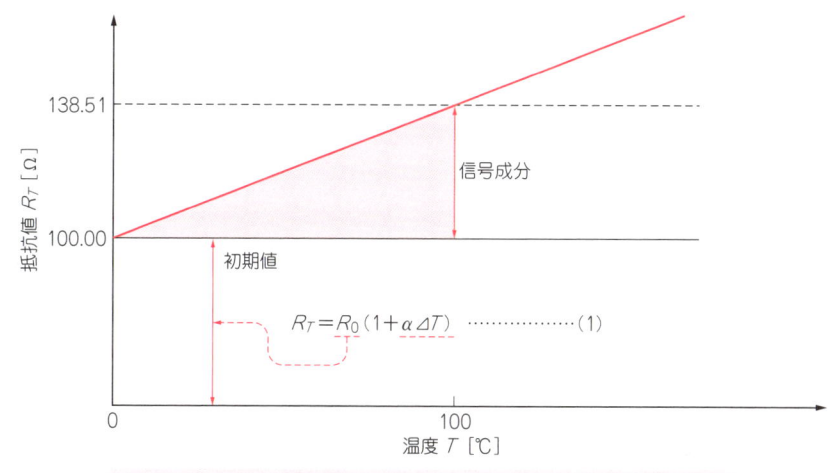

Pt100の0℃における初期値は100Ω．1℃当たりの変化率はαは0.003851

$$R_T = R_0(1 + \alpha \Delta T) \quad \cdots\cdots\cdots (1)$$

変化に対する抵抗値の変化率αを持ちます．初期値はキャンセルすべきオフセットで，1℃当たりの抵抗値変化が正味の信号成分になります．この概念を図5にグラフと式で示すと，式(1)において，

　初期値：$R_0 \times 1$ ［Ω］
　変化量：$R_0 \times \alpha \times \Delta T$ ［℃］ = ΔR ［Ω］

という成分で考えることができます．

ここで，変化率αは$0.3851(R_0/R_{100})$なので0.003851となります．$R_S = 100$Ωなので，受けるOPアンプは同じくバイポーラ型が適切です．

● **Pt100は電流または電圧を加えて使用する**

Pt100は抵抗エレメント(エレメントとは物理量によって変化する素子)なので，電圧信号を取り出すために電流を流します．センサ・エレメントに電圧を加えたり電流を流し込むことをエキサイテーション(励起)と呼びます．

抵抗エレメントの励起方法は，負荷抵抗を付けて定電圧で駆動するか，定電流を直接エレメントに流します．構成部品数の比較では，定電圧駆動が抵抗1本で済むのに対して，定電流駆動にはOPアンプと数本の抵抗が必要です．

ステップ2…情報の整理と予備実験

提示された目標仕様(表1)と信号源の調査結果に基づき構想設計に入ります．

構想設計の第一段階として，アイデアをまとめるため図6のようなラフなブロック図を作り，センサ感度，設計の方向性，キー・ポイントなどをメモ書きします．特に重要な検討課題は，次の詳細設計へ進む前に予備調査や予備実験でさらに確認します．

● **定電圧駆動を検討する**

回路が簡単な図7の定電圧駆動回路で仕様を満たせるかどうかを検討します．

冷接点温度に比例した電圧出力V_{CJ}は，式(2)で示すように励起電圧V_Eを負荷抵抗R_LとエレメントR_T

用語解説 — 2　信号源抵抗

アンプ内部で発生する雑音を入力電圧雑音と呼び，バイポーラ入力型のOPアンプの方がFET入力型のOPアンプより低雑音です．一方，入力電流雑音も存在します．これは入力バイアス電流と比例するため，入力バイアス電流の小さなFET入力型のOPアンプの方が小さい値です．

信号源抵抗R_Sに入力電流雑音が流れると雑音電圧に変換されます．図Bの例では，OPA227(バイポーラ入力)とOPA627(FET入力)ではR_Sが10kΩのところで，入力換算雑音のレベルが逆転しています．

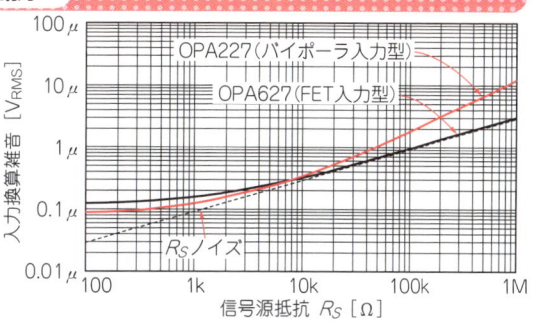

図B 信号源抵抗とOPアンプの入力雑音

K型熱電対：⊿20.644mV@0～500℃
平均感度は41.288μV/℃
Pt100(1mA)：⊿19.25mV@0～50℃
平均感度は38.5μV/0.1℃

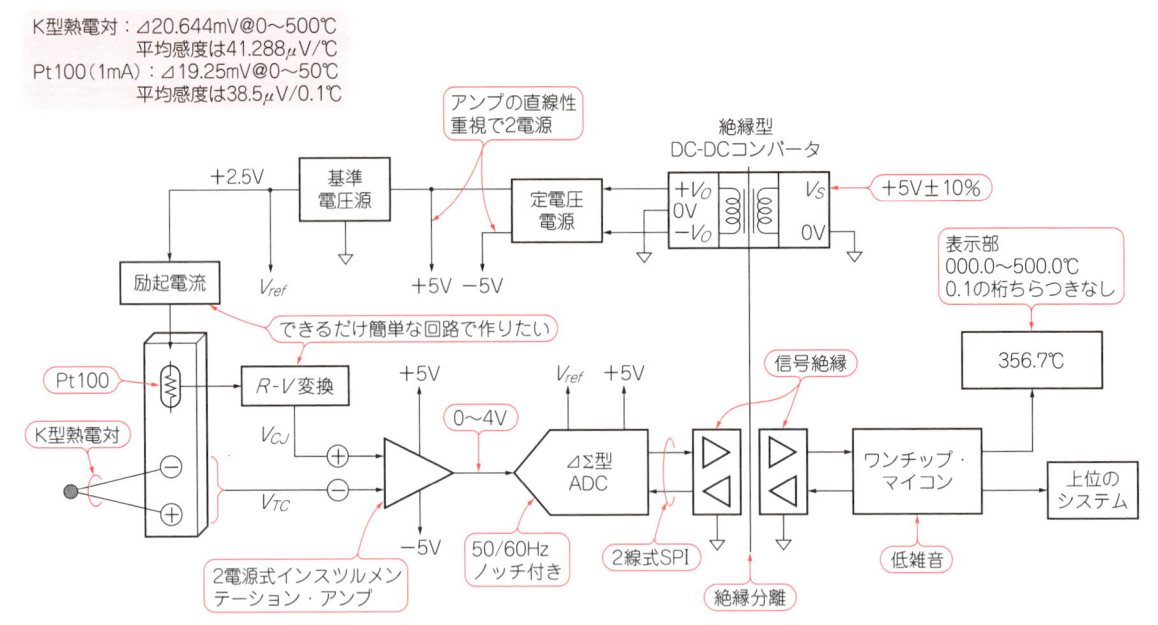

図6 構想設計としてK型熱電対による温度計測部のブロック図を描く
アイデアをまとめるためブロック図を描きポイントをメモ書きする．

により分圧することで得られます．0℃からある温度へ変化したときのV_{CJ}の変化ΔV_{CJ}は式(3)で示す分圧比の変化です．ここまでは簡単な式でしたが，これに式(4)[式(1)と同じ]で示す「エレメントR_Tの初期値＋変化率」を加味すると式(5)のように複雑な2次の式ができあがります．

分母に2次の項があるということはΔV_{CJ}が直線的に変化しないことを意味し，要求仕様である「0～500℃における表示精度0.1％＝0.5℃」に収まるかどうかが鍵になります．これについては，冷接点補償回路の検討が終わったあとで誤差分析をします．

● 冷接点補償の回路方式を検討する
定電圧駆動を使用する前提で，冷接点補償の回路方式を検討します．図8はインスツルメンテーション・アンプを使って，図中のグラフのように補正する試み

です．

補正は，ロー・サイド（グラウンド側）に配置したPt100とバイアス用のR_Lとの分圧電圧V_{CJ}を，インスツルメンテーション・アンプの非反転入力IN＋へ接続して行います．残りの熱電対の出力は空いている反転入力IN－に接続しますが，極性を合わせるため熱電対の負極側$-V_{TC}$を使用します．これでマイナスとマイナスでプラスになります．

正極側は，R_LとPt100の初期抵抗R_{T0}と同じ値の抵抗R_{T0}(100Ω)とで構成される分圧回路へ接続し，Pt100の初期抵抗によるオフセット電圧を，同相モード電圧として計測アンプにより相殺させます．

次に，V_{CJ}の温度による変化率ΔV_{CJ}を熱電対の変化率ΔV_{TH}に合わせ込むためにR_Lの値を決定します．式(6)では，それぞれの0～50℃のスパンにおける変化率の比を求め，Pt100へ流すべき励起電流I_Eを決め

ΔV_{CJ}はPt100の特定温度下の抵抗値R_Tと初期値R_0との差分であることから，次式で求まる．

$$\Delta V_{CJ}=V_E\left(\frac{R_T}{R_L+R_T}-\frac{R_0}{R_L+R_0}\right) \cdots (3)$$

温度の変化分をΔT，R_Tの1℃当たりの変化率をαとすれば，R_Tは次式で求まる．

$$R_T=R_0(1+\alpha\Delta T) \cdots (4)$$

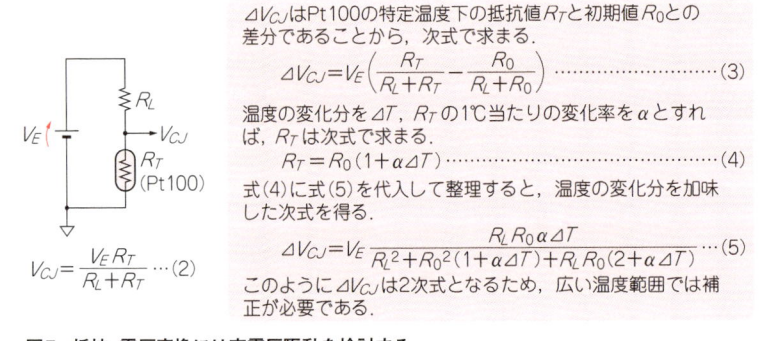

式(4)に式(5)を代入して整理すると，温度の変化分を加味した次式を得る．

$$\Delta V_{CJ}=V_E\frac{R_LR_0\alpha\Delta T}{R_L^2+R_0^2(1+\alpha\Delta T)+R_LR_0(2+\alpha\Delta T)} \cdots (5)$$

このようにΔV_{CJ}は2次式となるため，広い温度範囲では補正が必要である．

$$V_{CJ}=\frac{V_ER_T}{R_L+R_T} \cdots (2)$$

図7 抵抗-電圧変換には定電圧駆動を検討する

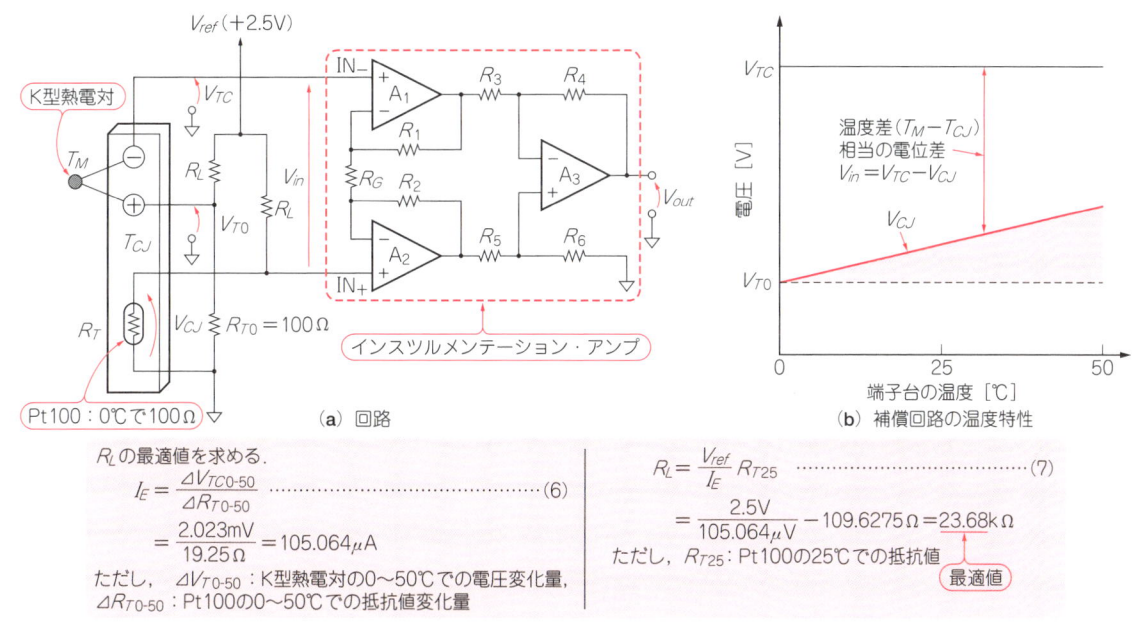

図8 冷接点補償回路の温度特性とバイアス用抵抗の最適値
基準接点温度 T_R の上昇による熱電対出力 V_{TC} の目減りを冷接点補償電圧 V_{CJ} で補正する．

R_L の最適値を求める．

$$I_E = \frac{\Delta V_{TC0\text{-}50}}{\Delta R_{T0\text{-}50}} \quad \cdots\cdots (6)$$

$$= \frac{2.023 \text{mV}}{19.25 \Omega} = 105.064 \mu A$$

ただし，$\Delta V_{T0\text{-}50}$：K型熱電対の0〜50℃での電圧変化量，$\Delta R_{T0\text{-}50}$：Pt100の0〜50℃での抵抗値変化量

$$R_L = \frac{V_{ref}}{I_E} - R_{T25} \quad \cdots\cdots (7)$$

$$= \frac{2.5V}{105.064 \mu V} - 109.6275 \Omega = 23.68 k\Omega$$

ただし，R_{T25}：Pt100の25℃での抵抗値

（a）回路　　（b）補償回路の温度特性

ています．R_L の値は式(7)のように基準電圧 V_{ref} を I_E で割り，Pt100の抵抗ぶん R_T を差し引けば求まります．

ただし R_L は固定であるため，0℃を基準とした R_T = 100Ωで式を解くと，R_T の上昇とともに I_E が小さくなるので，ΔV_{CJ} は次第に ΔV_{TH} から離れていき，高温側で誤差が増大します．これを軽減するには，誤差を25℃中心に振り分けるようにするため，Pt100の25℃での値 R_{T25} を用います．また，ΔV_{CJ} はわずかながら2次の曲線でたわむので，式(7)で求めた値を後に最適化して調整します．

● 信号レベルのダイヤグラムを作りゲインと誤差要素を書き込む

図9は信号のレベル線図です．筆者が詳細設計に入る前に書く検討用資料の一つで，本来は前出の図6に示したブロック図の下に書きます．

信号のレベル線図には，センサ出力からA-Dコンバータ入力までと電源レールを書き込みます．電源電圧が限られたアプリケーションでは，設計ミスによるアンプなどの飽和を回避できます．

信号レベル線図の下には，各ステージにおける誤差要因を思いつく限り書き出し，このあとに行う誤差見積の計算項目として使います．

● 使用するデバイスの選択

ブロック図とレベル線図から，使うべきデバイスの仮仕様を決めて，複数の候補を物色します．

ここではとりあえず，A-Dコンバータにはコスト

用語解説—3　　バイポーラ入力型

バイポーラ入力型のOPアンプとは，図Cのように入力部がバイポーラ・トランジスタ（bipolar transistor）で構成されたアンプを指します．図のOPアンプの場合は，2個のNPNトランジスタによって入力部を構成しています．

電界効果型トランジスタ（Field Effect Transistor；FET）と区別するときだけ特にバイポーラ・トランジスタと呼びますが，普通は単にトランジスタと呼びます．JFETやMOSFETを入力部に使用したFET入力型のOPアンプもあります．

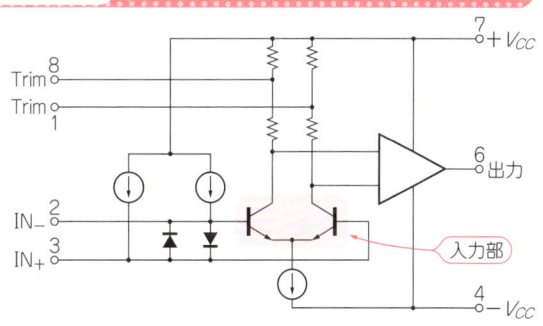

図C　バイポーラ入力型OPアンプの構成

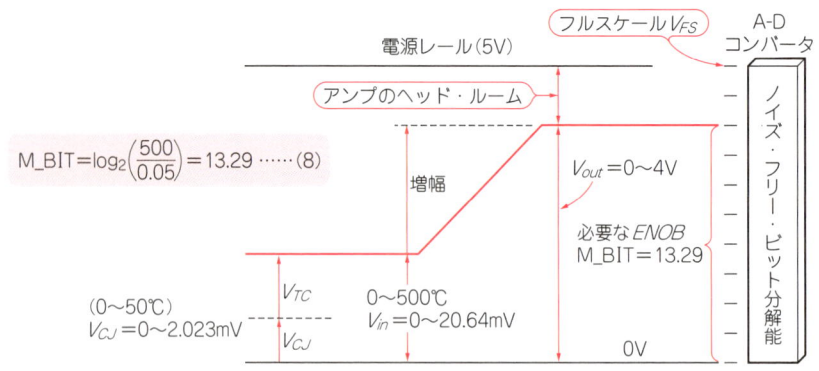

$$M\_BIT = \log_2\left(\frac{500}{0.05}\right) = 13.29 \cdots\cdots (8)$$

(a) 温度センサからA-Dコンバータ入力までの信号レベルのダイヤグラム設計

誤差分類	基準電圧源	冷接点補償	インスツルメンテーション・アンプ	A-D コンバータ
ドリフト性	・V_{ref} ドリフト	・V_{T0} 　$R_L + R_{T0}$ 　V_{ref} ドリフト ・V_{CJ} 　R_L 　V_{ref} ドリフト	・入力オフセット電圧 ・$(V_{T0} - V_{CJ}) \times$ ゲイン ・$CMR \times$ ゲイン	・入力オフセット電圧
雑音	・V_{ref} 雑音	・V_{ref} 雑音	・内部雑音 $\times$ ゲイン ・$(V_{T0}, V_{CJ}) \times$ ゲイン	・ノイズ・フリー・ビット ・V_{ref} 雑音
ゲイン	—	—	・設定抵抗	・入力レンジ ・V_{ref} ドリフト

(b) 図8 各デバイスの誤差要因

図9 詳細設計を始める前に信号のレベル線図を描き誤差要因を書き出す

重視と 50/60 Hz のノッチ入りということで，図10に示す ADS1244 を選びます．

ADS1244 はフルスケール入力範囲が基準電圧の 4 倍なので，基準電圧源のドリフトがスケーリング誤差（スパンとゼロ点の温度安定性），雑音が最下位表示桁のチラつきに効いてきます．基準電圧は回路全体の動作に影響するため，特に性能の良いものを選びます．

使用する基準電圧 IC には，ここでは温度安定性がよく（7 ppm/℃），低雑音（33 μV$_{P-P}$，0.1〜10 Hz）な REF3225 を選びます．白色雑音のような高域雑音のカットは容易ですが，10 Hz 以下の 1/f 雑音領域をアナログ的にカットすることは事実上不可能なので，この領域の雑音レベルの小さいものを選びます．

信号処理系に使用する半導体部品の最後はインスツルメンテーション・アンプの選択となります．アンプ段でゲインを一気に 100 倍以上稼ぎます．ここではアンプ自体の入力オフセット電圧ドリフトが小さく（最大 0.7 μV/℃ @ ゲイン = 100），低雑音（0.2 μV$_{P-P}$，0.1〜10 Hz）な INA128 を選びます．

用語解説 — 4 　1/f 雑音・白色雑音

図D は，OP アンプの内部雑音である 1/f ノイズと白色雑音のスペクトラム分布を示したものです．これら二つの雑音は，発生のメカニズムが異なります．

1/f 雑音は周波数に反比例して増加することから名付けられています．一方，白色雑音は周波数とは無関係に一律に分布する雑音で，温度に比例して増加するため熱雑音と呼びます．

1/f 雑音と白色雑音が交わるところを 1/f コーナと呼びます．

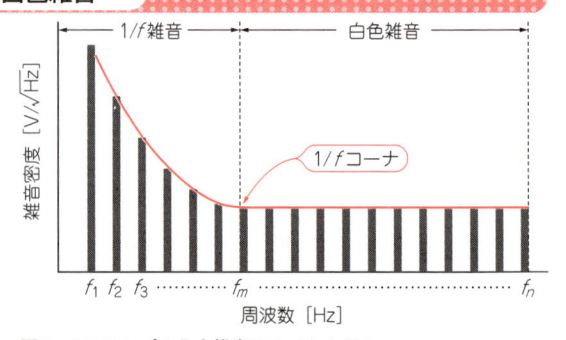

図D OP アンプの入力雑音のスペクトラム

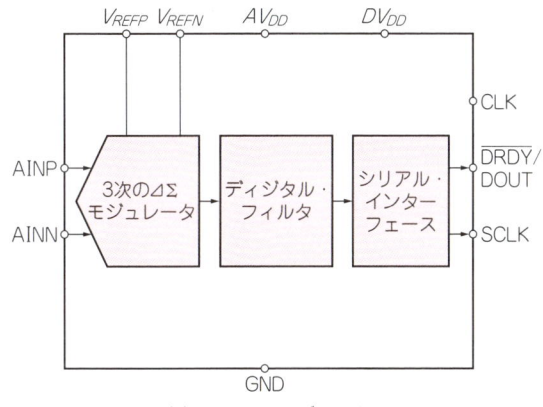

(a) ADS1244のブロック図

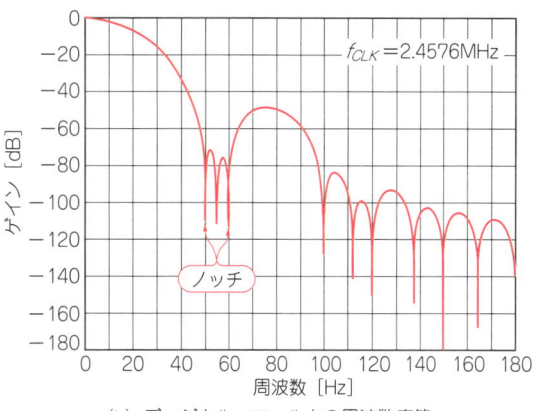

(b) ディジタル・フィルタの周波数応答

図10　50/60 Hzのノッチ・フィルタを内蔵するADS1244を採用

ステップ3…詳細設計を行う

● 回路図面を仕上げる

図11が温度計測回路の全回路図です．説明していない部品についてちょっと触れておきましょう．

電源部は図の下部にあります．使用した絶縁型DC-DCコンバータはDCP010507DBPで，耐圧は1 kV$_{RMS}$で一応UL1950認定品です．型番が仕様をストレートに表しており，左側から順に01(1 W品)，05(5 V入力)，07(7 V出力)，D(2出力)です．

使用した理由は，

- 14ピンDIPの大きさで1 Wと電力密度が高いこと
- リプル周波数が400 kHzなので小さなデカップリング・コンデンサで簡単に除去できること

の二つです．DCPシリーズはアンレギュレーションなので，このような高精度回路の電源として使うには外部にレギュレータを付ける必要があります．出力が7 Vなので，安価な3端子レギュレータですみます．

安定化にはシャント型のTL1431を使用します．これは負荷電流を一定にして，スイッチング周波数の成分を拡散させたくなかったからです．DC-DCコンバータのスイッチング周波数は，負荷回路にとっては雑音源です．しかし，同じ周波数で動作させれば，A-Dコンバータのクロック回路との思わぬビートに悩まされる心配が減ります．

完全に絶縁するためには信号線も絶縁(フローティ

Column

Pt100を使った範囲100℃以上の測定は定電流で励起

定電流駆動ではどうなるかを調べるための回路と関連式を図Aに示します．

定電流駆動でのV_{CJ}は，式(A)のように励起電流$I_E R_T$のシンプルな式です．温度変化によるΔV_{CJ}を表す式(B)へ初期抵抗＋変化率αを代入しても，式(C)は直線変化を示す1次のままです．

このことから，Pt100を使って温度レンジ100℃を越す高精度測定を行うには，定電流駆動が適していることが分かります．

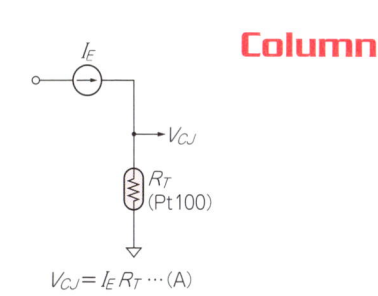

$$V_{CJ} = I_E R_T \cdots (A)$$

ΔV_{CJ}はの特定温度下におけるPt100抵抗値R_Tと初期値R_0との差分なので，次式で求まる．

$$\Delta V_{CJ} = I_E (R_L - R_0) \cdots\cdots (B)$$

式(B)に図7の式(5)を代入して整理すると，温度の変化率αを加味した次式が得られる．

$$\Delta V_{CJ} = I_E \{R_0(1 + \alpha \Delta T) - R_0\}$$
$$= I_E R_0 \alpha \Delta T \cdots\cdots (C)$$

したがって，変化分ΔV_{CJ}は直線的に変化する．

図A　抵抗-電圧変換に定電流駆動を検討する

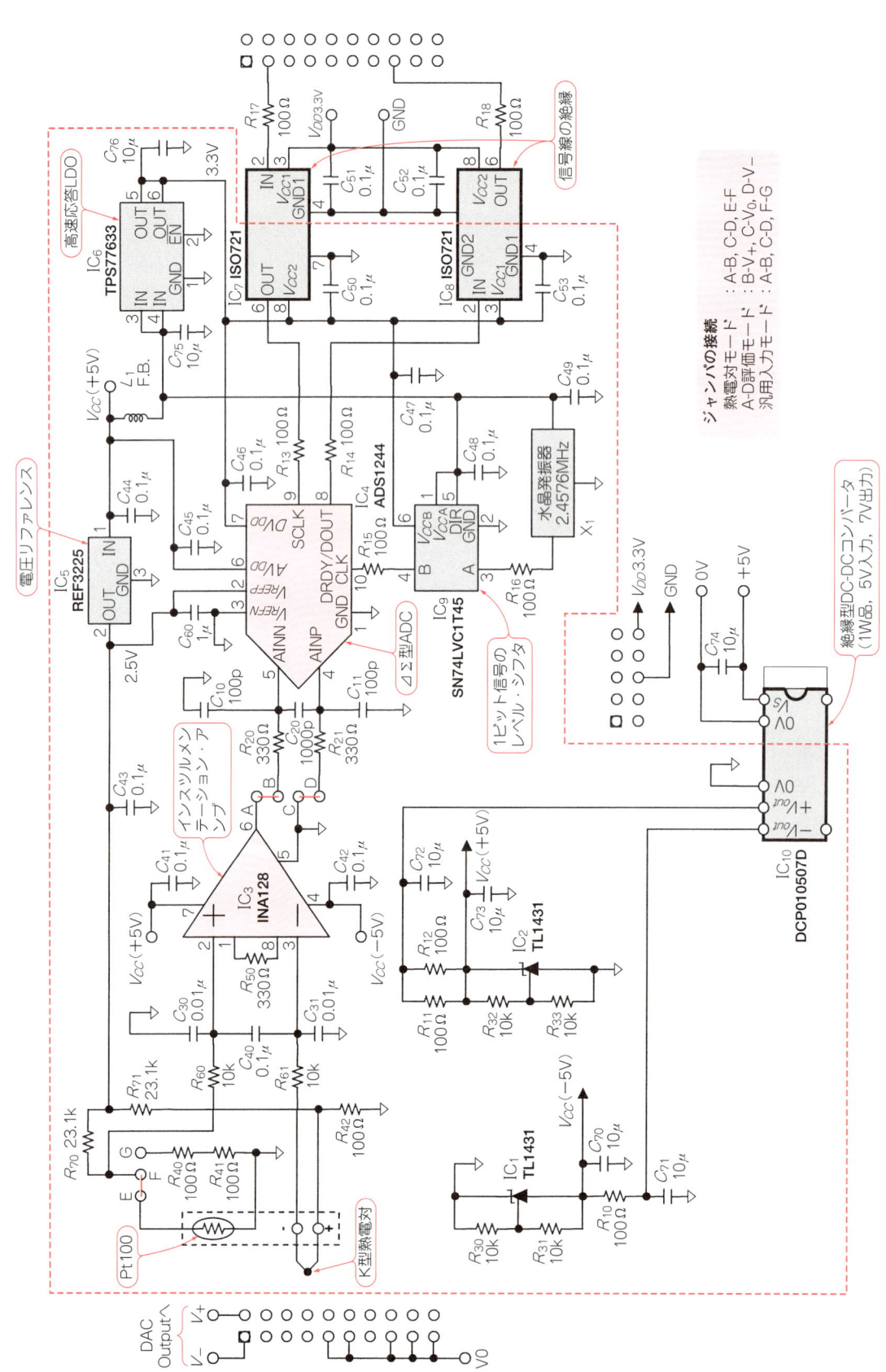

図11 目標仕様に沿って設計した回路

56　第2章　数mVの直流信号を1万分の1まで高精度に分解

ング状態に)しなければなりません．ディジタル信号絶縁の定番はフォト・カプラですが，今回はISO721でカップリングしてみました．これもVDE0884のREV2をパスしています．ISO721は静電結合方式のカプラです．絶縁チャネルのトータル容量が1 pF前後と小さいため，リーク電流の恐れがありません．絶縁トランスでもサイズの大きいものは数pFもあるので，それと比べれば無視できる範囲です．使用した理由は，発光ダイオードを光らせないので消費電流が少ない，パルスの立ち上がり/立ち下がり時間が同じなのでパルス幅ひずみによるタイミングずれの心配がない，100 Mbpsなので余裕がある，…などです．採用理由で一番大きいのは，フォト・カプラに見られる電流伝達比(CTR)の経時劣化がないことです．

紙面の都合から残りの部品の説明は割愛しますが，これらは5 Vから3.3 VへのLDOとロジック・レベル・コンバータです．これはADS1244のS/N性能を最適化するため，ディジタル側を3.3 Vで動作させています．

ステップ4…試作して実験を行う

● 設計した回路を組み立てて実験を行う

論より証拠という故事に倣い，図11の回路を組み立てて実験したのが図12の波形です．

これは表示安定性を確認するための雑音特性のグラフです．USB経由でパソコンに取り込んでWindows上のGUIで処理して波形を出しています．データ数は4096個で，ADS1244のデータ・レートは15 Hzに設定しているので，横軸の時間で約4.5分間の波形です．

この時間内に発生したピーク・ツー・ピーク雑音は，左側のグラフ(基板に対して空気の対流を遮断した状態)で15 μV_P-P，温度換算で0.036℃でした．右側のグラフは基板むき出しの状態でとった波形で，こころなしか波形が暴れています．さすがにこのレベルになる

RTI入力換算ノイズ	：1.5 μV_P-P
ノイズ・フリー・ビット	：22.66ビット
温度分解能	：0.036℃

(a) 空気対流を遮断した結果

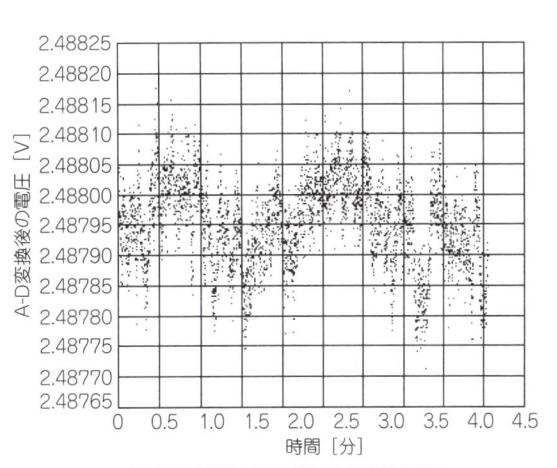

RTI入力換算ノイズ	：2.3 μV_P-P
ノイズ・フリー・ビット	：22.05ビット
温度分解能	：0.056℃

(b) オープン・エアでの結果

図12 製作した回路のノイズ特性
汎用入力モードで測定．ジャンパはA-B，C-D，F-G間を接続．熱電対の代わりにもジャンパ線を接続した．

用語解説—5　デカップリング・コンデンサ

デカップリング・コンデンサ(Decoupling Condenser)とは，図Eに示すように，電源ラインに接続して電源ラインのノイズを除去するためのものです．バイパス・コンデンサ(Bypass Condenser，略して「パスコン」)と呼ばれることもあります．

負荷に急激なチャージ電流が流れる場合，これを供給するアンプの電源端子直近のコンデンサから電流を放出して，電源ラインが振られないようにする使い方もあります．

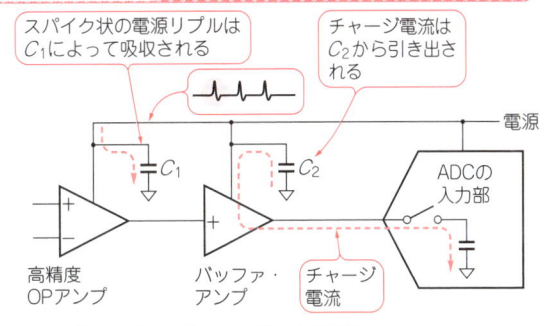

図E　デカップリング・コンデンサの役割

ステップ4…試作して実験を行う　57

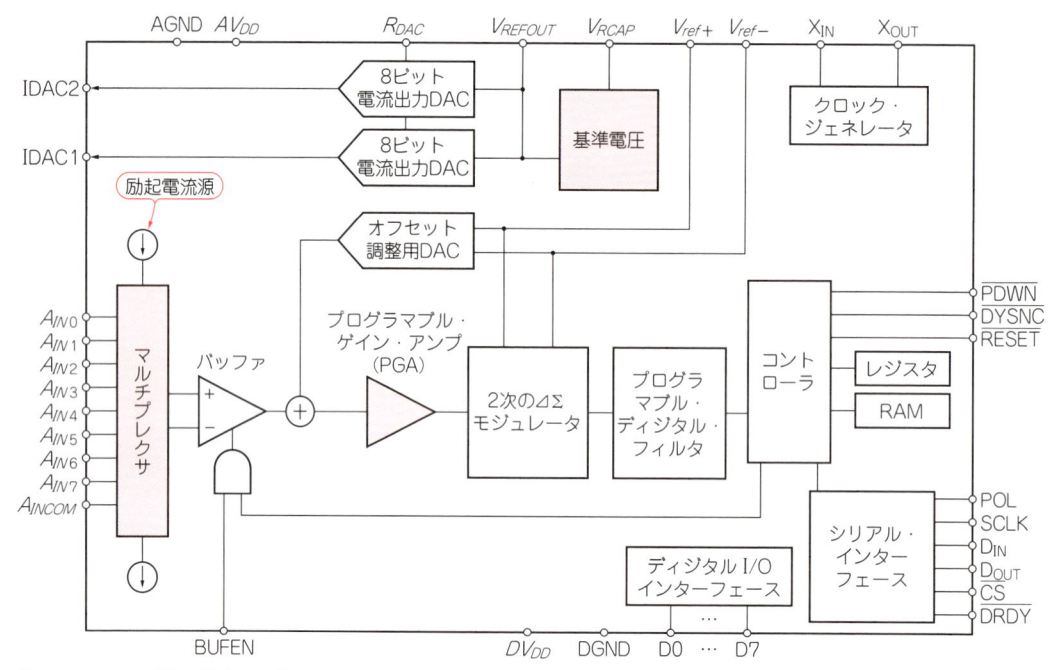

図13 Pt100の励起用電流源を内蔵するオールインワンA-DコンバータADS1217の内部ブロック構成
励起電流源，インスツルメンテーション・アンプを内蔵．マルチプレクサ付きなので熱電対とPt100を個々に接続可能．

と風の影響が出てきます．熱電対とPt100は外した状態なので，これらの影響ではありません．

ステップ5…回路のシンプル化の検討

コストも大事ですが，基板を収めるケースが小さいので省スペース化も重要という要求も存在します．

図13はオールインワン・タイプのA-DコンバータADS1217の内部ブロック図です．Pt100の励起電流として使える電流出力のD-Aコンバータ（1 m～3.92 µA/255ステップ），ディジタル的にゲイン設定可能な計測アンプ，基準電圧源などが内蔵されています．アナログ入力が複数あるので，熱電対とPt100の信号を個別にA-D変換して，CPUにより冷接点補償を行うという方法が取れます．熱電対とPt100の接続例を図14に示します．

前項で紹介した回路では，熱電対が破断したときの検出回路（バーンアウト・ディテクタ）を付けていませ

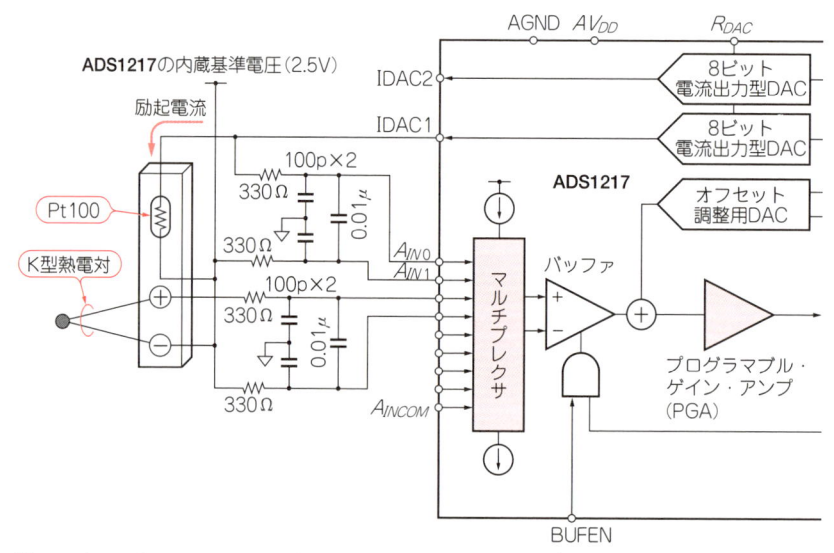

図14 オールインワンA-DコンバータADS1217と熱電対およびPt100との接続例

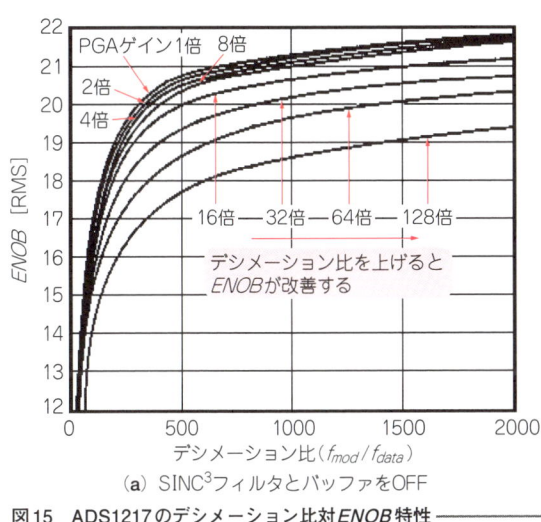

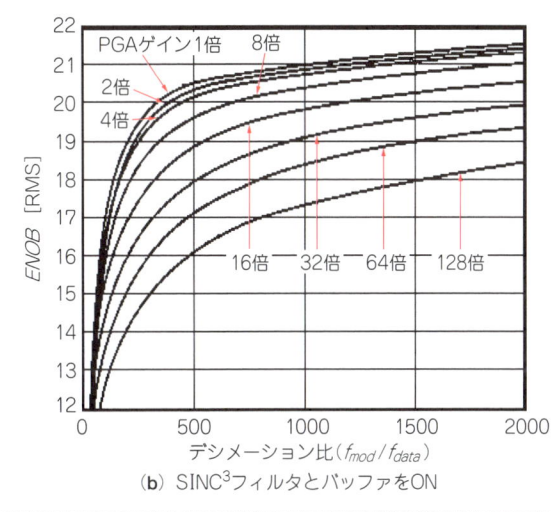

図15 ADS1217のデシメーション比対ENOB特性
ENOBは内蔵のプログラマブル・ゲイン・アンプの倍率とデシメーション比で変わる.

(a) SINC³フィルタとバッファをOFF
(b) SINC³フィルタとバッファをON

んでした．ADS1217の場合はMUXと書かれた入力切り替えのスイッチのところに接続された微小定電流源で検出できます．

ADS1217はデータ・レートが可変で，ENOBはデータ・レートの速度に応じて変化します．図15はデシメーション比対ENOBの関係を示したグラフですが，デシメーション比を大きくとると（データ・レートは低下）ENOBが向上しています．内蔵アンプ（PGA）のゲインを128倍とれば，ENOBしだいで外部アンプなしで温度を計測できそうです．これには，PGA128倍でのENOBの変化カーブに着目します．

フルスケール数mV，分解能1μVのひずみ測定回路

● ロードセルの動作原理

図16はロードセルと呼ばれるセンサで，金属の角材を大きくくりぬき，たわみやすくしたボディの4箇所にストレイン・ゲージと呼ばれるフイルム状の抵抗膜を貼ったものです．

図のように片側をシャーシに固定してもう一方に負荷（重み）を加えるとボディがひずみ，4点のストレイン・ゲージに伸長（抵抗値増大）と圧縮（抵抗値減少）方向の力が加わります．これをブリッジ状に結線すると式(9)で示す出力V_{out}が得られます．ブリッジ抵抗として見た場合，300～600Ωが一般的で，励起電圧1V当たり1m～2mVのフルスケール感度です．

表4はロードセルの性質と，この信号を増幅するアンプに必要な仕様をまとめたものです．

● ロードセルの信号を直接A-D変換する

図17は，内蔵アンプのゲインを128倍に設定したとき，ノイズ・フリー・ビットが18.5ビット得られる

用語解説—6　　フローティング状態

図Fに示す回路は，電源ラインと信号ラインの両方が電気的に主回路側と絶縁されています．このような状態をフローティング（Floating；浮いている）といいます．

図の例は高電圧がかかったシャント抵抗の両端電圧を測定し，負荷に流れる電流をモニタする回路です．ここでは，主回路側のグラウンドとの電位差が48Vもあるため，絶縁により測定回路を浮かして主回路を過電圧から保護しています．

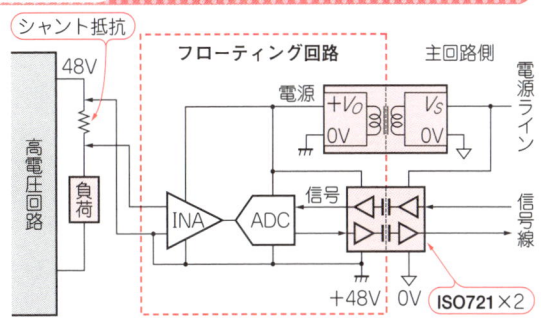

図F　フローティング状態の回路

ステップ5…回路のシンプル化の検討

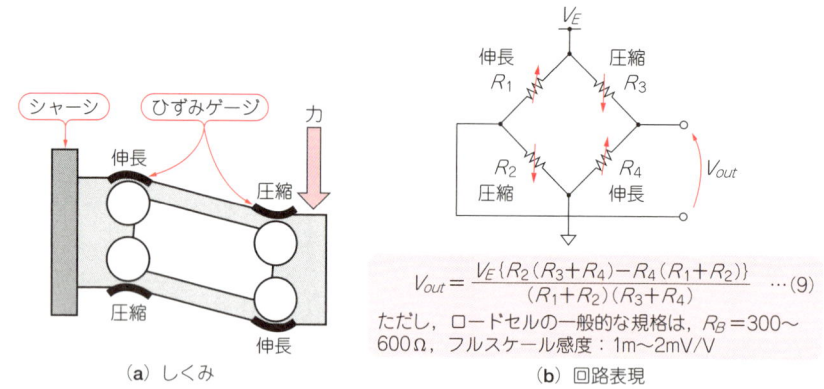

$$V_{out} = \frac{V_E\{R_2(R_3+R_4)-R_4(R_1+R_2)\}}{(R_1+R_2)(R_3+R_4)} \quad \cdots(9)$$

ただし，ロードセルの一般的な規格は，$R_B=300\sim600\,\Omega$，フルスケール感度：$1\text{m}\sim2\text{mV/V}$

(a) しくみ　　(b) 回路表現

図16　ひずみ測定回路を使ったロードセルの動作原理と感度例

表4　ロードセルの特性と前置アンプに必要な仕様

項目	値など
信号源インピーダンス	低い，数百Ω
出力信号	微弱な電圧出力，$1\text{m}\sim3\text{mV/V}$
出力形態	2.5 V 程度の同相モード電圧の差分
	実信号成分は DC（静荷重）
OPアンプの性能	低オフセット・ドリフト：$1\,\mu\text{V/℃}$ 以下
	低 $1/f$ 雑音：$0.1\sim10\text{Hz}$ で $1\,\mu\text{V}_{P-P}$ 以下
	高 CMR 特性：90 dB 以上

ADS1232 へロードセルをダイレクトに接続した例です．

基準電圧をロードセルの励起電源からとっているので，ロードセルの励起電圧の降下によってセンサ感度が下がっても同時に A-D コンバータの入力レンジも狭くなるので（外から見るとゲインが上がる方向），それほど高安定な励起電圧が必要にならないことが特徴です．このような相殺方法を**レシオメトリック**（retiometric）と呼び，電子はかりなどに広く応用されています．第2部の精密温度計の設計と製作でもこの手法を用いています．

● 空気のゆらぎで変動するプリント・パターンからの起電力も影響する世界

前述の温度測定のアプリケーションでは μV オーダのDC信号を扱ってきました．ロードセルでは 2 mV/V の比較的感度の高いセンサを使っても，10000 カウントの計測をするとすれば，1 カウント当たりのアナログ量はわずかに $1\,\mu$V で，熱電対による温度計測よりも厳しいものとなります．金属である基板の配線から，ゼーベック効果によって熱起電力が発生し空気のゆらぎによって起電力が変化することで物理的な雑音源となるためです．これを**寄生熱電対**と呼び，信号レベルが $1\,\mu$V ではこの寄生熱電対の影響を十分に受けます．

図18はその実験を行うために製作した回路です．前段アンプに低雑音OPアンプ OPA227 を配置して，後段と前段で合わせて10万倍のゲインを持たせています．

回路全体は金属製のシールド・ボックスへ入れてエア・フローから遮断してありますが，箱に小さな穴をあけて長さ 10 cm ほどのエナメル線のペア（図でプローブと書いてある部分）を外に引き出せるようにしてあります．

用語解説 — 7 　　静電結合方式

図G は静電結合方式のディジタル絶縁カプラ ISO721 の内部構成です．結合容量はトータルで 1 pF 程度です．

回路は AC チャネルと DC チャネルの2系統で構成されています．下の AC チャネルはパルスのエッジを捉えて受信側のフリップフロップを反転させています．DC チャネルは電源投入時に入力のロジック・レベルを捉え，これをPWM の情報に変換して受信チャネルへ送信します．

また，AC チャネルに誤動作があっても，DC チャネルによる補正がかかるように工夫されています．

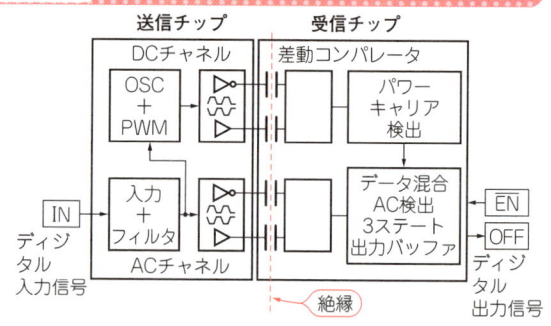

図G　ディジタル絶縁カプラ ISO721 の内部構成

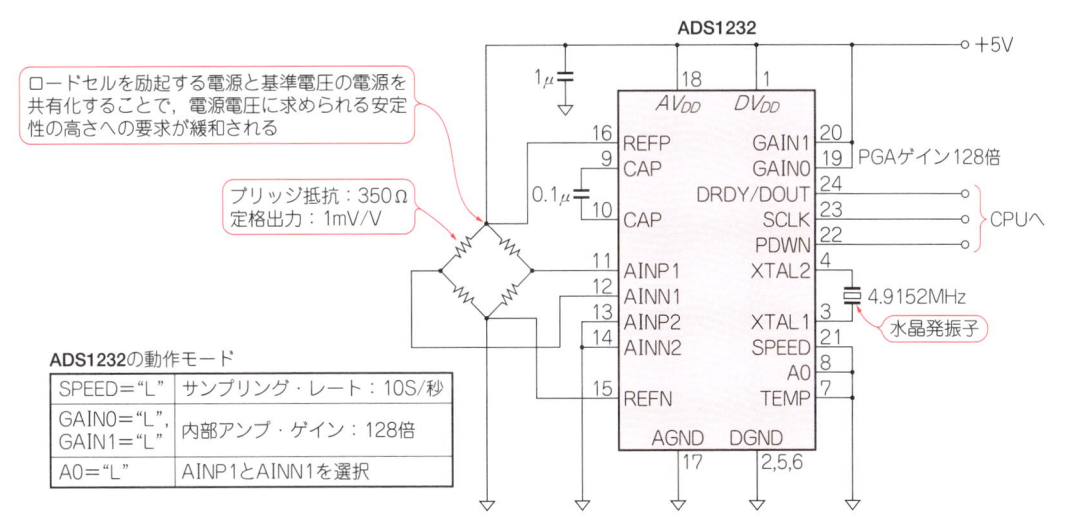

図17 最大ノイズ・フリー・ビット18.5ビットの高精度A-DコンバータADS1232とロードセルの接続例

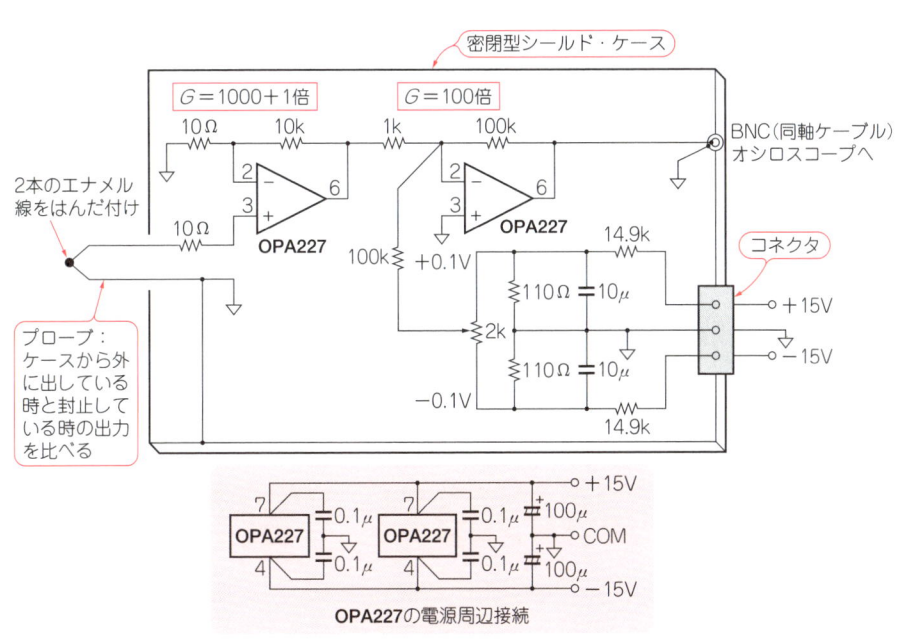

図18 プリント・パターンなどから生じる起電力の影響を調べるために試作した実験回路

用語解説—8　PGA

　PGAとはProgrammable Gain Amplifierの略語で，ゲインを可変できる増幅回路のことです．一般に，外部からのディジタル設定値によって，いくつかのゲインから使用するゲインを選択できるようになっています．

　図Hに示すADS1234などの$\varDelta\varSigma$型A-Dコンバータには，PGAが内蔵されています．ADS1234では，GAIN₁/GAIN₀端子の設定によって1倍，2倍，64倍，128倍のうちから，どれか一つのゲイン設定を選ぶことができるようになっています．

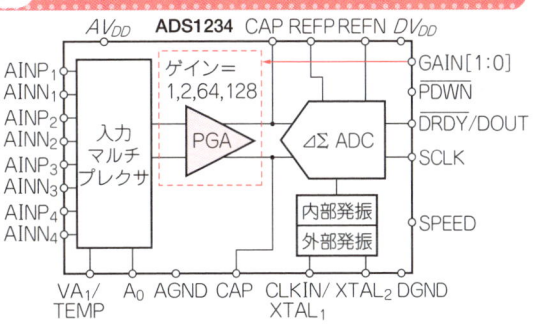

図H　A-DコンバータADS1234に内蔵されているPGA

ステップ5…回路のシンプル化の検討

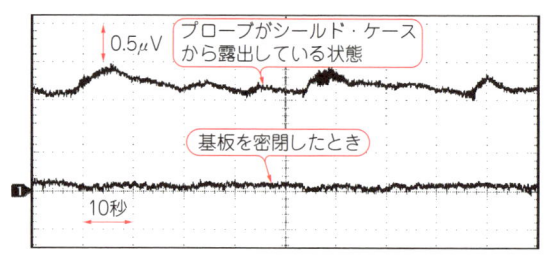

図19 プリント・パターンなどから生じる起電力による雑音の増加が観測されている

　図19は，この回路の出力をオシロスコープで観測した波形です．上がプローブを外に引き出した状態で，下が箱の中に収めた状態です．上の場合では，0.5 μVくらいの振幅でゆらぎが生じています．この実験の結果から，前出の熱電対を使った計測基板で熱電対もPt100も外してあるのに，基板をオープン・エアに露出させるとゆらぎが観測できた理由が理解いただけたかと思います．

　この対策には，基板の密閉が一番有効です．間違っても，冷却ファンなどの近くに配置してはいけません．

（初出：「トランジスタ技術」2006年12月号　特集　第2章）

ビギナー・ノート・シリーズ　　　　　　　　　　　　　　　　　　　発売中

実戦のための
応用ノウハウを身につけよう

松井 邦彦 著
A5判 256ページ　定価：本体 1,650 円＋税
JAN9784789830638

センサ応用回路の設計・製作

　本書は"作って学べる本"をめざし，ポピュラなセンサについて概要を説明したのち，もっとも基本的な回路を紹介して，最後に実用的な回路を設計するような構成にしました．できるだけすぐ作れるように，回路図といっしょに簡単な部品表も載せています．

第1章	センサ回路事始め
第2章	熱電対の使い方
第3章	白金測温抵抗体の使い方
第4章	フォト・センサの使い方
第5章	ホール・センサの使い方
第6章	磁気抵抗素子の使い方
第7章	圧力センサの使い方
第8章	AC電流センサの使い方
第9章	超音波センサの使い方
付録	3 1/2桁 A-Dコンバータを利用する方法

CQ出版社　　　　　　　　　　　　　　　　http://shop.cqpub.co.jp/

第1部 基本編

第3章 交流信号をディジタル信号に変換する
数百mVの交流信号を10万分の1に分解する

中村 黄三／山路 澄子

振動計測は代表的なAC物理量測定の一つです．本章では，加速度測定に用いられる圧電センサの信号処理を例にします．DSPによるカットオフ周波数1 kHz，-72 dB/oct，12次のディジタルLPFもとりあげます．

解析すべき物理情報の中には，地震や発電タービンなどの振動や心電図や脳波を代表とする生体電気などがあります．これらは直流成分を含む交流信号で，センサや電極から発生する信号レベルはいずれも微弱です．

真空管やトランジスタでアンプを組んでいた時代の心電計は同相モード除去比が脆弱だったため，ベッドの上にシールド用のシーツを敷いて誘導ハムを軽減していたと聞いています．しかし，高性能OPアンプの登場やアクティブ・ドライブなどの回路技術の発達により，信号だけを取り込む技術は格段に進歩しています．

これに加えDSPの普及は，信号のリアルタイム解析，アナログ式では不可能だった低周波における高次のフィルタリングを可能にしました．今日ではディジ・アナ一体の高性能・高機能機器が出現しています．

ここでは前章の直流の微小信号処理の発展編として，微小な交流信号処理の基礎と，圧電素子を使用した振動センサをテーマにした実践への応用について解説します．

本章の目標仕様

第1部 第2章と同じように，表1に示す振動解析回路の目標仕様を実現する設計プロセスで話を進めます．

前半でA-Dコンバータ・モジュール単体での目標仕様を実現します．多くの振動が1 kHz以下であることから，後半ではDSPを使い，カットオフ周波数1 kHz，-72 dB/oct.の目標仕様を満たす12次のディジタル・ロー・パス・フィルタを実現します．

目標仕様では，交流の信号処理といっても直流成分も含んでいるので，アンプ・ゲインが大きい場合はオフセットとドリフトなどにも注意を払う必要があります．直流誤差や雑音の見積もりは前章を参照いただくとして，この章では，アンプ系の周波数特性（ゲイン・フラットネス），ACゲイン誤差，THD（総合ひずみ）にフォーカスします．

構想設計と部品の選定

● 構想設計の全体

図1は構想設計行うためのラフなメモ書きです．モジュールの仕様，ブロック図，信号レベル線図などが記されていますが，ここでポイントを挙げておきます．

● 圧電センサの出力を増幅する前段アンプ回路

Column 1（圧電センサの性質とプリアンプに必要な周波数特性）から，圧電センサの要求に見合うOPアンプの仕様を割り出すと表2のようになります．トータル容量C_Tがセンサ感度に影響を与えるため，セン

表1 本章で設計するA-Dコンバータの仕様

項　目	仕　様	
有効信号電圧分解能	$2\ \mu V_{RMS}$	
入力レンジ	±100 mV	
測定周波数帯域	LPFなし	BW = DC～40 kHz
	LPFあり	BW = DC～1 kHz，12次LPF

表2 圧電素子を使ったセンサの性質と出力アンプに必要な仕様

項　目	性　質
信号源インピーダンス	誘電体なので極めて高い，1 GΩ
出力信号	振動に比例した電荷，100 p～1,000 pC
出力形態	加速度に比例

(a) 圧電式センサの性質

| FET入力型であること |
| 低入力バイアス電流であること（10 pA以下） |

(b) 前置アンプへの要求

用　途	前置アンプ
低周波の精密解析	OPA129など
一般計測	OPA350など
高速処理	OPA656（f_{BW} = 100 MHz）など

(c) 用途別の前置アンプ

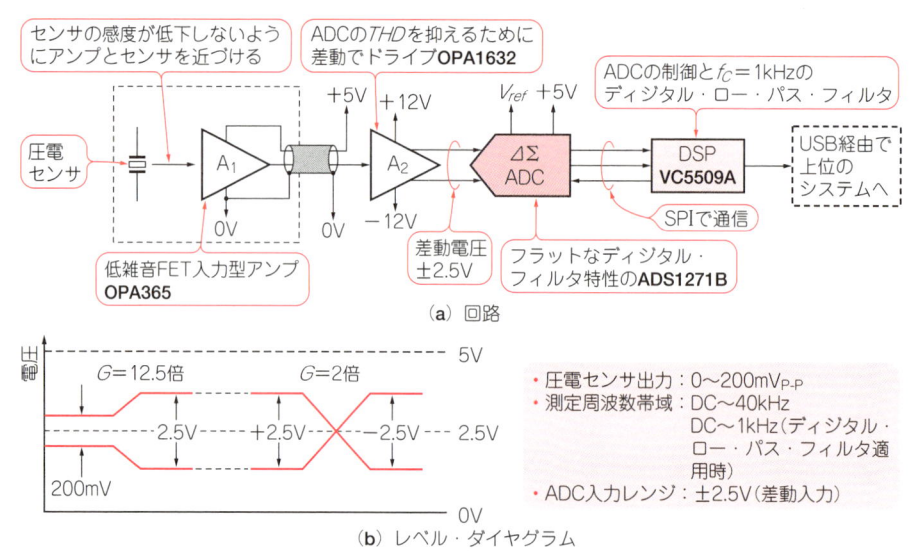

図1 信号処理モジュールのブロック図と入出力電圧のレベル線図
設計の最優先事項を精度としている．

(a) 回路

- 圧電センサ出力：0～200mV$_{P-P}$
- 測定周波数帯域：DC～40kHz
  DC～1kHz（ディジタル・ロー・パス・フィルタ適用時）
- ADC入力レンジ：±2.5V（差動入力）

(b) レベル・ダイヤグラム

サの近傍に前段アンプA$_1$を配置しバッファします（点線のボックスで囲われた部分）．この措置は極めて効果的で，筆者の場合は，圧電素子を封入するケース内にバッファ・アンプを置いていました．センサとモジュール間の配線を減らすため単一電源アンプを使い，電源2本（1本はグラウンド）とセンサ・アンプの出力1本で合計3本とします．配線には2芯シールド線を使い，グラウンド線は電源リターン路も兼ねるので，配線抵抗が小さいシールド用の網線をあてます．

A$_1$には単電源ながらひずみ特性が良好なCMOS OPアンプのOPA365を選択します．

● OPアンプの選択

モジュール側ですがADCは差動でドライブします．ADCの直線性を引き出すことは結果としてひずみ特性の改善につながります．このため，差動入力ADCをドライブするために開発された，差動入出力のアンプOPA1632を選択します．

● A-DコンバータICはΔΣ型を選ぶ

最近はΔΣ型ADCの高速版が多数発売されているので，これを選ぶことにします．ビット分解能が高いので信号をそれほど増幅しなくてもADCへ入力できるためです．候補として，ディジタル・フィルタの特性が平坦なADS1271を選択します．フィルタ特性がフラットなら，外部のDSPで好きな特性のフィルタが追加できます．

図2にフィルタ全体の応答カーブとパス・バンド・リプルが分かるカーブを示します．とりあえず平坦なこのフィルタ特性を利用すると，40kHzの広帯域測

(a) フィルタ全体の応答カーブ

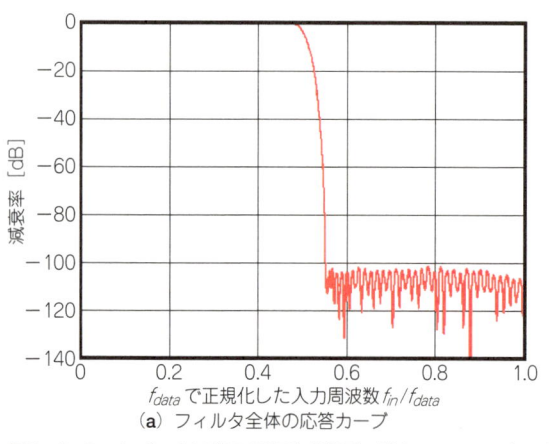

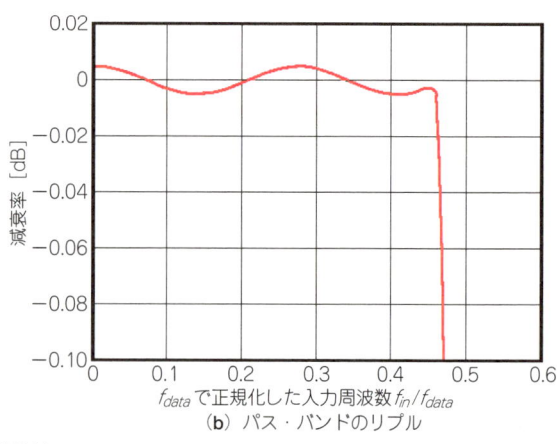

(b) パス・バンドのリプル

図2 A-DコンバータIC（ADS1271）内蔵ディジタル・フィルタの応答特性
f_{data}＝105kHz動作時のパス・バンド：47.6kHz（-0.005dB）．

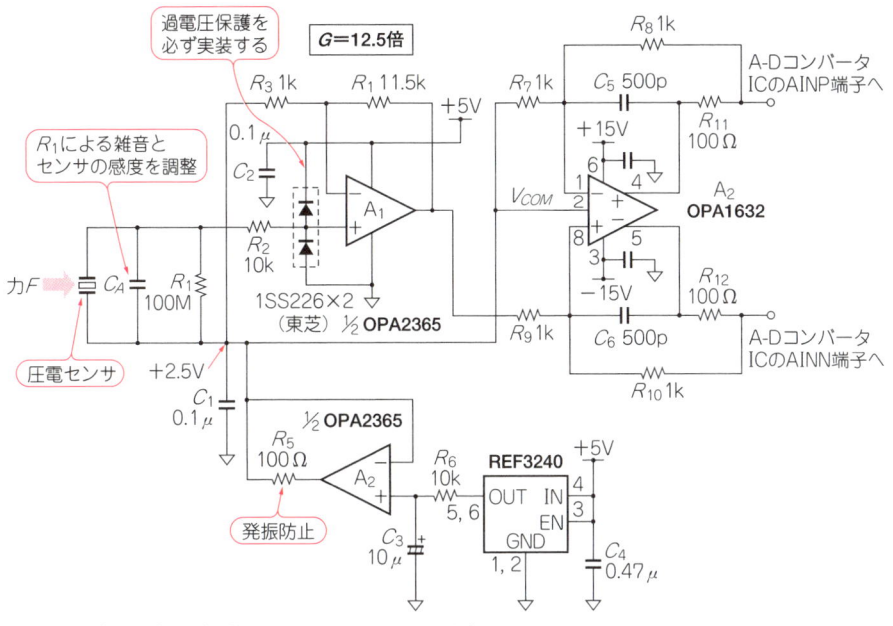

図3 圧電素子を使った振動センサのフロントエンド回路

表3 本章で使用するA-DコンバータIC（ADS1271）のAC仕様

ELECTRICAL CHARACTERISTICS

All specifications at T_A = –40°C to +105°C, AVDD = +5V, DVDD = +1.8V, f_CLK = 27MHz, VREFP = 2.5V, and VREFN = 0V, unless otherwise noted.
Specified values for ADS1271 and ADS1271B (high-grade version) are the same, except where shown in **BOLDFACE** type.

PARAMETER		TEST CONDITIONS	ADS1271 MIN	ADS1271 TYP	ADS1271 MAX	ADS1271B MIN	ADS1271B TYP	ADS1271B MAX	UNITS
AC Performance									
Signal-to-noise ratio (SNR)(2) (unweighted)	High-Speed mode		99	106	①	101	106		dB
	High-Resolution mode			109		103	109		dB
	Low-Power mode			106		101	106		dB
Total harmonic distortion (THD)(3)		V_IN = 1kHz, –0.5dBFS		–105	–95		–108	–100	dB
Spurious-free dynamic range				–108			–109	②	dB
Passband ripple					±0.005			±0.005	dB
Passband				0.453 f_DATA		③	0.453 f_DATA		Hz
–3dB Bandwidth				0.49 f_DATA			0.49 f_DATA		Hz
Stop band attenuation				100			100		dB

用語解説—1　同相モード除去比

CMRR（Common Mode Rejection Ratio）とも呼びます．電源ラインなどから回路に侵入する雑音（ハム雑音）は，アンプの二つの入力に同相で入力されます．このような雑音は増幅せず，信号成分だけを増幅するのが理想的なアンプです．同相モード除去比は，位相の180°異なる二つの入力信号に対するゲイン（差動ゲイン）と，位相の等しい二つの入力信号に対するゲイン（同相モード・ゲイン）の比です．理想的なアンプは，CMRRが無限大です．同相モード・ゲインは，アンプの二つの入力をショートして測定します．

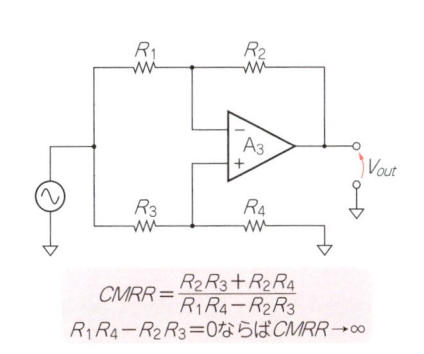

$$CMRR = \frac{R_2 R_3 + R_2 R_4}{R_1 R_4 - R_2 R_3}$$

$R_1 R_4 - R_2 R_3 = 0$ ならば $CMRR \to \infty$

圧電センサの性質とプリアンプに必要な周波数特性

● **圧電素子を利用した振動センサの構造**

図Aは圧電素子を利用した振動センサの構造を示しています．

支持方法によって一長一短があり，用途に応じて選択します．図Bは，圧電素子の動作原理と性質を示したもので，加わった力Fによって発生する電荷qは式(a)で求まります．加速度に反応するので，圧電素子を利用した振動センサは加速度センサなどと呼ばれています．

● **圧力を電気信号に変えるしくみ**

圧電センサを信号源として見た場合は，超高抵抗の誘電体(絶縁物質)と容量(コンデンサ)の複合素子です．発生した電荷が容量へチャージされ，外部からは電圧V_{out}はとして観測されます．V_{out}は，式(b)で求まります．容量はセンサの外部容量も含まれ，誘電率などの条件が変わらなければ，これらのトータル容量C_TによってV_{out}の大きさが決まります．

簡単に言うと，圧電センサは加わる力Fと周波数に応じて発電する自己発電型のコンデンサです．動作原理はシンプルですが，==負荷抵抗すなわち受け側の入力インピーダンス==によって周波数特性が変わります．

図Cは，圧電素子の周波数特性と負荷インピーダンスの関係を示す数式とグラフです．必要な低周波領域まで平坦性を得るには$\omega C_T R \gg 1$の条件を満たすように，受け側回路のインピーダンスRを決めます．また，感度低下と引き換えにC_Tを増やすという方法も考えられます．

図Bで示した式(b)から順次変形して得た式(d)と式(e)をもとにして書いたグラフを図Cに示します．ご覧のように，条件に$C_T = 1000$ pF，$Q = 1$ nC(Cは電荷量，クーロンと呼ぶ)を与えた場合，-3 dB@1.6 Hzまで低域を伸ばすには，負荷インピーダンスを100 MΩとする必要があります．

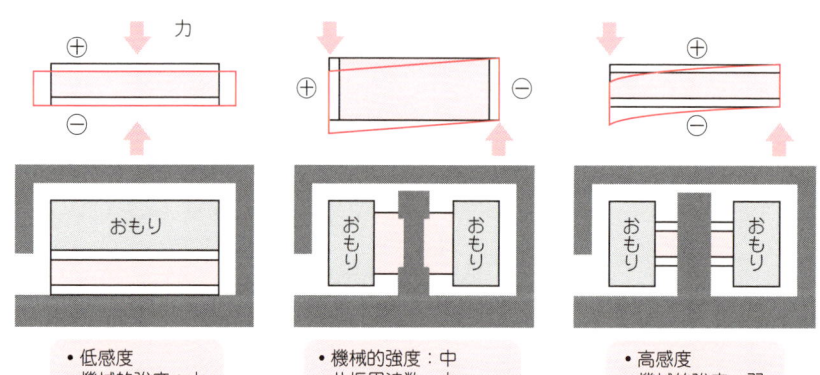

(a) 圧縮型	(b) シェア型	(c) ベンディング型
・低感度 ・機械的強度：大 ・共振周波数：高 ・大振動向け	・機械的強度：中 ・共振周波数：中 ・用途が広い ・パイロ電気の影響：小	・高感度 ・機械的強度：弱 ・共振周波数：低 ・微小振動向け

図A 振動センサにおける圧電素子の支持方法と特徴

定レンジと，外部DSPのディジタル・フィルタによる1 kHzの狭帯域レンジがカバーできることが分かります．

表3には，ADS1271のAC特性を示します．ダイナミック・レンジに関する仕様①，フィルタのパス・バンド(通過域)リプル②，フィルタのフラットネス③が目標仕様に合致しています．

● **ディジタル・フィルタを追加する**

ディジタル・フィルタを構成するだけならFPGAでも可能ですが，同時にADCの制御をしてフレキシブルなシステムを構築するとなると，結果としてマイコンを追加する必要があります．

DSPやCPUは，ADCの制御とデータ処理に必要不可欠ですが，同時に高分解能ADCにとっての雑音源にもなります．FPGAもしかりです．

モジュールのように基板サイズが限られる回路では，DSP/CPUがどうしてもADCに接近するため，**VC5509**のような低電力なコアを内蔵するDSPがSNRの点から有利といえます．DSPによる信号処理の具体例については本章の後半で紹介します．

Column 1

超高抵抗の誘電体とコンデンサの複合素子

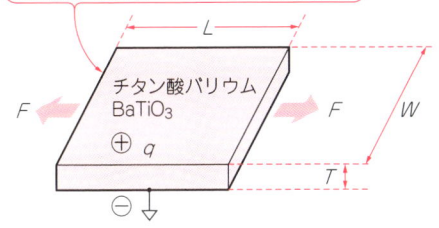

図B 圧電素子の動作原理と性質

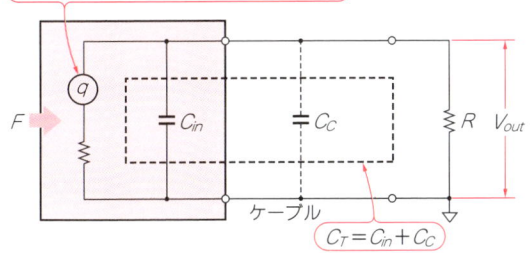

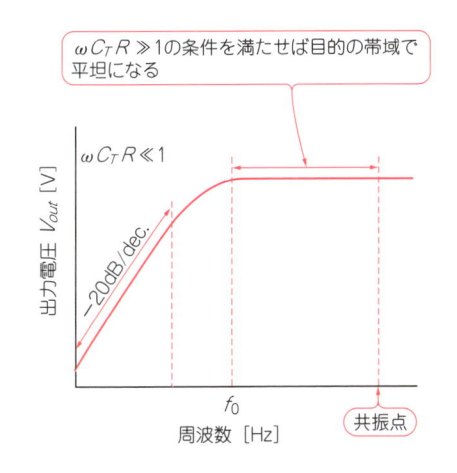

C_{in}：内部容量，C_C：ケーブル寄生容量，C_T：トータル容量

加わった力 F によって発生する電荷 q は次式で求まる.

$$q = d_{31} \frac{L}{T} F \quad \cdots (a)$$

ただし，d_{31}：圧電素子の圧電定数
出力電圧 V_{out} は，容量 C と C_C の総和 C_T と q により次式で求まる.

$$V_{out} = \frac{q}{C_T} = \frac{d_{31}}{\varepsilon_{33}} \frac{1}{W} F \quad \cdots (b)$$

ただし，ε_{33}：誘電率

$\omega C_T R \gg 1$ の条件を満たせば目的の帯域で平坦になる

図C 圧電素子の周波数特性と負荷インピーダンス

式(b)から $F = F_O \sin(\omega t + \theta)$ とおいて出力電圧 V_{out} を求める.

$$|V_{out}| = \frac{1}{\sqrt{1 + \frac{1}{(\omega C_T R)^2}}} \frac{d_{31}}{C_T} \frac{L}{T} F_O \sin(\omega t + \theta) \quad \cdots (c)$$

ただし，$\theta = \tan^{-1} \frac{1}{\omega C_T R}$ とする.
グラフを描くため式(2)について V_{out} の絶対値を求める.

$$|V_{out}| = \frac{1}{\sqrt{1 + \left(\frac{f_0}{f}\right)^2}} \frac{q}{C_T} \quad \cdots (d)$$

ただし，$f_0 \frac{1}{2\pi C_T R}$ とする.
さらに振幅を絶対値へ変換する.

$$|A| = \frac{1}{\sqrt{1 + \left(\frac{f_0}{f}\right)^2}} \quad \cdots (e)$$

用語解説—2　パス・バンド

信号は，いろいろな周波数成分で構成されています．フィルタは，この周波数成分から希望の成分だけを取り出すときに使う回路です．フィルタの周波数特性は，信号を通過させる部分（通過域）と減衰させる部分（減衰域）に分けられます．パス・バンドとは，通過帯域のことです．交流信号を解析するときは，このパス・バンドのゲインが平坦でないと誤差が発生します．減衰域はストップ・バンドとも呼び，雑音など不要な信号成分を減衰させる領域です．ストップ・バンドのゲインはできるだけ小さいことが求められます．

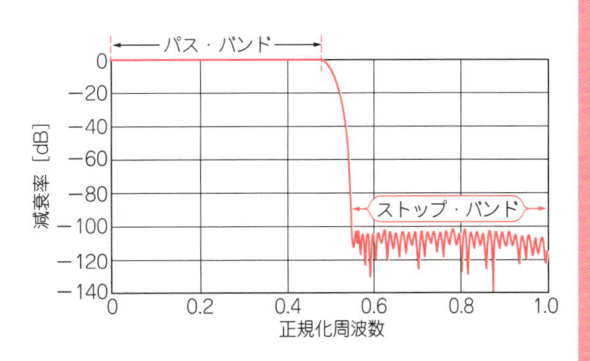

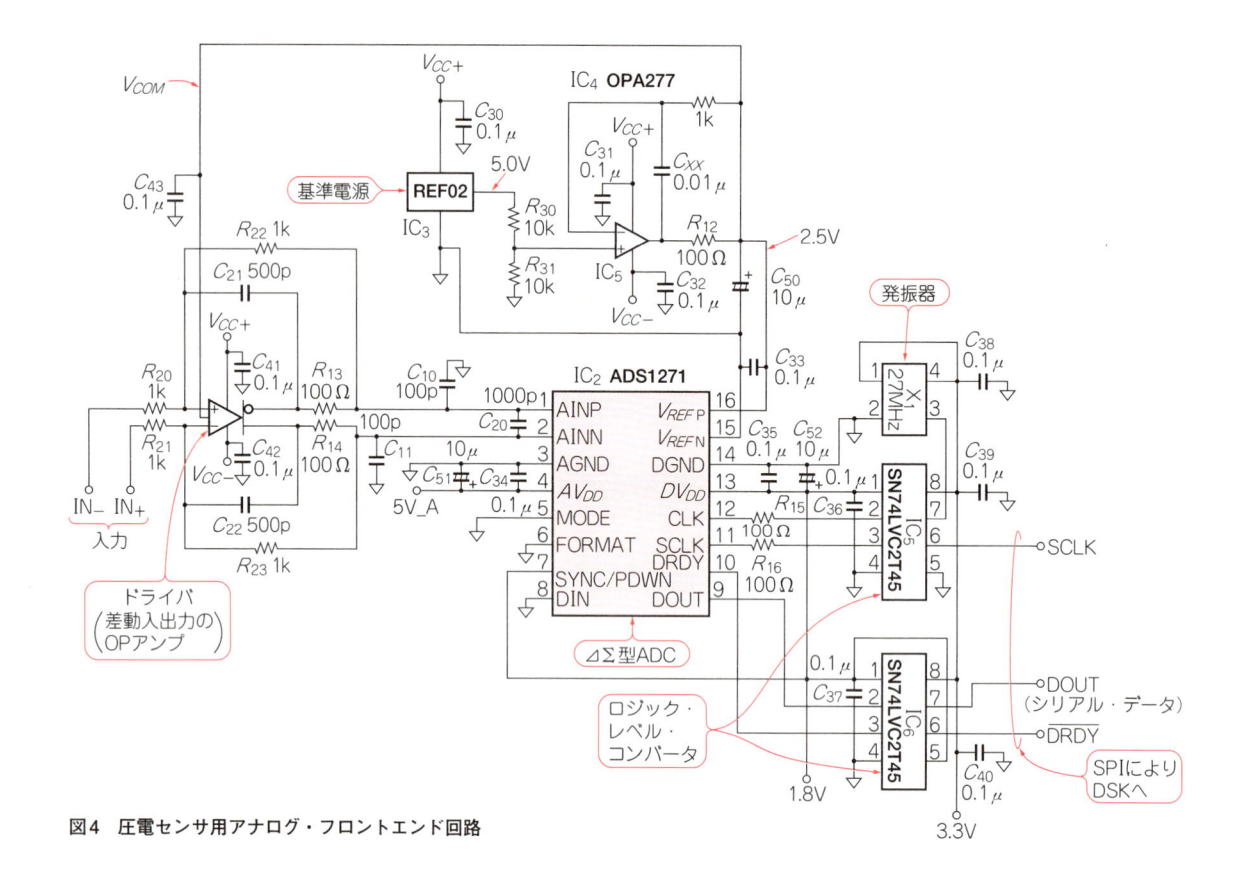

図4 圧電センサ用アナログ・フロントエンド回路

A-Dコンバータ・モジュールの設計

● A-Dコンバータ前段の回路設計

図3は設計した圧電センサ用フロント・エンド回路です．ADCの部分は図4に示します．必要な説明は一通り済んでいるので，特に解説することはありませんが，1点だけ注意点があります．過電圧保護のため，1SS226（東芝）かその同等品を必ず実装します．圧電センサに強い衝撃が加わると，ICが破壊されるほどの電圧を発生するためです．

回路全体の周波数特性は，シミュレーション結果により，80kHzで－0.1dBです．この回路では，OPA1632に付けたC_5とC_6の値が一番効いてきます．

今回，製作し実験したアナログ・フロントエンドの回路を図4に示します．

● ADS1271の出力データ

DSPとアナログ・フロントエンド基板のADS1271とのインターフェースにはSPI（Serial Peripheral Interface）を用いています．このインターフェースとタイミング・ダイヤグラムを図5に示します．

アナログ・フロントエンド基板には27MHzの水晶発振器が接続されており，ADS1271は，

27 MHz ÷ 256 ≒ 105 kHz
（モジュレーション・　（デシメーション比）
クロック）

の間隔で変換データを出力します．ADCのデータがレディになるとDRDY端子が"L"になります．DSPはこの信号をINT3の割り込み信号として認識し，SPI経由でADCから出力される24ビットのシリアル・データを取り込みます．

カットオフ周波数1kHz，－72dB/oct.の12次LPFの実現

● ディジタル・フィルタだからこそできること

ディジタル・フィルタを使うと，減衰率が急峻なフィルタを実装できるうえ，特性をダイナミックに変更できます．

ここでは，表1の目標仕様で示した，帯域制限1kHzを満たす12次のディジタル・ロー・パス・フィルタ（以下LPF）をDSPに実装し，72dB/oct.の減衰率を持たせます．

1kHzという低周波で12次のLPFをアナログ部品で実現することは困難ですが，ディジタル・フィルタにより，容易に実現できます．

今回紹介するディジタル・フィルタなどのソフトウェアは，本書のホーム・ページからダウンロードでき

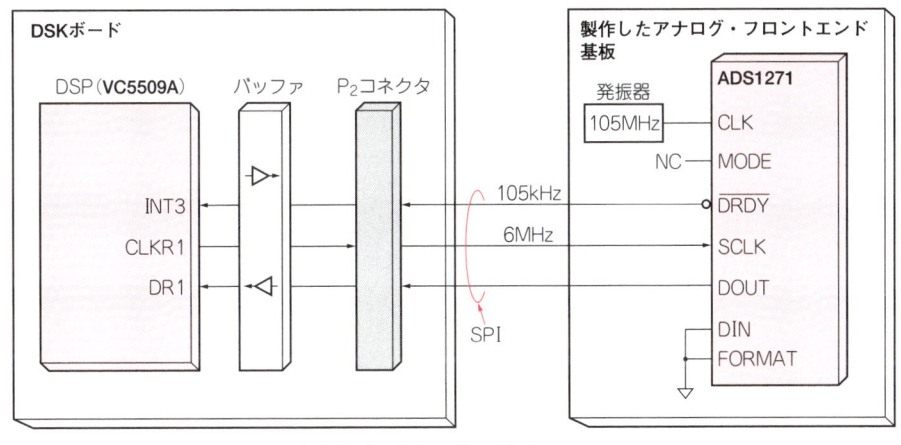

(a) DSKボードとADCのインターフェース

(b) SPIのタイミング・ダイアグラム

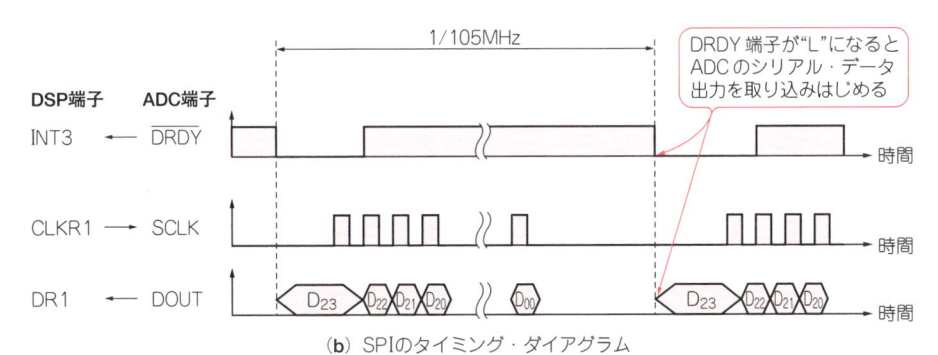

図5 DSPの評価用ボード(DSK)とA-DコンバータIC(ADS1271)のディジタル・インターフェース

ます．目次ページにある案内を参照してください．

● ディジタル・フィルタの動作を見る

図6は今回製作したディジタルLPFをかける前と後の波形です．入力はファンクション・ジェネレータから1kHzのパルスです．パルスの場合は最初の高調波が第3次の3kHzであるため，減衰率72dB/oct.のLPFにより除去され正弦波形になっています．元の波形にはリンギングも乗っていますが，これらも奇麗に除去されています．

● ディジタル・フィルタの切れを見る

図7は信号(正弦波)を掃引してフィルタの切れを見たものです．ご覧のように，カットオフ点から少し離れた2.1kHzと4.2kHzの1オクターブで72dBの減衰率を示しています．

用語解説—3　　入力インピーダンス

インピーダンスという言葉は，回路と回路，装置と装置のインターフェース部分を設計したり，議論するときによく利用されます．回路Aから回路Bに交流電流 i_{in} [A] が流れ込んだときに，回路Bに交流電圧 v_{in} [V] が生じたとすると，入力インピーダンス Z_{in} [Ω] は，オームの法則から，

$$Z_{in} = v_{in}/i_{in}$$

で表されます．OPアンプの入力部には，抵抗成分だけでなく容量ぶんも存在するため，その入力インピーダンスは，低周波では大きく，高周波では小さくなります．

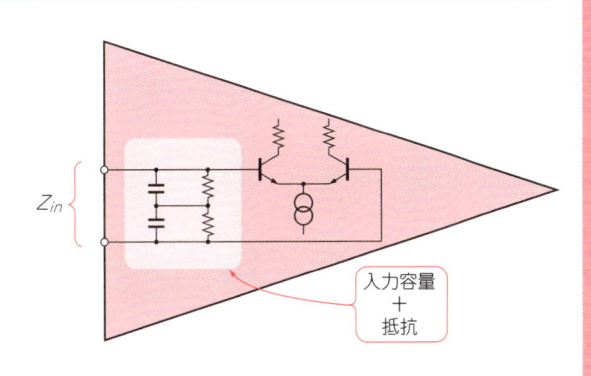

第1部　A-D変換ICを使いこなす！

第2部　精密温度計の設計と製作

カットオフ周波数1kHz，−72dB/oct.の12次LPFの実現

ゲインやひずみに影響するOPアンプの基本性能

　AC性能にかかわるアンプ特性は雑音を除外しても，ゲイン・ピーク，ループ・ゲイン（以下，A_{CL}），スルー・レートの三つはよく調べる必要があります．これらは回路のゲイン・フラットネスやACゲイン誤差，THDにかかわってきます．

①ゲイン・ピーク

　OPアンプはゲイン1倍から2倍の低ゲインで使うと高域で図Dで示すような周波数特性のピークを持ちます．

　この現象が発生するのは，高域ではアンプの位相余裕が少なくなるためで，開ループ・ゲイン（以下，A_{OL}）の降下によりA_{CL}がインターセプト（抑えられる）される領域で発生します．

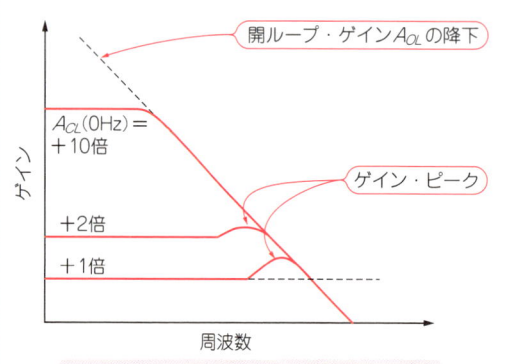

　対策は，広帯域アンプを利用してゲイン・ピークを信号解析に必要な帯域外に追い出すか，ゲインを5倍ぐらいに設定するかです．本文の図1ではA₂が低ゲインになるため，広帯域アンプでもあるOPA1632が採用されています．ちなみにこのアンプは，非反転ゲイン2倍（$G = +2$倍）の条件で帯域幅は90 MHz，0.1 dBゲイン・フラットネスは40 MHzです．

②ループ・ゲイン

　OPアンプのA_{CL}は図Eで示すように入力抵抗R_Iと帰還抵抗R_Fで決まり，その詳細を式(f)に示します．式中のβはR_IとR_Fで決まる帰還率ですが，これらの抵抗の比でゲインが計算どおりになるのはA_{OL}があり余るほど大きいときです．左側のグラフで示すように，信号周波数が高くなるとA_{OL}が降下するため，しだいに設定ゲインが小さくなりACゲイン誤差が増大します．

　対策は，A_{OL}の大きい広帯域アンプを使うか，2個のアンプでA_{CL}を分割するかです．ここでゲインを稼ぐA₁（12.5倍）にOPA365を採用した理由は，ボード線図を見たとき50 kHzで60 dBのA_{OL}があったためです．

③スルー・レート

　図Fは，必要な正弦波形の周波数と振幅をOPアンプから出力させるときに求められるスルー・レート（以下，R_S）を示したものです．式(g)は信号振幅のピークV_Pと周波数のピークf_Pで決まる必要なR_S

図D　OPアンプの閉ループ・ゲイン対ゲイン・ピーク
A_{OL}が小さいほどゲイン・ピークが大きくなる

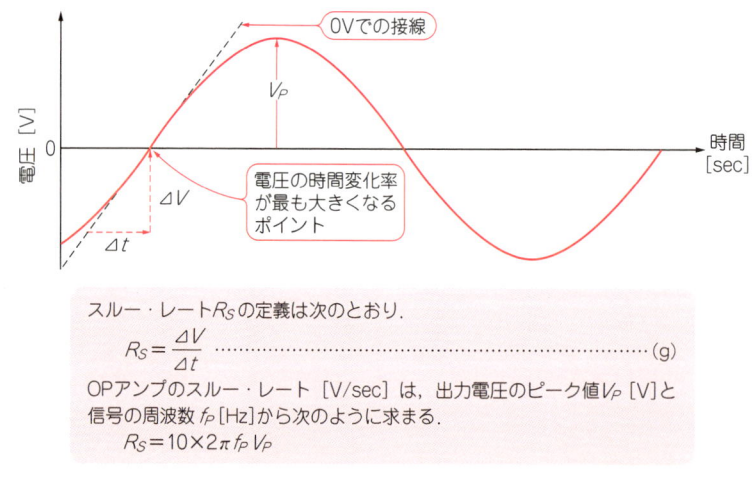

スルー・レートR_Sの定義は次のとおり．
$$R_S = \frac{\Delta V}{\Delta t} \quad \cdots\cdots(g)$$
OPアンプのスルー・レート［V/sec］は，出力電圧のピーク値V_P［V］と信号の周波数f_P［Hz］から次のように求まる．
$$R_S = 10 \times 2\pi f_P V_P$$

図F　OPアンプのピーク出力振幅と周波数で必要なスルー・レートが決まる

Column 2

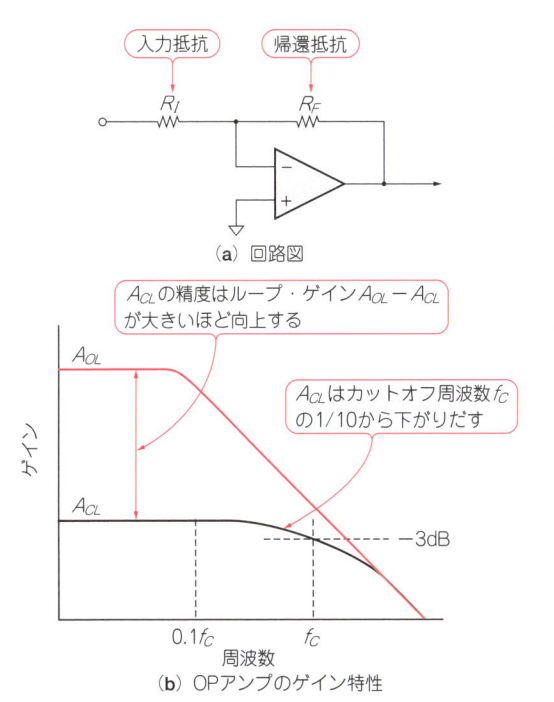

入力抵抗　帰還抵抗

(a) 回路図

A_{CL}の精度はループ・ゲイン$A_{OL}-A_{CL}$が大きいほど向上する

A_{OL}はカットオフ周波数f_Cの1/10から下がりだす

−3dB

0.1f_C　f_C
周波数
(b) OPアンプのゲイン特性

図E　閉ループ・ゲイン誤差は開ループ・ゲインが大きいほど小さい

開ループ・ゲイン$A_{OL}(\omega)$と閉ループ・ゲイン$A_{CL}(\omega)$との間には次の関係がある.

$$A_{CL}(\omega) = \frac{A_{OL}(\omega)}{1+A_{OL}(\omega)\ \beta}$$

$$= \frac{1}{\frac{1}{A_{OL}(\omega)} + \beta}$$

$$\fallingdotseq \frac{1}{\beta} \quad\cdots\cdots\cdots\cdots\text{(f)}$$

ただし, $\omega = 2\pi f$, β：帰還率
反転アンプの場合は,

$$\beta = \frac{R_F}{R_I}$$

非反転アンプの場合は,

$$\beta = \frac{R_F}{R_F + R_I}$$

の関係がある. 以上から分かるように, 反転アンプと非反転アンプの閉ループ・ゲイン$A_{CL}(\omega)$は二つの抵抗R_IとR_Fだけで決まる.

を求める式です.

　式中の定数10を取ると, OPアンプの**フルパワー応答**の式になります. これはOPアンプ出力が必要なV_Pとf_Pの条件で振幅できるかどうかを表すもので, ひずみの増加はf_Pの1/10の周波数から増加し始めます. したがって定数10は筆者の経験値と理

解してください. 一番振幅が大きなアンプはA$_2$になりますが, OPA1632のR_Sは50 V/μs, 換算すると1 secで50×10^6 V/sです. 仮に$V_P = 1.25$ V, $f_P = 50$ kHzの信号を増幅するのに必要なスルー・レート3.9×10^6 V/sを満足します.

用語解説—4　　位相余裕

　アンプの発振のしにくさを示す指標です. 位相余裕の大きいアンプは, 容量負荷がつながれたり, 負荷が変動しても発振しにくい安定した増幅器といえます. 位相余裕は, 負帰還をかけていないOPアンプ単体のゲインを開ループ・ゲインA_{OL}と位相の周波数変化を一つの図に表し, ボーデ線図を描いて調べます. OPアンプは, 反転入力に負帰還をかけてゲインを設定するので, 出力信号の位相は入力信号に対して最初から180°遅れています. この位相がさらに180°遅れると360°遅れて正帰還になります. このときゲインが1倍以上であると発振します.

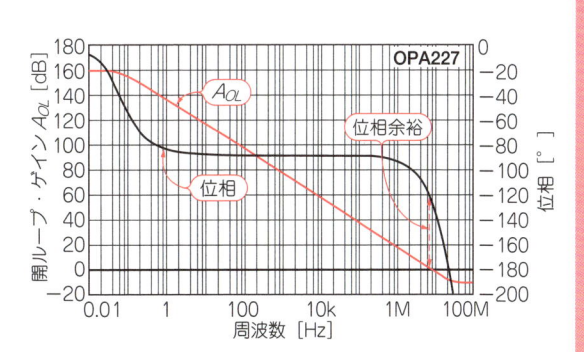

OPA227　A_{OL}　位相余裕　位相

カットオフ周波数1 kHz, −72 dB/oct.の12次LPFの実現

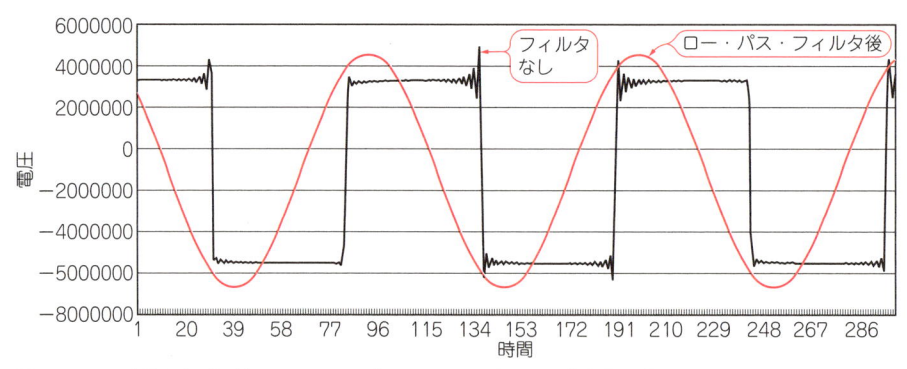

図6 DSPに実装したディジタル・ロー・パス・フィルタをかける前と後の波形
入力波形にはファンクション・ジェネレータ出力の1kHzのパルスを使った．

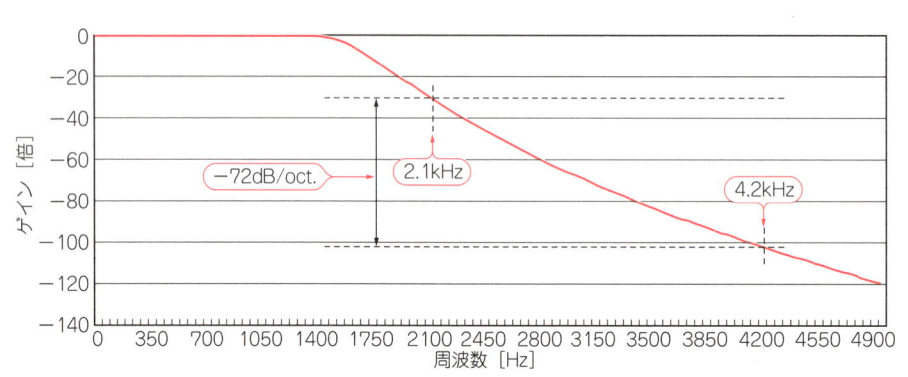

図7 12次のディジタル・ロー・パス・フィルタの周波数特性
減衰率が高く，切れがよいといえる．

■ A-Dコンバータの出力を
パソコン上でリアルタイムに評価する

今回使うDSP（TMS320VC5509A）が標準で持っているUSBポートを使った通信方法を紹介します．USBポートを経由して加工したデータをパソコンへ送り，結果を確かめます．

一般統計資料におけるDSPの位置付けはマイクロプロセッサ（MPU）に分類されますが，DSPとはその名のごとく"Digital Signal Processor"であり，OPアンプ，ADC，DACなどとともにシグナル・チェーンを形成します．一般のMPUでもADCの制御までは行えますが，リアルタイム信号処理を担うという点でMPUと一線を画することができます．

● 全体的な信号の流れを理解する

全体の信号の流れを図8に示します．

まず，DSPのボードとユニバーサル基板で製作したA-Dコンバータ基板間の接続について紹介します．

A-DコンバータとDSPは，SPI（Serial Peripheral Interface）で接続されています．ADCのデータはDSP内部でDMA（Direct Memory Access）を用いてDSPコアのリソースを使うことなく内部のメモリに転送されるしくみになっています．

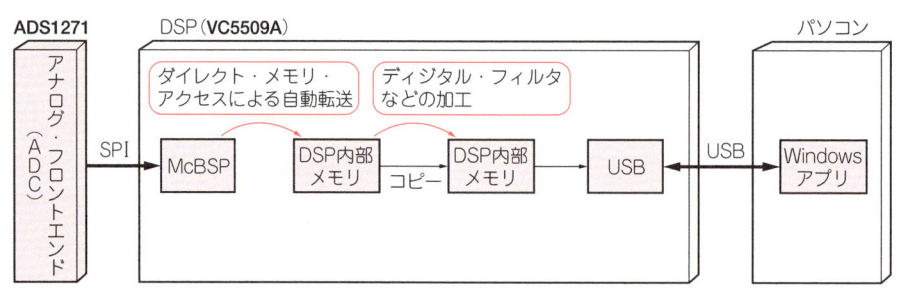

図8 A-Dコンバータの出力をパソコンに取り込むまでの全体的な信号の流れ

基本統計量	
発生コードの中央値(メジアン)	-2392
発生コードの最頻値(モード)	-2398
標準偏差 σ	46.0447098
発生コードの最大値	-2214
発生コードの最小値	-2560
発生コードの範囲	346
標本数	10000

電圧値に換算すると、-0.713mVとなる。
$-2392 \times (5V \div 2^{24}) \fallingdotseq -0.713mV$

基本統計量より、ENOBとSNRは以下のように求められる。
$ENOB = 16 - \log_2(2\sigma) \fallingdotseq 17.48$ ビット　　………………(1)
$SNR = 20\log_{10}(2^{17.48}) \fallingdotseq 105.2dB$ ………………………(2)

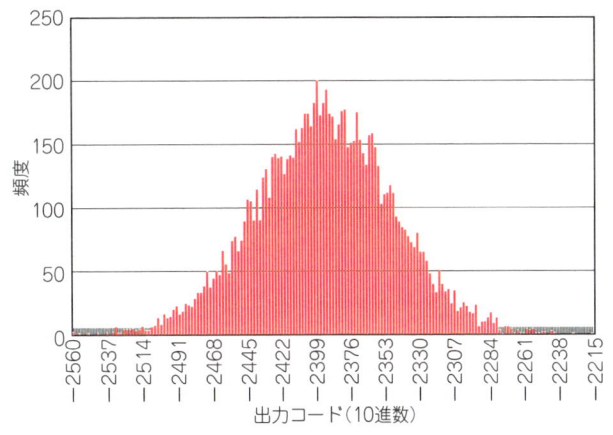

図9 第3章で製作したアナログ・フロントエンドのヒストグラム
ADC1271に差動入力電圧0Vを入力したときの出力コードの出力頻度。雑音特性が分かる。

次に、メモリに蓄えられたデータをディジタル・フィルタでフィルタリングし、USBで転送するようにします。これらの動作はすべてリアルタイムで行われ、DSPは常にADのデータを取り込みながらディジタル・フィルタの処理やUSB転送などの処理を行っています。

● ADCのデータをパソコン上で検証する

DSPにより、A-Dコンバータのデータをパソコンに取り込む例として、製作したアナログ・フロントエンド基板の出力を取り込み、ヒストグラムを作成します。

図9はアナログ・フロントエンド基板から発生する雑音のヒストグラムです。ADC1271に差動0Vを入力したときのデータを10000点取り込み、ヒストグラムで表しました。このヒストグラムを見ることで回路のピーク・ツー・ピーク雑音が評価できます。

ADS1271のドライバに、メーカ推奨のOPA1632を搭載しています。ヒストグラムはADC単体ではなくOPA1632を含んだデータをとりましたが、ADS1271単体のSNRの仕様(ハイスピード・モードで106 dB標準)に近い特性105 dBがとれていることが分かります。

図9を見ると出力コードの中央値は-2392とあります。これはばらつきの分布の中心が、

$-2392 \Rightarrow 2392 \times 5V \div 2^{24} \fallingdotseq -0.713$ mV

に相当します。この値は、OPA1632とADS1271のオフセット電圧の合計値になります。

また、ピーク・ツー・ピークのばらつきは346とあります。これは、

$346 \times 5V \div 2^{24} \fallingdotseq 103.1 \mu V$

になります。これはピーク・ツー・ピークのばらつきになるのでRMS(実効値)に直すと、

$103.1 \div 6.6 \fallingdotseq 15.623 \mu V$

となり、これも二つのデバイスの合計値です。

このようにDSKボードへADCを接続して、ADCと周辺ハードウェアの性能を簡単に評価できます。ここでは紹介しませんが、ADCの入力電圧などをステップごとに変化させてパソコンに取り込むと、ADCの直線性なども評価することができるでしょう。

用語解説—5　　　フルパワー応答

OPアンプを最大出力振幅で動作させたときの周波数特性です。

図に示すのは、OPアンプの最大出力振幅が周波数の増加に従って低下しています。スルー・レートの大きなOPアンプほど高い周波数まで最大出力振幅がフラットです。

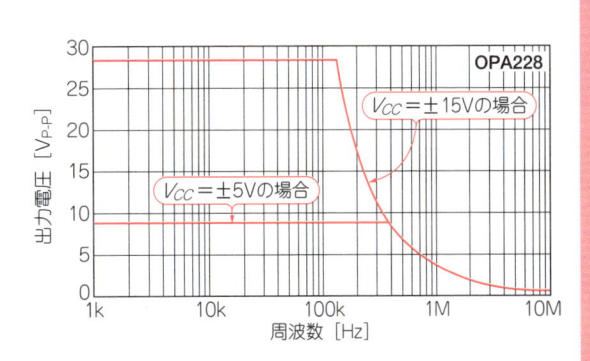

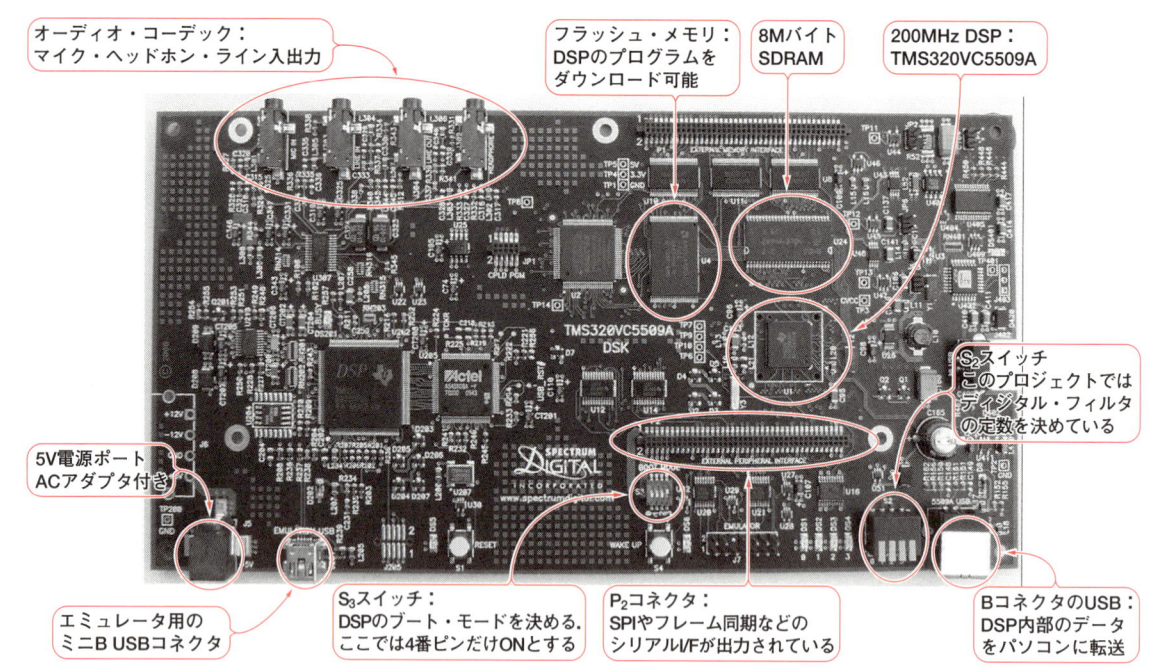

写真1 DSPの評価ボード（DSK）に関する注釈：

- オーディオ・コーデック：マイク・ヘッドホン・ライン入出力
- フラッシュ・メモリ：DSPのプログラムをダウンロード可能
- 8Mバイト SDRAM
- 200MHz DSP：TMS320VC5509A
- S₂スイッチ このプロジェクトではディジタル・フィルタの定数を決めている
- BコネクタのUSB：DSP内部のデータをパソコンに転送
- P₂コネクタ：SPIやフレーム同期などのシリアルI/Fが出力されている
- S₃スイッチ：DSPのブート・モードを決める．ここでは4番ピンだけONとする
- エミュレータ用のミニB USBコネクタ
- 5V電源ポート ACアダプタ付き

写真1　DSPの評価ボード（DSK）

● ディジタル・フィルタはメーカ供給のDSPキットを利用して実現

　実験にはDSPのメーカが市販しているDSK（DSP Starter Kit）に付属するボードを使いました．ボードを**写真1**に示します．このボードは，これからDSPの勉強を始めるユーザ向けのトレーニング用キットで，TMDSDSK5509の名称で販売されています．価格は約￥70,000です．DSKとDSK付属ボードの内容，できることは**表4**と**表5**を参照してください．自作したアナログ基板をDSKボードに接続して，手軽にソフト開発と実験ができるように工夫されています．

　個人で使うには少々値段がはりますが，ボードのほかにCCS（Code Composer Studio）と呼ばれる統合開発環境も含まれており，プログラムのコンパイル環境やエミュレータ，デバッグ環境なども準備されています．

● DSPのプログラムをダウンロード

　DSKを入手したら，ここで紹介するプログラムを本書のホーム・ページからダウンロードして組み込み

表4　DSPスタータ・キット（DSK）の内容とできること

DSKの内容	できること
インターフェースはSPI，I²C，フレーム同期など	評価したいADCを簡単に接続できる
DSPのパフォーマンス（200MIPSと400MMACS）	FPGAによる補助なしで，100kS/秒程度のADCの制御とADCから取得したデータをリアルタイムに加工し，ディジタル・フィルタリングや周波数解析（FFT）が可能
開発環境"Code Composer Studio"でキットに同梱されるソフトウェアの作成と変更が行える	これによってディジタル・フィルタの係数設定，ADCのデータを取得するロジックやトリガ操作を所望のタイミングで生成できる
USBスレーブ・ポート	ADCから取得したデータをDSPの内部メモリに取り込み，そこからパソコンへ直接転送できる

表5　DSK付属ボードの機能とできること

搭載部品／機能	活用方法
TMS320VC5509A（最大200MHz動作）	動作周波数は192MHz DSKボードに実装されている水晶発振器（12MHz）の16てい倍
AタイプのUSBコネクタ	DSP自体が持つフルスピード対応のUSBスレーブ・ポートから，DSPで処理したデータをパソコンへ直接転送可能
8MバイトのSDRAMと，512Kバイトのフラッシュ	大量データのバッファ・プログラム・コードの格納などが可能
ユーザ用に開放されているDIPスイッチやLED（各々4点ずつ）	プログラムの分岐やデバッグに活用できる
オーディオ・コーデック TLV320AIC23	PC／マイク／ヘッドホンなどと接続してオーディオ信号処理が可能
DSPのペリフェラルI/O端子がオン・ボードのコネクタに接続済み	ADCやDACを搭載した外部アナログ・ボード，あるいはリレーやスイッチ・ボードを接続して，DSPにより多様な制御が可能

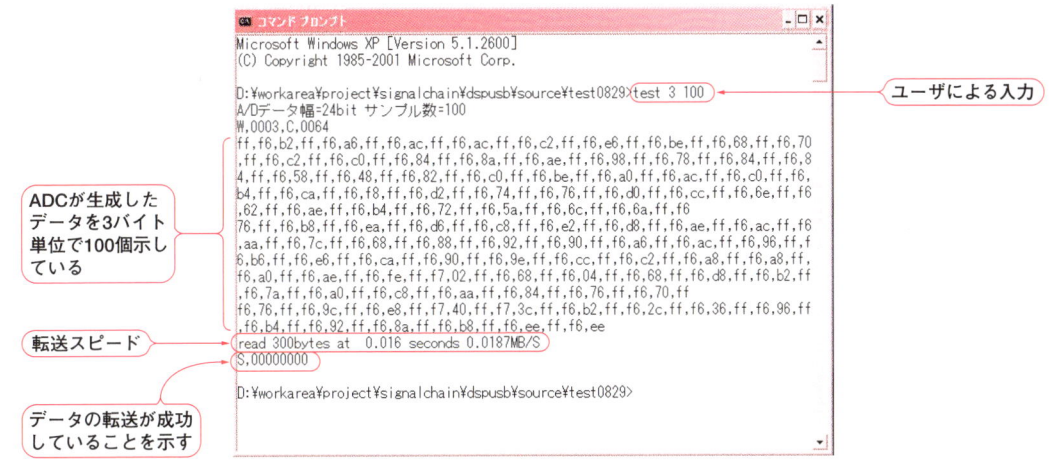

図10 キャプチャしたデータが表示されたコマンド・プロンプト画面

（画面内注釈）
- ユーザによる入力
- ADCが生成したデータを3バイト単位で100個示している
- 転送スピード
- データの転送が成功していることを示す

ます．対象のファイルは"dspusb"で，これをパソコンのCドライブのルート・ディレクトリにコピーし，C:¥dspusbというフォルダを作成します．C:¥dspusb¥source¥firmwareの下にdspusb.pjtというファイルがあり，そのファイルがこのプログラムの構成を管理しています．

なお，Windows側からVC5509Aとの通信を行うUSBドライバは，日本テキサス・インスツルメンツが㈱ショウエンジニアリングに開発を委託したものです．VC5509Aユーザにオブジェクト形式で無償で提供されます．

● DSPのプログラムの準備とパソコン側のUSBの準備

上記のダウンロードしたデータを用いてDSKボード上でDSPのプログラムをRunさせてください．Runさせるまでの手順はReadme.txtに記載しています．また，パソコン側も準備してDSKボードとUSBケーブルで接続してください．こちらの手順も同じファイルに記載しています．

次にC:¥dspusb¥source¥testのフォルダ上でコマンド・プロンプトを立ち上げてください．コマンド・プロンプトの上で"test 3 100"と入力するとコマンド・プロンプトの画面にキャプチャしたデータが表示されます（図10）．このコマンド・プロンプト画面では，ADCが生成したデータを3バイト単位で100個示しています．また，転送スピードや転送時のエラー（転送スピードが足りないなどの情報）が示されます．このステータスの値が'00000000'であれば転送が成功しているということを示します．

転送バイト数が増加して，10000サンプル以上をキャプチャしようとすると，このステータスの値が'00000000'でなくなる場合があります．この場合は，USBのボトルネックであるケースがあります．筆者の環境でもデスクトップ・パソコンでは問題ないのに，ノート型パソコンであるとステータス・エラーが散見されました．

コマンド・プロンプト画面ではその後データを有効活用できないので，CSVファイルにおとすことにしましょう．コマンド・プロンプトで'test 3 10000>adc.txt'とすると，24ビット幅のADCデータを10000点取り出してadc.txtというファイルにCSV形式でデータを残すことができます．この関数testでは汎用性を高めるために，あえて24ビット幅に対応するようなことはしておらず，DSKボード上のメモリをバイト単位でキャプチャしてくる関数になっています．そこで，Excelマクロなどを用いてこのキャプチャしたデータadc.txtを24ビット幅の列に直せば確認しやすくなります．

（初出：「トランジスタ技術」2006年12月号　特集　第3章）

第4章 ホール素子やフォト・ダイオードの広レンジ出力をワンチップで変換

0.1 pA以下の微小電流や100 A級大電流のA-D変換

中村 黄三

センサの多くは電圧出力ですが，電流出力のセンサ，あるいは電流で出力した方が直線性のよいセンサもあります．本章では，これらのセンサからの電流信号をダイレクトにA-D変換する方法について解説します．

　センサが出力するアナログ信号をディジタル変換してCPUに取り込むまでの信号経路が複雑なほど，多くの誤差が混入するため，回路はできるだけシンプルにしたいものです．回路をシンプルに構成する方法の一つに，用途に特化したASSP（Application Specific Standard Product）と呼ばれるICを利用するものがあります．

　本章ではこのASSPを利用して，次に示す信号を検出できるA-D変換回路を2例紹介します．

(1) 電流により発生する磁束によって抵抗値が変化するホール素子を使ったDC大電流検出
- 有効分解能（実効値）：14ビット
- 有効電流分解能（測定最大電流100 A時）：7.6 mA$_{RMS}$
- 回路非直線性（センサ出力±100 mV時）：0.012％最大
- 変換速度：156.25 kS/秒
- 周波数帯域幅：40.9 kHz＠-3 dB

(2) 分光式の成分分析機器で使われるフォト・ダイオードが出力する1 pA以下の微小電流の検出
- フルスケール入力レンジ数：10 n～20 μAの8レンジ，オプション使用で最大156 μA
- 各レンジのビット分解能：20ビット
- レンジ組み合わせによる有効分解能（実効値）：27.85ビット（オプション使用時は30.8ビット）
- 有効電流分解能：83 fA$_{RMS}$
- 回路非直線性：読み取り値の0.025％±1 ppm

100 A級の電流を10 mA以下の分解能で検出する

● 大電流を検出する方法

▶抵抗を挿入して両端に生じる電圧降下をとらえる

　電力ケーブルの電流経路に挿入した抵抗（シャント抵抗と呼ぶ）の両端に発生する電圧から電流を割り出すことができます．この方式は，本来存在しない抵抗を回路に挿入することになるので，この影響ができるだけ小さくなるように，0.数Ωの超低抵抗を使います．測定できる最大値は約100 Aです．

▶トランスを利用して誘起電圧をとらえる

　100 Aを越える電流を測定するときは，非接触方式を採用します．実用化されている方法は，リング状のコアに電力ケーブルを通し，コアに巻かれた2次巻き線への誘起電圧を測定するものです．このトランスをACカレント・トランス（ACCT）と呼びます．

▶ホール素子で磁束の変化をとらえる

　図1に示すように，磁気センサであるホール素子をコアのギャップ部に挿入して測る方法があります．このトランスは，交流電流だけでなく直流電流も測れるため，DCカレント・トランス（DCCT）と呼びます．どちらも非接触なので，感電防止や回路保護のための強化絶縁が不要です．

● ホール素子のしくみと性質

　ホール素子は，半導体の薄い板に磁束を通過させると，その抵抗成分が磁束密度によって変化することを

図1 交流/直流の電流が測定できるDCカレント・トランス（DCCT）の構造

第1部　基本編

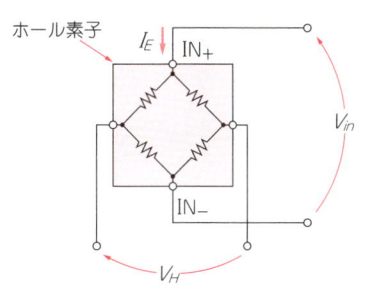

$$V_H = \frac{K_H}{d} I_E B \quad \cdots\cdots(1)$$

ただし，K_H：ホール素子の係数，d：ホール素子の厚み[m]，I_E：励起電流[A]，B：磁束密度[Wb/m²]

$$K_H = \frac{1}{en} \quad \cdots\cdots(2)$$

ただし，e：電子の電荷量[C]，n：半導体のキャリア密度

図2　ホール素子と等価回路
ホール素子は半導体の薄い板に磁束を通過させるとその抵抗成分が磁束密度によって変化することを利用した磁気センサ．

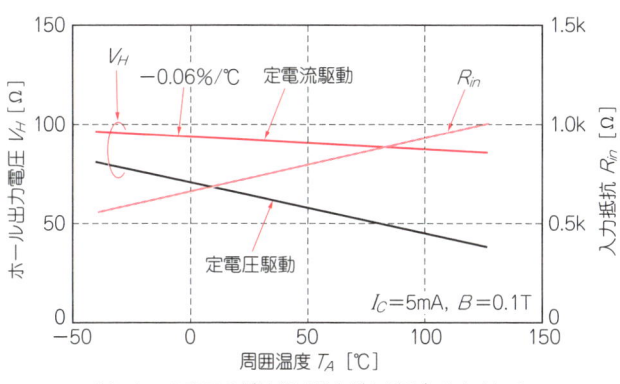

(a) ホール素子の抵抗値は温度が上がると大きくなる

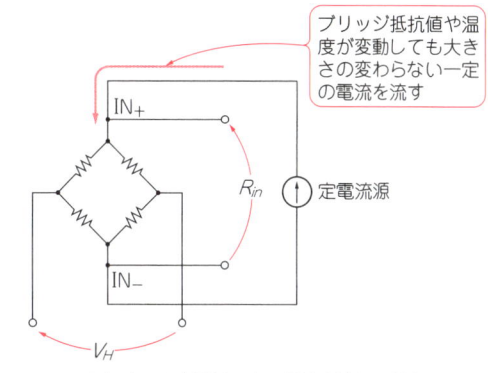

(b) ホール素子は一定の電流を流して使う

ガリウム砒素(GaAs)は，磁束密度に対する抵抗値変化の直線性が良いので電流計測用センサによく使われるが，ブリッジ抵抗R_{in}が温度に比例して増大する．このような素子を定電圧駆動とすると，温度に比例して励起電流が減少し感度が下がる．励起電流が変化しないように定電流で駆動する

図3　ホール素子は温度上昇による測定感度低下を避けるために一定の電流を流し込む

利用したセンサです．

図2に示すように，等価回路は抵抗ブリッジと見なせるので，ブリッジの入力側であるIN+とIN-に電圧または電流を加えれば，ブリッジ出力電圧(V_H)を取り出せます．

図2中の式(1)に示すように，V_Hはブリッジに流す励起電流(I_E)と磁束密度(B)に比例し，素子の厚み(d)に反比例します．式(2)はホール素子の係数(K_H)の意味を示しています．

材質はいろいろですが，発光ダイオードの材料として有名なガリウム砒素で作られたホール素子は直線性が良く感度も高いので，電流測定用途によく使われます．そこで本章では，ガリウム砒素のホール素子を扱う前提で話をします．

ホール素子の抵抗R_{in}は，温度に比例して増大します．このためホール素子を定電圧で駆動すると，励起

用語解説――1　　シャント抵抗

シャント(shunt)抵抗とは，図Aのように電流を測るラインに直列に入れる抵抗のことです．シャント抵抗に電流が流れると電流に比例した電圧降下が発生するので，この電圧と抵抗値から電流値を計算できます．シャント抵抗を入れる位置は二つ考えられ，電源のプラス側に入れる場合はハイ・サイド・シャント，マイナス側に入れる場合はロー・サイド・シャントといいます．

シャント抵抗として使用する抵抗器には，抵抗値の正確なものが必要です．

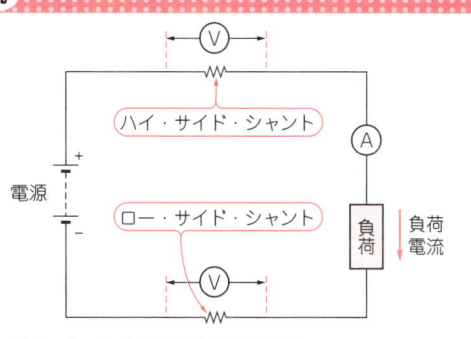

図A　シャント抵抗による電流測定

第1部　A-D変換ICを使いこなす！

第2部　精密温度計の設計と製作

100A級の電流を10mA以下の分解能で検出する

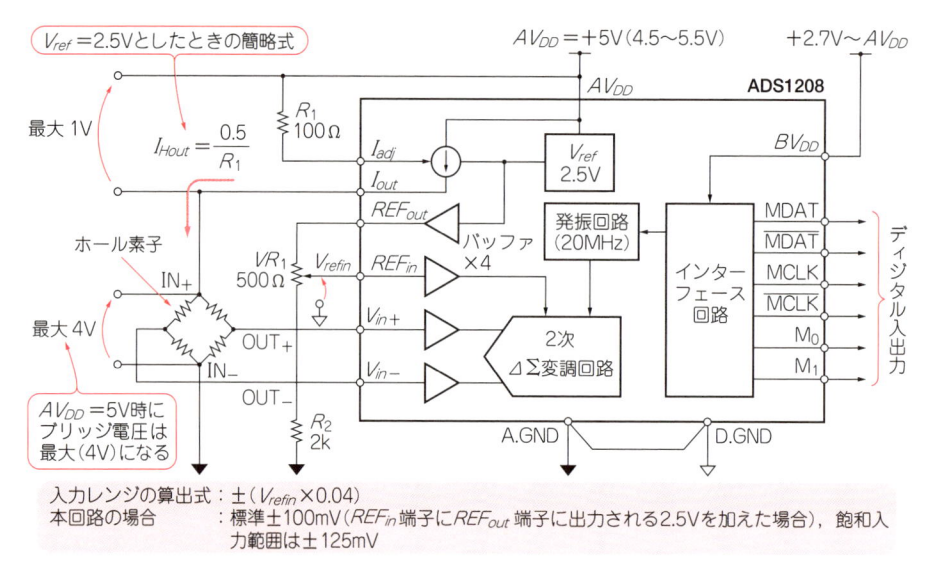

図4 ホール素子の抵抗値変化を直接A-D変換できる専用IC ADS1208の内部ブロック図と周辺回路

電流I_Eが温度上昇とともに減少するため感度が低下します．

図3に，ホール素子を定電圧で駆動した場合と定電流で駆動した場合の温度に対する測定感度の変化の様子を示します．このデータはホール素子のメーカ数社の特性を合成したものです．定電流駆動は定電圧駆動より，R_{in}の増大に対する変化量が小さいことが分かります．

定電流駆動をしても，ホール係数K_Hの温度変化分（−0.06%／℃）は残ります．これはI_Eを＋0.06%／℃の比率で増加させてキャンセルします．

ホール素子の出力信号レベルは大きいため，汎用のOPアンプを使って容易に増幅することができます．

● ホール素子の出力を直接A-D変換できるIC

図4に示すのは，ホール素子の抵抗信号を直接A-D変換できるA-DコンバータIC ADS1208の内部ブロック図と周辺回路です．

このA-Dコンバータは，設計の自由度を大きくするために，内部の変換部分は$\Delta\Sigma$変調器だけになっています．S/Nやデータ・レートなどを調整したいときは，外部にディジタル・フィルタを追加して信号処理します．

ホール素子を励起するための定電流源も内蔵してい

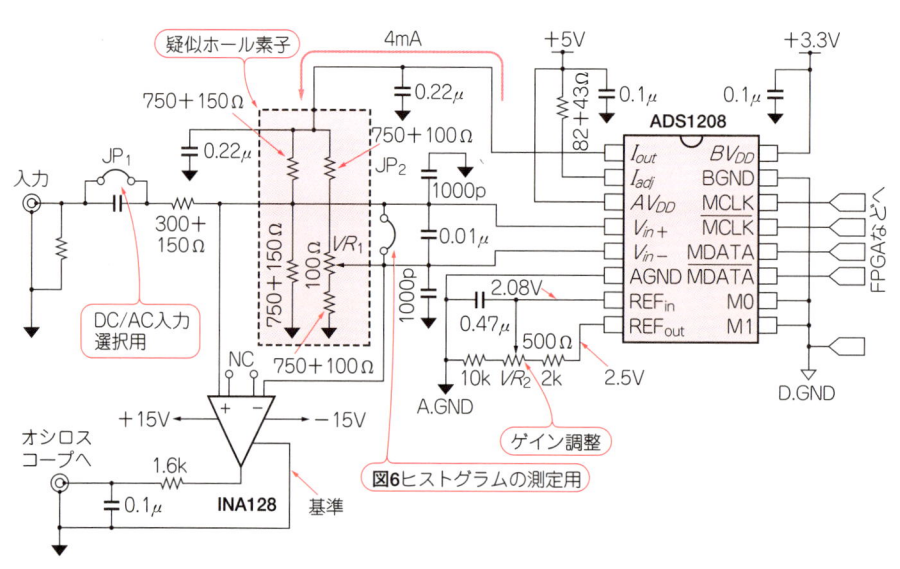

図5 ホール素子専用のA-DコンバータADS1208の実力を見るために試作した回路

項　目	A-Dコンバータの出力コード （10進数）
平均値コード	32416.50146
中央値コード（メジアン）	32417
最頻値コード（モード）	32417
標準偏差 σ	1.289921021
最大コード	32421
最小コード	32412
標本数	2048個

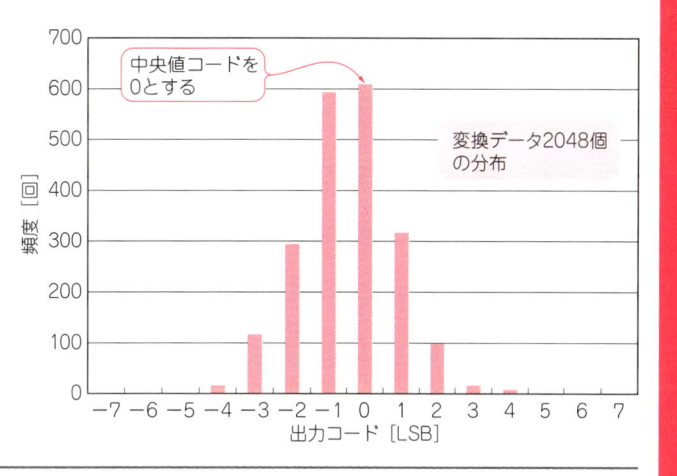

$ENOB = 16 - \log_2(2\sigma) = 14.6$ ビット

図6　図5の有効分解能の試験結果（実測）

ます．電流値 I_{Hout} [A] は外付けの抵抗 R_1 [Ω] で次のように設定できます．

$$I_{Hout} = 0.5/R_1$$

R_1 を固定抵抗と負の温度係数を持つ感温抵抗体で構成すると，ホール係数の変化分（−0.06％/℃）を打ち消すことができます．定電流源の定電流を維持できる最大負荷両端電圧（コンプライアンス電圧範囲）は電源レール（−1V）まであるので，ホール素子の一般的な抵抗ばらつき450〜900Ωに対しても十分な励起電流を流せます．

このA-Dコンバータの入力レンジは，±（REF_{IN}端子の電圧×0.04）Vです．REF_{IN}端子に内部基準電圧 V_{ref}（2.5V）をそのまま加えると±100mVになります．ホール素子は感度のばらつきも大きいので，VR_1のような可変抵抗でA-Dコンバータの入力レンジをセンサ感度に合わせて調整します．

● **ADS1208の実力**

図5に示す回路を製作し，ADS1208の実力をみてみました．測定したICの数は全部で5個です．

図6と図7に有効分解能 $ENOB$ と非直線性誤差 INL

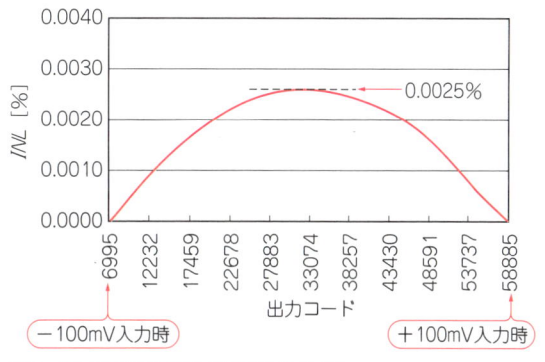

図7　図5の非直線誤差の試験結果（実測）
ADS1208のデータ・シートに示されている非直線誤差のスペック0.0025％（標準）とほぼ一致する．

の測定結果を示します．$ENOB$ は14ビット，INL は0.0025％です．5個のICの結果はおおむね一致しており，このA-Dコンバータの（設計上の）実力はこの試験結果と同等といえます．

飽和入力範囲±125mV（規定の INL が得られるのはそのうちの±100mV）を，16ビット精度で変換できるA-D変換回路の1LSBの重みは3.8μVです．この

用語解説—2　　PN接合

PN接合とは，P型とN型の半導体を接触させたものです．ここで，N型半導体とはSi（シリコン）にP（リン）などをドープしたもので，1個の電子が余り，これが電荷のキャリアとなります．一方，P型半導体はSiにB（ホウ素）などをドープしたもので，N型とは反対に電子が不足し，これが正孔（ホール）となります．

PN接合の間に一定以上の電圧（約0.7V）を加えると，図Bのように電流が流れるようになります．NからPに向かっては流れないので，これを利用して整流器を作ることができます．

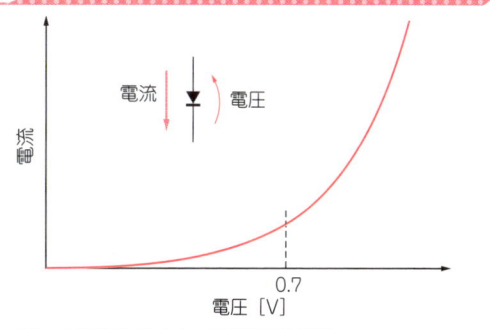

図B　PN接合ダイオードの順方向特性

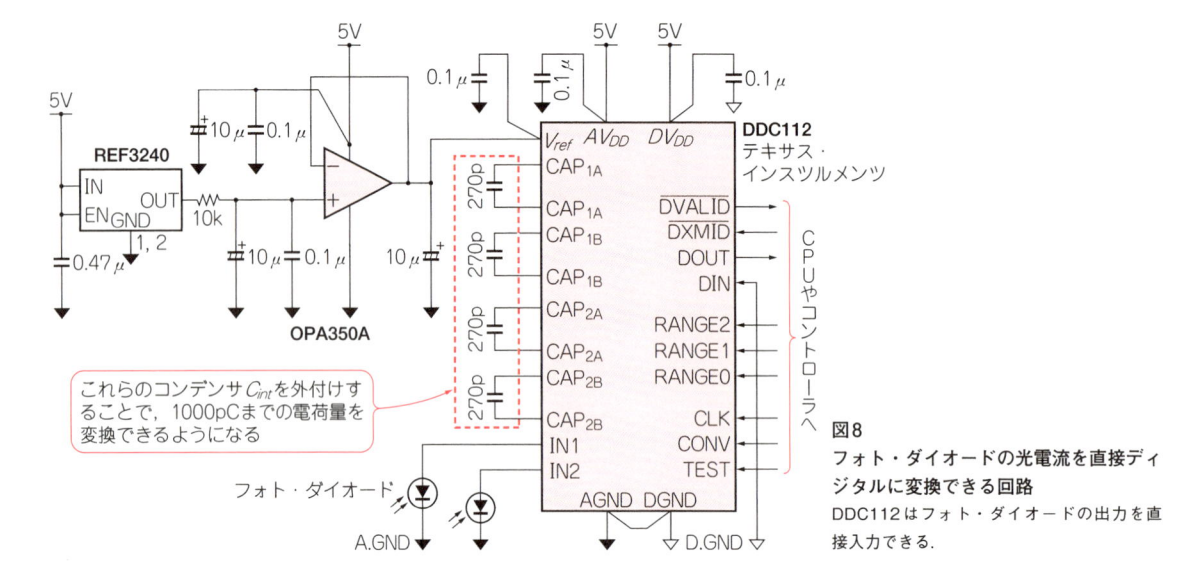

図8 フォト・ダイオードの光電流を直接ディジタルに変換できる回路
DDC112はフォト・ダイオードの出力を直接入力できる．

これらのコンデンサ C_{int} を外付けすることで，1000pCまでの電荷量を変換できるようになる

ようなセンシティブな入力ラインに直接ディジタル・マルチメータ(DMM)を接続するのは愚の骨頂です．必ず，インスツルメンテーション・アンプ(INA128など．第1部 第4章参照)のバッファを挿入するなどして測定しなければなりません．

なお，本書のホーム・ページから測定に使用したSINCフィルタ(第1部 第1章参照)のVHDLソースをダウンロードできます．SINC³フィルタが4個入ったIC(AMC1210)も市販されています．これらとADS1208を3個使えば，3相交流の電流をモニタできます．

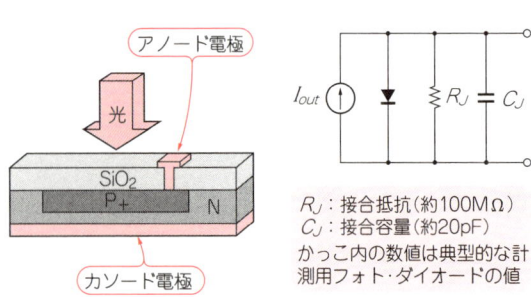

0.1 pA以下の直流電流を検出する

● 分解能30ビットのA-D変換回路

成分を調べたい試料を試薬とともに液体などに溶かし，光の透過スペクトラムから成分を分析する装置があります．

この装置は受光部を持ち，そこにはフォト・ダイオードが使われます．ppb(10億分の1)までの測定分解能が要求されるため，フォト・ダイオードの出力電流を9桁，つまり30ビットでA-D変換し，CPUに取り込む必要があります．

図8に示すのは，DDC112を使ってフォト・ダイオードの光電流を直接ディジタルに変換できる回路です．

■ フォト・ダイオードからの微小な光電流出力を取り出す方法

● フォト・ダイオードの動作原理と性質

図9に示すのは，フォト・ダイオードの動作原理と性質です．

シリコンのPN接合に光が当たると，図9中の式(3)で示される電流 I_{out} が出力されます．

I_{out} の中身は I_P と I_D です．I_P は光の強さに比例して生じる光電流［式(4)］，I_D は光がなくても生じる暗電流［式(5)］です．暗電流は不要成分です．

フォト・ダイオードは，アノードとカソードを開放すると入射光量に比例した電圧が指数関数カーブに沿って発生し(開放または電圧モード)，ショートすると入射光量に比例した電流が1次の直線に沿って発生します(短絡または電流モード)．

光量測定用にフォト・ダイオードを使う場合は，短絡モードで使います．図中にフォト・ダイオードの等

(a) フォト・ダイオードの断面（PN型）
(b) 等価回路

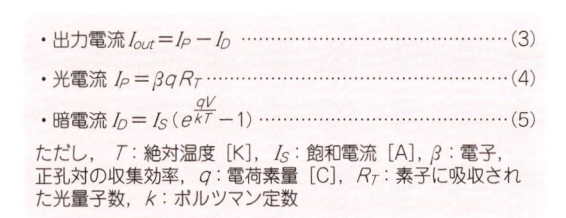

R_J：接合抵抗(約100MΩ)
C_J：接合容量(約20pF)
かっこ内の数値は典型的な計測用フォト・ダイオードの値

・出力電流 $I_{out} = I_P - I_D$ ……………(3)
・光電流 $I_P = \beta q R_T$ ……………………(4)
・暗電流 $I_D = I_S(e^{\frac{qV}{kT}} - 1)$ ………(5)

ただし，T：絶対温度[K]，I_S：飽和電流[A]，β：電子，正孔対の収集効率，q：電荷素量[C]，R_T：素子に吸収された光量子数，k：ボルツマン定数

(c) 出力電流は光が当たることで生じる電流(光電流)と光が当たらなくても流れている電流(暗電流)の差

図9 フォト・ダイオードの動作原理と性質

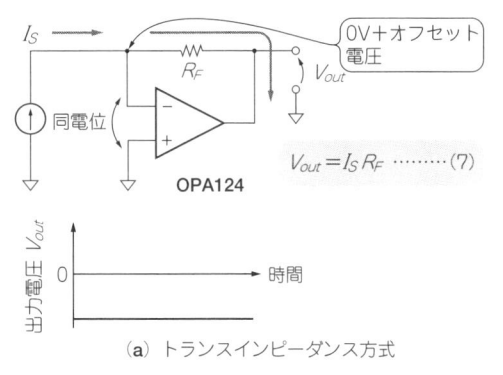

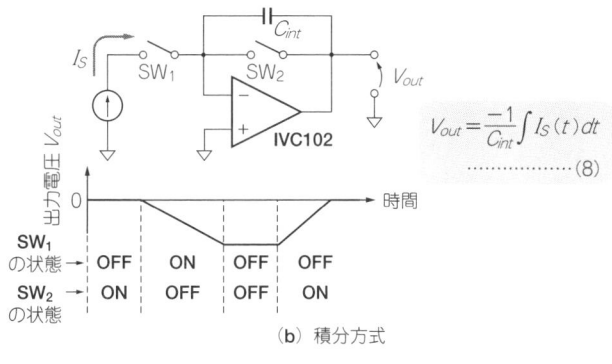

図10 フォト・ダイオードの微小な出力電流を電圧に変換する回路

(a) トランスインピーダンス方式 $V_{out} = I_S R_F$ ……(7)

(b) 積分方式 $V_{out} = \dfrac{-1}{C_{int}} \int I_S(t)\,dt$ ……(8)

価回路を示していますが，フォト・ダイオードの信号源としての性質は，短絡モードでは高い接合抵抗(R_J)を持つ電流源であり，接合容量(C_J)がそれに含まれます．

● 出力電流を抽出する回路

フォト・ダイオードを短絡したときに出てくる光電流を直線性良く抽出し，電圧へ変換するには，入力インピーダンス0Ωの電流-電圧変換回路が必要です．

これを可能にする方法を図10に示します．

図(a)をトランスインピーダンス・アンプ方式，(b)を積分アンプ方式と呼びます．

どちらもOPアンプの反転入力で光電流I_Sを受けています．OPアンプの反転入力が0Vに保たれているので，フォト・ダイオードの両端を短絡した状態を維持したまま光電流を吸い取ることができます．

(a)の方式は，OPアンプがフォト・ダイオードから出力される光電流(I_S)を帰還抵抗(R_F)を経由して吸い取るとき，$I_S R_F$［V］だけ出力が負に振れなければ完全に吸い取れません．(b)の方法も帰還容量C_{int}を介して同じ動作になります．I_SによるC_{int}への電荷Qの蓄積で，アンプ出力は時間とともに，Q/C_{int}［V］で緩やかに降下し，最終出力電圧V_{out}は積分時間で決まります．

積分アンプ方式の1周期は，スイッチSW_1とSW_2のON/OFFによるリセット期間→積分期間→ホールド期間です．ホールド期間中に，最終出力電圧をA-D変換します．

■ フォト・ダイオードの光電流検出専用のA-Dコンバータ

● DDC112の内部回路

DDC112は，フォト・ダイオードの光電流を直接ディジタル変換できるA-Dコンバータです．図11に示す積分アンプを内蔵しています．

入力は二つあり，一つの入力当たり二つの積分アンプAとBを持ちます．Aがホールド期間(A-D変換期間)中であっても，代わりにBが光電流を積分するので，アナログ信号の連続的な変換が可能になり，スループットが上がります．

図12に示すのは積分器のブロック図です．

内部スイッチのON/OFFタイミングとC_{int}の容量を組み合わせることで，測定レンジを選択できます．リセット後のアンプ出力は基準電圧4.096Vへクランプされ，積分期間はグラウンド方向へ降下します．I_Sが大きいほど降下が速いので，積分アンプの振幅もそ

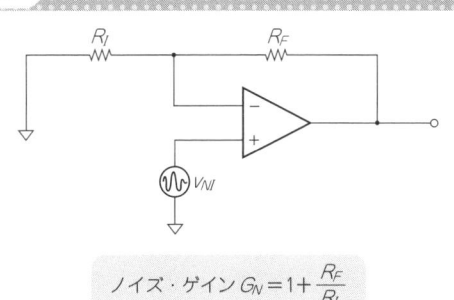

用語解説 — 3　ノイズ・ゲイン

ノイズ・ゲイン(noise gain)とは，OPアンプの内部雑音V_{NI}に対するOPアンプのゲインです．図Cの回路構成でR_IとR_Fとが等しいとすると，反転入力側からの信号に対するゲインは1倍ですが，ノイズ・ゲインは2倍です．このことから，内部雑音を伴う等価回路を書く場合は，雑音源を非反転入力側に付けます．

OPアンプの安定ゲインを1倍とする場合は，ノイズ・ゲインが1倍であるボルテージ・フォロワでの規定です．ボルテージ・フォロワでは信号ゲインもノイズ・ゲインもともに1倍です．

ノイズ・ゲイン $G_N = 1 + \dfrac{R_F}{R_I}$

図C　ノイズ・ゲイン

0.1 pA以下の直流電流を検出する

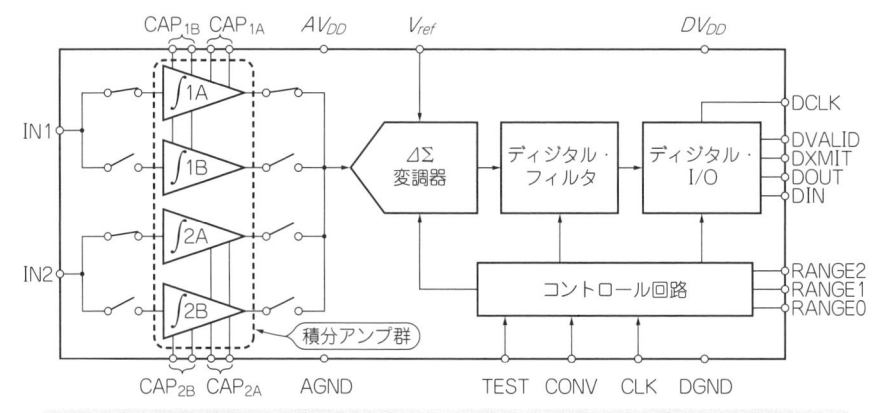

図11 フォト・ダイオードの光電流を直接ディジタルに変換できる専用A-DコンバータDDC112の内部ブロック図(メーカのデータシートより)

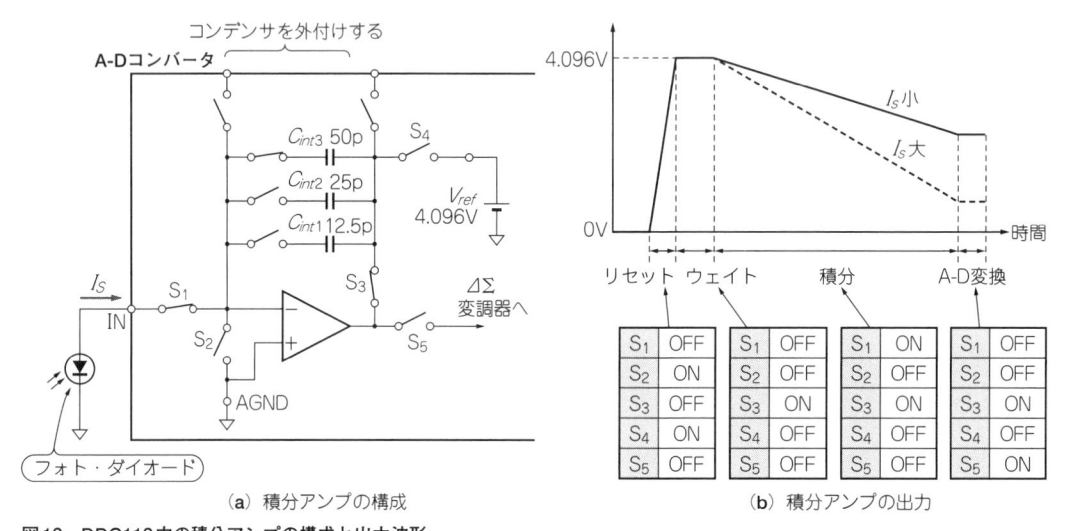

DDC112は積分方式のプリアンプが内蔵された電流-ディジタル・コンバータ．1入力に2個の積分アンプAとBを持ち，途切れない変換が可能．

(a) 積分アンプの構成
(b) 積分アンプの出力

図12 DDC112内の積分アンプの構成と出力波形
DDC112はS₁～S₅のON/OFFの組み合わせで変換モードを切り替える．

れだけ大きくなります．**写真1**に示すのは実際の積分波形です．

● **実効分解能**

図13に示すのは，このA-Dコンバータで実現できる分解能を説明する図です．

▶外部容量250 pFのとき30.97ビット

すべての測定レンジを含むトータルの分解能を決めるのは，次の四つのパラメータです．

- 設定可能な積分時間の最小値（50 μs）
- 設定可能な積分時間の最大値（5 ms）
- 測定レンジR0における最大チャージ電荷量（1000 pC，C_{int} = 250 pF）
- 測定レンジR1における最小チャージ電荷量（50 pC，C_{int} = 250 pF）

図13中の式(9)から，最小の積分時間50 μsと最大チャージ電荷量1000 pC（レンジR0）の組み合わせの場合，測定できる入力電流のフルスケール値$I_{max(R0)}$は20 μAです．

式(10)から，最大の積分期間5 msと最小のチャージ電荷量50 pC（レンジR1）の組み合わせの場合，扱える最大入力電流$I_{max(R1)}$は10 nAです．

DDC112内部のA-Dコンバータのビット分解能は20ビットであることから，最小入力電流$I_{min(R1)}$は，式(11)から9.5 fA（1 f = 10^{-15}）です．

式(9)と式(11)で算出した電流の比から，トータルの分解能は30.97ビットと求まります［式(12)］．この値は，内部雑音を考慮していない分解能です．

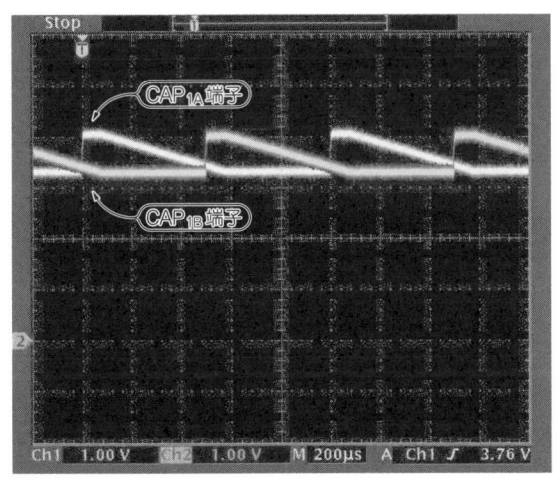

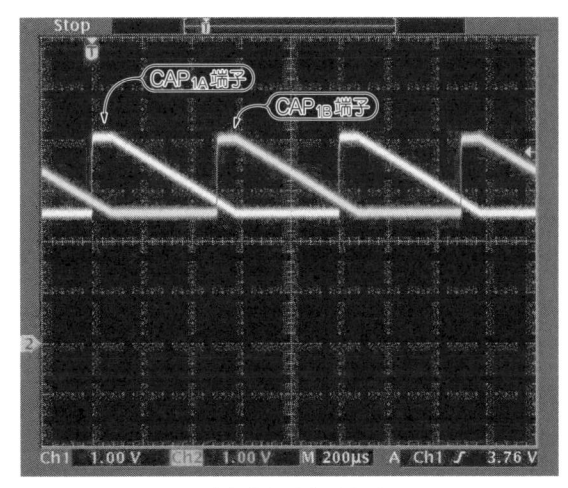

(a) 入力電流 400 nA

(b) 入力電流 800 nA

写真1 DDC112内の積分アンプの出力信号(外付けコンデンサ容量 270 pF, 積分時間 500 μs, 1 V/div., 200 μs/div.)

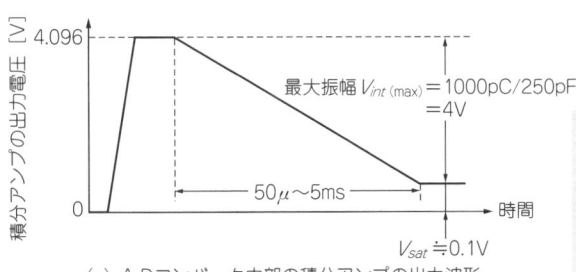

(a) A-Dコンバータ内部の積分アンプの出力波形

測定レンジ	C_{int} [pF]	最大チャージ電荷量 [pC]
R0	最大250	1000
R1	12.5	50
R2	25	100
R3	37.5	150
R4	50	200
R5	62.5	250
R6	75	300
R7	87.5	350

(b) A-Dコンバータの測定レンジ設定および, C_{int} 容量とチャージ電荷量

総合分解能は次のように求まる.

$I = \dfrac{Q}{\Delta T}$ の関係式から, レンジR0のとき入力電流のフルスケール値を $I_{max(R0)}$, レンジR1のときのフルスケール値を $I_{max(R1)}$ とすると,

$$I_{max(R0)} = \frac{1000pC}{50\mu s} = 20\mu A \quad \cdots\cdots(9)$$

$$I_{max(R1)} = \frac{50pC}{5ms} = 10nA \quad \cdots\cdots(10)$$

DDC112のビット分解能が20ビットであることから,

$$I_{min(R1)} = \frac{\dfrac{50pC}{5ms}}{2^{20}-1} = 9.5fA \quad \cdots\cdots(11)$$

総合分解能は式(9)と式(11)の比から次のように求まる.

$$\log_2\left(\frac{20\mu A}{9.5fA}\right) = 30.97 \text{ビット} \quad \cdots\cdots(12)$$

(c) DDC112で実現できる総合分解能(内部雑音は考慮していない)

図13 DDC112の全測定レンジを考慮した最大分解能の算出 (C_{int} = 250 pF)

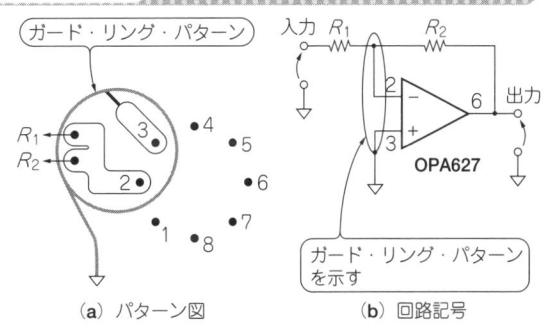

用語解説—4　　ガード・リング・パターン

ガード・リング・パターン(guard ring pattern)とは, 超低バイアスOPアンプの性能を隣接するパターンからのリーク電流で損なわないように, 入力ラインと隣接パターンの間に設ける保護用パターンのことです.

図Dの例は, 接地したガード・リング・パターンでOPアンプの反転/非反転入力を囲い込んだものです. こうすることにより, 隣接パターンからのリーク電流はガード・リング・パターン経由でグラウンドに落とされます.

(a) パターン図　　(b) 回路記号

図D ガード・リング・パターンの例

0.1 pA以下の直流電流を検出する

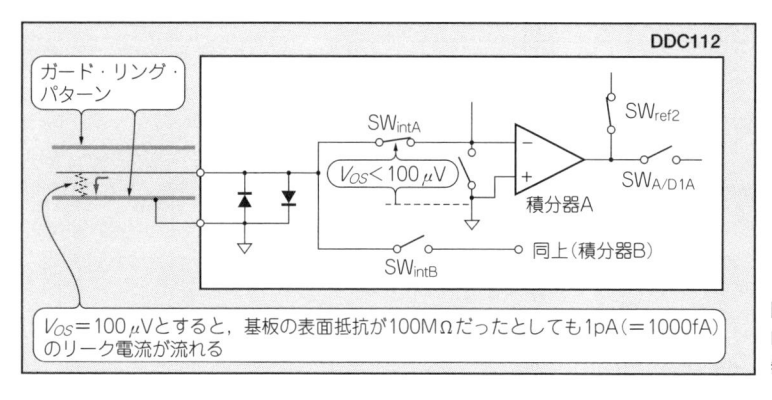

図15 DDC112からのわずかなオフセット電圧も無視できない

$V_{OS}=100\,\mu V$とすると，基板の表面抵抗が$100\,M\Omega$だったとしても$1\,pA(=1000\,fA)$のリーク電流が流れる

▶内部雑音を考慮すると27.85ビット

データ・シートに書かれたアンプの内部雑音 3.2 ppm$_{RMS}$ of FSRを考慮すると，実効分解能($ENOB$)は30.97ビットより少し小さくなります．

レンジR0では，容量250 pFのC_{int}に1000 pCまでチャージできるとデータ・シートに書いてあります．250 pFに1000 pCチャージすると，両端電圧すなわち積分電圧V_{int}は4 Vになります（図13の積分カーブ）．したがって4 Vが電圧換算のフルスケールなら，内部雑音 3.2 ppm$_{RMS}$ of FSRは，電圧換算で$12.8\,\mu V$です．

これを基に，図14の式(13)から内部雑音を考慮し

た有効分解能($ENOB$)を求めます．アンプ内部の雑音に対するゲイン（ノイズ・ゲインと呼ぶ）は，フォト・ダイオードの接合容量(C_J)とDDC112の積分コンデンサ(C_{int})との比で決まります．下調べしたC_Jの値(20 pF)とレンジR1におけるC_{int}の値(12.5 pF)から27.85ビットを得ます．

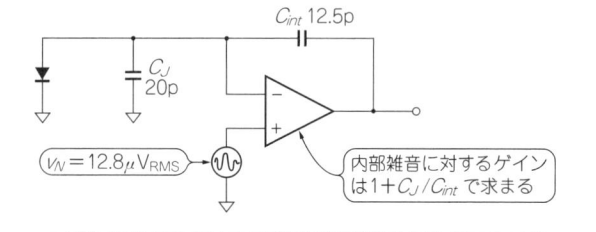

▶外部容量を2000 pFに増やすと30ビット以上

DDC112のアプリケーション・ノート(SBAA027)によれば，レンジR0における外部C_{int}を2000 pFとすると，7800 pCまでチャージできます（室温時）．

これを再度，式(9)に代入すると，大きい方の値が$20\,\mu A$から$156\,\mu A$へ広がるので，式(13)により雑音分を差し引いても，目標の30ビットが得られます．

● DDC112に関するそのほかの情報

本回路は，fA級の微小電流を扱うので，プリント基板のパターン・レイアウトと基板表面のコーティングは重要です．

図15に示すように，DDC112の入力ラインは，ほかのパターンを流れる電流の影響を受けないように，入力ラインと平行にグラウンド電位に保持されたガード・リング・パターンを配置する必要があります．DDC112の積分アンプの入力オフセット電圧は，データ・シートによると$100\,\mu V$最大です．この程度の電圧でも，基板表面の汚れ絶縁抵抗が$100\,M\Omega$まで下がれば$1\,pA(=1000\,fA)$ものリーク電流となり，無視できません．

$$ENOB=30.97-\log_2\left\{\frac{12.8\,\mu V\times(1+20\,pF/12.5\,pF)\times(2^{20}-1)}{4V}\right\}$$
$$=27.85\text{ビット} \quad (13)$$

$C_{int}=2000\,pF$のときのチャージ量(7800 pC)を式(9)に代入すると，
$$I_{max(R0)}=\frac{7800\,pC}{50\,\mu S}=156\,\mu A$$

式(12)と式(13)から$ENOB=30.8$ビットを得る．
ただし，室温にて．

図14 DDC112の内部雑音を考慮した最大分解能の算出

（初出：「トランジスタ技術」2006年12月号 特集 第4章）

第2部 製作編

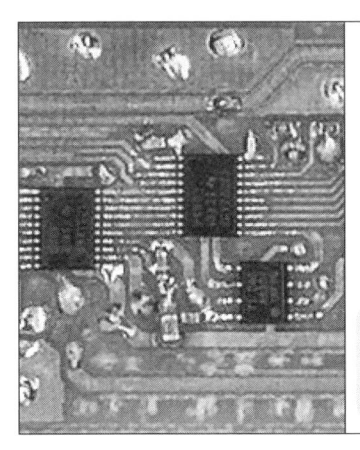

序章 部品代1万円で，誤差±0.03℃の精密温度計の設計・製作にチャレンジ

安価なMPUとΔΣ型A-Dコンバータのコラボで測定精度をもう1桁上げる

中村 黄三

> アナログ部は精度を，MPU上で走るソフトウェアは機能を提供し，この二つを合せることで高性能測定器が実現できます．本章では，これが実感できる精密温度計の新規設計手法に関して，その全体のあらすじについて紹介します．

精密温度計の設計と製作の概要

● 分解能0.01℃，誤差±0.03℃の温度計を設計する

電子温度計を設計したことがある方なら，分解能0.1℃で誤差±0.3℃の達成は簡単でも，もう1桁上げて0.01℃±0.03℃とするのは容易でないことは分かるでしょう．

以前，筆者が所属していた半導体メーカのマーケティング部門から，顧客向けセミナの題材として，同様の性能を持つ温度計の製作依頼を受けました(**表1**)．中途半端な性能では使用しているICの宣伝にならないとの理由でしたが，なるほどもっともな話です．

筆者自身は，精密温度計(以下，温度計)の設計経験はなかったのですが，2回の挑戦で何とかものにできました(**写真1**，**図1**，**表2**)．いろいろ試行錯誤をした

表1 製作に際して与えられた目標スペック

■精密温度計の製作目的
　顧客向けセミナにおける高精度ロー・コスト例の提示
　セミナ終了後は実験室にある温度計の準基準器に流用
■表示範囲と分解能
　0～200.00℃，表示分解能0.01℃
■付属機能としてアナログ出力
　0V～2V，アナログ分解能100μV(2.0000Vの5桁出力)
■要求精度
　▶表示安定性：最下位桁がちらつかない
　▶表示誤差：±0.03℃
　　(ゲイン，直線性，オフセットを含む)
　▶アナログ出力の誤差：±300μV
　　(ゲイン，直線性，オフセットを含む)
　▶使用温度範囲：25℃±5℃
　　(実験室内でのみ使用)
　▶精度の保持：定期校正により保持する
　　(外部の校正業者に委託)

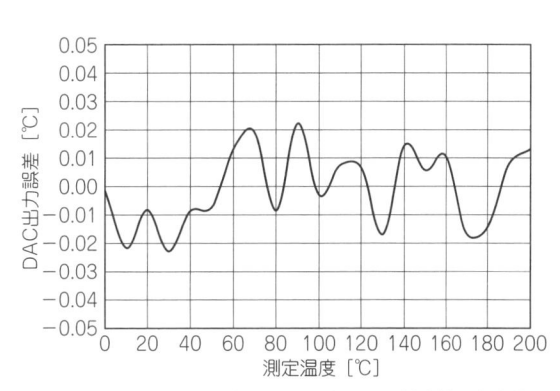

図1 製作した精密温度計のDAC出力による精度検証実験結果のグラフ
温度換算のDAC出力誤差．

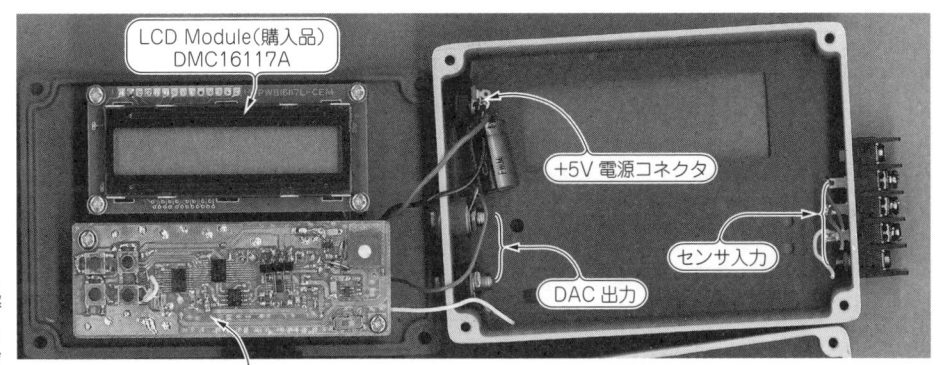

写真1 安価なMPUとΔΣADCのコラボで分解能0.01℃，誤差±0.03℃を達成した温度計のケースと基板

ミーリング加工により製作した基板上に部品を搭載して完成：写真2参照

表2 製作した精密温度計のDAC出力による精度検証実験の結果

信号源には，抵抗器で構成されたPt100の疑似RTDソース（抵抗BOX）を使用．抵抗BOXは，0℃～200℃まで10℃ステップ20組の固定抵抗と精密級トリマで構成．測定データは，DAC出力を8桁のDMMで受け，GPIB経由でパソコンに取り込んだもの．

測定温度 (℃)	電圧換算DAC出力 (V)	電圧換算誤差 (mV)	温度換算DAC出力 (℃)	温度換算誤差 (℃)
0	- 0.00001033	- 0.010334	- 0.0010	- 0.0010
10	0.09979677	- 0.203229	9.9797	- 0.0203
20	0.19991689	- 0.083109	19.9917	- 0.0083
30	0.299783812	- 0.216188	29.9784	- 0.0216
40	0.39991565	- 0.084353	39.9916	- 0.0084
50	0.50009889	0.098891	50.0099	0.0099
60	0.60011855	0.118547	60.0119	0.0119
70	0.70019213	0.192134	70.0192	0.0192
80	0.79989405	- 0.105950	79.9894	- 0.0106
90	0.90017788	0.177882	90.0178	0.0178
100	0.99989075	- 0.109250	99.9891	- 0.0109
110	1.10002673	0.026726	110.0027	0.0027
120	1.19998617	- 0.013829	119.9986	- 0.0014
130	1.29979673	- 0.203266	129.9797	- 0.0203
140	1.40014325	0.143254	140.0143	0.0143
150	1.50002377	0.023774	150.0024	0.0024
160	1.60004450	0.044500	160.0044	0.0044
170	1.69977657	- 0.223433	169.9777	- 0.0223
180	1.79977796	- 0.222043	179.9778	- 0.0222
190	1.89997012	- 0.029883	189.9970	- 0.0030
200	2.00006374	0.063741	200.0064	0.0064

　結果，そのキモは，正確なレシオメトリックを可能にする基準電圧源を設けて，他のアナログ誤差はMPUで徹底補正することでした．これは2回目に挑戦したときの実施内容です．

　完成までに与えられた時間は延べ6ヵ月（途中経過の発表をした1回目のセミナを挟んで3ヵ月×2回）と短かったのですが，今思えば，長年実践してきた新規回路の設計手法（事前調査と構想設計に重点を置く）が結果的に設計時間の短縮に役立ったと思います．

　皆さんの中にも，回路の増築・改築をやった経験はあるものの，新規設計を手掛けたことが未だない方もいるかと思います．そこで今回本書のページを借りて，筆者流の新規設計手法による完成までの手順（どうやって1桁上げたか）について紹介します．

● 製作物の概要とデザイン（設計）・コンセプト

　デザイン・コンセプトは，前述したように"正確なレシオメトリックを可能にする基準電圧源を設けて，他のアナログ誤差はMPUで徹底補正する"です．その方針に基づき製作した回路のブロック図と基板写真を図2と写真2に示します．

▶使用するMPUは処理能力より低ノイズ特性を考慮して製品を選択

　ここで使用するMPUは，数値化された信号データの処理や補正のほかに，A-Dコンバータ（以下，ADC）とD-Aコンバータ（以下，DAC）を制御する役割も担います．特に，アナログ的には補正が難しい

Pt100の非直線性誤差の補正に関しては，MPUに期待がかかるところです．

　このように中心的な役割を果たすMPUですが，高分解能ADCから見るとノイズ源でもあります．ノイズの主成分はクロック・ノイズですが，クロック・ノイズのエネルギーは消費電流に比例します．そこでMPUとしては，処理能力より低消費電流が望まれます．

　こうしたことを考慮して選んだMPUであるMSP430G2402は，16ビットのRISC CPUをベースとしたマイクロコントローラです．電源電圧3V，クロック周波数8MHzの条件下における消費電流は2mAで，MPUとADC間の沿面距離（写真2参照）を6mmまで縮めても前出の表2と図1の結果が得られています．

　ちなみに，このMPUのパフォーマンスは1クロック1インストラクションなので，8MIPS（実行速度800万命令/秒）で使用していることになります（最大16MIPS）．この後で紹介するセンサの非直線性の補正式（小数点以下6桁の値を持つ2次の方程式）の計算を固定小数点演算方式ならリアルタイムで実行できています．

▶ADS1247内部の定電流源とプリアンプを使用

　1回目の挑戦からADS1247を使用していましたが，精度重視の観点からセンサを駆動する定電流源やプリアンプ（以下，アナログ・フロントエンド）については，全て外部回路で構成しました．それこそ高精度OPアンプ，高精度抵抗，そして高精度基準電圧源など，高精度と名の付く部品を寄せ集めて製作したのですが，

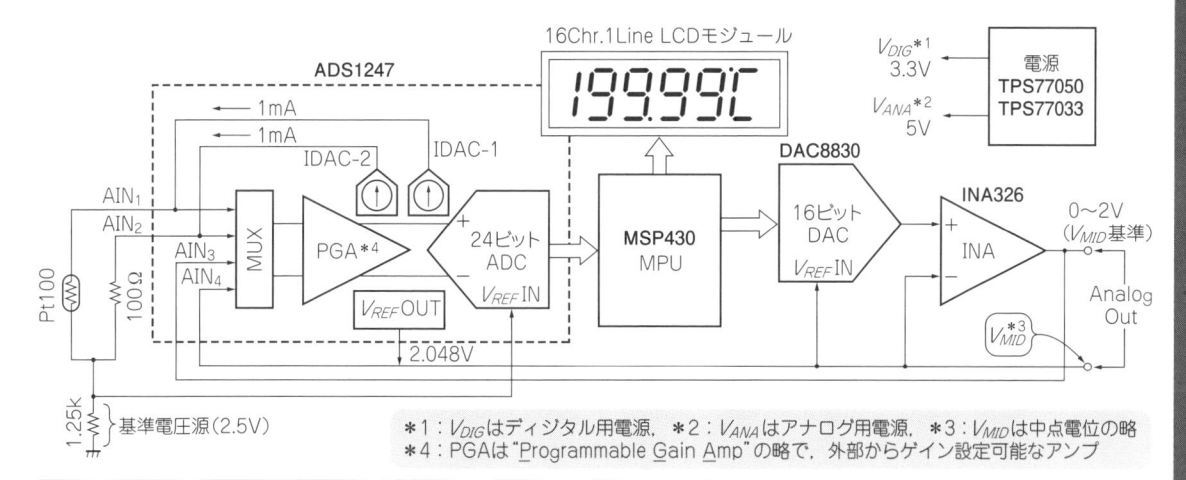

図2 製作した温度計のブロック図

- ADCはA-Dコンバータ，DACはD-Aコンバータの略として使用
- 破線内はADS1247のオンチップ回路
  24ビットΔΣADCのコア以外に，2本の定電流源，アナログ・マルチプレクサ(MUX)，プログラマブル・ゲイン・アンプ(PAG)および2.048Vの定電圧源(V_{REF})から構成される
- 表示部は購入品の1ライン16文字のLCDモジュールを4ビット・データ幅のインターフェースで接続
- アナログ出力は，ADS1247のV_{REF}出力2.048V(V_{MID}として使用)を基準に0V～2V(0℃～200℃)を出力

*1：V_{DIG}はディジタル用電源，*2：V_{ANA}はアナログ用電源，*3：V_{MID}は中点電位の略
*4：PGAは"Programmable Gain Amp"の略で，外部からゲイン設定可能なアンプ

〈安くても高精度を達成するための回路・基板設計のキモ〉
- ハード的な誤差はMPUによる補正処理で徹底除去
- ノイズ源であるMPUには，超低消費電力の製品を使用
- アナログGNDとディジタルGNDの徹底管理

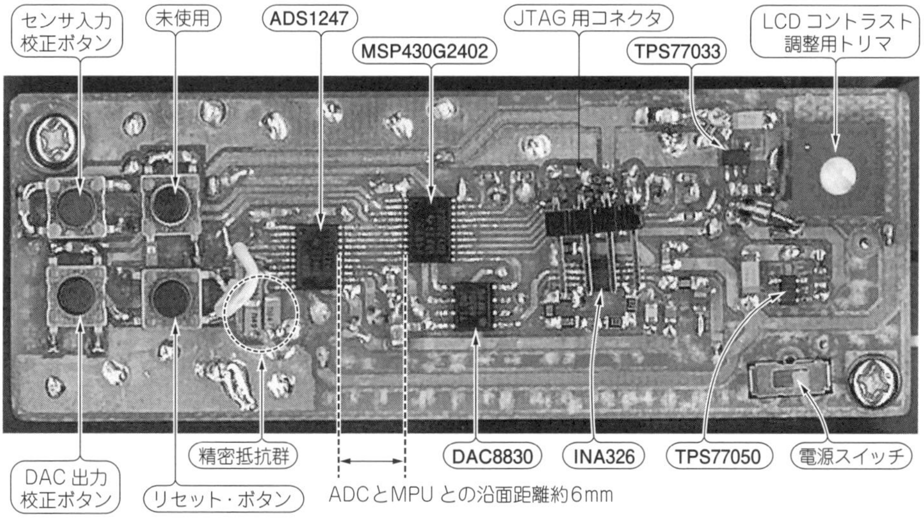

写真2 低価格でも高精度を目指して製作した精密温度計の基板

結果は目標スペックの"誤差±0.03℃"の精度を得られないままで終わりました(**図3**)．この原因は別にあり，詳細は第4章 構想設計の"一次試作の結果に対する評価・検討"の項で解説します．

そこで今回は，ディジタル補正に重きを置いて，必要なアナログ・フロントエンド(定電流源，プリアンプ，基準電圧源)は，デルタ・シグマ(以下，ΔΣ)型ADCのADS1247の内部回路を使用しました．むろん個々の回路の性能比較では，前述のディスクリート回路の方が誤差・安定性ともに優れています．しかし，たとえ安価な方法を選択したとしても，MPUとのコ

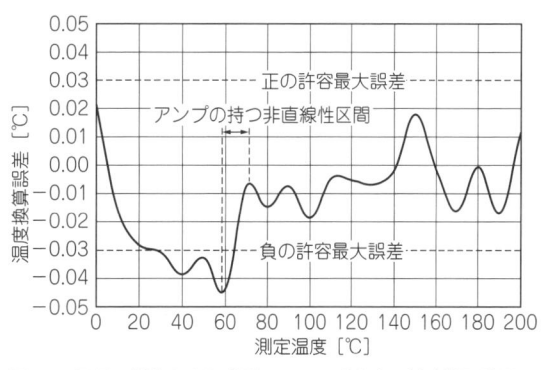

図3 1回目に製作した温度計のアナログ出力の精度検証結果のグラフ

ラボで十分に目的を達成できると考えた選択です．

▶アナログ出力のモニタと補正

1回目の挑戦では，アナログ出力をモニタしていなかったため，DACのバッファ用アンプの非直線性に起因する大きな誤差が生じてしまいました（図3参照）．そこで2回目は，アナログ出力の誤差が表示温度と同じ誤差内に留まるよう，アナログ出力をモニタして補正することにしました．

これには四つあるADS1247の入力のうち，使っていないAIN$_4$とAIN$_3$のペアを差動構成にして，INA326の出力（AIN$_3$）とV$_{MID}$（AIN$_4$）をモニタすることにしました．表示値とアナログ出力の間にずれが生じた場合は，DACへ与えるコードを加減して合わせ込みます．

▶静的なアナログ出力の実現

もう一つの命題は，アナログ出力には不要なリプルを含ませず，限りなくスタティックな状態を保つことです．商品価値として重要なので，これについての詳細も第4章の構想設計で解説します．

▶レシオメトリックを可能にする基準電圧源の採用

ブロック図（図2参照）の抵抗両端が，正確なレシオメトリックを可能にする基準電圧源（以下，レシオメトリック用基準電圧）になります．基板上（写真2）の配置は，中央より左寄りの精密抵抗群の一つがそれです．

なぜこれがレシオメトリックになるのかについての詳細は第4章の構想設計で解説するものとして，"I_{E1}の変動によるPt100の両端電圧の変動があっても，ADCのフルスケール入力電圧もそれを補正する方向で増減するので"とここでは述べておきます．

▶一点豪華主義で性能を確保

抵抗R_{REF}の精度をあてにした基準電圧源という性

分解能のいろいろ

ADCの分解能には，製品カテゴリによる物理的分解能（例えば24ビットΔΣ型ADCのADS1247など）のほかに，内部ノイズによる影響を受けない2種類の分解能に関する定義があります（図A）．

一つ目が有効分解能（略号はENOB）です．ENOBは内部ノイズの実効値を求め，その値をビット換算して物理的分解能から差し引いた残りのビット数を指します［式(1-A)］．略号のENOBは"Effective Number Of Bit"の頭文字で，日本語の訳は言葉通り有効ビット数かあるいは有効分解能で，現在では

- 有効分解能 ENOB：±1σのばらつきを差し引いた残りの有効なビット分解能
  $ENOB = N - \log_2(2\sigma)$ Bit$_{(rms)}$ … 式(1-A)（ここで，Nは製品分解能）
- ノイズ・フリー・ビット NFB：ピーク・ツー・ピーク・ノイズを反映したビット分解能
  $NFB = N - \log_2(m)$ Bit$_{(p-p)}$ …… 式(1-B)（ここで，mはコードのp-pばらつき）
  下の例でA-Dを24ビットとすれば，$NFB = 24 - \log_2(6) = 21.4$ Bit$_{(p-p)}$

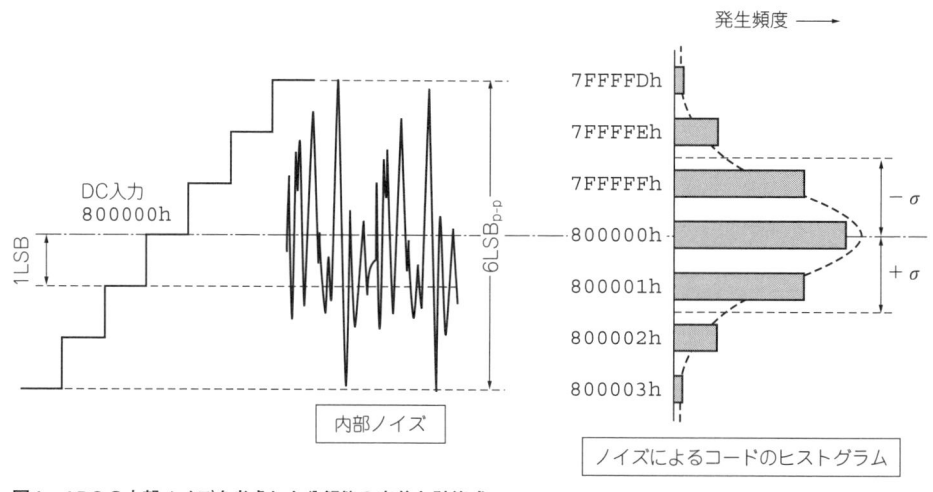

図A　ADCの内部ノイズを考慮した分解能の定義と計算式

表3 製作した精密温度計で使用した主要部品の参考価格

表の価格は2015年1月4日現在における少量購入時の価格．価格に関して，IC関係はメーカの，精密抵抗は通信販売業者のそれぞれのホーム・ページにて調査した．

部品		内容・規格	ドル価格	価格	参考
IC関係	ADS1247	24ビット ΔΣ ADC	$11.21	¥1,346	1ドル120円で計算
	MSP430	16ビット MPU	$1.82	¥219	
	INA326	計測アンプ	$4.73	¥568	
	DAC8830	16ビット DAC	$16.28	¥1,954	
	TPS77050	電源IC	$1.17	¥141	
	TPS77033	電源IC	$1.17	¥141	
精密抵抗	Y16251K0000T9R	1 kΩ 0.01%, 0.2 ppm	——	¥2,430	
	SMR1D 250R 0.01%	250 Ω 0.01%, 2 ppm	——	¥1,520	10 ppmでOK
	SMR1D 100R 0.01%	100 Ω 0.01%, 2 ppm	——	¥1,790	
			合計	¥10,109	

半導体（IC）の価格合計 ¥4,369
精密抵抗の価格合計 ¥5,740

質から，ここにかけるコストだけは惜しまないことにします（表3）．使用したICの合計価格より抵抗の値段の方が高いのですが，これは一点豪華主義（基準電圧源の部分）として割り切ります．合計で1万円を少し超えますが，表1で示したスペックと同程度の市販温度計では，価格が数十万円（少量生産で校正の手間が多大なため割高になる）であること，セミナ用の教材であることの2点を考えれば，妥協できる範囲内でしょう．

Column 1

後者の呼び方が一般的です．

二つ目がノイズ・フリー・ビット，またはノイズ・フリー分解能（ここでの略号は*NFB*）です．こちらは内部ノイズにピーク・ツー・ピークを採用したもので，ピーク・ツー・ピーク・ノイズのビット換算値を物理的分解能から差し引いた残りビット数です［(式(1-B)］．

表示の最下位桁をちらつかせないようにするには，表示のカウント数（200.00℃なら2万カウント）のビット換算値（14.29ビット）より，*NFB*によるビット数の方が大きい値でなければなりません．

ちなみに，本章では*NFB*を略号として使用していますが，これは一般化した略号ではない点に留意してください．以上の分解能の定義を，フルスケール入力に対する分割幅で示します（図B）．

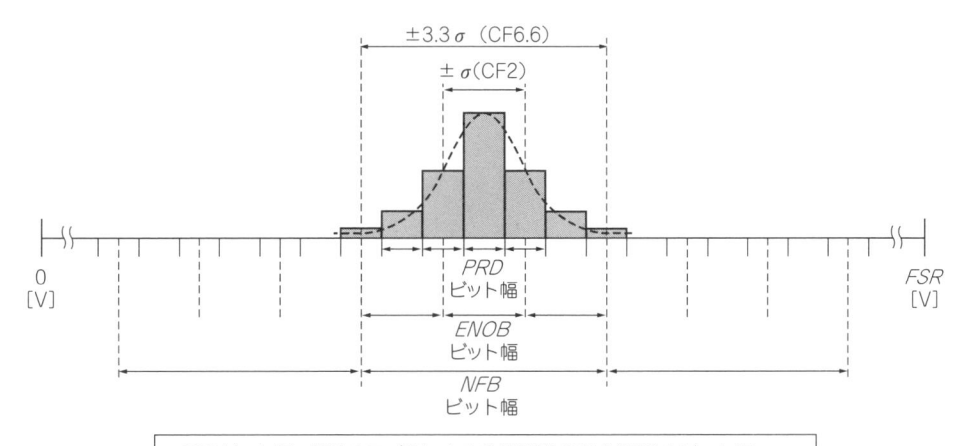

- *PRD*ビット幅：製品カテゴリによる分解能（物理的分解能）のビット幅
- *ENOB*ビット幅：有効分解能（Effective Number of Bitの略）によるビット幅
- *NFB*ビット幅：ADCの内部ノイズに影響されない分解能によるビット幅
  （注）*NFB*＝Noise Free Bit

図B ADCの分解能の定義と，それぞれのフルスケール入力に対する分割幅

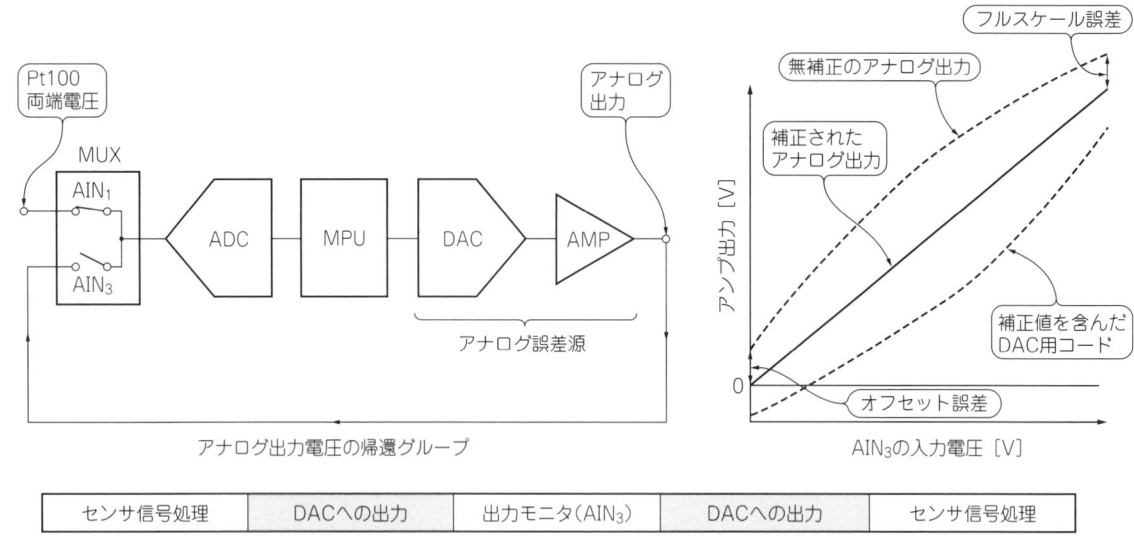

図4 フレーム処理によるJOB実行間隔の均一化

▶温度に対する内部分解能

与えられた目標スペック"表示誤差±0.03℃"以下を達成しやすくするために，最小温度表示0.01℃に対し内部温度分解能をもう1桁上げて0.001℃とします．これはカウント数に換算すると200,000カウント(17.61ビット)になります．その上で内部ノイズを抑え，複数回のA-D変換データの平均値を取ることで，ノイズ・フリー分解能(本章のColumn 1を参照)を17.61ビットまで高めてちらつきが出ないようにします．

▶フレーム処理でJOBの実行間隔を均一に

プログラムの形態として，一般的なJOB(ジョブ)のシーケンシャル処理では，温度センサからの情報取り込みとそれに伴う表示やDACデータのアップデータが不定期になります．これは，使う側に違和感を覚えさせます．そこで，同じタイミングで実行すべきJOBを一つのフレーム(枠)に収め，時間を決めて1フレームずつ実行するフレーム処理方式を採用することにします(図4)．この構造のプログラムは，メイン・ルーチンという概念がないためソース・コードを追いにくくなりますが，ダイナミックな処理を必要とする機器に対しては有効な処理方法です．

▶ハードウェア誤差の校正による精度確保

MPUでアナログの誤差補正をするにしても，ハードウェアのゲインとオフセットに関する初期誤差の情報は必要です．言い換えると，これらの誤差情報の正確さが温度計としての精度を決めます．そこで今回は，ハードウェア・キャリブレーション(校正)をしっかり行い，MSP430内の専用フラッシュ・メモリ・エリアにストアします．

今回採用した新規設計手法のアウトライン

■ 設計・製作に当たって実施した新規設計の手順

新規設計には，今までに設計した経験のない回路の設計と，今まで使っていた回路を破棄して一から設計をやり直す再設計とがあります．ここで行う新規設計とは前者のケースであり，未知数ばかりの方程式のような状態です．そこで，詳細設計に入る前に未知数を極力減らし，どうしても調査だけでは納得できない項目だけを部分的回路で先行実験します．要するに，分からないことは十分に調査・予備実験を行い，モヤモヤを吹き飛ばしてから気持ち良く詳細設計を行うということです(これは重要)．

図5は，筆者が行ってきた新規設計における設計手順です．内容的に目新しいものはないと思いますが，若手へのトレーニングでは，表の事柄を体系的に行う習慣を付けさせるといいでしょう．表の解説を行った後，手順に従って話を進めます(第1部でも多少触れた)．

● 事前調査・検討

温度計の新規設計ということでは，事前調査・検討の対象は，センサに関する情報収集がメインになります．いろいろなセンサの一長一短を調べ，どのようなセンサを選ぶかを検討します．

そして選んだセンサの特性や誤差を規定する規格のチェックです．目標スペックの許容最大誤差が±0.03℃なので，どのようなセンサを使うにせよ，センサが

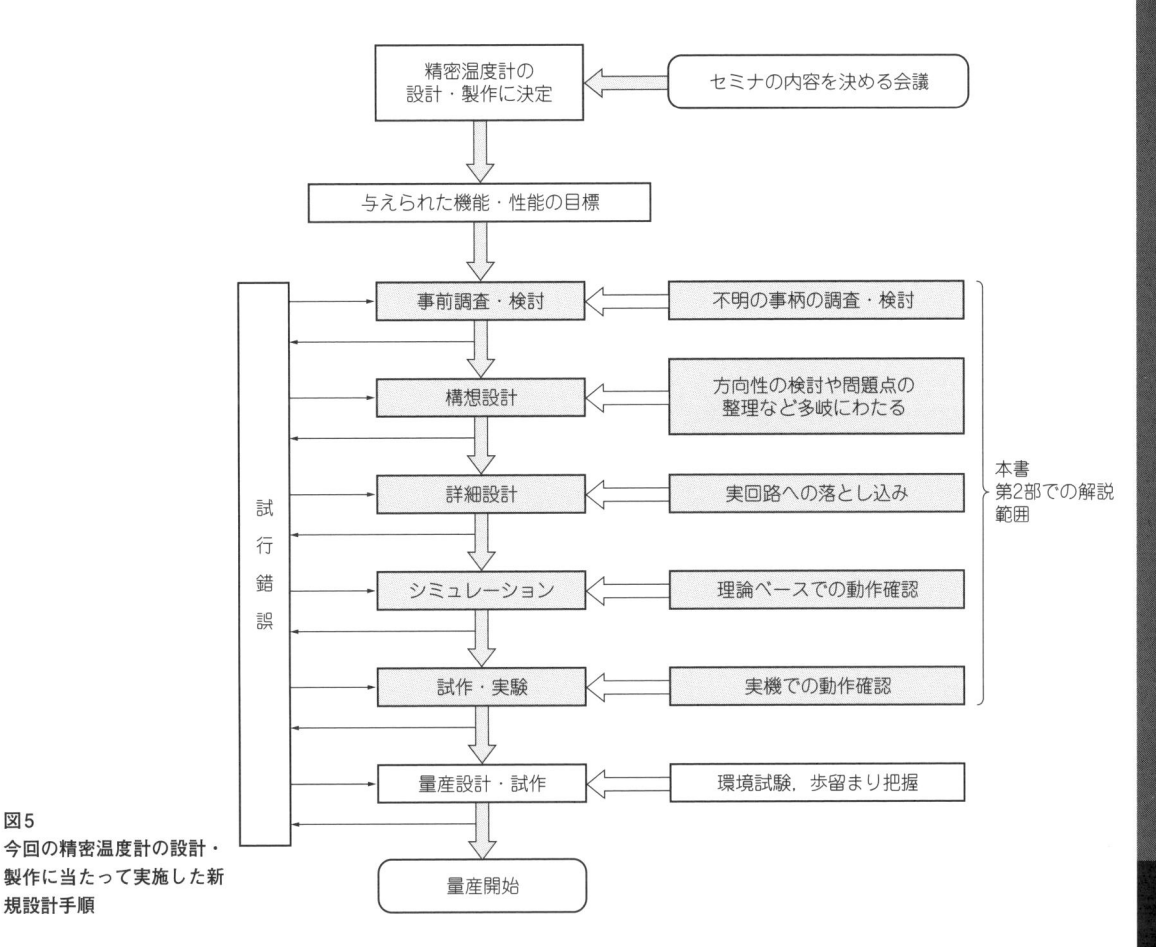

図5
今回の精密温度計の設計・製作に当たって実施した新規設計手順

[フローチャート: セミナの内容を決める会議 → 精密温度計の設計・製作に決定 → 与えられた機能・性能の目標 → 事前調査・検討(不明の事柄の調査・検討) → 構想設計(方向性の検討や問題点の整理など多岐にわたる) → 詳細設計(実回路への落とし込み) → シミュレーション(理論ベースでの動作確認) → 試作・実験(実機での動作確認) → 量産設計・試作(環境試験,歩留まり把握) → 量産開始。試行錯誤のループあり。構想設計〜試作・実験が本書第2部での解説範囲]

持つ非直線性の大きさやカーブの具合を調べ,その補正方法もしっかり検討しておく必要があります.これらについては,第2部の第1章と第3章で詳しく触れます.

● 構想設計

構想設計とは,詳細設計に先立ってアイデアをまとめる段階で,方向性の検討や問題点の整理など多岐にわたります.前述したデザイン・コンセプトの立案などは,構想設計の初期段階といえます.頭で考えるだけではアイデアがまとまりにくいので,補助として,前出の回路のブロック図(図4)や,必要に応じて信号のレベル線図などを書いて考えを整理していきます.

今回の方式では,ソフトウェアにより精度を出すため,アルゴリズムのクリエーション(創出)が構想設計の中心課題となりました.余談ですが,アルゴリズムのクリエーションはソフト屋が担当という風潮が支配的ですが,物理層を一番理解しているアナログ・エンジニア(広義の意味でハード屋)が担当した方が,より理想的なものを開発できると筆者は考えています.その上で,C言語でソース・コードを立ち上げるのがソフト屋でしょう.

構想設計の後半では,調査・検討段階で得た情報に基づき回路方式や部品などを決定していきます.このとき,自分のレパートリやライブラリの中にある既存回路で達成できるか,あるいは新規に部分的な回路の設計(要素回路設計とも呼ぶ)が必要になるかどうかの判断も行います.いったんチップができたら作り直しに時間がかかるICの設計現場では,このフェーズ(段階)をフィーズィビリティ・スタディと呼び,とても重要な位置づけになっています.

● 詳細設計

アナログ・エンジニアにとって詳細設計といえば,アンプやフィルタなどの定数計算です.今回の場合は,詳細設計といってもアナログ・フロントエンド内蔵のADCを使うので,CR部品の定数計算などはほとんどありません.センサから得られる温度情報(=抵抗値)を基に,目的の表示とアナログ出力が得られるよう,アンプ・ゲインの決定と伝達式(アナログ部とディジタル部,および両方にまたがる式)を導出するだけです.

ただし,導出すべき式は多岐にわたり,その数も多くなります.これらは,数値化された抵抗値情報(実際にはPt100の両端電圧)を表示温度に変換する式や,

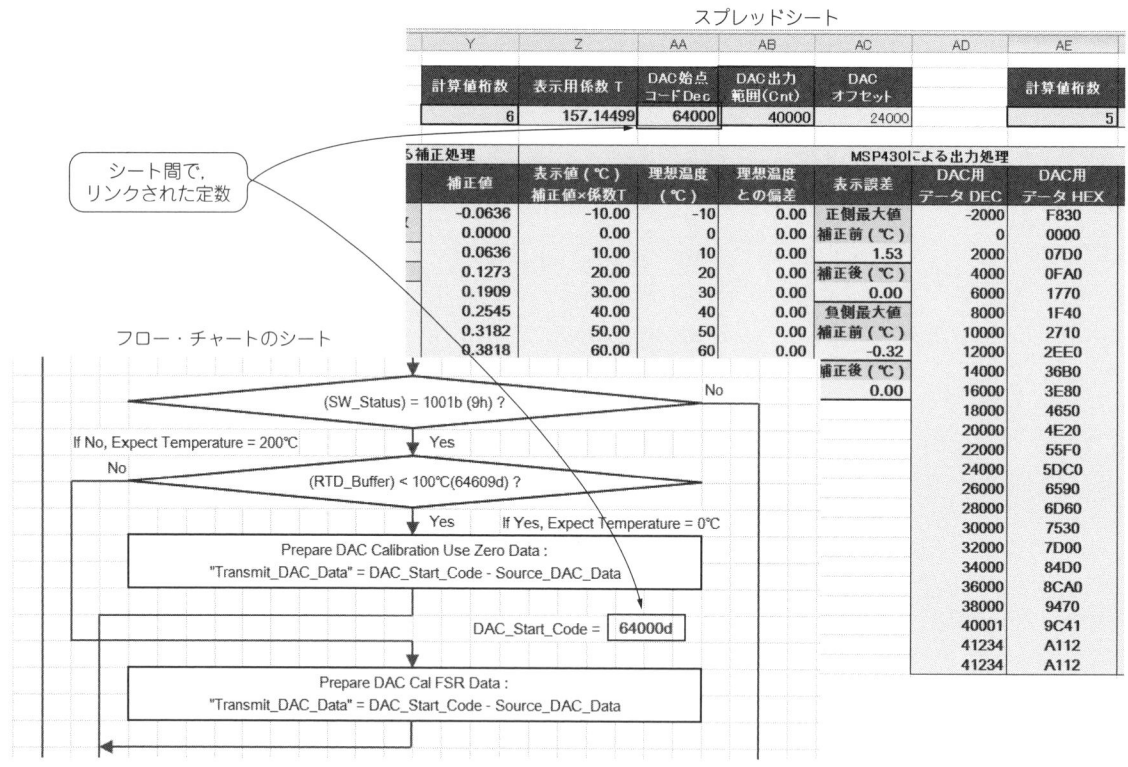

図6 表計算ソフトによるシステム設計の例
スプレッドシートとは，計算式を平面的に展開した表計算ソフトの用例．

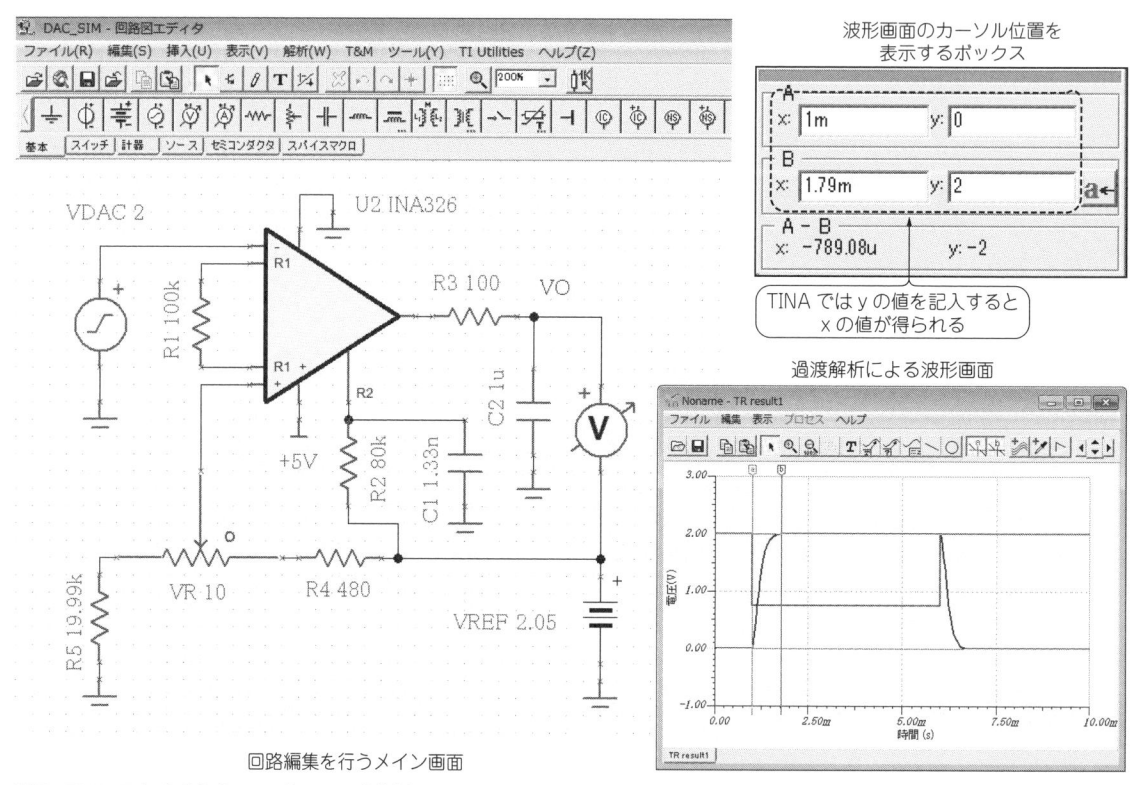

図7 TINA-TIによるシミュレーションの実施例

DAC出力からのアナログ量の戻り値を，数値化された温度データと比較してDACへの出力コードを増減する関係式などです．言ってみれば，小規模なシステム設計というところです．

以上の構想設計と最終回路図を含む詳細設計については，第4章と第5章で詳しく触れます．

● 設計ツール

ここで用いた設計ツールは，マイクロソフト社のExcel（以下，表計算ソフト），テキサス・インスツルメンツ社が無償提供している"TINA-TIのVer.9日本語版（以下，TINA-TI）"，およびTakeuchi氏が開発した，フリーの"Tiny Basic for Windows（以下，T-Basic）"の3点です．それぞれの用途は以下の通りです．

▶表計算ソフト

センサ回りの解析と各種の伝達式の導出，システム設計，およびシステム設計のデータとリンクしたフロー・チャート（ゼネラルからディテール・フローまで）の作成に使用しています．これらはシートごとに分類し，回路図なども貼り付けたBookとして，基板の作成担当者およびプログラマの間で共有しました．一部の画面キャプチャを図6に示します．

図中のスプレッドシートは，式が埋め込まれたカラム間が互いの式の結果でつながっている計算表のことです．日本のエンジニアは，設計式を大学ノートなどに書いておき，設計時に電卓で一つひとつ計算するケースが多いのですが，海外（特に米国）のエンジニアは，こうしたスプレッドシートを作成して，効率をアップしています．

▶TINA-TI

このソフトはいわゆるアナログ・シミュレータです．解が発散するかどうかの計算能力が，フリーのシミュレータの中では一番高いので使用しています（詳細は第2章で記述）．導出した伝達式が正しいかどうかの確認，各フレーム処理におけるアナログ回路のセトリング時間についての確認などに使用しています．一部の画面キャプチャを図7に示します．

▶Tiny Basic for Windows

このソフトはWindows7と8の上で動作するBasic言語のインタプリタです（以下，T-Basic）．表計算ソフトで記述した，フローのアルゴリズムが正しいかど

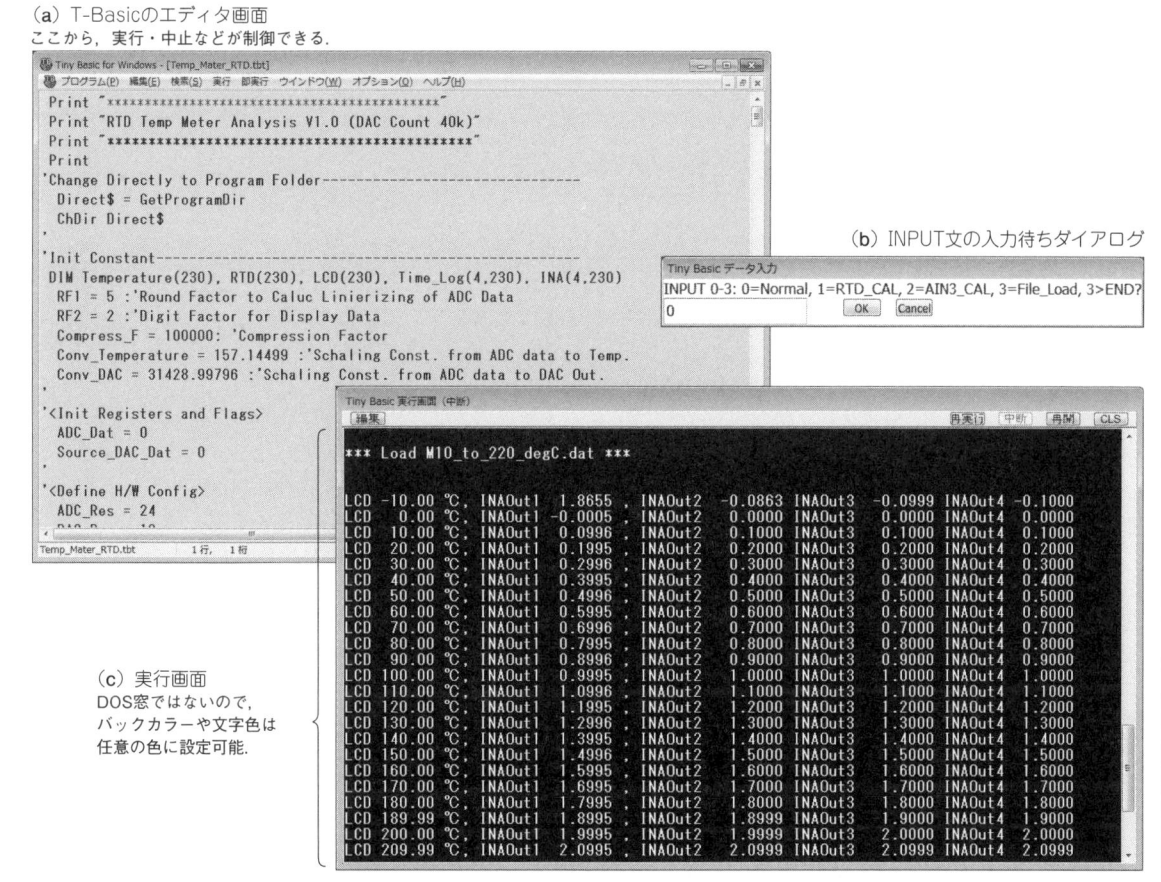

(a) T-Basicのエディタ画面
ここから，実行・中止などが制御できる．

(b) INPUT文の入力待ちダイアログ

(c) 実行画面
DOS窓ではないので，バックカラーや文字色は任意の色に設定可能．

図8　T-Basicによるアルゴリズム検証例の画面キャプチャ

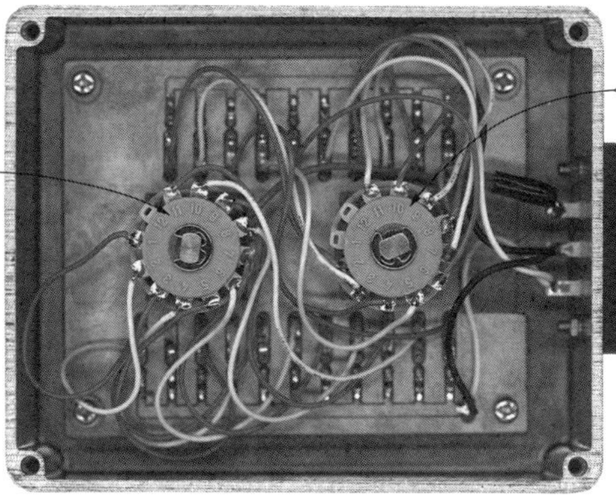

写真3 抵抗網による"抵抗CAL BOXの内部の様子
基板の裏側（パネル面）には，抵抗値を調整する多回転トリマを配置．

（写真注釈）
- 左のロータリSW 110℃～200℃に対応
- 右のロータリSW 0℃～100℃に対応
- A B B 3線式取り出し口
- 各抵抗値にはスイッチの接点抵抗と，配線抵抗が含まれる

うかの確認に使っています．むろん，ハードウェア環境に依存するフロー（ADCやDACの制御）などは確認できません．主として補正系のアルゴリズムの確認だけですが，これを事前に行うだけでソフトの開発期間は大幅に短縮されます．その上，自信を持ってプログラマに仕事を引き継げるので，気持ちに余裕が生まれます．

このソフトがフリーであること，いちいちコンパイルする手間がなく，暴走しても簡単にブレークできるので利用しています．一部の画面キャプチャを図8に示します．ちなみに今回のソフト開発は…
① 表計算ソフトで伝達式や補正式を導出
② Basicプログラムで動的な誤差分析とアルゴリズムを確認
③ フローチャート作成
　（用紙代わりに表計算ソフトのシートを利用）
④ C言語によるプログラミング

の順で行い，前出の詳細設計で説明した通り①～③までを筆者が，④を若手のディジタル系FAEが担当しています．なお，①と③の表計算ソフトのシートは同一BOOK内に束ねておき，利便性を向上するためデータ間の関連性を持たせてあります．

▶これらのソフトを選んだ理由

CADに使うソフトとしては，数学関係では"MATLAB"や"Math CAD"，シミュレータでは製品版を使うのが強力で望ましいと思います．筆者がこれらのソフトをCAD代わりに選んだ理由は，セミナの参加者全員がこうした高額なCADを持っていないことと，誰でも持っていると思われるOffice系ソフトや無料のソフトを活用するのが，筆者のポリシであるためです．

特に表計算ソフトは，工夫しだいで数値化された事象のほとんどを評価・分析できます．ほかのソフトも同じで，本書での記述する工夫の仕方が，皆さんの参考になればと思っています．

● 試作・実験
▶試作の方法

回路は簡単ですが細かい部品が多く，見栄えのことも考え基板をおこすことにしました．量産予定はないので，社内にあったミーリング（削り出し）による基板加工機で製作しました．ガーバ・ファイルの作成から部品の実装まで，（少なくとも，チップ部品が鉛フリーではんだ付けできる程度の）若手に担当してもらいました．プログラミングは，C言語でソース・コードが書けるもっと若手に担当してもらいました．彼は，もともとソフト屋ではなくMPUの開発エンジニアであったため，効率の良いプログラムを作成してくれました．

▶実験の方法

実験により要求精度が達成できているかを確認しますが，これはPt100の温度対抵抗値に相当する信号源（以下，抵抗CAL BOX）で行います．精密抵抗とトリマ調整により，JIS C1604で発表されている10℃ごとの抵抗値を形成しました（写真3）．

抵抗CAL BOXによる結果は表2と図1の通りでしたが，これだけシビアな実験になると，データに紛れ込む外乱の除去も一つのノウハウになります．

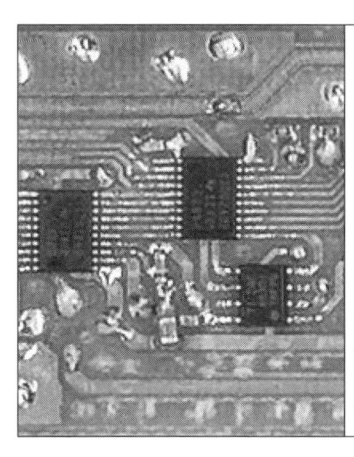

第2部 製作編

第1章 まずは，センサの物理的な性質を読み解くことから始める
事前調査・検討 〜温度センサの選定〜

中村 黄三

最適なセンサを選ぶには，物理的な特性から関連規格まで可能な限り吟味しなければなりません．本章では予備調査として，熱電対と測温抵抗体について物理的特性の優劣と，それらを規定するJIS規格の意味を徹底調査します．

熱電対と測温抵抗体

■ 使用する温度センサの検討

温度を測定するためのセンサとして，サーミスタやシリコン・ダイオード，熱電対，測温抵抗体などいろいろあります．しかし，広い測定温度のレンジと精度で絞り込むと第1部 第2章でも紹介した熱電対と測温抵抗体(RTD)に軍配が上がります．これらには素子単体で販売しているものと[**写真1**(a)，(b)]，温度測定用プローブとして素子を金属管に密閉封止したシース型とがあります[**写真2**(a)，(b)]．さらにシース型は，外被金属管と素子との間にセラミックなど挿入し，電気的絶縁も図られています．

ここでは，使用する温度センサとして熱電対と測温抵抗にフォーカスを合わせ，製作に必要な点を調査していきます．

● 熱電対(TC)とはどんなものか？

熱電対は，ゼーベック効果と呼ばれる現象を利用した温度センサで，測定温度に比例した熱起電力を発生する感温発電素子です．**写真1**(a)で示した素線A，Bに異なる金属を用いて先端を接合すると，接合部とプラグ間の温度差に比例した熱起電力が発生します．

プラグの端子を開放状態にすると熱起電力を電圧として取り出せます．単位温度当たりの発生電圧の大きさは素線A，Bの材質によって異なり，またJIS規格により材質ごとの起電力についても基準値が定められています(詳細は後述)．

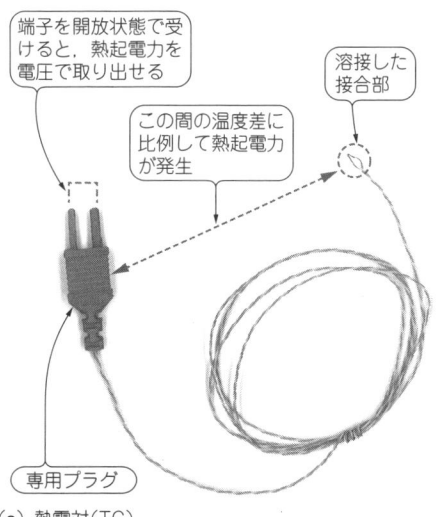

(a) 熱電対(TC)
材質が異なる2本の線を先端で接合すると，"ゼーベック"効果により測定温度に比例した熱起電力が発生する(写真はK型熱電対)

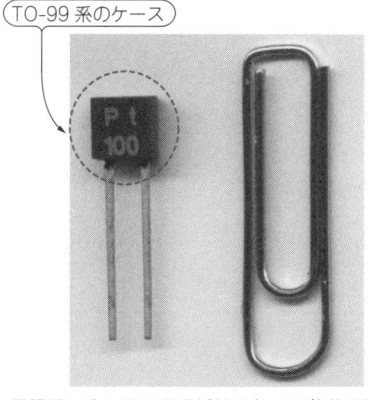

(b) 機器組み込み用の測温抵抗体(RTD*1)薄膜型の測温抵抗体をエポキシ樹脂で封止した例．熱電対の冷接点補償などに利用(写真はPt100*2)

*1：Resistive Temperature Detectorの略
*2：プラチナが材料で，公称抵抗が100Ωの測温抵抗体を指す(詳細本文)

写真1 代表的な温度測定用センサ(開放型)の外観

(a) 測温抵抗体を封止した温度測定プローブ
Pt100を先端に封入した高精度温度プローブの例．
接触抵抗による誤差軽減のため3線式が主流

(b) 熱電対を封止した温度測定プローブ
K型熱電対を先端に封止したプローブ．
開放型とは異なり，電気的に絶縁されている

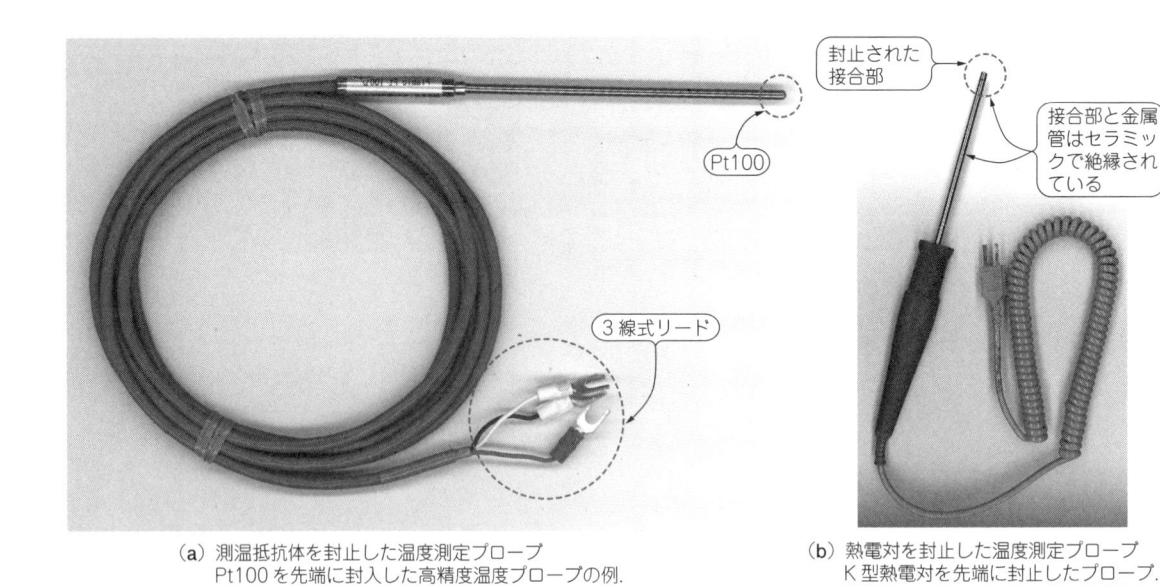

写真2　シース(密閉)型の温度測定プローブの外観

材質が金属であることから実際に熱電対を使う場合は，温度測定の対象物の測定部位が電気的にフローティング状態でない限り，受け側アンプを保護するための何らかの電気的絶縁が必要になります．

なお，熱電対は略号で"TC"と記述される場合もあります．これは英語の"Thermo Couple"の略で，その意味合いから"熱電対"と和訳されています．以降，本章では熱電対に統一します．

● 測温抵抗体(RTD)とはどんなものか？

測温抵抗体(RTD)は，周囲温度に比例してその電気抵抗が増大することを利用した感温抵抗素子です(図1)．温度による抵抗値の変化は，金属分子のブラウン運動に起因します．低温ではブラウン運動が不活発で金属分子は整列状態にあるため，その隙間を電子が自由に移動できます．そのため抵抗値は低下します[図1(a)]．逆に高温ではブラウン運動が活発になり，電子が金属分子の隙間を通り抜けることが難しくなります．その結果，抵抗値は増大します[図1(b)]．

測温抵抗体と一口に言っても，ニッケル，銅，白金などいろいろ材質があります．精密温度計分野では，高価ながら物性的安定性と直線性の良さを兼ね備えた白金測温抵抗体(JIS記号はプラチナを表す"Pt")が主流です．第1部　第2章の説明も参照してください．

写真1(b)の例は，0℃における100[Ω]の抵抗値を示す薄膜型"Pt100"の写真です．0℃における抵抗値を公称抵抗と呼び，材質+抵抗値という形で"Pt100"と表し，ほかにはPt500，Pt1000などがあります(詳細は後述)．

測温抵抗体は，しばしば略号でRTDと呼ばれることがあります．このRTDとは英語の"Resistive Temperature Detector"の略で，その意味合いから測温抵抗体と和訳されています．書籍では測温抵抗体，会話ではRTDがよく使われるようです．以降，本章

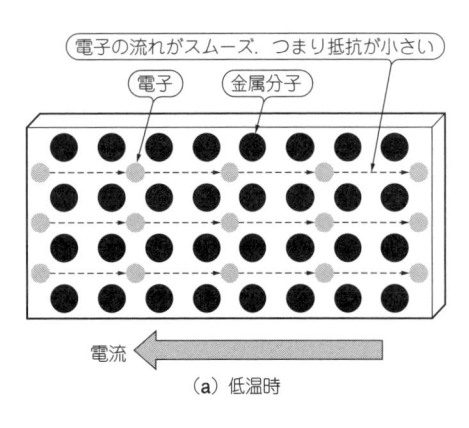

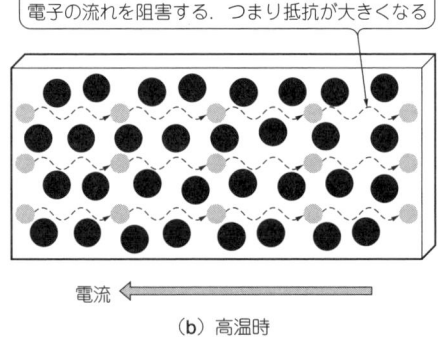

(a) 低温時

(b) 高温時

図1
測温抵抗体(RTD)の抵抗値変化のメカニズム(イメージ図，第1部　第2章　図3を再掲)
測温抵抗体はRTDとも呼ばれる．温度変化により金属分子の運動が増減し，その結果として抵抗値が変化することを利用した温度センサ．

Column 1 エンド・ポイント法で直線性誤差を評価する

エンド・ポイント法とは，アナログ回路や部品の入力に対する出力の非直線性誤差を表す手法の一つです（図A）．表では，出力（両端電圧）に関する一連のデータ列に対して，両端電圧の最初の値を始点，最後の値を終点とし，この2点間の値を（理想の）直線で結んだ場合，各温度における両端電圧の値が理想直線の値からどの程度ずれているかを表す手法です．

ここで，各温度における理想直線は式(1-A)で求めた値です．

理想直線 =
$$\frac{両端電圧の終点 - 両端電圧の始点}{20} \times \left(\frac{温度}{10}\right) (mV)$$
$\cdots\cdots$ (1-A)

また，各温度における両端電圧が，その理想直線からどの程度ずれているかを示すには，両者の差分を両端電圧の終点の値と両端電圧の始点の値の差分（スパン）で割り，それに100を掛けた百分率で表すのが一般的です［式(1-B)］．

理想直線からの偏差
$$= \frac{各温度での両端電圧 - 各温度での理想直線}{両端電圧の終点 - 両端電圧の始点}$$
$\times 100 (\%)$ $\cdots\cdots$ (1-B)

この方法では始点と終点の誤差が0%となり，オフセットとゲインの誤差は反映されません．

励起電流 [mA]		1		
温度 [℃]	基準抵抗値 [Ω]	両端電圧 [mV]	理想直線 [mV]	理想直線からの偏差 [%]
始点 0	100.00	100.00	100.00	0.00
10	103.90	103.90	103.79	0.14
20	107.79	107.79	107.59	0.27
80	130.90	130.90	130.34	0.73
90	134.71	134.71	134.14	0.76
100	138.51	138.51	137.93	0.76
110	142.29	142.29	141.72	0.75
120	146.07	146.07	145.52	0.73
160	161.05	161.05	160.69	0.48
170	164.77	164.77	164.48	0.38
180	168.48	168.48	168.27	0.27
190	172.17	172.17	172.07	0.14
終点 200	175.86	175.86	175.86	0.00

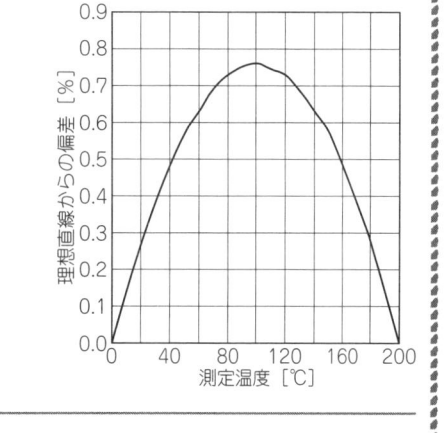

図A　エンド・ポイント法による誤差表示の概念

では測温抵抗体に統一します．また，特記なき場合は白金測温抵抗（単に測温抵抗体）とします．

■ 熱電対と測温抵抗体，どちらを選ぶべきか？

最初に，社内の温度計を管理する準基準器用温度計の製作という観点から，どちらの温度センサを採用すべきかを検討します．検討項目は，
① 測定値のリピータビリティ（再現性）を含む精度
② 入力（温度）と出力（熱起電力，抵抗値）の関係における直線性の比較
③ 単位温度変化当たりの出力の変化
　（以後，感度と記述）

の3点です．②に関しては，パソコンと比べ使用するMPUがメモリ容量や演算速度の点から非力なため，伝達式は高次でないことが望まれます．また③に関しては，A-D変換段階における分解能に影響します．表示分解能の1/10である0.001℃まで分解するとなると，アンプ系ノイズNに対してセンサ出力Sができるだけ大きいもの選びS/N比を大きくしたところです．

熱電対と白金測音抵抗体の特性を比べる

● 熱電対の公示精度を調べる

まず①の測定値に関わるリピータビリティと精度から比較を始めましょう．

このスペックは，その重要性からJIS規格として公示されており，粗悪な製品でない限り各メーカ間の整合がとれています．

次は熱電対です．これには写真1(a)で示した素線A（正脚）と素線B（負脚）の材質の違いによって，E，J，K，Tなどの記号が割り当てられており，測定できる

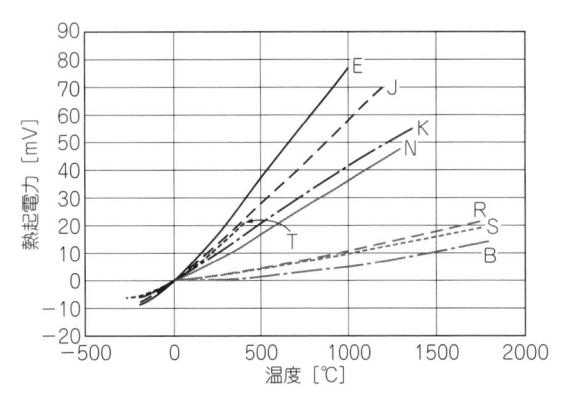

図2 各種熱電対の許容測定温度範囲と熱起電力のグラフ
各種熱電対の熱起電力と測定可能な温度範囲を示す.

温度範囲や出力である熱起電力の大きさに違いがあります（図2）．ちなみに，正脚・負脚（脚＝リードの意）とは古風な響きのある用語ですが，現代風に正脚＝正極，負脚＝負極と考えても問題はありません．

表1はKとT型熱電対の一部スペック（基準熱起電力と許容差）を，JIS規格（C1602）から抜粋したものです．表中の"適用温度範囲"とは左側の許容差を満足する温度範囲で，図2の測定可能な温度範囲よりも狭くなっています．

数ある熱電対の中からKとT型熱電対を挙げたのは，両者とも公示された温度対熱起電力の精度が良いためです．選択条件①の精度に限って両者を比較すると，T型熱電対−クラス1の方が，K型−クラス1の±1.5℃に対して±0.5℃と優れています．T型の精度に対する適用温度範囲はK型と比べ狭いものの，与えられた温度の測定レンジは0℃～200℃なので，この

表1 熱電対の温度に対する許容誤差（JIS C1602から抜粋）

材質記号	材質（正脚，負脚）	クラス（階級）	許容差 [℃]	適用温度範囲 [℃]	許容差 [℃]	適用温度範囲 [℃]	平均熱起電力*
K	正：クロメル 負：アルメル	クラス1	± 1.5	−40 ～ 375	± 1.5	375 ～ 1000	−40℃～1000℃ 41.16 [μV/℃]
		クラス2	± 2.5	−40 ～ 333	± 2.5	333 ～ 1000	
T	正：カッパー（銅） 負：コンスタンタン	クラス1	± 0.5	−40 ～ 125	± 0.5	125 ～ 350	−40℃～350℃ 49.47 [μV/℃]
		クラス2	± 1.0	−40 ～ 133	± 1.0	133 ～ 350	

＊：平均熱起電力は最高温度と最低温度における熱起電力の差を温度差で割った値を記入

表2 測温抵抗体（白金系）の温度に対する許容誤差（JIS C1604から抜粋）

階級	許容差 [℃]*	適用温度範囲 [℃] 巻き線抵抗素子	適用温度範囲 [℃] 薄膜抵抗素子	平均温度感度**
AA級	± (0.1 + 0.0017 × |t|)	−50 ～ 250	−0 ～ 150	0℃～100℃ 385.1 [μV/℃]
A級	± (0.15 + 0.002 × |t|)	−100 ～ 450	−30 ～ 300	
B級	± (0.3 + 0.005 × |t|)	−196 ～ 600	−50 ～ 500	
C級	± (0.6 + 0.01 × |t|)	−196 ～ 600	−50 ～ 600	

附則：測定電流はセンサ仕様に基づき，0.5 mA，1 mA，2 mA，（5 mA → B級のみ）のいずれか．
＊：|t|は測定温度[℃]の絶対値を表す．
＊＊：平均温度感度は，公称抵抗値100 ΩのPt100に1 mAの電流を流したものとして，R100/R0の抵抗比1.3851から計算．

表3 T型熱電対の基準熱起電力（JIS C1602から抜粋）に含まれる非直線性の分析

	温度 [℃]	基準熱起電力 [μV]	理想起電力 [μV]	理想直線からの偏差 [%]
始点	0	0	0.00	0.00
	1	39	46.44	−0.08
	2	78	92.88	−0.16
	3	117	139.32	−0.24
	4	156	185.76	−0.32
	98	4185	4551.12	−3.94
	99	4232	4597.56	−3.94
	100	4279	4644.00	−3.93
	101	4325	4690.44	−3.93
	102	4372	4736.88	−3.93
	196	9076	9102.24	−0.28
	197	9129	9148.68	−0.21
	198	9182	9195.12	−0.14
	199	9235	9241.56	−0.07
終点	200	9288	9288.00	0.00

中だるみ傾向なので，現実のV_tの変化は非直線的

● 表中の理想熱起電力（理想V_tとする）は，始点と終点における熱起電力の差V_{SPAN}を200等分した値ΔV_tに温度を乗じて求めた等間隔の熱起電力の増加分．
　理想$V_t = \Delta V_t \times$ 温度 [μV]
● 理想直線からの偏差は，基準熱起電力（基準V_tとする）と理想V_tの差をV_{SPAN}で割って100を乗じた値．
　偏差＝（基準V_t−理想V_t）/$V_{SPAN} \times$ 100 [%]

制約はクリアできそうです．

● 測温抵抗体の公示精度を調べる

表2は白金測温抵抗体の一部のスペックを，JIS規格(C1604)から抜粋したものです．精度が最も良いAA級で見ると，±(0.1 + 0.0017 × |t|) [℃]となっています．精度スペックの"+"より後ろのパラメータは温度に比例する誤差の増加分です．つまり0[℃]における誤差をベースに，それよりも温度が高くても低くても誤差が増大するという意味になります．

T型熱電対と比較するために，同じ温度範囲の0から200[℃]区間における許容誤差を求めましょう．0.0017に最高温度200[℃]を掛けて0.1を足せば0.44[℃]を得ます．T型熱電対との比較では，T型熱電対の許容差0.5[℃]に対して，測温抵抗体は0.44[℃]ですから，気持ち測温抵抗体に分があるようです．

寄生熱電対とは　　　　　　　　　　　　　　　　Column 2

異種金属の接合点があれば，その接合部分は熱電対になります(図B)．OPアンプなどを基板に実装してはんだ付けをすれば，配線パターンの銅箔，はんだのスズ合金，OPアンプのリード材である42アロイやカッパー・ベリリウムによる異種金属との接合点が自然に形成され熱電対となります．このような熱電対を寄生熱電対と呼び，それによる影響を寄生熱電対効果と呼びます．

ICが多少発熱してICリードと配線パターンに温度差が生じると，寄生熱電対には温度差に比例した熱起電力がDC電圧成分として発生します．そして，その部分に風が当たると，放熱による温度の揺らぎが生じて熱起電力も揺らぎます(DC電圧成分も揺らぐ)．高ゲイン・アンプの入力部でこの現象が生じると，信号と一緒に増幅されて，アンプ出力はふわふわと不安定な状態になります(図C)．

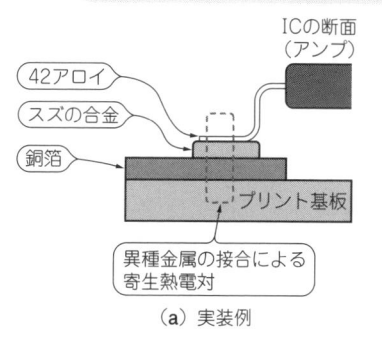

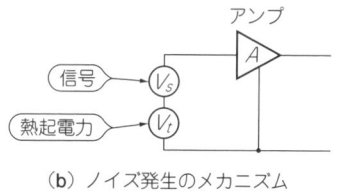

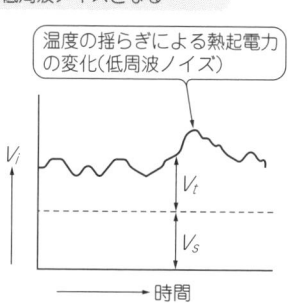

熱起電力 $V_t = K(T)$
ここで，
K = ゼーベック係数
T = 絶対温度

図B　寄生熱電対が形成される原因と現れる影響の形態

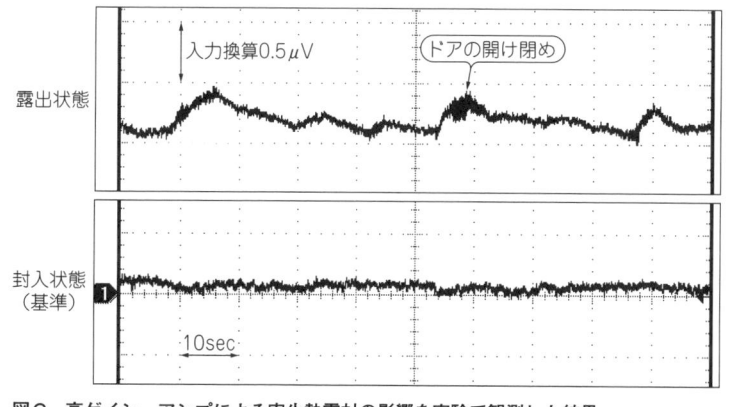

(a) 実装例
(b) ノイズ発生のメカニズム
(c) V_s に V_t が重畳してノイズとなる

寄生熱電対の影響度合いについての実験．
ゲイン10万倍のアンプを金属ケースに完全密封した状態と，アンプの入力部を露出させた状態との違いを比較した．場所は広さ2坪のシールド・ルーム．
波形は，ドアを開け閉めしてアンプ出力を記録紙タイプのレコーダに書かせたもの．使用したOPアンプは低ノイズ品のOPA227で，下段がOPアンプ自体のノイズ・レベル．OPアンプの温度ドリフトと誤解することも多々あるので注意が必要

図C　高ゲイン・アンプによる寄生熱電対の影響を実験で観測した結果

熱電対と白金測音抵抗体の特性を比べる

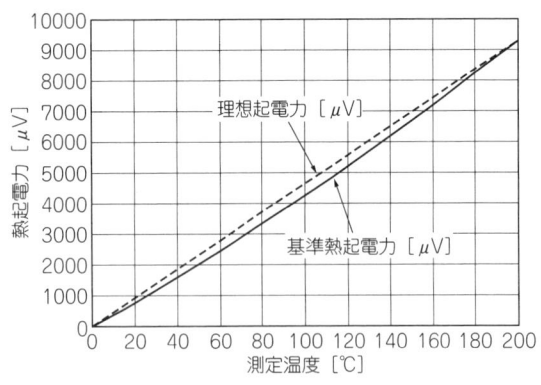

図3 T型熱電対の基準熱起電力と理想熱起電力の対比グラフ

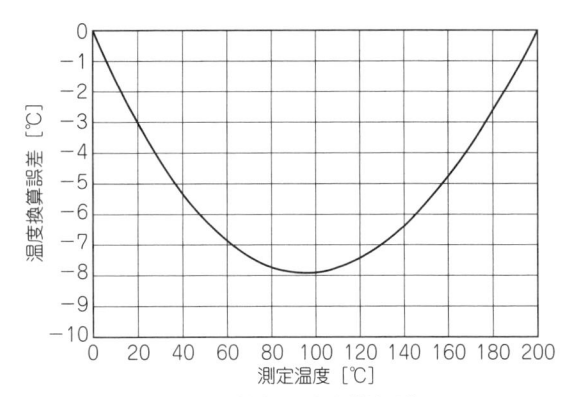

図4 T型熱電対の温度に換算した非直線性誤差

表4 K型熱電対の基準熱起電力(JIS C1602から抜粋)に含まれる非直線性の分析

	温度 [℃]	基準熱起 電力 [μV]	理想起電力 [μV]	理想直線から の偏差 [％]	温度換算 誤差 [℃]
始点	0	0	0.00	0.00	0.00
	1	39	40.69	− 0.02	− 0.04
	2	79	81.38	− 0.03	− 0.06
	30	1203	1220.70	− 0.22	− 0.43
	31	1244	1261.39	− 0.21	− 0.43
	32	1285	1302.08	− 0.21	− 0.42
	65	2644	2644.85	− 0.01	− 0.02
	66	2685	2685.54	− 0.01	− 0.01
	67	2727	2726.23	0.01	0.02
	131	5369	5330.39	0.47	0.95
	132	5410	5371.08	0.48	0.96
	133	5450	5411.77	0.47	0.94
	198	8059	8056.62	0.03	0.06
	199	8099	8097.31	0.02	0.04
終点	200	8138	8138.00	0.00	0.00

単位温度当たりの理想熱起電力の変化(理想 ΔV_t)

Sの字の傾向なので,現実 V_t の変化は複雑

- 表中の理想熱起電力と理想直線からの偏差は表3の注釈を参照
- 温度換算誤差(温度 ε とする)は,基準熱起電力(基準 V_t とする)と理想熱起電力(理想 V_t とする)の差を平均熱起電力(平均 V_t とする)で割った値.
  温度 ε =(基準 V_t −理想 V_t)/平均 V_t [℃]
  ここで,
  平均 V_t =(200℃の基準 V_t − 0℃の基準 V_t)/200

● 熱電対の直線性と感度を調べる

▶T型熱電対の直線性

T型について,表3にJIS規格(C1602)から抜粋した熱起電力表の一部を示します.また,熱起電力についてのグラフは前出の図2の中にあります.JIS規格で管理されている熱電対は,どのような材質であっても温度ごとの基準熱起電力が制定されており,それを熱起電力表として公開しています.

表の左側2列がそれに当たり,右2列は筆者による直線性の評価式と計算結果です.直線性の評価は,実際の値"基準熱起電力"が,0℃(始点)と200℃(終点)間の起電力が直線的と仮定した"理想熱起電力"からずれる割合"理想直線からの偏差"で行っています.

偏差はエンド・ポイント法(Column 1を参照)による評価になるので,始点と終点での偏差は0％になっていますが,表3における中央の大きな負の偏差(約−4％)が熱起電力の非直線性の大きさを物語っています.実際に生の値である基準熱起電力をグラフにした図3を見ると,理想熱起電力に対して基準熱起電力のゆるみが顕著です.これを温度に換算してみると,最大偏差を示す100℃近傍では−8℃近くにも達しています(図4).

▶K型熱電対の直線性

K型についても,同じくJIS-C1602から抜粋した熱起電力表の一部を表4に,理想直線からのずれを温度

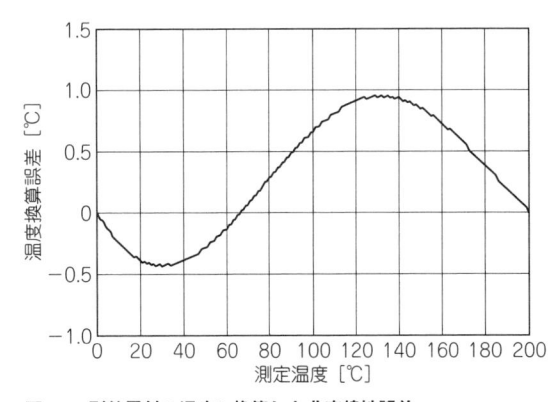

図5 K型熱電対の温度に換算した非直線性誤差

第1章 事前調査・検討 〜温度センサの選定〜

冷接点補償とは　　　　　　　　　　　　　　　　　　　　Column 3

熱電対の熱起電力は，0℃において素線A/Bの接合部とリード端の温度差が0Vになるように調整されています(本章の**図4**を参照)．

これを検証するため，計器側の接点(接続用ターミナル)を絶縁した上で氷水に浸し，強制的に0℃にします(**図D**)．すると，接合部が置かれた対象温度と接点間の温度差が対象温度と等しくなり，正しい熱起電力(電圧)を発生させられます．このため，このような処置を冷接点補償と呼ぶようになりました．

実際の計測現場で氷水を用意するのは面倒であり機動性にも欠けるため，現在では電子的な方法で補正を行っています(**図E**)．図の計装アンプの出力には，温度差475℃の熱起電力VT_Cと，基準接点の温度25℃と等価なPt100の両端電圧VC_Jとの和が出力されます．

> 熱電対の熱起電力は，0℃において0Vになるように調整されている．そこで，計器側の接点を氷水に浸して強制的に0℃とすることで，正しい電圧が得られる．計器側のターミナルは温度の基準となるため基準接点と呼び，ここを氷水に浸したため冷接点補償となった．

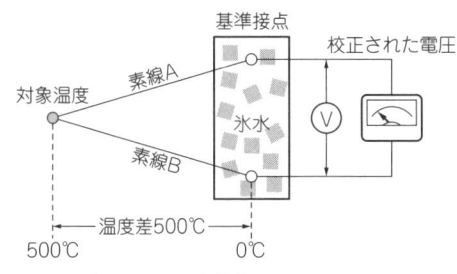

図D　氷水による冷接点補償

> 氷水による補正は，計測に当たっての機動性が失われる．そのため現在ではRTDなどの別の温度センサにより，不足した温度差に相当する電圧を加えて補正を行っている

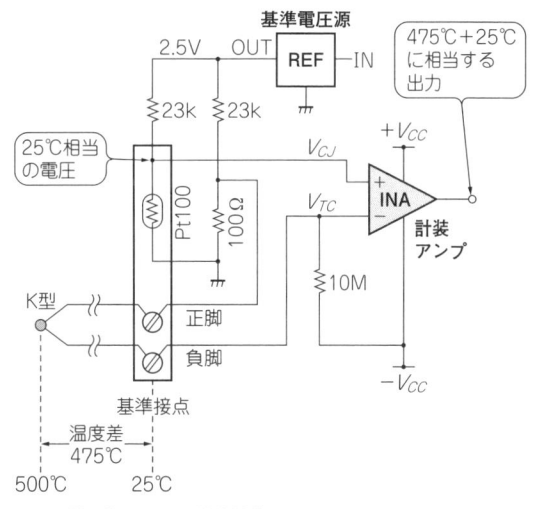

図E　電子化された冷接点補償

換算したグラフを**図5**に示します．グラフを見ると，3次の曲線を思わせる"Sの字"カーブを描いています．しかし，K型の公示された精度はT型より劣るものの，理想直線からのずれはT型より小さいことが分かります．

以上より二つのことが分かりました．一つ目は，熱電対の非直線性は材質ごとに異なること，二つ目は公示精度が良いことイコール直線的とはいえないことです．後者を考察すると，JISが定めている熱電対の精度は，基準熱起電力表に対する近似度の規定であって，理想直線からの偏差で規定していないということになります．

▶K型熱電対とT型熱電対の感度

では，K型とT型の感度ですが，基準熱起電力が非直線であるため，感度も温度区間で異なることになります．前出の**表1**で示した平均熱起電力(計算値)ですが，これは同表の適用温度範囲におけるK型とT型の基準熱起電力の平均値です．これによると，K型が41.16 μV/℃，T型が49.47 μV/℃となっています．両者を比較するとT型がやや有利ですが，内部温度分解能の目標が0.001℃であることを考えると，約50 nV@0.001℃とかなり苦しい値です．また，このような微小電圧を扱うとなると寄生熱電対効果(本章のColumn 2を参照)が顕著になり，筐体(回路を入れるケース)設計も一筋縄ではいきません．

白金測温抵抗体の特性を調べる

● 測温抵抗体(Pt100)の直線性と感度を調べる
▶Pt100の直線性

白金測温抵抗体で公称抵抗100ΩのPt100について，JIS規格(C1604)から0～200℃の区間を抜粋した基準抵抗値表の一部を**表5**に示します．

数値を吟味すると，中央の100℃を頂点とした正の

表5 測温抵抗体(白金系)の温度に対する許容誤差(JIS C1604から抜粋)

単位温度当たりの理想抵抗値変化(理想 ΔR_t = 0.3793 Ω)

	温度[℃]	基準抵抗値[Ω]	理想の抵抗値[Ω]	理想との偏差[%]	温度換算誤差[℃]
始点	0	100.00	100.00	0.0000	0.0000
	1	100.39	100.38	0.0141	0.0282
	2	100.78	100.76	0.0282	0.0564
	3	101.17	101.14	0.0423	0.0846
	4	101.56	101.52	0.0564	0.1128
	98	137.75	137.17	0.7627	1.5254
	99	138.13	137.55	0.7636	1.5273
	100	138.51	137.93	0.7646	1.5291
	101	138.88	138.31	0.7523	1.5046
	102	139.26	138.69	0.7532	1.5065
	196	174.38	174.34	0.0490	0.0981
	197	174.75	174.72	0.0368	0.0736
	198	175.12	175.10	0.0245	0.0490
	199	175.49	175.48	0.0123	0.0245
終点	200	175.86	175.86	0.0000	0.0000

- 表中の理想抵抗値(理想 R_t とする)は,始点と終点における基準抵抗値の差(R_{SPAN} とする)を200等分した値 ΔR_t に温度を乗じて求めた等間隔な抵抗値変化の増加分.
  理想 $R_t = \Delta R_t ×$ 温度(Ω)
- 理想直線からの偏差は,基準抵抗値(基準 R_t とする)と理想 R_t の差を R_{SPAN} で割って100を乗じた値.
  偏差=(基準 R_t −理想 R_t)/R_{SPAN}×100(%)

中央が膨らむ傾向なので,Pt100の抵抗値変化は非直線的

正の最大誤差[℃]
1.5291
MAX関数で求めた正の最大値

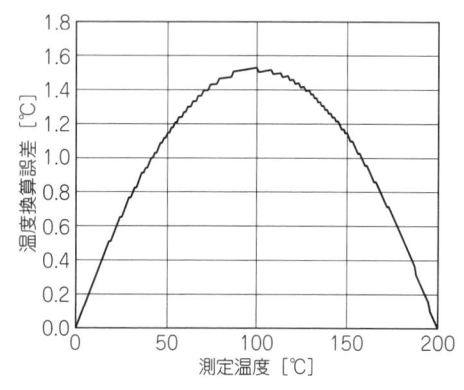

図6 0〜200℃の全区間で見た温度換算の非直線性誤差
Pt100の比直線性.理想直線からのずれをエンド・ポイント法で拡大した温度換算の誤差.

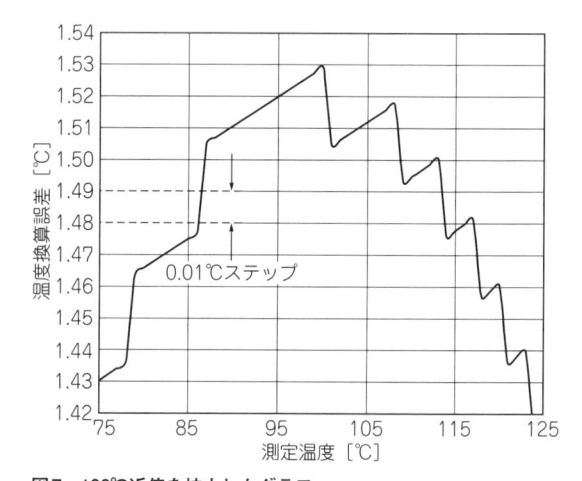

図7 100℃近傍を拡大したグラフ
放物線上の誤差カーブに含まれるリプルは,JISの基準値が小数点以下2桁に制限されていることによる0.025℃前後の微分非直線性誤差.

放物線状の非直線性が見えてきます.**図6**は**表5**をグラフ化したもので,理想直線からのずれを温度に換算した誤差を表しています.

これらの非直線性のグラフを見ると,非直線性はT型熱電対と同じ2次のカーブ(中だるみに対して膨らみ)で,**表5**から温度換算の誤差は最大で1.53℃とK型熱電対より大きな値となっています.

▶JISによるPt100の基準抵抗値と計算値

図6の頂点付近がギザギザしており,その辺りを拡大して見るとかなり大きなリプルが確認できます(**図7**).これは,JISで公表している各温度における基準抵抗値が,小数部の構成を2桁で行っていることに起因します.

温度区間ごとでリプルの大きさに多少の差はありますが,平均で0.026℃のステップほどです.ここで気になるのは,最大誤差の目標値が±0.03℃に対して,JIS規格の基準抵抗値に対する分解能が0.01℃より粗いことです.

基準抵抗値とは別に,JISでは温度対抵抗値の計算式を公表しています(**表6**の中).式による計算結果は基準値扱いにはなりませんが,有効桁数が多いので非直線性誤差のデータを十分な分解能で取得できます(**図8**).

ただし,計算値を基準抵抗値と同じ桁数にして基準抵抗値と比べても,0.01Ω以下の値がいくつかの温度で一致しないことに留意しなければなりません.このことは,JISにより管理されている基準抵抗は,計測精度0.1℃を目標にした計器用に提供されていると考えるべきでしょう.

言い換えれば,さらに高い分解能を持つ温度計を製

表6 JISで公表しているPt100の温度対抵抗値の計算式

$R_t = 57.970519183 \times 10^{-6} \times t$
$+ 390.878519421072 \times 10^{-3} \times t$
$+ 100$　　　　　　　　$t =$ 温度

	J	K	L	M	N
Pt100の温度対抵抗値の計算要素		温度 [℃]	基準抵抗値 [Ω]	計算による抵抗値 R_t [Ω]	差異 [Ω]
2次の係数 a		0	100.00	100.00000000	—
9　−0.000057970519183		1	100.39	100.39082055	0.00
1次の係数 b		2	100.78	100.78152516	0.00
11　0.390878519421072		3	101.17	101.17211382	0.00
公称抵抗値 c		4	101.56	101.56258655	0.00
13　100		5	101.95	101.95294333	0.00
小数点以下の桁数		6	102.34	102.34318418	0.00
15　8		7	102.73	102.73330908	0.00
		98	137.75	137.74934604	0.00
		99	138.13	138.12880436	0.00
		100	138.51	138.50814675	0.00
		101	138.88	138.88737320	0.01
		102	139.26	139.26648370	0.01
		196	174.38	174.38519434	0.01
		197	174.75	174.75329045	0.00
		198	175.12	175.12127061	0.00
		199	175.49	175.48913483	0.00
208		200	175.86	175.85688312	0.00

R_tに反映する小数点以下の桁数指定

0.001 Ω当たりの温度換算差異は約0.0026 ℃相当．例として101 ℃での差異は約0.019 ℃

カラム "M208" の計算式＝ROUND($J$9*$K208^2+$J$11*$K208+$J$13,$J$15)

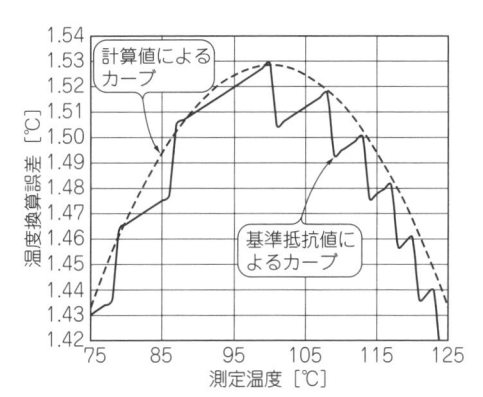

図8 JISで公表されている滑らかさから見た基準抵抗値と計算抵抗値との比較
計算結果による抵抗値は有効桁数が大きいので誤差カーブも滑らかになる．

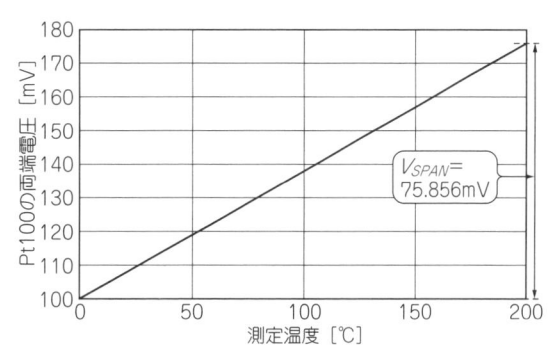

図9 Pt100の1 mA電流励起による温度対両端電圧のグラフ
励起電流1 mAにおけるPt100の測定温度対両端電圧．

$V_{SPAN} = 75.856$ mV

作したいのなら，設計者のリスクで行いなさいということです．どのみち高精度温度計測では，Pt100の誤差も効いてくるので，基準抵抗値の粗さばかりにこだわるのも意味のない話です．

▶Pt100の感度

次に感度の評価です．熱電対と同じように出力電圧で評価したいところです．そこでPt100に1 mAの電流を流したとして，温度によるPt100の両端電圧(＝出力電圧V_O)の変化で比較してみましょう(図9)．ご覧のように200℃の変化で75.86 mVなので，1℃当たりでは379.3 μV/℃となります．

これは熱電対の10倍近い出力であり，0.001℃の分解能で見たセンサ出力V_Oも0.38 μVと熱電対1℃分くらいの感度が確保できるため，寄生熱電対の対策を十分に行えば実現可能な値です．

熱電対では，さらに冷接点補償(Column 3参照)という別の誤差源も追加されます．また，Pt100の基準抵抗値の有効桁数5桁に対して熱電対は4桁であることを加味し，温度計校正用温度計のセンサは測温抵抗体のPt100を採用することにします．

白金測温抵抗体の特性を調べる　103

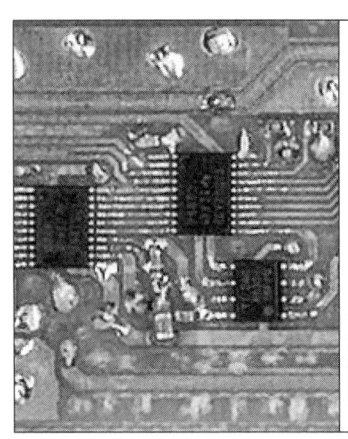

第2章 事前調査・検討 ～温度センサの扱い方～

精度出しの第1歩は，適切なセンサのドライブ方法の見極め

中村 黄三

回路内での信号処理は電圧がベースなので，抵抗性信号源であるRTDをドライブして電圧で引き出す(R-V変換する)必要があります．本章では，ベストなR-V変換および本体との接続方法について考察し，選択します．

RTDのR-V変換方式の検討

■ 抵抗性信号源の励起によるR-V変換

● 励起やR-V変換とは何か

Pt100のような抵抗値の変化を信号とする信号源を，抵抗性信号源と呼びます．抵抗性の信号に対して回路における信号処理は電圧ベースなので，抵抗性から電圧への信号変換(以下，R-V変換)が必要です．R-V変換とは，抵抗性信号源に電流を流すことで発生する両端電圧を，電圧性信号として取り出す変換方式です．ここで，抵抗性信号源(ここではPt100)のような能動素子に，電流や電圧を与えて活性化する措置を励起(エキサイテーション)と呼び，ストレイン・ゲージなどの他の抵抗性信号源にも用語として同様に使われています．

● 励起の方法

電流を流す方法として，Pt100を定電流源により直接励起する方法[図1(a)]と，電流制限抵抗(負荷抵抗)を介して定電圧源に接続する方法[図1(b)]とがあります．いずれも，Pt100の両端電圧を電圧出力V_O(以下，センサV_O)として取り出します．

図1(a)に示した定電流源(丸に矢印のシンボル)は，実際に回路で組むとなるとかなり複雑になり，コスト面から見ると負荷抵抗1本で済む図1(b)の電圧励起方式の方が有利です．

● シミュレーションにより励起方法の回路方式を検討

ならば"即，電圧励起を採用"とするのは早計です．この構想設計の段階で，回路方式に関して慎重に検討する必要があります．何の調査もせずに決めてしまうと後でツケが回ってくるかもしれません．幸い現在では，部品購入費と製作労力が発生しない，回路シミュレータを使う解析という手段があるので，候補回路の全てを前もって評価することができます．

▶電子回路シミュレータもフリーで入手

シミュレータも同じくフリーで入手できるTINA-TIのVer.9日本語版(以下，シミュレータ)を使います．

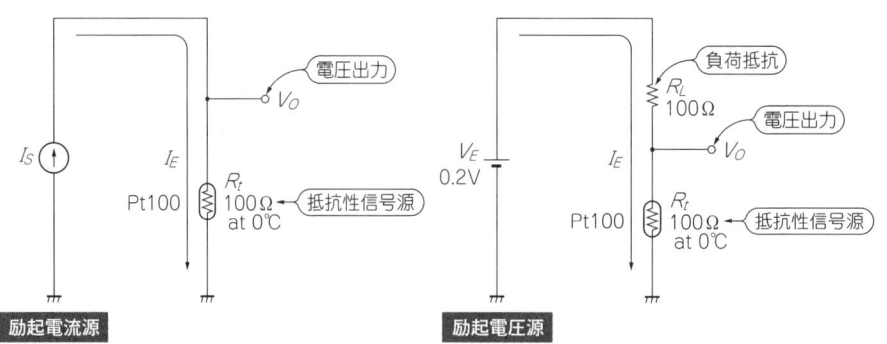

図1 抵抗性信号(Pt100)から電圧信号に変換(R-V変換)する方法

励起電流源
(a) 電流励起によるR-V変換
Pt100に電流を流し，その両端電圧を電圧出力(V_O)として取り出す方法

励起電圧源
(b) 電圧励起によるR-V変換
R_LとPt100との分圧効果により電圧出力(V_O)を得る方法

第2部 製作編

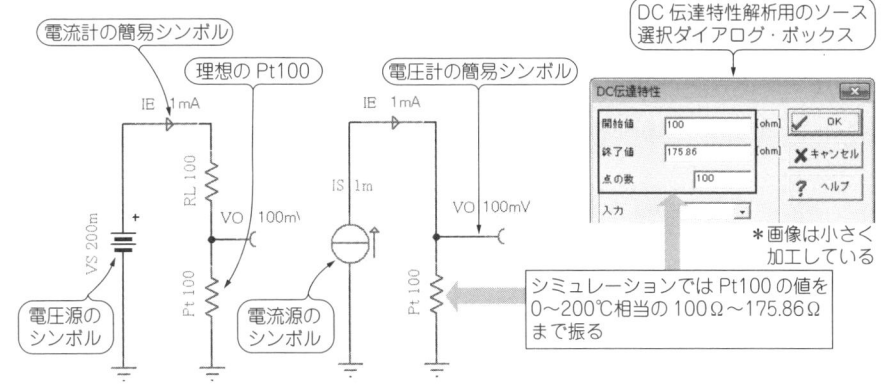

図2
電流・電圧励起によるシミュレーション用R-V変換回路

（a）電圧励起のR-V変換　　（b）電流励起のR-V変換

　フリーのシミュレータの中では，現在のところ解析回路規模に制限が設けられていない，LTspiceのVer.4xが圧倒的な人気を集めています．このような状況でも，筆者があえてTINA系を設計ツールに利用している理由は，その計算収束性の良さにあります．
　OPアンプの標準マクロモデルであるボイル・トポロジー程度なら，回路中にデバイスの使用個数が多くても，LTspiceを含めたほとんどのシミュレータで難なく解析できます．しかし，より現実に近い解析を望む場合は，複雑なマクロモデル（MPZを含む精密度クラスⅢ以上）を使うことになり，この計算収束性の良さがものをいうようになります．特にCMOS OPアンプの場合，販売価格が100万円を超す製品版シミュレータでも過去たびたび"計算収束エラー（表記は英語）"のメッセージが出て，解析停止となる経験をしています．
　幸いTINA-TI（計算エンジンは製品版のTINAと同等のもよう）も，Ver.9からは回路規模の制限が廃止され，各種の制御型ソース（VCVS，VCCSなど）も備わっているので，フリーの回路シミュレータ利用者にとっては朗報でしょう．

▶両者のI-V変換回路をシミュレーション
　図1の(a)と(b)の回路をシミュレータの回路図エディタで作成し，センサV_Oの特性についてシミュレーション（以下，解析）します（図2）．行うのは，DC解析メニューの中のDC伝達特性の解析です．同図の左側が［図1(a)，(b)］の解析用回路で，DC解析メニューを実行した直後なので各ノードの値が示されています．ご覧のようにどちらのセンサV_Oも100 mV（以下，初期センサV_O）なので，それぞれのPt100に初期

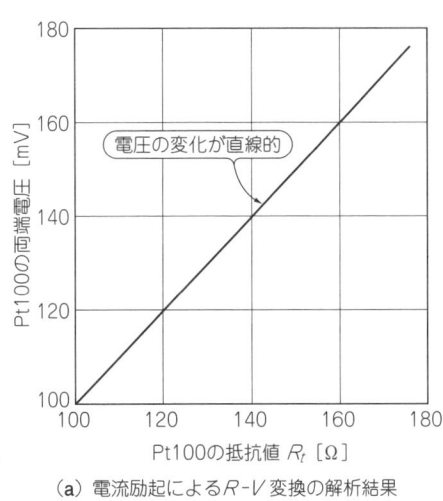

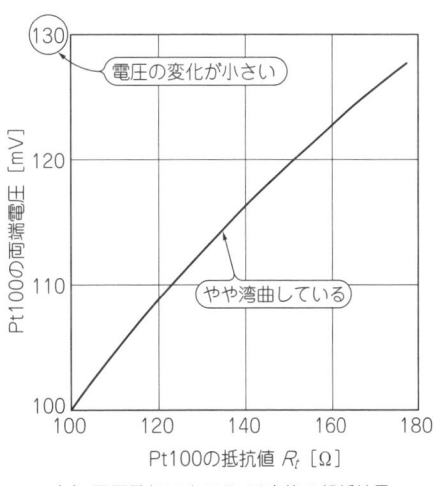

図3
二つのR-V変換回路におけるDC伝達特性の解析結果を比較

（a）電流励起によるR-V変換の解析結果　　（b）電圧励起によるR-V変換の解析結果

RTDのR-V変換方式の検討　　105

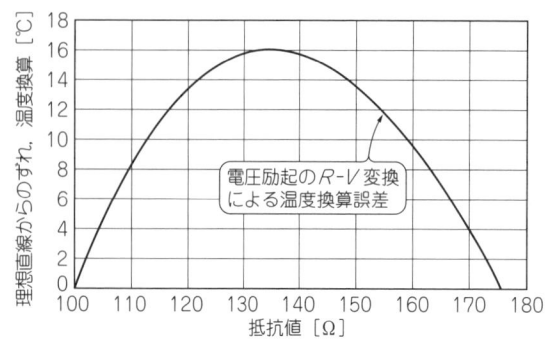

図4 電圧励起によるR-V変換の出力V_Oを表計算ソフトでグラフ化した結果
数値化されたデータの集計・分析は，アナログ・シミュレータより表計算ソフトの方が得意．TINA-TIも解析データを出力できるので，表計算ソフトに取り込みより進んだグラフの作成可．

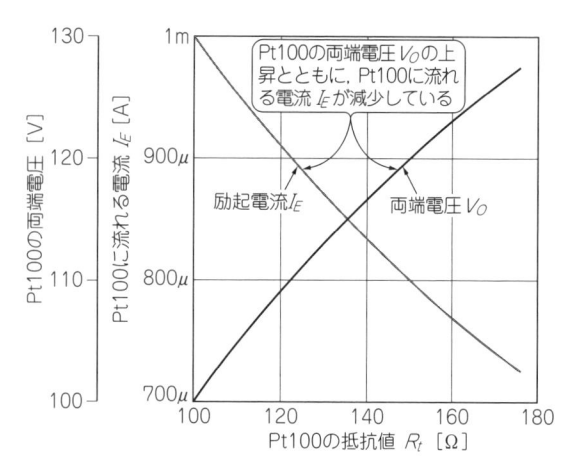

図5 Pt100に流れる電流を含めた電圧励起によるR-V変換の解析結果
解析パラメータ(Pt100に流れる電流)を増やして原因を探る．

状態で1 mAの励起電流が流れています．

右側はDC伝達特性の条件を設定するダイアログ・ボックスです．設定内容は，解析用のソース(信号源)としてPt100の指定と，値の掃引範囲を0℃～200℃に対応する100 Ω～175.86 Ωを同ボックスの該当カラムに記入するだけです．

では，それぞれの解析結果を見てみましょう [**図3**(a)，(b)]．まず目につくのは，図3(b)の電圧励起に関する解析結果のグラフが湾曲している点です．それに対して，図3(a)の電流励起の方は真っすぐです．だいたいこの解析方法では，ソースであるPt100の抵抗値増加率はリニアです．しかも電圧励起では，初期値は100 mVと電流励起と同じですが，センサV_Oのフルスケールは電流励起の175.86 mVに対して130 mVにも届いていません．フルスケールが小さいことには目をつむり，ここで直線性をエンド・ポイント法で精査してみましょう．

● 表計算ソフトでより高度な解析を行う

TINA-TIの場合，理想直線からの偏差をグラフで直接引かせるのは難しいので，これは数値計算が得意な表計算ソフトで行います．幸い，TINA-TIは解析結果のグラフ・データをテキスト形式のファイルでエクスポートできるので，これを表計算ソフトで開いて加工します(**図4**)．

グラフは理想直線からのずれを温度に換算したものですが，なんと最大で16℃もの誤差が生じてしまいました．Pt100本来の非直線性と，この励起方法により追加される非直線性誤差との総合誤差を，小規模なMPUで目標スペック±0.03℃へ補正するのは厳しそうです．

結果として，回路が複雑でも電流励起を採用することにします．

● 電圧励起方式はなぜリニアリティが悪いのか

結果が良くても悪くても，原因を追究するのがエンジニア魂です．

電圧励起方式は不採用にするにしてもなぜ直線性が悪いのか，今後のためにパラメータを追加した解析で原因を探ります(**図5**)．図からは，Pt100の両端電圧が増大すると，励起電流が減少することが見て取れます．考えてみれば，負荷抵抗＋Pt100の直列合成抵抗が増大すれば励起電圧は一定なので，励起電流が減少してセンサV_Oが頭打ちになるのは当然のことと言えます．

ここで解析のコツです．二つのパラメータの特性(主特性と副特性)を同時に解析すると，主特性センサV_Oが何故そうなるのかを判断しやすくなります．なにしろ，$V=IR$の関係でV，I，Rの全てが読み取れるのですから，これは当たり前ですね．TINA-TIでは，大きさとディメンジョン(例えば電圧と電流)の異なる値を同一のグラフに引かせるとき，図5のようにY軸を追加して大きさを合わせ，軸タイトルや単位を表示する機能を持っています．筆者は単一の解析結果に対して頭の中であれこれ悩むよりも，こうした機能を活用し，短い時間で正確な判断ができるよう心がけています．ただし，欲張ってたくさんの副特性をグラフに引かせると，かえって分かり難くなることに留意してください．

アナログ・フロントエンドの設計

■ Pt100とアンプ回路との接続方法を探る

● 初期センサV_Oとプリアンプ・ゲインを考察

今，仮にPt100への励起電流を1 mAに設定したとすると，測定温度0℃における初期センサV_Oは

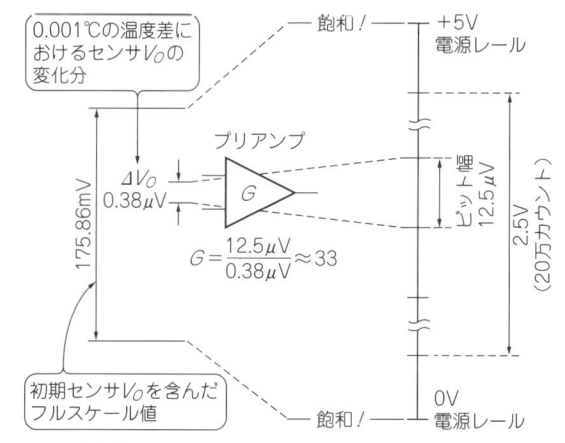

図6 内部処理20万カウントを達成するためのプリアンプ・ゲイン
プリアンプのゲインGは，ADCのノイズ・フリー分解能で決まるビット幅と，温度差0.001℃におけるセンサV_Oの変化分ΔV_Oとの比をとれば求まる．

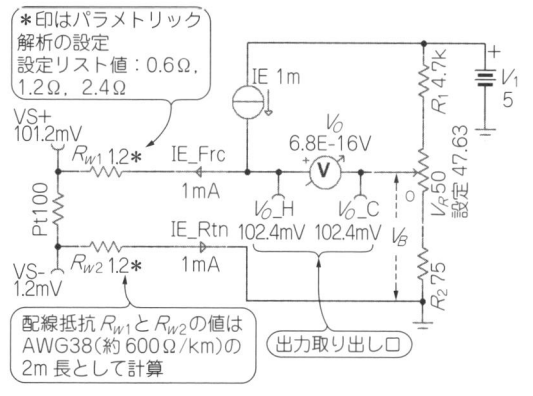

図7 バイアス電圧V_Bによる初期電圧(100mV)のキャンセル
出力V_Oとバイアス電圧V_Bの差分を取り出し初期電圧をキャンセルする回路．配線抵抗R_Wの影響まではキャンセルされないので，V_RによるV_Bの調整が必要．

100mVです．これに対し，0℃～200℃の温度変化におけるV_Oの変化は100mV～175.86mVと，変化分は初期電圧より小さい75.86mVになります．ADCのノイズ・フリー・ビット分解能を考慮すると，この75.86mVをできるだけ増幅したいところですが，初期センサV_Oの100mVが邪魔になります．それは，アンプのゲインを上げようとすると，この無効で巨大なDC成分によって，すぐにアンプが飽和してしまうためです(図6)．

ここで，序章の"製品の概要とデザイン・コンセプト"の中で決定した"温度に対する内部分解能0.001℃"を考慮したとき，どれくらい信号を増幅しなければならないかを考えてみます．0.001℃を表現できる分解能は，カウント数でいえば200℃÷0.001℃＝20万カウントです．

初期センサV_Oを除いた75.86mVをこの20万カウントで割ると，0.001℃に対する電圧の重みは0.38μVになります．一方，使用するADCの正側フルスケール入力電圧を2.5Vと仮定すると，2.5Vを20万で割ると12.5μVになります．この二つの電圧値の比12.5μV/0.38μVが必要な増幅率となります(約33倍)．無論，12.5μVのビット幅はノイズ・フリー分解能(序章のColumn 1参照)によるビット幅でなければいけません．

初期センサV_Oを含めた値175.86mVを33倍すると増幅後の電圧は5.8Vにもなり，5V電源で駆動されるアンプもADCも飽和してしまいます．そこで，この巨大な初期センサV_Oを除去する方法を考えなければなりません．

● **巨大な初期電圧をキャンセルする方法**

さて，初期センサV_Oの巨大なDC成分が邪魔であることは分かりました．では，どのように初期センサV_Oを除去するかについて考えます．まず頭にひらめくのが，100mVの電圧源(以下，バイアス電圧)を設けて，このバイアス電圧を基準にセンサV_Oとの差を信号として取り出す方法です(図7)．

図はその解析用回路で，回路図の各ノードの電流・電圧値は節点(ノード)電圧の計算を実行した結果です．図中のポテンショメータの中点がバイアス電圧になり，ここセンサV_Oの差を信号として取り出そうとするものです．ポテンショメータを調整することで，さらに配線抵抗"R_{W1}，R_{W2}"による誤差電圧を含めてキャンセルできているのが電圧計の指示値(センサV_O)から分かります．

それぞれのR_Wに付いている"＊"印は，その部品の値が指定のステップで変更されることを示し，こうした解析をパラメトリック解析と呼びます．R_{W1}，R_{W2}の設定値は0.6Ω，1.2Ωそして2.4Ωです．これによって，Pt100への配線距離が変わった場合はどうなるかも解析できます．

ちなみに配線抵抗0.6Ωの根拠ですが，配線コードAWG38(金属芯線の太さを表す記号)による配線長が1mであるときの抵抗成分で，1.2Ωが2m，2.4Ωが4mにそれぞれ相当します．では，Pt100の値を100Ωから110Ωまで振って，回路のDC伝達特性の結果を見てみましょう(図8)．

パラメトリック解析により，R_{W1}，R_{W2}に対して0.6Ω，1.2Ω，2.4Ωと3回の解析を行っているのでグラフは3本になります．R_{W1}，R_{W2}を1.2Ωのときに調整しているので，Pt100が100ΩではセンサVoはきっちり0Vですが，それ以外の配線長では残念ながらずれています．つまり，Pt100への配線長が変わるとポテンショメータで再調整をする必要があるのです．

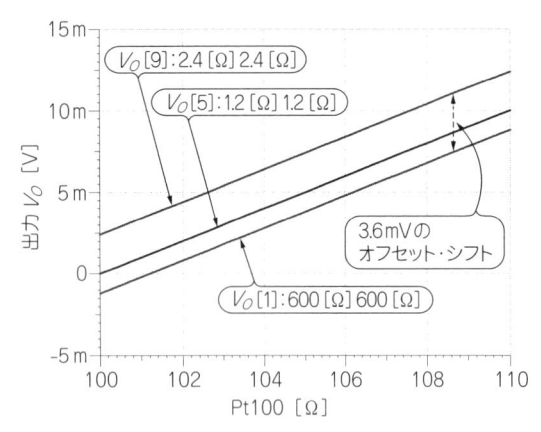

図8 2線式での配線抵抗R_Wの変化によるゼロ点ずれの解析結果

R_{W1}とR_{W2}を0.6Ω(配線長$L=1$m相当), 1.2Ω(2m), 2.4Ω(4m)と変化させたときの, 取り出し口における出力電圧V_Oの変化.

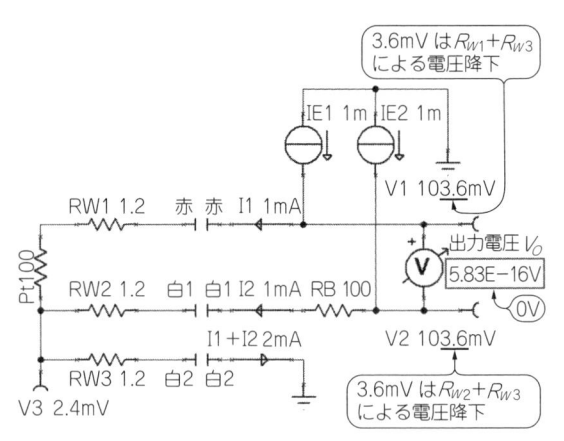

図9 シミュレーションで3線式配線とバイアス抵抗R_Bの効果を検証

配線抵抗R_{W1}とR_{W2}が等しく, R_{W3}は共通抵抗なので, Pt100(100Ω)とR_B(100Ω)に等しい電流1mAを流すことで初期センサV_Oは0Vになる.

● 配線抵抗の変化をキャンセルする方法

Pt100自体はいったん校正(基準となる値と比較し, 誤差を調整または記録すること)するとそう簡単にずれませんが, 配線長の変更でずれるのは再校正による時間と経費の損失(外部へ校正に出すと費用が発生する)を伴います. そこで, 書物に見られる3線式接続の有効性を解析用回路で調べてみます(図9). そういえば, 今回購入したPt100を封止した温度プローブも赤, 白, 白と3本のリードが出ていました [第2部 第1章の写真2(a)参照].

図の方式が前出の方式と異なる点は, 同じ値(1mA)を持つ定電流源を2本用意して, 遠隔のPt100以外の, バイアス電圧を作る100Ωの固定抵抗R_Bへも供給していることです. そして, このR_Bへ流した電流を追加したもう1本の配線を使ってPt100の根本へ供給しています. 節点(ノード)電圧の計算結果によるノード電圧・電流の値を見ながら電圧計の値(センサV_O)を見ると, 途中の誤差電圧がうまくバランスしてゼロ(5.38E−16V)になっていることが分かります. Pt100への行きと帰りの配線長が違うというのは考えづらいので, これなら配線抵抗の変化をキャンセルできそうです(図10).

図を見ると, 3本のグラフがほぼ重なっています. 実際は完全に重なっていますが, "VO14"と"VO27"のグラフはX軸方向に±0.1Ωシフトさせて3本に見えるようにしています. 図7の方式と同じ条件でパラメトリック解析をしているので, 3線式の有効性が確認できました.

図9のノード電圧・電流と図10のグラフを見比べながら考察すると, 次のことが言えます.

①電圧計の正極(上側)に加わる誤差電圧はR_{W1}とR_{W3}による電圧降下の加算値で, 電圧計の負極(下側)に加わる誤差電圧はR_{W2}とR_{W3}による電圧降下の加算値である.

②それぞれの誤差抵抗の直列合成抵抗は等しく, 励起電流I_{E1}とI_{E2}も1mAと等しいので, 発生したそれぞれの誤差電圧($V_{\varepsilon 1}$と$V_{\varepsilon 2}$とする)は共に3.6mVとなる.

③電圧計から見ると$V_1 - V_2$の差電圧は温度によって変化するが, 誤差電圧の差$V_{\varepsilon 1} - V_{\varepsilon 2}$は配線長にかかわりなくいつも0Vになり, 結果としてPt100の両端電圧が正確に読み取れる.

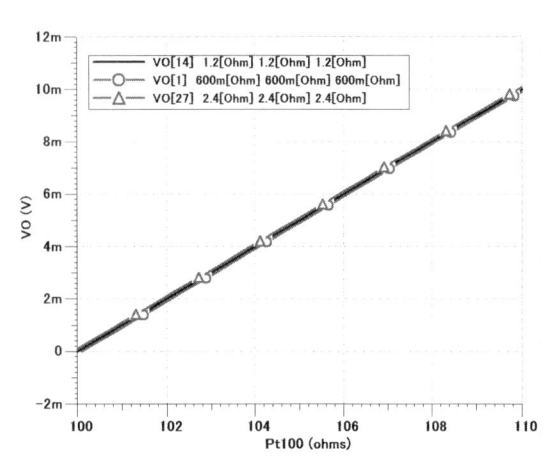

図10 3線式での配線抵抗R_Wの変化によるゼロ点ずれの解析結果

- R_{W1}とR_{W2}を0.6Ω(配線長$L=1$m相当), 1.2Ω(2m), 2.4Ω(4m)と変化させたときの, 取り出し口におけるセンサV_Oの変化.
- グラフ"MyFunction1と2"は, グラフを重ねないようにするため, "VO14"と"VO27"のグラフに0.5mVを加算または減算して引かせたもの.

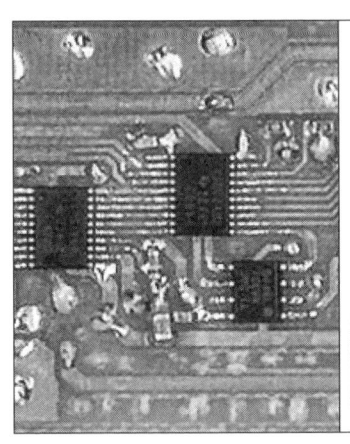

第2部 製作編

第3章 表計算ソフトのグラフ機能を活用して，補正式を楽々導出

事前調査・検討
～Pt100の非直線性補正の検討～

中村 黄三

> 誤差±0.03℃の達成は，Pt100の非直線性補正が最重要課題です．本章では，表計算ソフトが備えるグラフの近似式表示機能を活用した補正式の導出方法，および小さなMPUでも実行可能な式への改造方法も紹介します．

Pt100の扱い方に関する最後の課題が非直線性の補正です．第2部 第1章の表6で解析したように，1.5℃を超す誤差の膨らみを，どうしたら±0.01℃ぐらいまで補正できるかを検討します．元の非直線性を1/100以下に圧縮するのは，ハード的には精度やコストの両面で無理なので，ソフト的な補正に期待がかかります．

ここで，「ではソフト屋の仕事」と，振り分けるのは早計です．序章でも述べたように，精度の根幹にかかわる補正方法やアルゴリズムの創出は，フィールド（現実の世界）を最もよく知っているアナログ・エンジニア（広義の意味でハード屋）の役割です．

表計算ソフトを活用して補正する方法を検討する

■ 表計算ソフトを使ってらくらく補正

● 表計算ソフトの数式表示機能を活用

非直線性の補正は，Pt100の温度に対する抵抗の関係を表す関数の逆関数で補正すればよいでしょう．エクセル（米国Microsoft社の商標．以下，表計算ソフト）を使うと，これが簡単に行えます．

実はこの表計算ソフトには，一連の入力データ群 x と出力データ群 y の関係を回帰分析する機能があります．与えられた近似条件（直線，多項式，対数など）に沿って，二つの量を結ぶ現実の曲線に最も近い近似曲線を求め，それを式としてグラフ内に表示できます（図1）．そこで，この近似曲線の式（以下，近似式）を表示する能力を活用すれば，頭を抱えながら自力で式を立てずに済みます．

同図の二つのグラフは，上が現実のセンサ V_O（Pt100に1mAを流したときのPt100の両端電圧）の温度（X軸）に対する関係を示すグラフとその近似式です．

下は，後述するPt100の非直線性を補正するための式により，理想のセンサ V_O を補正（便宜上，逆補正と呼ぶ）した，温度（X軸）に対する逆補正値（Y軸）の関係を示すグラフと伝達式の近似式です．

● 数式の意味と補正原理

表1は図1からの数式だけを抜き取ったものです．上下の近似式は共に，x と y の関係を2次の多項式を指定して近似させたものです．

ちなみに，各式の下にある R^2（R の2乗値）は決定係数と呼ばれる指標で，近似曲線が実際の曲線にどの程度フィット（寄与）しているかを表します．最大値は1で，寄与率が下がるほど0に近づきます．

2次の高次項が負になっているので，温度（x の値）の増大とともに1次の項（基本ゲイン）からより多くの値を差し引く結果となり，現実のセンサ V_O（y の値）の増加率が減少します．これら（0～200℃の各値）をエンド・ポイント法（第2部 第1章のColumn 1参照）で正規化した場合，グラフの形は第2部 第1章の図

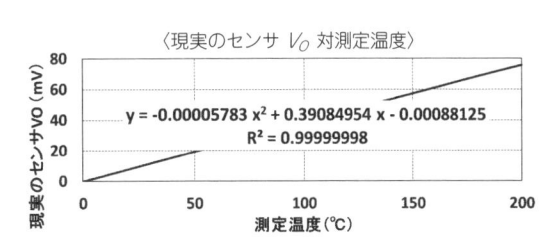

〈現実のセンサ V_O 対測定温度〉

$y = -0.00005783 x^2 + 0.39084954 x - 0.00088125$
$R^2 = 0.99999998$

(a) 各温度（x）に対する現実センサ V_O（y）との関係を表す近似式

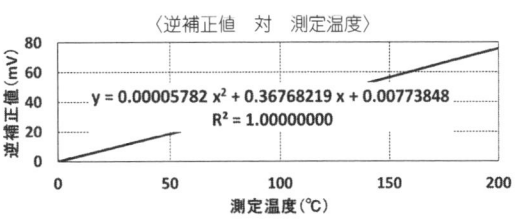

〈逆補正値 対 測定温度〉

$y = 0.00005782 x^2 + 0.36768219 x + 0.00773848$
$R^2 = 1.00000000$

(b) 非直線補正式で理想のセンサ V_O（直線）を逆補正した，各温度（x）に対する逆補正値との関係を示す近似式

図1 表計算ソフトで表示させた横軸（x）と縦軸（y）の関係を表す近似式

表1
近似式の各項と決定係数の意味

- 各温度(x)に対する現実のセンサV_O(y)との関係を表す近似式

  高次項(非直線成分)　　1次項(基本ゲイン)　　オフセット値
  $$y=-0.00005783x^2+0.39084954x-0.00088125 \cdots\cdots (3\text{-}1)$$
  　　高事項の極性が負なので，xの増加に伴いyの増加率が低下．

  決定係数 → $R^2=0.99999998$ ← 近似度を表す値

- 非直線補正式で理想のセンサV_O(直線)を逆補正した，各温度(x)に対する逆補正値との関係を示す近似式

  　　高次項の極性が正なので，式(3-1)に対して逆関数になっている
  $$y=0.00005782x^2+0.36768219x+0.00773848 \cdots\cdots (3\text{-}2)$$
  $R^2=1$ ← 値が"1"なので完全一致

〈ポイント〉
決定係数"R^2"とは，連続した x と y の関係において回帰分析行った結果の近似度を表す．
1に近いほど近似度が高く，高精度設計を目指すには小数点以下の9の数が最低6個は欲しい

10で示した放物線状(以下，弓なり)になります．

一方，下段の式(3-2)は，Pt100の非直線性を補正するための式により，直線的な理想のセンサV_Oをわざと補正(便宜上，逆補正と呼ぶ)した，温度(X軸)に対する逆補正値(Y軸)の関係を示す伝達式の近似式です．高次項が正なので，式(3-1)の高次項に対して逆関数となります．同じくエンド・ポイント法で正規化したグラフは，式(3-1)のグラフとは逆の"海老反り"の形状になります(図2)．

したがって，弓なりカーブを海老反りのカーブで補正すると，同図の真ん中のグラフのように直線的になります．残留する誤差の大きさは，海老反りカーブの弓なりカーブへの近似度，すなわち近似式の近似度に依存します．

一般にR^2が0.8以上なら，かなり強い相関性があるといわれています．0.01℃を争う近似式を補正式として採用するには，決定係数の小数点以下の9の数が，最低6個(欲を言えば8個)は欲しいところです．

表計算ソフトの活用と補正式を得る方法

■ 表計算ソフトに補正式を表示させよう

● 補正式を得るための下準備

まず，現実のセンサV_Oの生データ列(X軸で使用)を左側に，理想のセンサV_Oの計算データ列(Y軸で使用)を右側に配置した表を作り(図3)，そこからグラフを描かせて近似式を表示させます(図4)．表示された式は，非直線的なX軸のデータ列(現実のセンサV_O)と，直線的なY軸のデータ列(理想のセンサV_O)の関係を表すものなので，これを補正式として使えます．

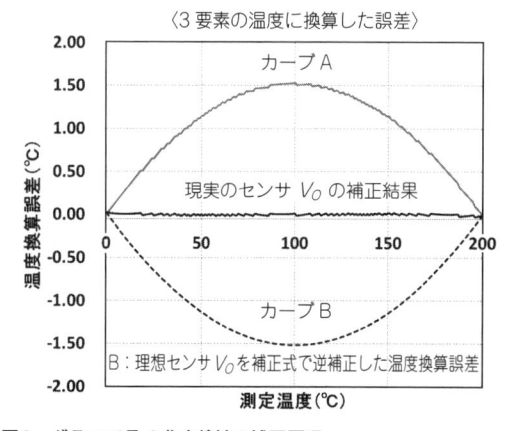

図2　グラフで見る非直線性の補正原理
式(3-1)(カーブA)と式(3-2)(カーブB)の高次項は互いに逆関数なので，カーブAとBの合成値(補正結果)は互いの湾曲が相殺されたカーブとなる．

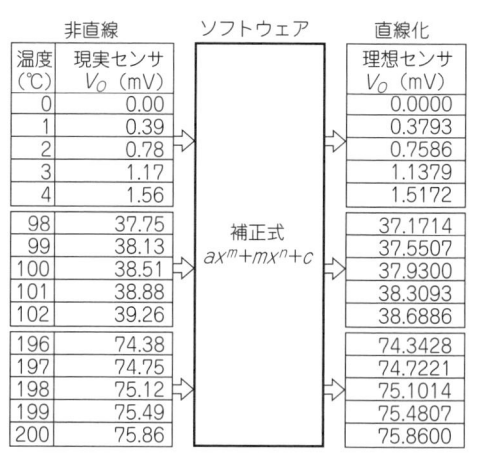

図3　現実のセンサV_O(非直線)を補正して直線的な値とする式を求める
現実のセンサV_Oは湾曲しているので，直線的な理想のV_Oに変換するための補正式を表計算ソフトにより求める．

温度 (℃)	現実センサ V_O (mV)		理想センサ V_O (mV)
0	0.00		0.0000
1	0.39		0.3793
2	0.78		0.7586
3	1.17		1.1379
4	1.56		1.5172
98	37.75		37.1714
99	38.13		37.5507
100	38.51	補正式 ax^m+mx^n+c	37.9300
101	38.88		38.3093
102	39.26		38.6886
196	74.38		74.3428
197	74.75		74.7221
198	75.12		75.1014
199	75.49		75.4807
200	75.86		75.8600

非直線　ソフトウェア　直線化

温度 (℃)	X軸データ 現実センサ V_O (mV)	Y軸データ 理想センサ V_O (mV)
0	0.00	0.0000
1	0.39	0.3793
2	0.78	0.7586
3	1.17	1.1379
4	1.56	1.5172
98	37.75	37.1714
99	38.13	37.5507
100	38.51	37.9300
101	38.88	38.3093
102	39.26	38.6886
196	74.38	74.3428
197	74.75	74.7221
198	75.12	75.1014
199	75.49	75.4807
200	75.86	75.8600

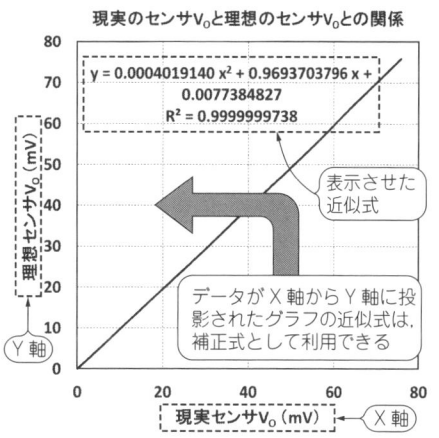

図4 補正式はセンサV_Oの現実と理想のデータからグラフ作成して求める

現実のセンサV_OをX軸(データは左列へ配置)に,理想のセンサV_OをY軸(右列へ配置)に取ったグラフを作成した後,近似曲線の追加と式の表示(オプション)を実行して得られる.

グラフ上の数式: $y = 0.0004019140\ x^2 + 0.9693703796\ x + 0.0077384827$
$R^2 = 0.9999999738$

表示させた近似式

データがX軸からY軸に投影されたグラフの近似式は,補正式として利用できる

ちなみに図5のグラフでは,Y軸のスパン(値の変化幅の意味で,この場合は80 mV)によるフルスケールの幅をX軸と同じ値と単位にそろえましたが,任意の値への変更もできます.例えば,現実のセンサV_Oを0〜2V(0〜200℃)に増幅することを想定してY軸を0〜2Vに設定すれば,それに応じた補正式が得られます.

● 近似曲線の式を表示させる手順
▶グラフに式を表示

図4で作成したグラフのラインを①右クリックして,コンテキスト・メニュー(オブジェクトを右クリックすると現れるメニュー)を表示させます(図5).メニューが現れたら,その中から②"近似曲線の追加"を選択します.すると,近似曲線をどのように引くかを尋ねる近似曲線のオプション・メニューのダイアログが出るので,③"多項式近似"を選択します.次数はとりあえずデフォルトのままの2次とします.

次にダイアログ下方の④"グラフに数式を表示する"と"グラフにR-2乗値を表示する"にチェックを入れます.これを忘れたり見逃がしたりすると,数式や決定係数が表示されないので注意してください.

▶小数点以下の桁数を設定

この手順が終わると,画面の右上の隅に文字と桁数も小さいシンプルな数式群が出現します(図6).これらの決定係数を含めた数式の塊を,近似曲線ラベルと呼びます.このままでは精密式とは言い難いので,表示桁数を増やすなどのモディファイをしましょう.近似曲線ラベルを⑤右クリックして,出てくるコンテキスト・メニューから,⑥近似曲線ラベルの書式設定を

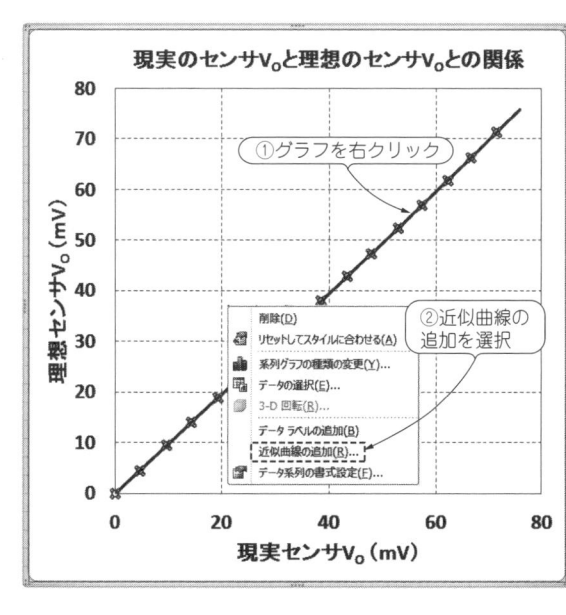

図5 近似式を表示させる手順(その1)

①グラフを右クリック
②近似曲線の追加を選択
③多項式の近似を選択し次数を設定
④グラフに式を表示する項と,グラフにR-2乗値を表示する項にチェックを入れる

表計算ソフトの活用と補正式を得る方法　111

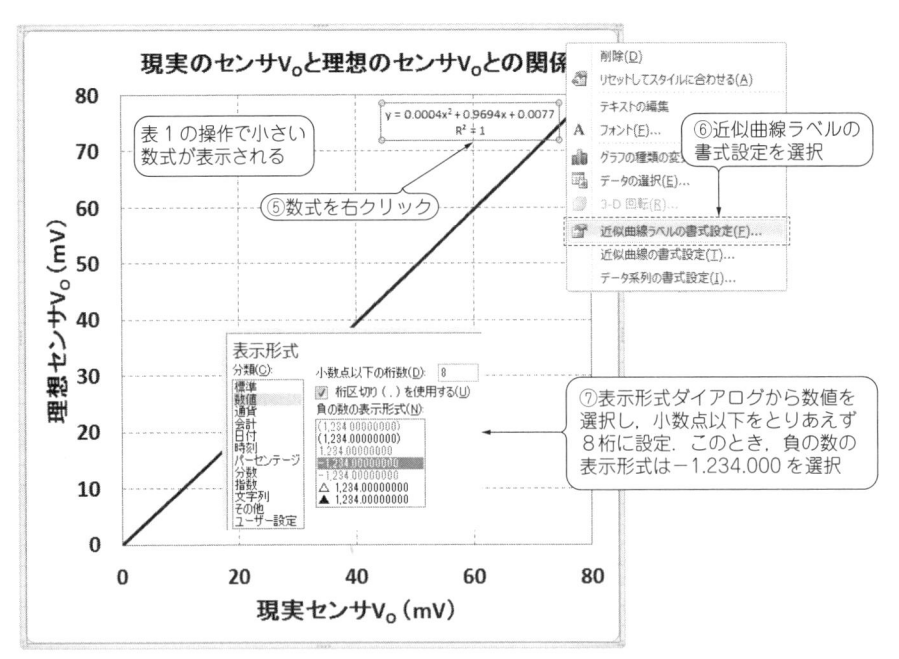

図6
近似式の表示形式の設定

選びます.

すると，どのように表示させるかを設定するダイアログが出てくるので，ここで表示形式を指定します．指定できる内容は，一般のカラムに記入・表示された数値に対するものと同じです．⑦ダイアログからは標準から数値へ指定を変えます．桁数の指定が最大30までできるので試してみると，15桁目ぐらいまでは数字が連続し，その後は0の連続なので，ここではとりあえず8桁としました．あとは図7の手順に沿って，⑧⑨の操作で文字の大きさを変更し，見やすい位置に⑪ドラッグすれば完了です（図8）．グラフの罫線と近似曲線ラベルが重なって見にくいと感じる場合は，⑨の操作の直後に⑩の操作によって，図8のように近似曲線ラベルの背景を白で塗りつぶすとよいでしょう．

■ 得られた式で現実のセンサ V_O を補正しよう

● 補正式の使い方

得られた式を補正式として早速利用し，現実のセンサ V_O の値を補正します（図9）．表の上部にある式(3-3)

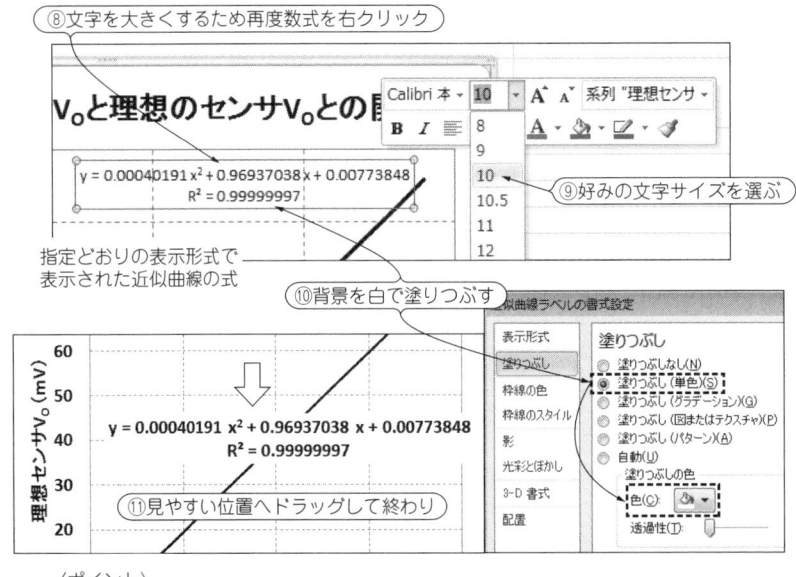

図7
近似式の文字サイズと表示位置の調整

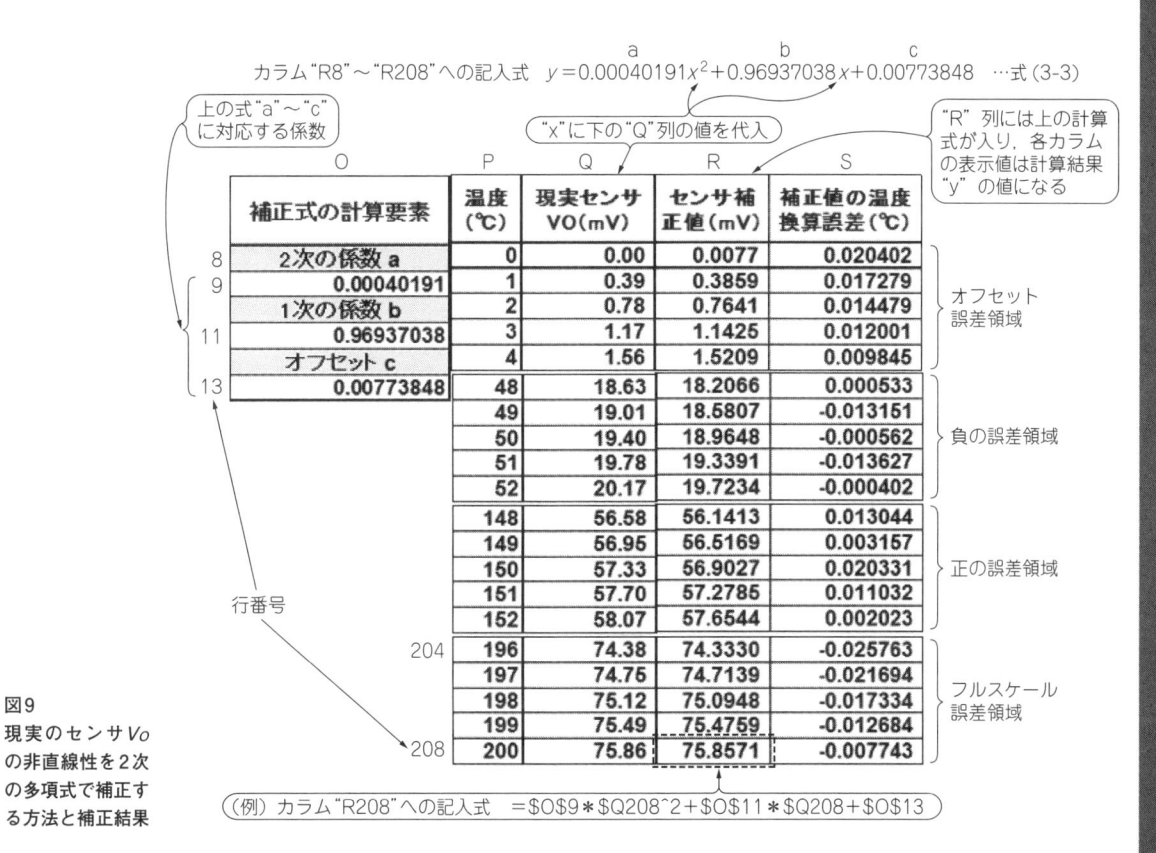

カラム"R8"～"R208"への記入式　$y=0.00040191x^2+0.96937038x+0.00773848$ …式(3-3)

上の式"a"～"c"に対応する係数
"x"に下の"Q"列の値を代入
"R"列には上の計算式が入り，各カラムの表示値は計算結果"y"の値になる

行番号	O 補正式の計算要素	P 温度(℃)	Q 現実センサV_O(mV)	R センサ補正値(mV)	S 補正値の温度換算誤差(℃)	
8	2次の係数 a	0	0.00	0.0077	0.020402	オフセット誤差領域
9	0.00040191	1	0.39	0.3859	0.017279	
	1次の係数 b	2	0.78	0.7641	0.014479	
11	0.96937038	3	1.17	1.1425	0.012001	
	オフセット c	4	1.56	1.5209	0.009845	
13	0.00773848	48	18.63	18.2066	0.000533	負の誤差領域
		49	19.01	18.5807	-0.013151	
		50	19.40	18.9648	-0.000562	
		51	19.78	19.3391	-0.013627	
		52	20.17	19.7234	-0.000402	
		148	56.58	56.1413	0.013044	正の誤差領域
		149	56.95	56.5169	0.003157	
		150	57.33	56.9027	0.020331	
		151	57.70	57.2785	0.011032	
		152	58.07	57.6544	0.002023	
204		196	74.38	74.3330	-0.025763	フルスケール誤差領域
		197	74.75	74.7139	-0.021694	
		198	75.12	75.0948	-0.017334	
		199	75.49	75.4759	-0.012684	
208		200	75.86	75.8571	-0.007743	

(例) カラム"R208"への記入式 ＝$O$9*$Q$208^2+$O$11*$Q$208+$O$13

図9 現実のセンサV_Oの非直線性を2次の多項式で補正する方法と補正結果

〈現実のセンサV_Oと理想のセンサV_Oとの関係〉

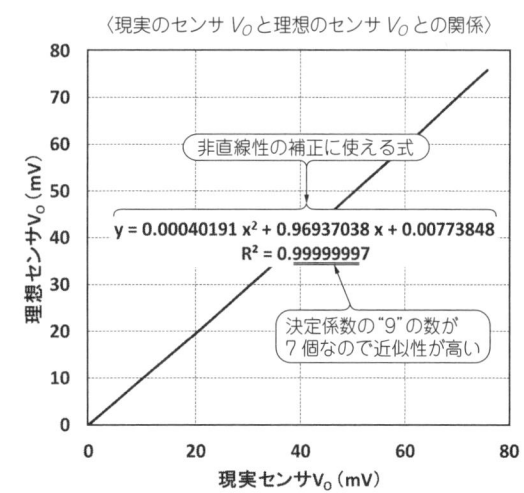

非直線性の補正に使える式
$y = 0.00040191 x^2 + 0.96937038 x + 0.00773848$
$R^2 = 0.99999997$

決定係数の"9"の数が7個なので近似性が高い

▶グラフに表示させた2次の多項式
$y=0.00040191x^2+0.96937038x+0.00773848$ ……(3-3)

図8 現実のセンサV_O(X軸)と理想のセンサV_O(Y軸)の関係を表す式

が，図7までの操作で得られた補正に利用する式です．この式が列タイトル"現実のセンサ補正値[mV]"の全てのカラム"R8(0℃に対応)～R208(200℃に対応)"に記入されています．カラムへ記入する実際の式(表計算ソフトのフォーマット)は，同表の下部にカラム"R208"の例として示します．

式中の"x"へは，左隣の列タイトル"現実のセンサV_O"のカラム"Q8～Q208"の値が代入され，カラム"R8～R208"に表示される数値は"y"の値，すなわち非直線の補正結果になります．

● 補正結果の考察
▶表による補正効果の分析

図9の右端にある列タイトル"補正値の温度換算誤差(℃)"のカラム"S8"～"S208"は，補正の具合を見るために設けたものです．この列の値は，理想直線である左隣の"理想のセンサV_O[mV]"の値からの偏差を温度に換算して表しています．表で見る限り，一番大きい誤差はカラム"S204"(196℃に対応)の-0.025763℃なので，無補正時の最大で約1.5℃の誤差(第2部 第1章の図11)と比較すれば，約1/60に誤差を圧縮できたことになります．

ここで，測定温度の全範囲に分布する誤差と，その誤差の大きさに寄与する補正式の項の関係が，全体を見回すことで判断できそうです．0℃近傍の正の誤差は，式の最後の項(オフセット値)の近似度からくる誤差で，200℃近傍の負の誤差は，全体の傾きを決める中央の項(ゲイン項)の近似度からくる誤差と考えられます．

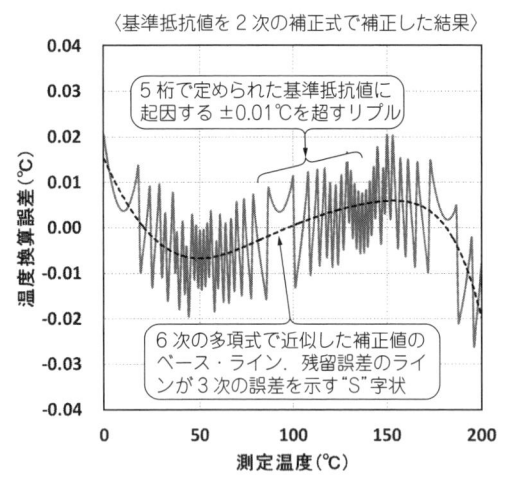

〈基準抵抗値を2次の補正式で補正した結果〉

図10 図9のグラフ化［式(3-3)の2次補正式による補正結果］

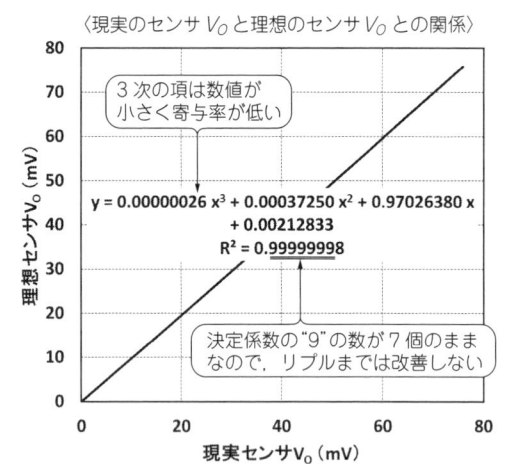

〈現実のセンサV_Oと理想のセンサV_Oとの関係〉

$y = 0.00000026 x^3 + 0.00037250 x^2 + 0.97026380 x + 0.00212833$
$R^2 = 0.99999998$

▶グラフに表示させた3次の多項式
$y = 0.00000026 x^3 + 0.0003725 x^2 + 0.9702638 x + 0.00212833$ …(3-4)

図11 多項式の近似曲線を3次にして表示させた近似式

▶残留誤差の形状で補正式の次数を決定

　表のデータの傾向で着目すべきは，中央温度100℃より低い温度区間（50～54℃）の補正誤差が負で，中央温度より高い温度区間（表では149～153℃）では正となっている点です．これをグラフで確認すると，5桁の基準抵抗値の桁制限によるリプルがあるにしても，残留誤差のカーブがやや変形した"S"字になっていることが分かります（図10）．

　リプル波形の中央を蛇行するベース・ライン（点線）は，リプルを含んだ生のカーブ全体の近似曲線で，3次以上の多項式を選ぶと生のカーブの"うねり"を近似できます．ちなみにグラフでは，最も生のカーブのうねりに近くなる6次の多項式で近似してあります（この表計算ソフトでは6次が最大）．

　そこで，残留誤差のうねりが3次で近似できるのなら，「補正式を3次に格上げすれば，より正確な補正ができるのでは？」という考えに至ります（図11）．思惑どおりリプルのエンベロープはほぼ平らになったので（図12），補正式の次数は3次に仮決定です．

▶Pt100の計算抵抗値で式を再評価

　決定係数の"9"の数について図11のグラフで求めた式(3-4)（3次の式）は，図10のグラフで求めた式(3-3)（2次の式）と同じ7個でした．つまり，近似の形態が2次でも3次でもフィット率，すなわち補正精度は変わらないことを意味しています．実際は図12のとおりで，3次の式によってちゃんと補正されています．

　この原因は，JISで定めた5桁の基準抵抗値の制限によって発生する，グラフのリプルの影響によることは明らかです．そこで，実際のPt100の抵抗値もアナログ量として無段階で変化するのも明らかなので，図12のX軸のデータをPt100の温度対抵抗値の計算式（第2部 第1章の表6参照）に入れ替えて，2次と3次の式とで決定係数の差が出るかどうかを調べます（図13）．

　結果は思ったとおりで，下段の3次の式の決定係数は10桁で見ても1であるのに対して，上段の2次は9の数が7個のままと変わっていません．つまり，3次の式に格上げしても決定係数の値が向上しなかった理由は，基準抵抗値の桁制限であったことが証明されました．

　では，図13の3次の式(3-5)（各項8桁で構成）を補正式として計算抵抗値を補正するとどうなるかを見てみましょう（図14）．高温部の下がりの"ダレ"は気になるところですが，誤差幅としては0.006℃まで縮小し，実用上は十分というところです．

　ここまで，随分しつっこくわずかな誤差を追い詰めてきましたが，筆者のこの執拗な確認の繰り返しは，頭で考えて明白と思っても，「実際に調べてみるまで

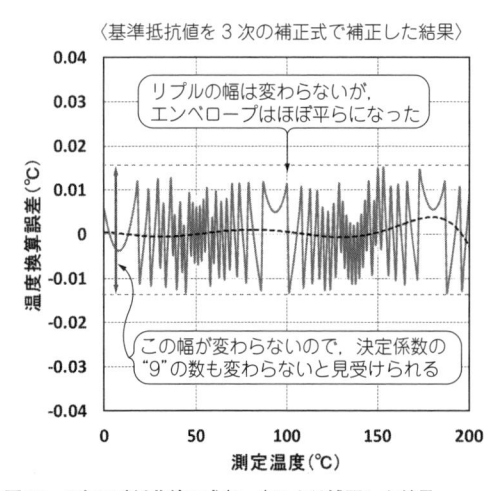

〈基準抵抗値を3次の補正式で補正した結果〉

図12 3次の近似曲線の式(3-4)により補正した結果

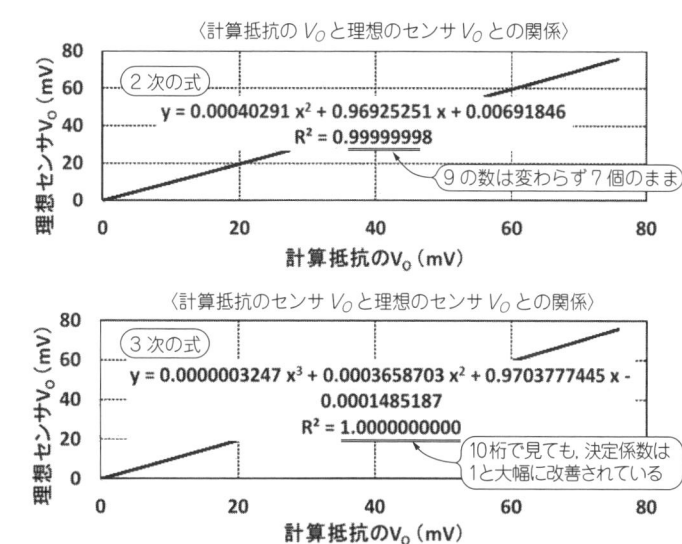

〈計算抵抗のV_Oと理想のセンサV_Oとの関係〉

2次の式

$y = 0.00040291 x^2 + 0.96925251 x + 0.00691846$
$R^2 = 0.99999998$

9の数は変わらず7個のまま

計算抵抗のV_O (mV)

〈計算抵抗のセンサV_Oと理想のセンサV_Oとの関係〉

3次の式

$y = 0.0000003247 x^3 + 0.0003658703 x^2 + 0.9703777445 x - 0.0001485187$
$R^2 = 1.0000000000$

10桁で見ても,決定係数は1と大幅に改善されている

計算抵抗のV_O (mV)

図13
"X"軸をJISで公表されている式で計算した抵抗値と入れ替える
補正式としての精度を精査するため,X軸を基準抵抗値から計算抵抗値に入れ替える.

▶グラフに表示させた3次の多項式.補正は各項を8桁で行う.
$y=0.00000032x^3+0.00036587x^2+0.97037774x+0.00014852$ …(3-5)

〈計算抵抗値を3次の補正式で補正した結果〉

誤差幅は 0.006℃ まで減少

測定温度 (℃)

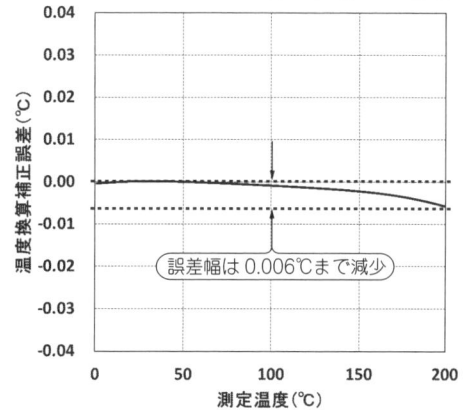

図14 "X"軸を計算抵抗値と入れ替えて式(3-5)で補正した結果
基準抵抗の桁制限によるリプルがなくなり,理論上の残留誤差だけが浮き彫りになった.

は仮説やフィーリング(感覚)に過ぎない」ということを,先輩から叩き込まれているためです.いずれにせよ,未知の事を未知のまま放置しないことが設計の基本と言えます.

■ 小さなMPUでも荷が重くない補正式を探る

とりあえず,3次の補正式で目標精度がクリアできそうなことが分かりました.しかし,32ビットのDSP(Digital Signal Processor)クラスならいざ知らず,16ビットの小規模MPUであるMSP430に,式(3-5)(3次の各8桁構成)による補正をリアルタイム(筆者が予定しているフレーム処理の1フレーム125 ms)で行うには荷が重い仕事です.ましてや浮動小数点演算など論外です.各項の桁を5～6に抑え,32ビット・ダブル(倍精度)の固定小数点演算でいくのが現実的で,それを可能にする補正式を編み出すということになります.しかし,「言うは易しで行うは難し」です.

このようなときは,筆者が尊敬する同僚が言っていた"Thinking harder never give up",懸命に考え決して諦めない,という言葉が頭に浮かびます.同僚といっても,"OPA111"という当時最高性能のOPアンプを開発したエンジニアで,天才的な彼もそうなのだからと励みになります.ということで,精度出しで3次の式は譲れないにせよ,各項の桁が5～6ぐらいで済む(虫の良い)方法をもう一ひねり考えてみましょう.

● 小数点以下の"0"の数を減らす工夫
▶X軸とY軸の大きさを変えて達成

図13の中で紹介した式(3-5)を吟味すると3次と2次の項がとても小さく,小数点以下8桁で見ても有効桁数は2と5しかありません.そこで,頭の"0"数を減らして有効桁数を増やせばと思考錯誤した結果,X軸とY軸の値を小さくすれば実現できることが分かりました(**図15**).

同図の下部には,グラフから抽出した式を式(3-6)として示してあり,ご覧のように2次と3次の項には,小数点の直後から"0"以外の実数が入っています.固定小数点演算では,小数部だけで整数部がない方が計算アルゴリズムの設計が楽なので,図中の式(3-6)の値がちょうどよい大きさです.

では,式(3-6)で補正した結果を見てみましょう(**図16**).グラフは,補正値を1000倍して元に戻したときの温度換算誤差をY軸にとったものです.有効桁数が

〈圧縮された計算抵抗 R_t の V_0 と理想計算抵抗 R_i の V_0 との関係〉

係数の有効桁数が増大

$y = 0.324703383725 x^3 + 0.365870316264 x^2 + 0.970377756762 x - 0.000000148518$
$R^2 = 0.999999999994$

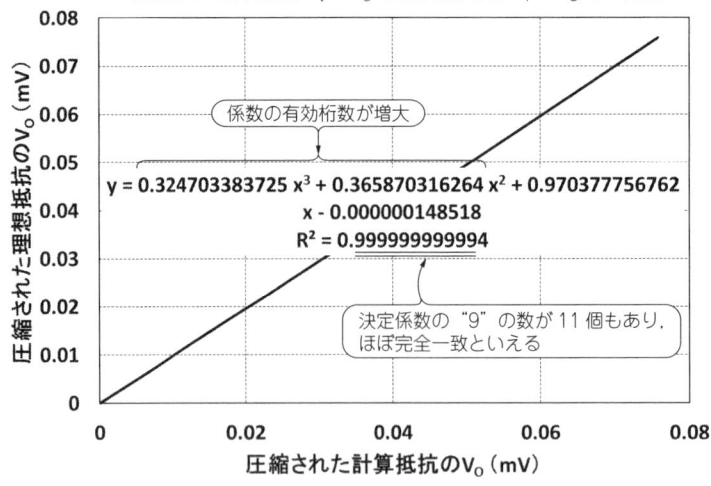

決定係数の"9"の数が11個もあり，ほぼ完全一致といえる

▶補正式として使うグラフに表示させた3次の多項式
$y = 0.32470255 x^3 + 0.36586993 x^2 + 0.97037668 x - 0.00000015$ …… (3-6)

図15
X軸とY軸を1/1000に圧縮した近似曲線の式

グラフの元データ

温度 (℃)	圧縮した結果 温度換算補正誤差(℃)	非圧縮の結果 温度換算補正誤差(℃)
	正の最大誤差(℃)	正の最大誤差(℃)
	0.0009	0.0002
	負の最大誤差(℃)	負の最大誤差(℃)
	0.0000	-0.0058
0	0.000395	-0.000392
1	0.000434	-0.000351
2	0.000471	-0.000315
3	0.000506	-0.000278
4	0.000539	-0.000243
5	0.000571	-0.000212
98	0.000524	-0.000825
99	0.000522	-0.000846
100	0.000521	-0.000865
101	0.000521	-0.000887
102	0.000520	-0.000907
196	0.000319	-0.005364
197	0.000284	-0.005475
198	0.000247	-0.005585
199	0.000208	-0.005701
200	0.000167	-0.005820

圧縮して得た式
式(3-6)による補正結果

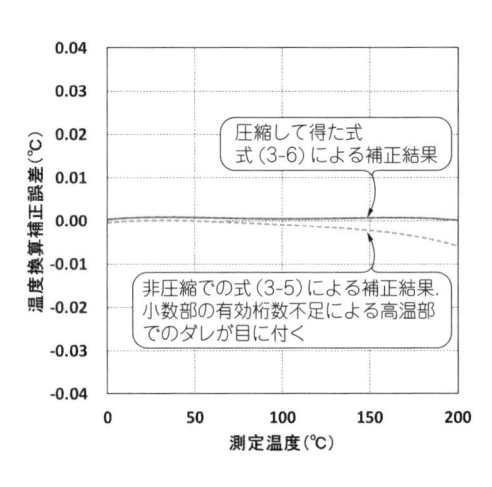

非圧縮での式(3-5)による補正結果．
小数部の有効桁数不足による高温部
でのダレが目に付く

図16
圧縮したX軸とY軸の値による近似曲線の式
(3-6)で補正した結果
圧縮計算抵抗値の3次補正式による補正結果．3次と2次の係数における小数部の桁数が増大し補正精度が向上．Y軸の誤差は，補正値を1000倍して元に戻したときの温度換算誤差．

少ない式(3-5)で補正した結果のグラフと違って，高温部のダレがありません．

▶グラフの元データの仕掛けは？

この仕掛けを，同図の元データになったスプレッド・シート(**図17**)で少し解説します．この表では，K列"K8～K208"(計算による抵抗値R_t)と，M列"M8～M208"(理想の計算抵抗R_i)を，P列"P9，P11，P13"の定数でR-V変換した後に"S5(＝1000)"で割っています．表中の式(3-6)と(3-7)を見ると分かりやすいでしょう．

計算式と結果は，グラフのX軸に使うS列"S8～S208"とY軸に使うT列"T8～T208"に，それぞれ"圧縮された計算抵抗のV_0"と"圧縮された理想抵抗V_0"という形で格納されています．表計算ソフトのフォーマットに沿った実際の式は，カラム"S208"とカラム"T208"の例として右表の下部に示してあります．

● 良くても悪くても，結果に対する理由づけをしよう

最初からX軸とY軸を小さくすれば，目的が達成できるとは思っていませんでした．両軸の値を大きくすれば，「もしかしたら高次の係数も比例して大きくなるのでは？」と考えて実行したのが正解への第一歩でした．実行したら0の数が逆に増えるという結果を得て，次に小さくすることでよい結果を得たというのが本当のところです．

この理由を考えるには，X軸(Pt100の実データ)の放物線状の非直線カーブを円弧に見立てると分かりやすくなります．X軸の値を小さくすると，その半径が

116 　第**3**章　事前調査・検討　～Pt100の非直線性補正の検討～

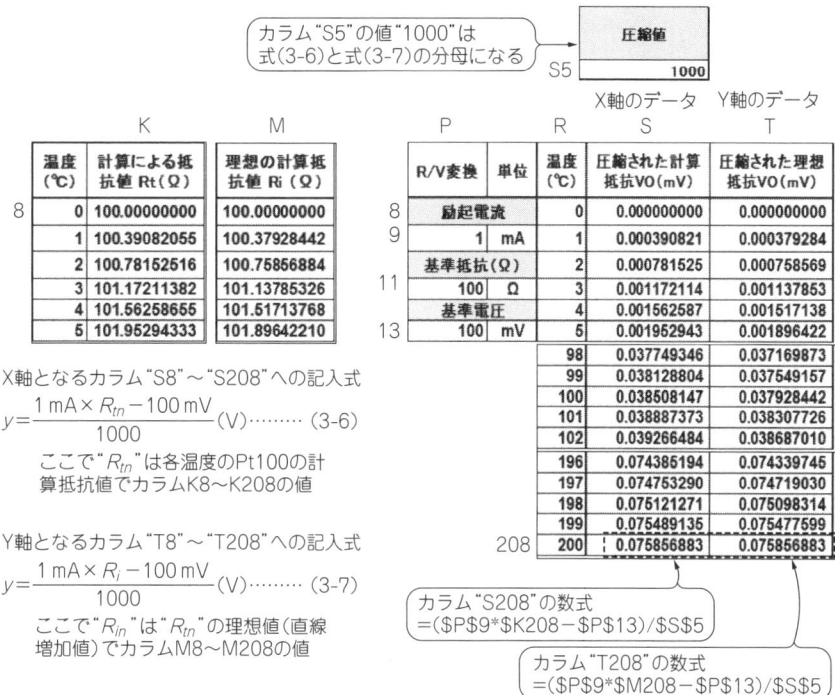

図17
小数部の有効桁数を増やす工夫(X軸とY軸の値を1/1000に圧縮)

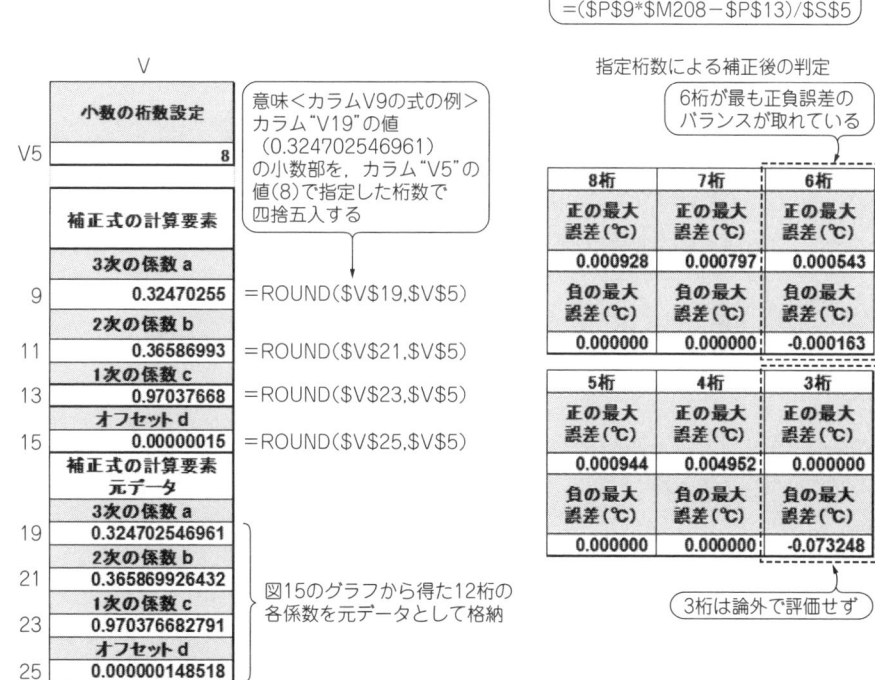

カラム"S5"の値"1000"は式(3-6)と式(3-7)の分母になる

X軸となるカラム"S8"～"S208"への記入式
$$y = \frac{1\,\text{mA} \times R_{tn} - 100\,\text{mV}}{1000}\,(\text{V}) \cdots\cdots (3\text{-}6)$$
ここで"R_{tn}"は各温度のPt100の計算抵抗値でカラムK8～K208の値

Y軸となるカラム"T8"～"T208"への記入式
$$y = \frac{1\,\text{mA} \times R_i - 100\,\text{mV}}{1000}\,(\text{V}) \cdots\cdots (3\text{-}7)$$
ここで"R_{in}"は"R_{tn}"の理想値(直線増加値)でカラムM8～M208の値

カラム"S208"の数式
=($P$9*$K208-$P$13)/$S$5

カラム"T208"の数式
=($P$9*$M208-$P$13)/$S$5

図18
MPUの負担を軽減するため，補正係数の小数部に最低必要な桁数を調査
"ROUND関数"を使用し，係数の小数部の桁数を変えて補正結果の精度を評価．

意味＜カラムV9の式の例＞
カラム"V19"の値(0.324702546961)の小数部を，カラム"V5"の値(8)で指定した桁数で四捨五入する

図15のグラフから得た12桁の各係数を元データとして格納

指定桁数による補正後の判定

6桁が最も正負誤差のバランスが取れている

8桁	7桁	6桁
正の最大誤差(℃)	正の最大誤差(℃)	正の最大誤差(℃)
0.000928	0.000797	0.000543
負の最大誤差(℃)	負の最大誤差(℃)	負の最大誤差(℃)
0.000000	0.000000	-0.000163

5桁	4桁	3桁
正の最大誤差(℃)	正の最大誤差(℃)	正の最大誤差(℃)
0.000944	0.004952	0.000000
負の最大誤差(℃)	負の最大誤差(℃)	負の最大誤差(℃)
0.000000	0.000000	-0.073248

3桁は論外で評価せず

狭まって円弧のカーブがきつくなります(小さな距離で大きく曲がる)．

一方，Y軸の理想直線を円弧に見立てた場合は，半径が無限大の円弧です．したがって，値を大きくしても小さくしても円弧の曲がりは変わらずに直線のままです．この条件でX軸の円弧をY軸に投影して引き延ばすということは，円弧が小さければ直線にするための高次係数に大きな値が必要で，逆に円弧が緩やかなら高次係数も小さくて済むというのが，筆者が思い付いた理由です．これなら，両軸を大きくしたら逆の結果になったことも納得がいきます．

● 最適な補正係数の桁数を決定

図16の結果がよかったので，補正係数の小数点以下の桁数を変えて再評価します(図18)．

このスプレッド・シートでは各定数の桁数を自由に

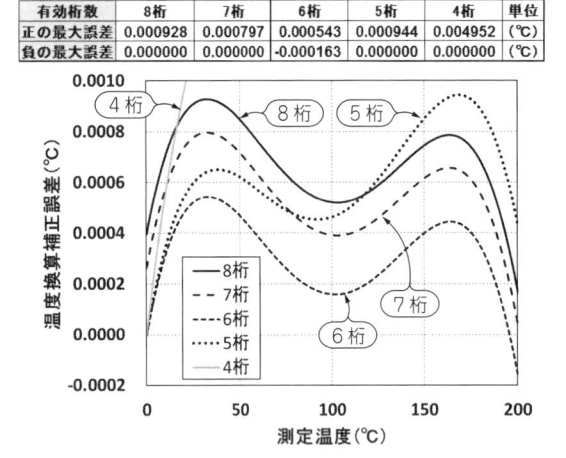

有効桁数	8桁	7桁	6桁	5桁	4桁	単位
正の最大誤差	0.000928	0.000797	0.000543	0.000944	0.004952	(℃)
負の最大誤差	0.000000	0.000000	-0.000163	0.000000	0.000000	(℃)

図19 補正用係数における小数部の指定桁数と補正結果
小数部の有効桁数による残留誤差の比較．

変更できるように，まず8桁以上（ここでは12桁）で構成される補正係数の元データを，V列のカラム"V19"，"V21"，"V23"そして"V25"に用意しています（**図18**の左端）．

次に，これらの元データをROUND関数を使って，カラム"V5"で指定された桁で四捨五入し，カラム"V9"，"V11"，"V13"そして"V15"に補正用係数として格納します（以下，補正係数カラムと呼ぶ）．各補正係数カラムに記入した実際の式を，該当するカラムの右側に示しているので参照してください．

さて，用意した仕掛けで補正係数の桁数を変え，補正結果のデータ列（**図16**の左側の表）を評価します．**図18**の右側は，各桁数における温度換算の残留誤差を示すカラムで，スプレッド・シートのあちらこちらにあるものを集めたものです．3桁～8桁までの補正結果のうち，6桁の補正が誤差の絶対値の大きさ，誤差の正負バランスの点で最も優れています．3桁は負側の誤差が-0.73℃と論外です．残りの4～8桁による残留誤差の全体をグラフで示します（**図19**）．Y軸をここまで拡大すると，4桁の誤差カーブはプラス側に吹っ飛んでいますが，残り5～8桁はグラフ内に確認できます．こうして見ると，やはり6桁の残留誤差が最も誤差0℃の付近に分布していることが分かります．そこで，式(3-6)を6桁の構成で補正式とすることを決定します．

トランジスタ技術SPECIAL for フレッシャーズ　　　　　**発売中**

No.111 さまざまな物理量を電気信号に変換して処理するために
センサ・デバイス活用ノート

トランジスタ技術
SPECIAL編集部 編
B5判 144ページ
定価：本体1,800円＋税
JAN9784789849111

ある物体の位置や向き，角度や加速度，圧力，あるいはある場所の明るさ，温度や湿度など，さまざまな物理量が計測や制御に利用されています．また，身の回りの家電製品やゲーム機などにも広く応用されてきています．電子回路にこれらの物理量を情報として入力するためには，それぞれの物理量を電気信号に変換するセンサが必要になります．センサには，アプリケーションで必要とされる精度や検出範囲，あるいは使用条件や動作仕様によって，さまざまな方式や種類があります．

特集では，簡単に利用できるワンチップのICタイプのセンサから高精度な計測用途向けのセンサまで，いろいろなセンサ・デバイスについて解説します．

◆基礎編
イントロダクション[基礎編]で紹介するセンサの応用例
第1章　暮らしに役立つセンサ
第2章　非接触で物体の接近や距離を検出するセンサ
第3章　移動や力を検出するセンサ
第4章　回転を検出するセンサ
第5章　画像／色／明るさを検出するセンサ
第6章　温度／湿度／気圧を測定するセンサ
第7章　電流を検出するセンサ

◆実践編
第8章　SDカード使用の携帯加速度ロガー
第9章　±90°±0.5°，応答2秒の1軸傾斜計
第10章　ホール素子型DC電流センサの使いかた
第11章　三角測量方式PSD内蔵測距センサの使いかた
第12章　簡易カラー・メータの製作
第13章　磁気センサを応用した軸力計の製作

CQ出版社　　　　http://shop.cqpub.co.jp/

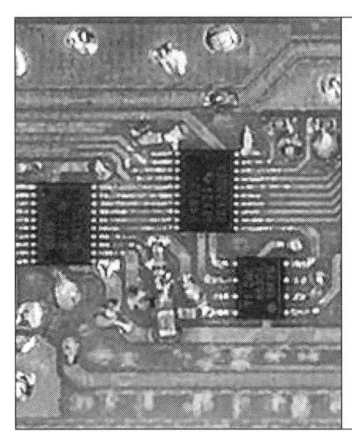

第2部 製作編

第4章 構想設計～原理試作の結果を検証して実用化への構想を練る～

目標仕様から製品開発の流れでは，事前に立てる動作・性能のプランが重要

中村 黄三

構想設計とは事前に問題点を整理して未知数を最小化する工程で，これを怠るとドツボにはまります．本章では，一次試作時の問題などを反映して，より完成度の高い製品開発をするための多岐にわたる構想設計について解説します．

難易度が高い新規設計では，通常，一次試作（原理試作）をしてから二次試作（本試作・量産試作）をします．システムの規模が大きい場合はブロックごとに分けて行い，これを要素設計または要素開発と呼びます．

いずれにせよ，こうした原理試作は失敗のリスクを低く抑えるのに有効な手段です．筆者の経験として，時間がないからと一次試作を省略すると，ドツボにはまり時間を空費するだけに終わったこともあります．

一次試作と二次試作を行う上での重要なポイントは，一次試作の結果（良いことも悪いことも）に対して，その原因の調査と検討を納得できるまで行った上で，次の二次試作に反映させることです．はからずも今回の温度計は同じプロセスを経て完成したので，一次試作のコンセプトとその結果に対する検討内容について，現実に筆者が思考した通りに話を進めていきます．

原理試作の検討内容と方法

■ 一次試作の結果に対する評価・検討

● 一次試作における設計コンセプト

一次試作の結果に対する評価・検討内容を紹介する

- V_{ANA} はアナログ用電源，V_{DIG} はディジタル用電源，V_{MID} は中点電位．REF$_1$，REF$_2$は基準電圧源
- DPMはディジタル・パネル・メータ（市販品）
- 出力はV_{MID} 基準で，0～200℃に対応した0～2V
- AはOPアンプを表し，数字の添え文字は連番で使用個数を反映（例：$A_{8, 9}$はOPアンプ2個使用）
- 記載なきIC型番は，A_1，A_3，A_6～A_9 が**OPA333**×6個，A_2，A_4 が**INA2132**（デュアルINA）×1個

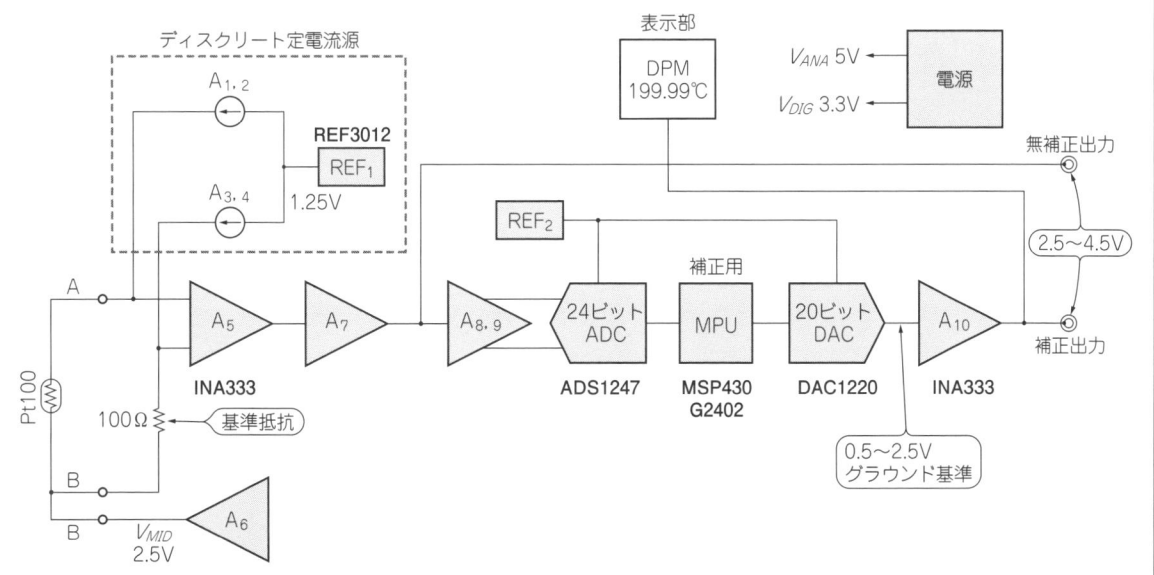

図1 一次試作で製作した回路のブロック図

前に，一次試作における設計コンセプトについて説明します．

一次試作の構想設計段階では，センサの選択や補正方法を含め，全ての点が手探り状態です．そこで筆者が考えた一次試作における手順は，まずMPUによるセンサの非直線性に対するソフト補正（アルゴリズム）の有効性の検証でした．

これを実現するには，アナログ部は高精度な部品で回路を固め，センサの非直線性以外の誤差を極力抑えるというのが，ハード設計上のコンセプトです（図1）．その上で回路に二つのアナログ出力（一つは非補正のアナログ出力，もう一つはMPUによる補正済みのアナログ出力）を設けて，これらの出力を比較することでソフト補正の有効性を検証しようという試みです．なお，ブロック図で示した回路の詳細は，本章末尾のAppendixに記載しています．

● ソフトによるセンサの非直線性の補正結果

ソフトによるセンサの非直線性の補正結果ですが，無補正との比較では目に見える改善結果が得られました（図2）．非補正のアナログ出力の温度換算誤差は，第2章で触れたPt100の正味の誤差1.5℃と同じです．一方，補正済みアナログ出力は，このY軸スケールではわずかに揺らぎが見て取れる程度に補正されています．

実際この結果を見て，センサの精度出しについてはこれにて終了と早合点しました．しかし，グラフを補正済み出力だけにしてY軸スケールを拡大して眺めたら，残念ながら30℃のあたりで約−0.04℃と誤差が目標からはみ出していました（図3）．"ウーム"というところですが，原因を探して対策するしかありません．

● 原因の推理と原因となる箇所の特定方法
▶行った推理

最初は抵抗ボックスの調整ミスかと思い問題の区間の抵抗値を調べてみましたが，JISで管理されている基準抵抗値とほぼ一致しており，測定精度には不備はありませんでした．

そこで，補正式による理論的な補正カーブと，実際の補正結果のカーブを比較してみました（図4）．理論補正カーブの方は奇麗な"S"の字で，正側と負側の誤差が100℃近傍でシンメトリックに上下に膨らんでいます．それに対して現実の補正カーブは，アップ・ダウンが多いことを除外しても，カーブの全体像は0〜100℃の区間で大きくだれている感じです．この比較の結果からは，原因は補正式の精度ではなく，どこかアンプ系のリニアリティ（直線性）不足が原因と考えられます．

▶原因箇所に関する目星の付け方

アンプ回路がたくさんある場合は，端から順に調べるやり方では非効率です．筆者の経験談として，リニアリティ不足が原因として考えられる場合は，小信号アンプ回路より大振幅アンプ回路，特に非反転アンプ回路を先に調べる方が早く原因を突き止められます．言い換えれば，小信号や大信号でも反転アンプは後回しです（Column 1を参照）．前出のブロック図（図1）で大信号の非反転アンプ回路といえば，A_{10}（INA333）がそれに該当します．

▶原因を特定するための実験

そこで，パラメータ・アナライザによりINA333（基

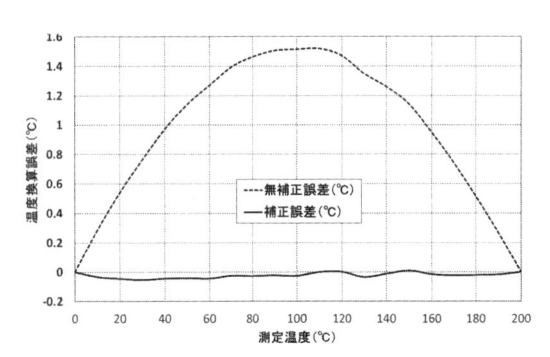

図2 無補正と補正出力の温度換算誤差の比較
正規化のためオフセットとゲインは調整．

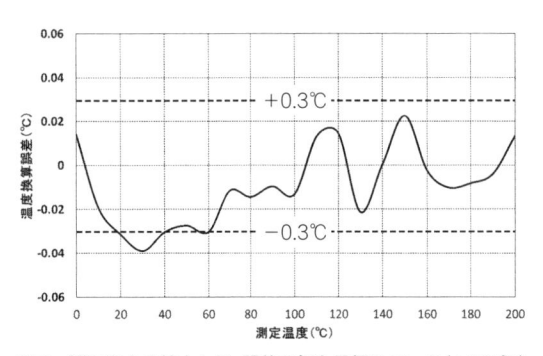

図3 補正出力を拡大して，誤差の幅と目標スペック（±0.03℃）とを比較
補正誤差を拡大したグラフ．カーブの素性を調べるためデータの正規化はしていない．

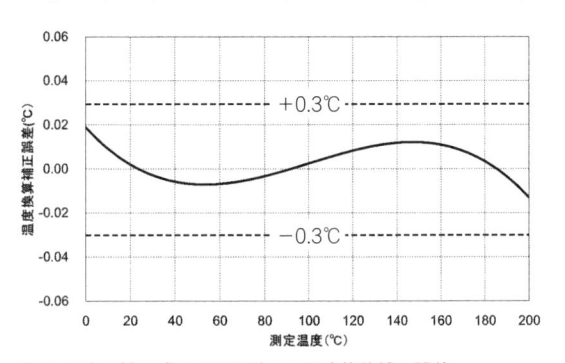

図4 2次の補正式による理論上の温度換算補正誤差
全区間を2次の補正式（小数点以下5桁）で補正した理論補正誤差．

反転アンプの入出力関係は直線的 — Column 1

OPアンプ回路で発生する非直線性は，同相モード電圧(以下，V_{CM})の変化によるオフセット・シフト"ΔV_{OS}"が原因です(図A)．OPアンプの入出力がバランスした状態では，入出力電圧の値に関係なく，反転と非反転入力ピンの電圧は等しい値になっています．言い換えると，反転入力ピンの電圧が非反転入力ピンの電圧と等しくなるような向きと大きさでアンプ出力が振ります．その結果，OPアンプの二つの入力から外をのぞくと，同じ電圧(V_{CM})が加わっていることになります．

図のように，非反転入力ピンへの"V_{IN}"が徐々に増加すれば"V_{CM}"も増加したことになり，電池のシンボルで疑似化したオフセット電圧"V_{OS}"が変化します($=\Delta V_{OS}$)．ここで出力$V_{OUT}=V_{IN}+V_{OS}$なので，ΔV_{OS}が非直線的な変化であれば，図のような電圧ゲイン1のボルテージ・フォロワであってもV_{OUT}は非直線的です．図中の式からオフセット・シフト量ΔV_{OS}は，OPアンプ自体の同相モード除去比"$CMRR$"の大きさに依存することが分かります．16ビット精度の直線性を得るには，$CMRR$のスペックで96 dB(最小)が必要ですが，汎用OPアンプでは80～90 dB(標準)がせいぜいです(図B)．

そこで，直線性が重視される回路を安価なOPアンプで実現したいのであれば，回路を反転アンプ構成にします．反転アンプの非反転入力はグラウンドや中点電位(単一5 V電源なら2.5 V)に固定されるのでV_{CM}の増減はありません．その結果ΔV_{OS}も発生しないため入力と出力の関係は$V_{OUT}=-V_{IN}$と直線的です．入出力の関係に同極性が望まれる場合は，反転アンプ2段で構成します．

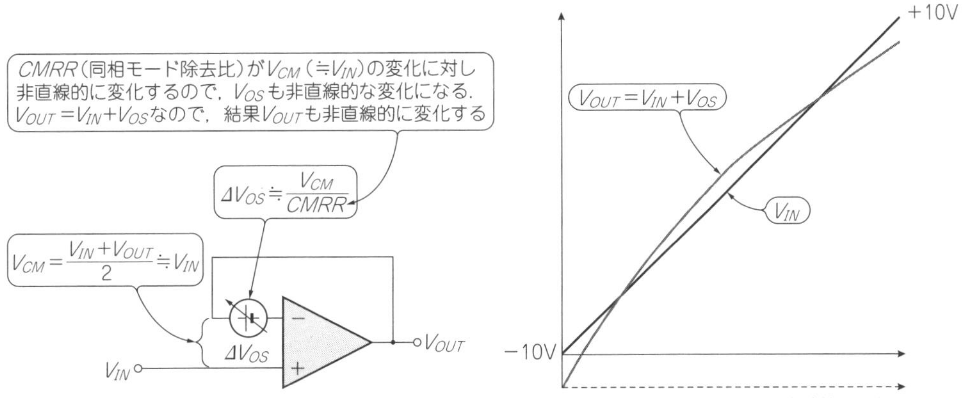

(a) $CMRR$がV_{OS}の変化の原因になる

(b) $CMRR$によるV_{OUT}の直線性の悪化

図A　ボルテージ・フォロワにおける非直線性誤差の原因

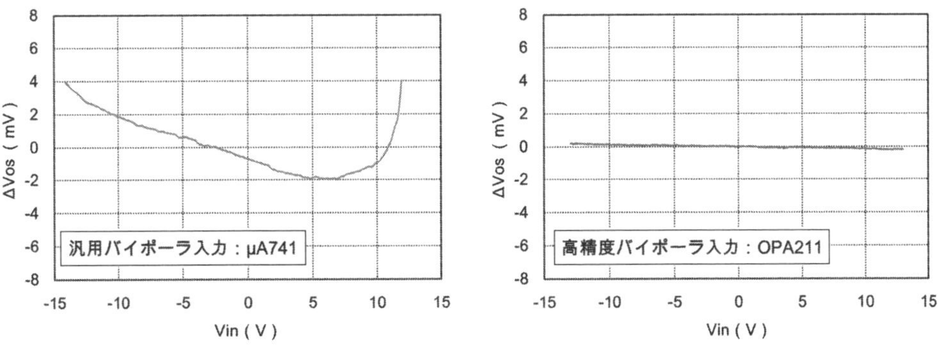

(a) バイポーラ入力の汎用OPアンプ　　汎用バイポーラ入力：μA741

(b) バイポーラ入力の高精度OPアンプ　　高精度バイポーラ入力：OPA211

図B　汎用OPアンプと高精度OPアンプのΔV_{OS}の比較
グラフはすべてTexas Instruments社製OPアンプで，筆者による実測値．

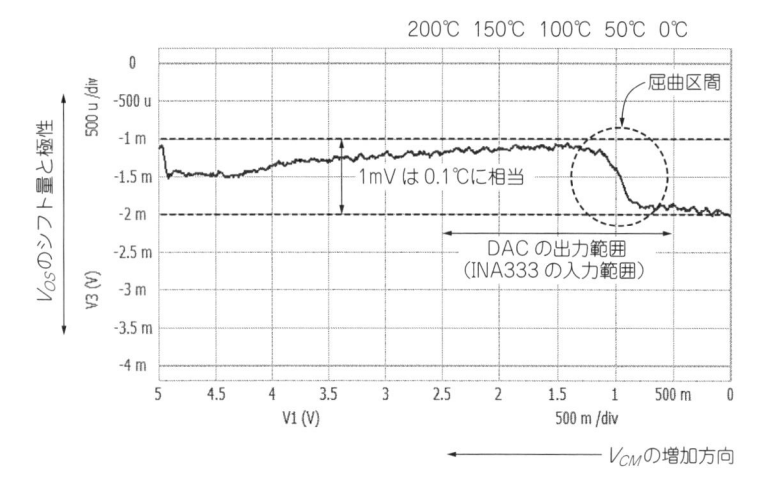

図5
INA333の同相モード入力電圧の増減に対するオフセット・シフトを調べる
パラメータ・アナライザにより，アナログ出力のバッファ・アンプに採用したINA333のV_{CM}対V_{OS}の関係を調査（グラフは手持ちの予備品で$G=1$における特性）．

板上のものではなく別のサンプル）の電源を振り，入力オフセット電圧（以下，V_{OS}）がどのようにシフトしていくかを調べてみました（図5）．グラフのX軸1V近傍に，グラフのトレース・カーブがストンと落ちる局部的な屈曲が視認できます．

皆さんがグラフの意味を理解できるように，ここでパラメータ・アナライザの設定方法を解説します．このカーブを得るには，非試験デバイス（以下，DUT）であるINA333を，正負の2電源でドライブして入力を接地する必要があります（詳細はColumn 2を参照）．

三つあるパラメータ・アナライザの入出力ポートのうち，2チャネル分を16ビットの内部DAC（出力）に設定し，DUTの正負電源として使っています．負側のDAC出力の電圧はV_1（グラフ上ではX軸の値）で正側はV_2です（グラフ上は非表示）．残りのポートを24ビットの内部ADC（入力）に設定し，V_{OS}のシフト量を取り込んでいます（グラフ上はY軸の値）．

グラフはX軸が負側電源V_1のスイープ電圧で，これを$-5V\sim0V$に振りながら，同時に正側電源V_2を$0\sim+5V$に振っています．つまりX軸はV_{CM}の変化量を表しており，$V_1=0V$のときにアンプに加わる同相モード電圧（以下，V_{CM}）が0Vと最も小さく，逆にV_1が$-5V$のときにV_{CM}が5Vと最大値になります．ですから，V_{CM}ベースでグラフを読むと，X軸の流れは右から左と考える方が自然です．

ちなみに，INA333はレール・ツー・レール（以下，R-R）入出力が売り物のCMOS計装アンプです．なお，レール・ツー・レールという用語は日本モトローラが商標登録ずみなので，商業目的のカタログや広告での扱いは要注意です．

● 実験結果からの原因推定と対策
▶ 原因の推定
では，何故このような局部的な屈曲区間が存在するのかですが，実はアンプを構成する素子レベルの問題でした．筆者のように，アナログ系の半導体業界に身を置いてきたから分かったと言われても仕方がない内容です．

MOS FETにはPチャネルとNチャネル（以下，単にPまたはN）とがあります．そしてPとNとでは，ゲートとソース間に加わる信号をリニアに増幅できる電圧範囲が互いに異なります．そこでR-R入力と呼ばれるCMOS OPアンプやCMOS計装アンプ（以下，両者ともR-R入力アンプ）では，このPとNを組み合わせた差動対を使用して実現しています［図6(a)］．

同図(b)のカーブの例では，正の電源が$+5V$，負の電源が接地された状態で，Pは$0\sim3.3V$でNが$2.8V\sim5V$をカバーしてR-R入力を達成しています［図6(b)］．そして$2.8V\sim3.3V$のPからNへ動作が切り替わる移行区間で，図5と類似の屈曲した膨らみが発生しています．

実はこの膨らみ，PとNの差動対が持つV_{OS}のレベルの違いによるものです．PからN（あるいはその逆）への切り替えによって，今までのV_{OS}から新しいV_{OS}へ移行することによる膨らみです．従って，両者のV_{OS}の差が大きいほどカーブの膨らみも増大します．

ところでこの膨らみは，同じチップ上に形成されたデュアルOPアンプであっても，方向（極性）と大きさについて必ずしも同じ傾向を持ちません．図6(b)の測定結果が真にそれを表しています．ただし移行区間は意図的に一致するように作られており，メーカではこの移行区間を，できるだけ0V寄りあるいは5V寄りに設計しています．

▶ 検証結果の問題点への関連付け
であれば，DACの出力範囲を上の方へずらして，INA333のPとNの移行区間をはずせばよいということになります．そこで，DACの出力範囲を$0.5V\sim2.5V$から$2.5V\sim4.5V$に変更したところ（図5をもう

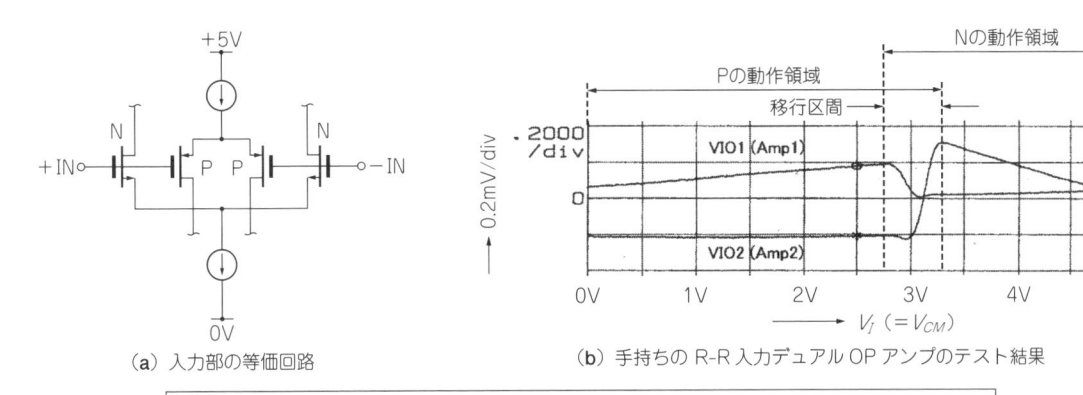

(a) 入力部の等価回路

(b) 手持ちのR-R入力デュアルOPアンプのテスト結果

- 入力範囲をレール・ツー・レールとするため，P形とN形のMOSFETによる差動対を配置
- 入力レベル $V_i (= V_{CM})$ が低い範囲は"P"，高い範囲は"N"の差動対が信号を伝達
- Pの差動対とNの差動対の V_{OS} が異なると，PからNへの移行区間で新しい V_{OS} へシフトする
- シフト方向とシフト量は，同じチップ上のOPアンプでも傾向は異なりバラバラである

図6 屈曲区間はMOS FETのPとNの切り替え区間で発生

一度参照)，思惑通り**図3**の結果が**図7**のように改善されました．半導体メーカに勤務していた筆者ですらうっかりミスをしたわけで，ビギナの読者は十分にこのことに注意してください．

▶調査を通じて得た教訓

そこで，この件に関する結論です．CMOSのR-R入力アンプにより大振幅信号を受けるときは，実験によってこの"移行区間"をあらかじめ特定しておき，そこをずらした設計とすることです．正直いって，データ・シートを見ても，この区間が分かりづらいケースが多く困りものです．デバイスのネガティブな部分を伏せたい気持ちは分かるのですが，メーカによっては，この区間が見えてこない電源条件でグラフを記載しているケースもありました．どうせ分かることなので，データ・シートには正直に書いてほしいものですね．

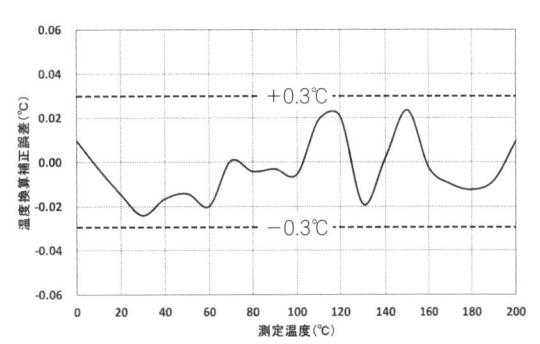

図7 DACの出力範囲を変更した後の残存補正誤差
DACの出力範囲を0.5V～2.5Vから2.5V～4.5Vに変更し，アンプ入力の屈曲点を避けた結果．

幸い新しい設計のR-R入力アンプは，DC-DCコンバータなどを組み込み，Pだけで全入力をカバーしているケースなどがあります(**図8**)．このようなデバ

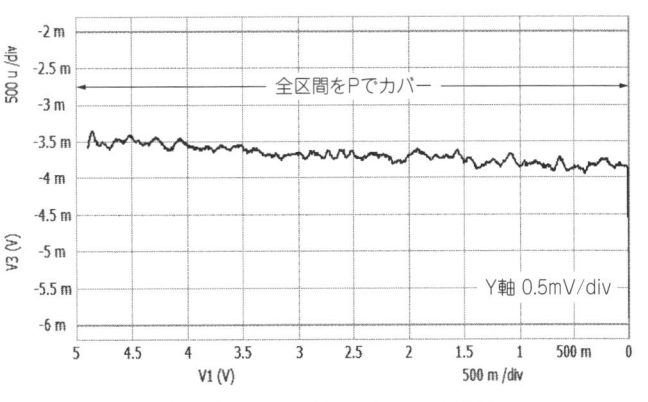

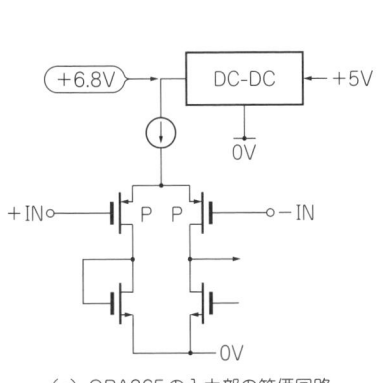

(a) OPA365の入力部の等価回路

(b) 手持ちのOPA365によるテスト結果

図8 DC-DCコンバータを内蔵してPだけで入力の差動対を構成した例
DC-DCコンバータにより入力部の電源電圧を+1.8Vに昇圧し，Pの差動対だけで全入力範囲をカバーするので，移行区間による屈曲カーブが発生しない．

原理試作の検討内容と方法　123

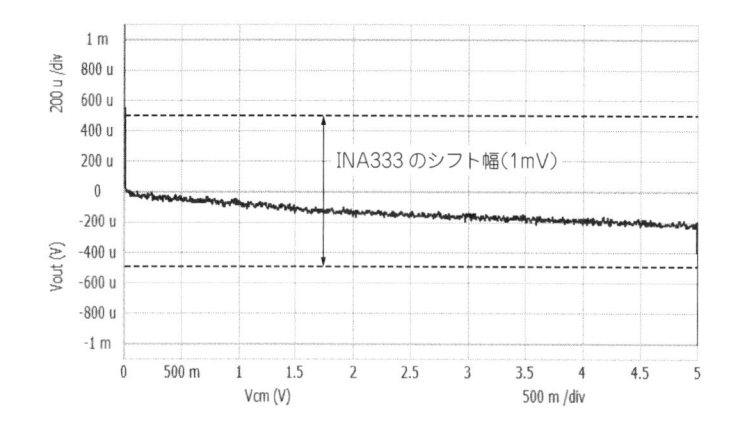

図9
二次試作で使用したINA326のV_{OS}シフトの特性
パラメータ・アナライザを使用して，INA326の同相モード入力に対するオフセット電圧のシフト量を調査．INA333と比較すると，途中に屈曲区間がなく，オフセットの変動が1mVに対して200μVと小さい．これは同相モード除去比CMRRがINA333よりも大きく優れていることを表す．

同相モード電圧によるオフセット・シフトの測定法

　Column 1で解説したボルテージ・フォロワにおけるオフセット・シフトについて，その測定方法を紹介します（**図C**）．図のDUTは，半導体分野でよく使われる被試験デバイスを指す用語で，"Device Under the Test"の頭文字を組み合わせた略号です．

　OPアンプの入力オフセット電圧（以下，V_{OS}）は，$V_{CM}=0\,\mathrm{V}$の条件（2電源タイプでは両入力を接地）で適用されるパラメータで，V_{CM}が変動するとV_{OS}も変動します．本文でも触れたように，R-R（レール・ツー・レール）入力のCMOS OPアンプでは，V_{CM}がPとNのMOS差動対による守備の切り替わり区間で大きくV_{OS}がシフトする傾向があります．これは，シフト量がPとNのMOS差動対のV_{OS}の近似性で決まるため，互いのV_{OS}が異なるほどシフト量は増大し，屈曲したカーブが顕著に表れます．

　大きくV_{OS}がシフトするといっても1mV程度なので，一般的な入出力特性の測定方法（**図D**）では信号振幅の方が桁違いに大きいため，V_{OS}のシフト量だけを定量的に測定することは困難です（**図D**）．

　V_{OS}シフトだけを抽出して見るには，DUTの入力へDCスイープ電圧を掛ける代わりに，入力はグラウンド電位に固定した状態で電源を振る方法があります（**図E**）．電源を振るポイントとして，DUTの正側電源V_S+を$0\sim5\,\mathrm{V}$，負側電源V_S-を$-5\,\mathrm{V}\sim0\,\mathrm{V}$のように振って，DUTに加わる電源電圧$(V_S+)-(V_S+)$を常に一定（この例では5V）に保つことです．

　するとDUTから見た場合，自身への電源電圧は一定なので，あたかも入力電圧が変化したように受け止められます．これを身近な状況で表現すると次のようになります．今，あなたが等速で上昇（下降）

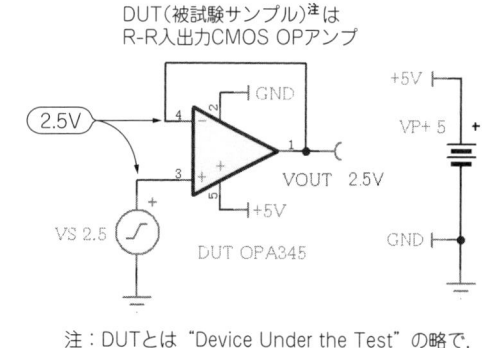

図C　OPアンプの入力対出力に対する通常の観測方法

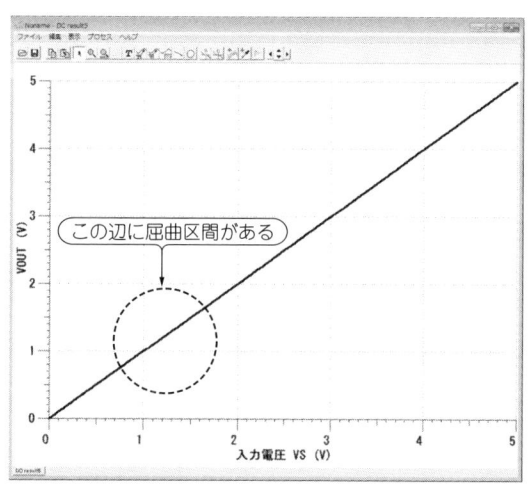

図D　通常の観測方法で見たOPアンプの入力対出力のグラフ

イスは，ゼロ入力クロスオーバひずみなどと移行区間がないことを明記しているので，評価の時間がない場合は，こうした新設計デバイスを使えばやけどをしないで済みます．そこで二次試作では，INA333のように局部的な屈曲区間がないINA326を使用することにします(図9)．

二次試作の検討内容と方法

■ 一次試作の結果を踏まえた二次試作の回路検討

デザイン(設計)・コンセプトの概要は序章で既に述べているので，ここでは，それらのコンセプト(表1)

表1 二次試作に対するデザイン・コンセプト

- ADS1247内蔵の定電流源とプリアンプを使用
- フレーム処理でJOBの実行間隔を均一に
- アナログ出力をモニタし0.01℃までの精度を確保
- トラッキング手法で静的なアナログ出力の実現
- レシオメトリックを可能にする基準電圧源の採用
- キャリブレーションによりMPUによる補正精度を確保

の実現に向けた検討内容を順次解説します．

● フレーム処理でJOBの実行間隔を均一に
▶ シーケンスの進行と実行するJOBの仕分け
初めにシーケンス全体の進行方法について説明をし

Column 2

している窓付きエレベータに乗り外を見ているとします．重力の変化を感じなければ，エレベータの天井から床への距離は一定なので，動いているのはエレベータではなく外の景色のように映ります．図Eの構成によるテスト方法は，まさにこの状況を利用したものです．DUTのV_{OS}はグラウンド基準でシフトするので，後段の観測用アンプを高ゲインに設定して，十分な大きさでシフト値を観測することができます(図F)．この測定方法を利用すれば，プログラマブル電源を所有しているか，あるいはMPUによりDACを制御できるスキルがある方なら，パラメータ・アナライザがなくても自分のラボで実験できます．

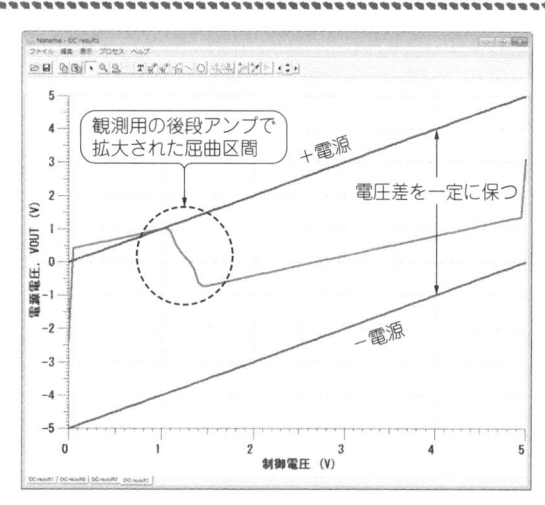

図F　DUTの出力を1万倍増幅してみたオフセット・シフト値
本章ではシミュレーションでV_{OS}シフトの原理を説明しているが，グラフのような屈曲区間がすべてのOPアンプのマクロモデルに組み込まれているわけではないことに留意する．

図E オフセット・シフトを観測するテスト回路
DUTのオフセット・シフトだけを拡大して観測するテスト方法．DUTの出力に乗るV_{OS}のシフトはグラウンド基準で変化するので，後段の観測用アンプのゲインを高く設定できる．

ます（図10）．シーケンスの進行はメイン・タイマによりMPUに割り込みをかけることで行わせ，実行するJOBの内容は，割り込み発生時におけるシーケンス・カウンタの値に従うようにします．例えば，同図の"Sq-1"と書かれたカウンタの値では，センサV_Oに対する2回目のA-D変換を行います．

つまりメイン・ルーチンはなく，カウンタ割り込みとサブルーチンだけの構成となります．これにより各JOBも間隔が均一になり，外部に対するアクション（温度情報の取り込み，表示の更新，アナログ出力の更新）が偏らず自然な形で進行するようになります．

一連のJOBを行う1周期を1フレームとし，1フレームの1周期を1秒に設定します．さらに前半と後半の二つに分けて，前半をセンサV_Oの取り込み，後半はDAC系の制御を行います．

各JOBに許される実行時間の幅は，一番遅いA-D変換時間を基準に125ミリ秒として，1フレームを8分割にします．むろん125ミリ秒の妥当性は，第5章の詳細設計において，ADS1247によるA-D変換時間と，DAC系リターンのセトリング時間を厳密に評価して決めることになります（序章の図7参照）．

▶フレーム処理前半におけるJOBの構成

前半の"Sq-0"～"Sq-3"では，AIN1経由のセンサV_OをPGA（Programmable Gain Amp.の略）ゲイン32倍でA-D変換し，Sq-4において四つの変換データの平均値を求めて処理用データとします．これはデザイン・コンセプトとして，温度に対する内部分解能を0.001℃に設定していますが，それに必要なノイズ・フリー分解能を1回のA-D変換で実現するのは難しいであろうと踏んだ結果です．ちなみに，PGAのゲイン設定32倍の根拠については，第2章センサの扱い方の図6およびその本文を参照してください．

有色ノイズには効果がありませんが，白色ノイズ（ランダム・ノイズ）に対しては，4のn乗個のデータの平均値を取ることで，nビット分だけノイズ・フリー分解能を向上させられます．つまりノイズ・フリー分解能が，4データの平均値をとることで1ビット，16データの平均値をとることで2ビット分向上するということです（Column 3を参照）．

▶フレーム処理後半におけるJOBの構成

後半の"Sq-4"では，①として4データの平均値をとり，センサV_Oに含まれる②非直線性を補正するので，MPUとしては最も忙しい期間となります．補正が終わったら，DACや表示部に送るための③出力データの準備をします．作業の内容は，補正データをDACや表示部が取り扱うのに適した形式に変換することです．具体的な内容は，第6章でスプレッドシートを使用して解説します．

4のn乗によるノイズの低減

個別のA-D変換データを4のn乗個ずつ固めて平均値をとると，有効分解能がnビットずつ改善されるので，DC的な測定ではS/N比を手軽に向上させられます．例えば$n = 2$として，$4^n = 4^2 = 16$個のデータの平均値でデータ群を構成すると，有効分解能は2（S/N比で12 dB）ビット向上します．では，そうなのかを表計算ソフトで検証します（図G）．

図は，表計算ソフトの乱数発生機能を利用した疑似ノイズ波形で，データ数1024で構成されています．それらしくするため，Y軸には疑似単位としてμVを付加しています．乱数の分布を実際のノイズと同じガウシアン分布にするため，RAND関数をNORM.INV関数（平均 = 0，標準偏差 = 3）で包んで

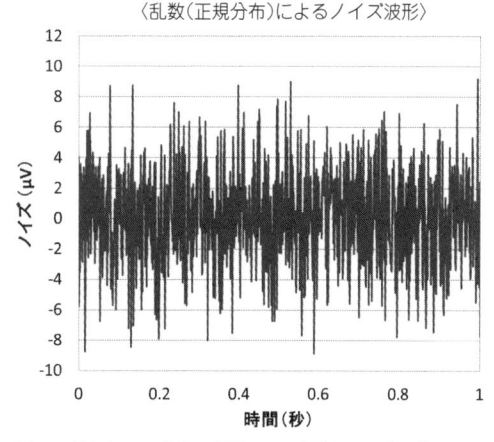

図G　ガウシアン分布の乱数による疑似ノイズのグラフ
RAND関数をNORM.INV関数で包んだガウシアン分布の乱数による疑似ノイズで，データ数1024個，SDを3に設定．

〈乱数（正規分布）によるノイズ波形〉

表A　生データと区間平均値との比率
連続した生データに対する（4^1）4個ないしは（4^2）16個のデータの区間平均値を求め，各平均値の振幅（最大値−最小値）を生データの振幅と比較した．

項　目	生データ	4個の平均	16個の平均
最大値	9.196456	4.521711	2.421576
最小値	− 8.883454	− 4.615917	− 2.196333
振幅	18.079910	9.137629	4.617909
生との比率	1.000000	0.505402	0.255417

1ビット（6 dB）ずつノイズ振幅が減少

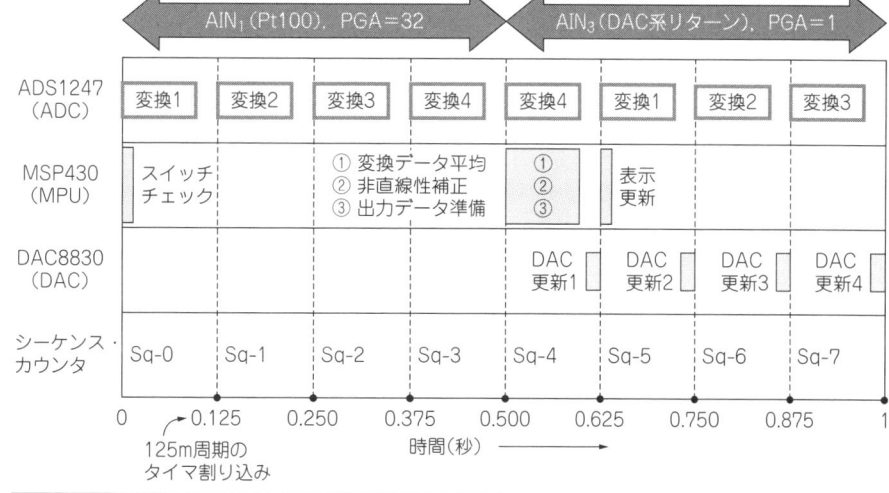

図10
JOBの等間隔な周期性を重視したフレーム処理の全体

割り込みタイマによって各プロセスを進行させる同期式処理で，1周期を1秒とするフレーム処理．AIN₁のA-D変換時はPGAゲイン＝32とし，AIN₃の変換時はPGA＝1としてADC入力感度を最適化．

- PGAとは，"Programmable Gain Amp."の略
- ゲイン＝32の根拠は，第2部 第2章の図6と本文を参照

形式変換したDAC用データは"Sq-4"の終わりごろにDACへ送信しますが，表示用データは表示部とのやりとりに時間がかかるので，次の"Sq-5"の初めに送信します．

● DAC系誤差の解消と静的なアナログ出力の実現
▶アナログ出力をモニタし0.01℃までの精度を確保

"Sq-5"からは，"Sq-4"でDACに送信したDAC用データとAIN₃経由によるDAC系のリターンをPGAゲイン1でA-D変換しながら比較して，その都度修正を加えていきます（図11）．これはDAC系の誤

Column 3

実現しています．

ノイズ波形を構成している1024個の生データを，4個ないしは16個ずつに区切った区間平均値をデータ列として，生データの振幅（最大値-最小値）と区間平均値の振幅を比較します（表A）．

データ4個の平均値の振幅が生データの振幅に対して比率が約0.5（-6dBで有効分解能1ビット向上），データ16個なら約0.25（-12dBで2ビット向上）になっているのが表から読み取れます．

この仕掛けは，A-D変換される信号の実質帯域幅が区間平均するデータ量に依存して変わるためです（表B）．表中の"$1\mu V\sqrt{Hz}\times$帯域幅"の各数値は式(3-A)によって計算したものです．ここでいう1

$\mu V\sqrt{Hz}$（ルート・ヘルツ）は，例として使用したもので深い意味はありません．ちなみに$\sqrt{Hz}$とは，1Hzの周波数帯域で見たノイズ・エネルギー（実効値）が1μVという意味で，ランダム・ノイズの中の一つの成分であることからノイズ・スペクトラムと呼びます．

$$V_{RMS} = k\sqrt{f_n} \quad \cdots\cdots\cdots\cdots\cdots (A)$$

ここで…
　$k=$ノイズ・スペクトラム，
　$f_n=$ナイキスト周波数

ここで示した表や計算式は，ダウンロード・データ内に"4のn乗による有効分解能.xlsx"で収録しています．

表B
データを平均することで変わる帯域幅と$\sqrt{Hz}$との積

4のn乗の平均値を取ることで実質のサンプリング・レートが下がる．そのため，A-D変換される帯域幅（BW）も狭まり，ノイズ振幅が減少する．

項目	生データ	4個の平均	16個の平均
サンプリング・レート	1000.0000	250.0000	62.5000
帯域幅（DC～f_n*）	500.0000	125.0000	31.2500
$1\mu V\sqrt{Hz}\times$帯域幅	22.3607	11.1803	5.5902
生データとの比率	1.0000	0.5000	0.2500

*：$f_n=$ナイキスト周波数

1ビット（6dB）ずつBWゲインが減少

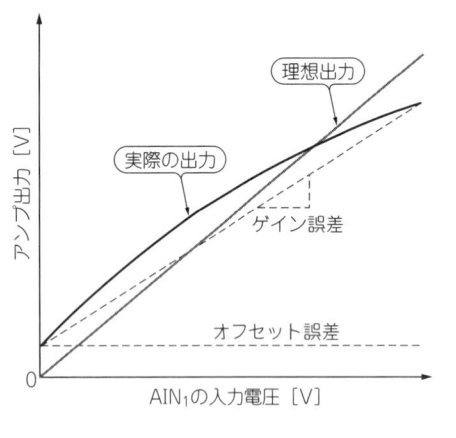

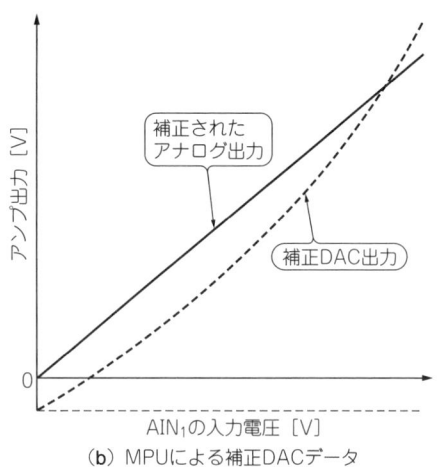

(a）アナログ出力に誤差が含まれる

(b）MPUによる補正DACデータ

図11 アナログ出力をモニタしてDAC系の誤差を補正

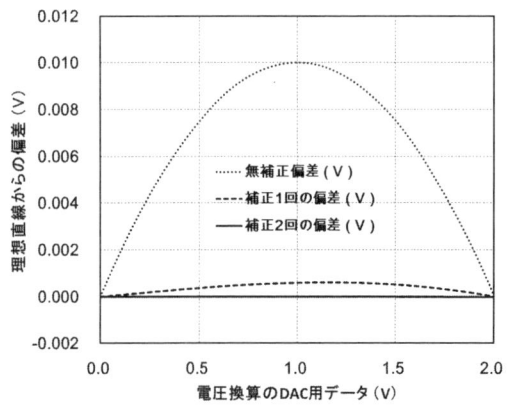

差要因として，放物線上の2次の非直線性が予想されるためです．

また，2次の非直線性誤差の場合は，比較結果に対する単純な差分補正データを送信しても，DAC系出力がそのレベルに到達したときに，そこから新たに発生する誤差分によって真値に対するずれが発生します．そのようなことで，1回の修正では0.01℃のオーダ（100μV）までDAC用データとDAC系のリターン値は一致せず，1フレーム3回程度の修正は必要になると思います（図12）．

これについては，T-Basicにより補正アルゴリズムを作り，何回の比較と補正でDAC用とDAC系リターンが一致するかを後で検証してみます．なお，"Sq-4における「変換4」は，1フレームの終わりであるDAC更新4に対するA-D変換で，いくらなんでもDAC3の更新で真値にキャッチアップするであろうという予測から，ほとんど予備として設けたものです．

▶トラッキング手法で静的なアナログ出力を実現

ハードウェアに関する知識が乏しいソフト屋さんに，

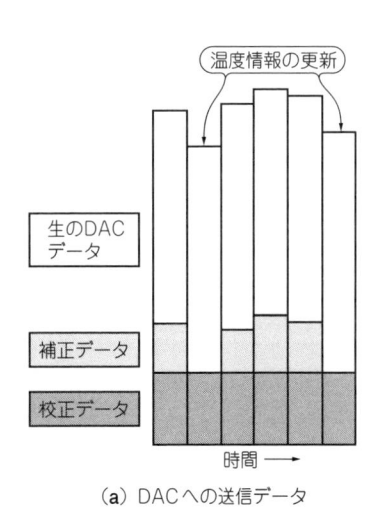

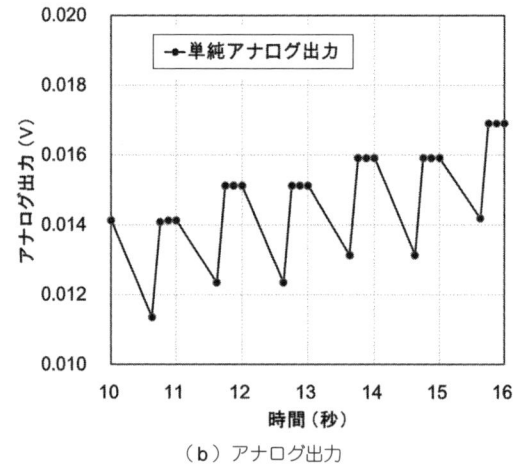

図12 DAC系の放物線状の誤差補正（表計算ソフトによるシミュレーション結果）
DAC系の非直線的な誤差．非線形誤差のあるDAC系は，補正データを送っても補正したレベルで新たな誤差が発生するので，複数回の補正が必要となる．図は表計算ソフトでシミュレーションした結果をグラフ化したもの．

(a）DACへの送信データ

(b）アナログ出力

図13 DAC出力にリプルが乗る逐次更新型のアルゴリズム
大元の温度情報が変わるたびDACを生データで更新するとリプルが発生する．

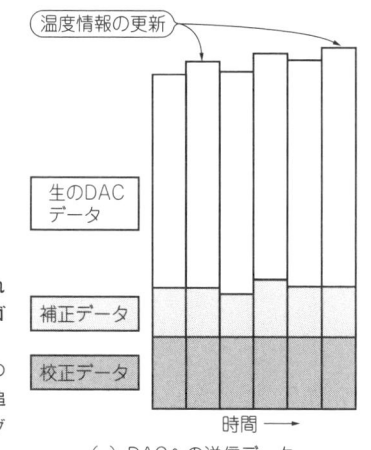

図14
DACの静的出力が得られるトラッキング型アルゴリズム
大元のデータとDAC出力の差異だけを変更し、真値に追従していくと静的なアナログ出力が得られる.

(a) DACへの送信データ

(b) アナログ出力

DAC制御のアルゴリズムを含めて丸投げすると，DAC出力に思いもよらないリプルが含まれて困惑することがあります（図13）．この原因は，大元の温度データが更新されると，それに応じた生データをDACへ送信するところにあります．ここでは，このようなDACの制御方式を"逐次更新型アルゴリズム"としますが，せっかくDAC系誤差を吸収したのに，その後で補正分を含まない生データをDACに送信すれば当然リプルが発生します．

ソフト屋さんの立場としては，DAC出力は最終的には真値に向かうので正しいとなりますが，製品としては売り物になりません．

そこで筆者は，若いソフト屋さんとペアを組むとき，必ずハード屋の理論に立脚したアルゴリズムを提示します（図14）．同様に，ここでは図のようなDACの制御方式を"トラッキング型アルゴリズム"としますが，筆者が付けた名の通り，本来出すべきDAC出力の真値に対してDAC出力をトラッキングさせるだけです．

これには，最初の一発だけDAC用の生データを出したら，以降は大元の温度データが更新されても，更新された生データをその直前に出していた補正データ＋校正データの上に載せて出すようにします．こうすることで，同図のグラフのように生データのレベル差だけが反映され，出力は静的（スタティック）になります．

ちなみに，トラッキング型アルゴリズムを表計算ソフトでシミュレーションするのは手間が掛かり過ぎるので，シーケンス全体のアルゴリズムを確かめるために作成した，Basic言語によるプログラム（以下，Basicプログラム）の中に埋め込んで確認しています．図13と図14のグラフは，Basicプログラムの中のDAC制御部の原型を取り出して実行し，その結果を表計算ソフトに取り込んで書かせたものです．

● レシオメトリックを可能にする基準電圧源の採用

前出のブロック図（図1）において，B端子の戻り側をOPアンプによる中点電位で受けないので，代わりにR_2の1.25 kΩを介して接地すると，R_2の両端が正確なレシオメトリックを可能にする基準電圧源（以下，レシオメトリック用基準電圧）になります（図15）．

レシオメトリック用基準電圧を設計コンセプトに選んだ理由は，温度センサに測温抵抗体であるPt100を選んだことによります．

▶レシオメトリックとは

ちなみにレシオメトリックの意味ですが，二つの量がバランスしながら変化する様を形容することで，レシオメトリックという機能が存在するわけではありません．

ここでいう二つの量とは，Pt100とベース抵抗R_1の100 Ω（以下，ベース抵抗）を駆動するI_{E1}とI_{E2}（ただし$I_{E1} = I_{E2}$とする）の定電流の大きさと，ADCのADS1247のフルスケール入力電圧です．このADCのフルスケール入力電圧は，ADCのV_{REF}入力に加わる電圧で決定され，その電圧はR_2の1.25 kΩ（以下，REF抵抗）に流れる電流（$I_{E1} + I_{E2}$）とREF抵抗との積となります．なお，これ以降の解説は表2を基に行います．

▶表計算ソフトでレシオメトリックを検証

ところで，ADS1247内部のI_{E1}とI_{E2}は，周囲温度の変化で増減します（同表の左端2列）．ただし，二つの定電流源の変化の割合は互いに10 ppm（typ.）でトラッキングするよう設計されています．

ここでもし，I_{E1}およびI_{E2}が温度計の周囲温度の変化によって減少したとすれば，Pt100とベース抵抗との両端電圧も同じ割合で減少し（表の左から3列と4列目），これらの差電圧であるアンプ入力差電圧も減少します（表の左から5列目）．しかし，REF抵抗の両端電圧，すなわちADCのV_{REF}入力電圧（表の左から7

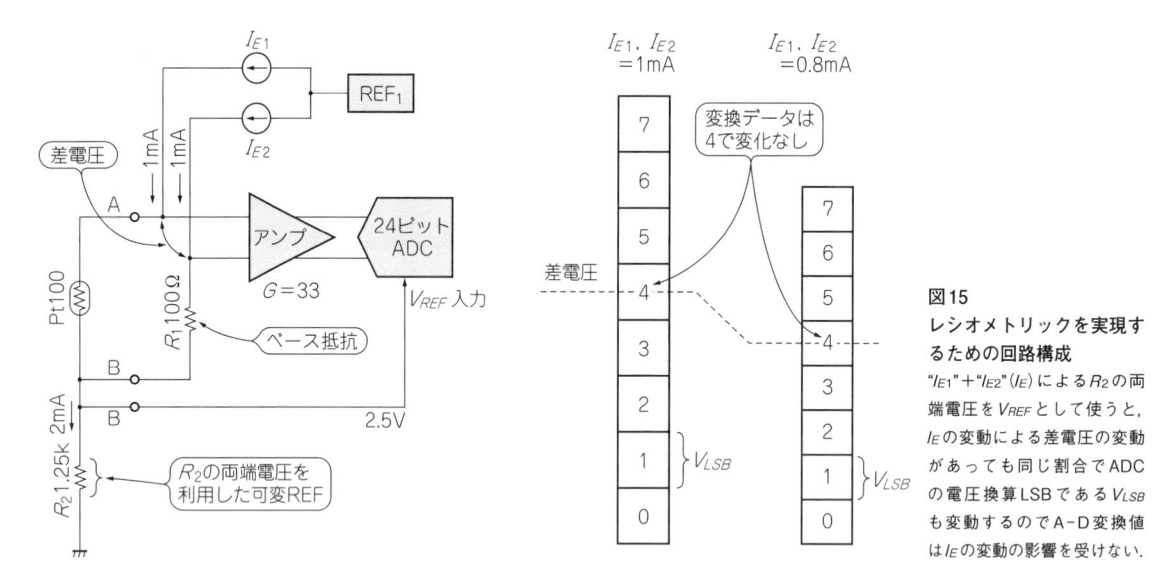

図15 レシオメトリックを実現するための回路構成
"I_{E1}"+"I_{E2}"(I_E)によるR_2の両端電圧をV_{REF}として使うと，I_Eの変動による差電圧の変動があっても同じ割合でADCの電圧換算LSBであるV_{LSB}も変動するのでA-D変換値はI_Eの変動の影響を受けない．

表2 表計算ソフトによりレシオメトリック回路構成を検証
図15の回路をスプレッドシートに再現した，レシオメトリック回路構成のシミュレーション結果．

		Pt100 (Ω)	ベース抵抗 R1(Ω)	REF抵抗 R2(kΩ)	プリアンプゲイン	固定REF電圧(V)	ADCの分解能 Bit	変動あり		変動なし
	I_E	175.86	100	1.25	33	2.5	24			
IE-1	IE-2	Pt100両端電圧(mV)	ベース電圧(mV)	アンプ入力差電圧(mV)	ADC入力差電圧(V)	可変REF電圧(V)	固定REFの電圧換算LSB(μV)	変換データ(固定REF)	可変REFの電圧換算LSB(μV)	変換データ(可変REF)
0.90	0.90	158.2740	90	68.2740	2.2530	2.250	0.298023	7559954	0.268221	8399949
0.91	0.91	160.0326	91	69.0326	2.2781	2.275	0.298023	7643954	0.271201	8399949
0.92	0.92	161.7912	92	69.7912	2.3031	2.300	0.298023	7727953	0.274181	8399949
0.93	0.93	163.5498	93	70.5498	2.3281	2.325	0.298023	7811953	0.277162	8399949
0.94	0.94	165.3084	94	71.3084	2.3532	2.350	0.298023	7895952	0.280142	8399949
0.95	0.95	167.0670	95	72.0670	2.3782	2.375	0.298023	7979952	0.283122	8399949
0.96	0.96	168.8256	96	72.8256	2.4032	2.400	0.298023	8063951	0.286102	8399949
0.97	0.97	170.5842	97	73.5842	2.4283	2.425	0.298023	8147951	0.289083	8399949
0.98	0.98	172.3428	98	74.3428	2.4533	2.450	0.298023	8231950	0.292063	8399949
0.99	0.99	174.1014	99	75.1014	2.4783	2.475	0.298023	8315950	0.295043	8399949
1.00	1.00	175.8600	100	75.8600	2.5034	2.500	0.298023	8399949	0.298023	8399949
1.01	1.01	177.6186	101	76.6186	2.5284	2.525	0.298023	8483949	0.301003	8399949
1.02	1.02	179.3772	102	77.3772	2.5534	2.550	0.298023	8567948	0.303984	8399949
1.03	1.03	181.1358	103	78.1358	2.5785	2.575	0.298023	8651948	0.306964	8399949
1.04	1.04	182.8944	104	78.8944	2.6035	2.600	0.298023	8735947	0.309944	8399949
1.05	1.05	184.6530	105	79.6530	2.6285	2.625	0.298023	8819947	0.312924	8399949
1.06	1.06	186.4116	106	80.4116	2.6536	2.650	0.298023	8903946	0.315905	8399949
1.07	1.07	188.1702	107	81.1702	2.6786	2.675	0.298023	8987946	0.318885	8399949
1.08	1.08	189.9288	108	81.9288	2.7037	2.700	0.298023	9071945	0.321865	8399949
1.09	1.09	191.6874	109	82.6874	2.7287	2.725	0.298023	9155945	0.324845	8399949
1.10	1.10	193.4460	110	83.4460	2.7537	2.750	0.298023	9239944	0.327826	8399949

列目の可変REF電圧)も小さくなるので，電圧換算の分解能(以下，電圧換算LSB(μV)は減少します(表の右から2列目)．このことによって，変換データの値が変動することなく一定に保たれます(表の右端)．

つまり，各I_Eが減少して各抵抗の両端電圧が減少しても，電圧換算LSBが同じ割合(レシオメトリック)で変化するので，変換データには影響が現れません．これに対して，例えば高精度な基準電圧をV_{REF}に使うと，電圧換算LSB(μV)が固定されて(右から4列目)，変換データは結果的に変動します(右から3列目)．

これらの関係を，グラフでも示しておきます(図16)．

● キャリブレーションによってMPUによる補正精度を確保

序章でも説明したように，AIN$_1$とAIN$_3$のハードウェア初期誤差(ゲインとオフセット)に関する情報の精度は，温度計としての測定精度を直接左右します．ADCで取り込んだセンサV_Oのデータを補正するにしても，そのデータにどの程度のハードウェア誤差が含まれるかが不明では正しい補正ができません．言い換

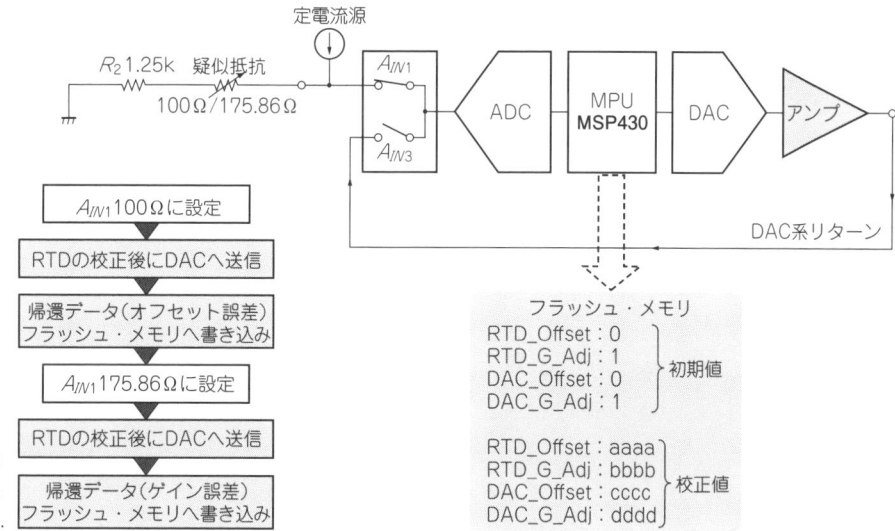

図17 正確な温度測定はハードウェア誤差の校正が決め手
RTD入力系（A_{IN1}）とDAC帰還系（A_{IN3}）の誤差をMPUのフラッシュ・メモリに書き込む．

えれば，正しい誤差情報と適切な補正計算式の二つがそろってMPUの真価が発揮されることとなり，ハードウェアのキャリブレーション（校正）方法は重要なテーマとなります（**図17**）．

MSP430では，プログラムの暴走から保護されフラッシュ・メモリ領域が用意されています．ここにキャリブレーション・データ（以下，校正値）を書き込みますが，初期値としては，ファームを書き込む際にオフセット系には"0"を，ゲイン系には"1"を書き込んでおきます．つまりオフセットとゲイン誤差は"なし"ということです．

▶オフセット・キャリブレーション

Pt100の0℃に相当する100Ωの固定抵抗をA端子とB端子間に接続します（前出の図8参照）．その状態で序章の図4で示すセンサ入力校正ボタン（以下，AIN1 CALボタン）を押します．するとMSP430は，I_{E1}とI_{E2}のアンバランスおよびベース抵抗の誤差による初期オフセット誤差を，"RTD_Offset"というタイトルの格納用メモリに書き込み，次にDACにもデータを送り，DACリターン・データを"DAC_Offset"というタイトルの格納用メモリに書き込むようなソフトを作成します．これでRTD_OffsetとDAC_Offsetに校正用データ"aaaa"と"cccc"が書き込まれます．

▶フルスケール・キャリブレーション

次に，Pt100の200℃に相当する175.86Ωの固定抵抗をA端子とB端子間に接続します．その状態で同じくAIN1 CALボタンを押します．するとMSP430は，100℃相当より大きな値は入ってくるので，フルスケール校正と判断するようなソフトの仕立てにします．これはMSP430の限られたI/Oポート節約のためのア

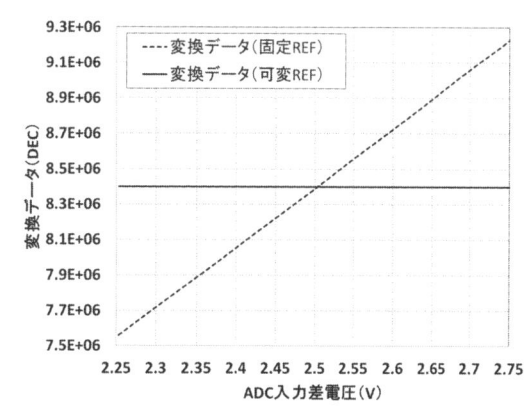

図16 計算ソフトによるレシオメトリック回路構成のシミュレーション結果
レシオメトリックなA-D変換の効果．可変REF方式（実線）では，ADC入力の差電圧（X軸）がI_Eの変動で変化しても，変換データは一定に保たれている．

イデアです．

ちなみにフルスケール誤差はREF抵抗の誤差により発生しますが，これをゲイン誤差の情報として"RTD_G_Adj"というタイトルの格納用メモリに書き込みます．同様にDACにもデータを送り，DACリターン・データを"DAC_G_Adj"というタイトルの格納用メモリに書き込みます．これでRTD_G_AdjとDAC_G_Adjに校正用データ"bbbb"と"dddd"が書き込まれます．実際には，AIN3入力単体の校正を先に行ってからとなりますが，これらのデータを利用してセンサV_Oの値を正しく知ることができるだろうと構想した次第です．

第5章 詳細設計ハードウェア編 〜部品選択から回路図作成まで〜

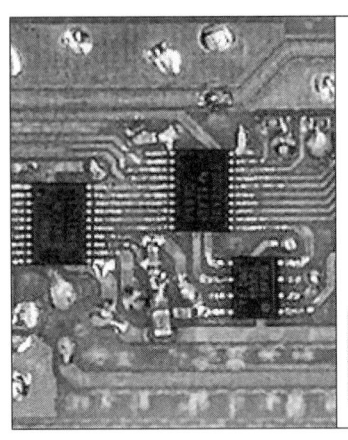

目標仕様を達成するためには，部品選びもバッチリ計算式を立てて検討

中村 黄三

構想設計で立てたプランを実回路に落とし込みます．採用する部品は構想設計の内容を反映しかつ目標仕様を達成できる性能を持っていなければなりません．本章では，筆者が実際に思考した順序で回路図の完成までを解説します．

　生産される製品の品質は，設計品質と生産品質の二つに左右されます．設計品質は製品性能・歩留まりの根幹を成し，製造部門がいくら頑張っても，生産される製品は設計品質を上回ることはありません．つまり，ここで行う詳細設計がキーとなるわけです．
　そこで，構想設計の段階でまとめた設計原案（製品の機能や競争力を決定）を，緻密な計算のもとに実用製品へと完成度を高める作業をここで行います．

スプレッドシートを使ったハードウェアの詳細設計の概要

■ 部品の選定段階からスプレッドシートを活用

　構想設計と詳細設計の線引きは難しいのですが，筆者の場合は，使用部品の選択が詳細設計の入り口と考えています．部品が決定することで回路図を起こし細かい計算ができるようになるためです．
　ところで，ADCのようなアナログ量とディジタル量の両方にまたがる部品を選ぶ場合は，使えるかどうかの判断を多種多様な計算の結果に基づいて行います．筆者は，ADCの選定段階からスプレッドシートを作成して品定めをしています．

● 今回作成したスプレッドシートのオーバビュー
　今回作成したスプレッドシートはかなり巨大なので，最初に全体のイメージをブロック図にからめて紹介しておきます（図1）．
　スプレッドシートの計算の流れは，誰が見ても分かりやすいように回路図と同じ左から右としています．同図のスプレッドシートはイメージを紹介するもので正確ではありませんが，入り口に条件入力と表全体のモニタをするカラムを配置し，その後は上，中，下の3段構成になっています．
　条件入力カラムには，測定温度範囲とプリアンプの倍率，およびADCのデータ・レートなどを記入します．このような条件入力カラムを設けることで，表示桁数を減らしたローエンド・モデルなどの派生品を検討するときとても便利になります．
　一方，モニタ用カラムですが，これらに関しては与えた条件で計算した結果（必要なADCビット数や要求精度など）をフィードバックする仕組みにしてあります．
　最上段が列と列を結ぶ比例定数や，その列の最大・最小値を表すモニタなどに使用しているカラム行で，カラム・タイトル（上）と数値欄（下）で構成しています．数値欄をモニタとして使う場合は表示，比例定数で使う場合は記入欄になりますが，条件入力のカラムを参照してその値を使用することもあります．
　中段は信号処理におけるメインの計算プロセスで，入り口から出口までを通して前後に対して関係を持つ計算式で埋めています．例えば"列D"（中身は抵抗Rとして）の値と上段の比例定数のカラム（中身は電流Iとして）を掛けた式，$V = IR$を"列E"に書いて電圧を表示させるという具合です．
　最下段には，中段の計算プロセスの元になる値を格納しています．例えば，選択候補に挙げたADCのノイズ特性，非直線性を補正するための計算要素などです．セミナで人に見せる目的で作成したので，正直なところ凝りすぎの部分はあります．一般の設計業務の中ではもっと簡素なものでよいでしょう．

部品の選定と詳細設計

● 部品選定の順序と選定条件
　アナログICを数多く使う場合は，機能が固定していて製品性能を決定してしまう"キー・コンポーネント"を最初に選定します．OPアンプなどのように，使い方に柔軟性のあるものは後回しで，さらに，回路総合電流と必要な電圧が決まってからでないと選べない電源ICが一番最後になります．

第2部　製作編

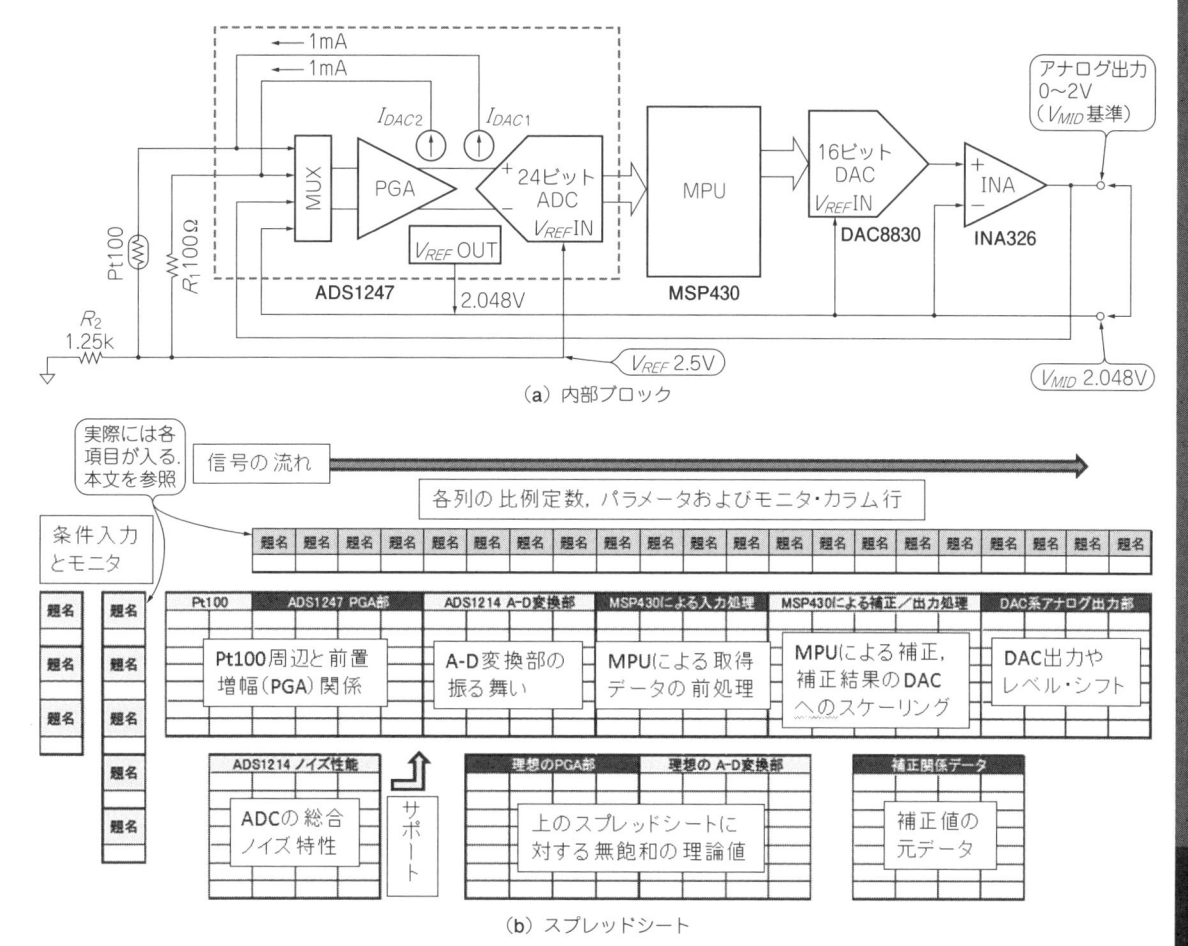

図1　ブロック図と関連付けたスプレッドシートの項目と配置

(a) 内部ブロック

(b) スプレッドシート

　機能が固定していて使い方に汎用性のないアナログ部品といえば，ADCとDACが代表格ですが，今回の設計で製品性能を決定するキー・コンポーネントは，何といってもADCです．つまり，ADCによる計測精度さえしっかりしていれば，出力側のDACの誤差はMPUによる補正で何とかなるというのが，自動制御村での常識です．

　量産用設計では，目標性能を達成するだけではなく部品点数を減らしてコストダウンも図らなければなりません．これには，Pt100の抵抗値変化を直接取り込んでA-D変換できるADCの採用が理想的です（図2）．つまり，Pt100の励起電流源とプリアンプを内蔵した使えるADCがあれば採用すべきということです．

　実際の現場では，設計者がこうしたADCの情報を集め，いくつかの候補から一つに絞ります．筆者の場合は，購買から推奨されたものが使えるかどうかを判断するというストーリで，ADS1247を紹介します（現実的にあり得る話）．そのためには，計測精度の目標値にこのADCの性能が到達するかどうかを，事前に確認します．

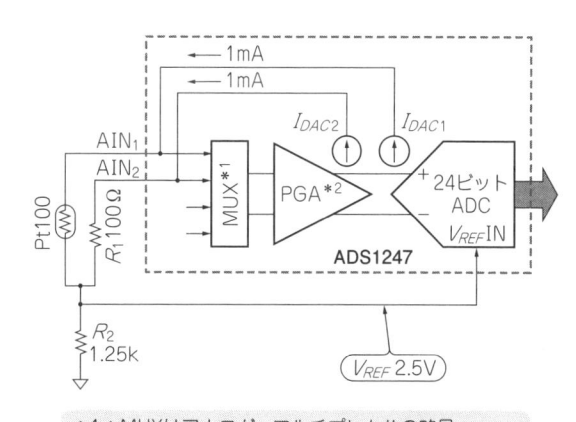

＊1：MUXはアナログ・マルチプレクサの略号
＊2：PGAは"Programmable_Gain_Amp"の略で，ディジタル的に外部からゲイン設定可能なアンプ

図2　選定対象であるオールイン・ワンのADS1247の簡略化内部ブロック図
表1～3のスプレッドシートのカバー範囲は，このブロック図と一致する．また今まで使ってきた定電流源の略号 I_{E1} と I_{E2} は，ADS1247のデータシートに合わせて I_{DAC1} および I_{DAC2} とする．

部品の選定と詳細設計

表1 条件入力，計算結果のモニタ値，およびR-V変換に対応する計算部分

	B		D		F	G	H	I	J
	- 入力値 -		- モニタ値 -		IDAC-1 (mA)	IDAC-2 (mA)	ベース抵抗 R1(Ω)	REF抵抗 R2(kΩ)	外部REF 電圧(V)
	最少測定値 (℃)		必要 ビット数		1	1	100	1.25	2.5	4

	B		D	
	0	6	17.61	6
	最大測定値 (℃)		ノイズフリー ビット(Bit)	
	200	9	18	9
	最少処理値 (℃)		実質 ビット数	
	0.001	12	16.95	12
	PGA ゲイン		必要な平均化 データ数 n	
	32	15	3	15
	データレート (SPS) 5,10,20,40,80		達成可能 ビット数	
	10	19	17.7	18
	電源電圧 (V)		最少表示(℃)	
	5	22	-10.00	22
	小数点以下 の桁数		最大表示(℃)	
	6	25	206.17	25
			正の最大 表示誤差(℃)	
			0.00	28
			負の最大 表示誤差(℃)	
			0.00	31

温度 (℃)	Pt100 計算抵抗値 Rt(Ω)	両端電圧(V)	
-10	96.0854	0.09608542	9
0	100.0000	0.10000000	
10	103.9030	0.10390299	
20	107.7944	0.10779438	
30	111.6742	0.11167418	
40	115.5424	0.11554239	
50	119.3990	0.11939900	
60	123.2440	0.12324402	
70	127.0774	0.12707744	
80	130.8993	0.13089927	
90	134.7095	0.13470951	
100	138.5081	0.13850815	
110	142.2952	0.14229519	
120	146.0706	0.14607065	
130	149.8345	0.14983451	
140	153.5868	0.15358677	
150	157.3274	0.15732744	
160	161.0565	0.16105652	
170	164.7740	0.16477400	
180	168.4799	0.16847989	
190	172.1742	0.17217418	
200	175.8569	0.17585688	
210	179.5280	0.17952799	
220	183.1875	0.18318750	32

（システム的値目標値の入力）（表2のカラム Q11～26の戻り値）

● ADCの選定が楽になるスプレッドシートの作り方

温度計のようにDC的な微小信号を扱うADCの用途では，ADCとプリアンプ系を含むノイズ・レベルが最も重要なスペックになります．デルタ・シグマ（以下，ΔΣ）型ADCは，その動作原理から高分解能ADCの製作が可能なので，こうした用途には定番のADCです．しかし，データ・レートに比例してノイズ性能が悪化する難点があります．

そこで，目標とするシステム・スペック（測定温度範囲，温度分解能，プリアンプのゲイン，データ・レート等）を与えると，ターゲットADCの選定に関する可/不可がパラメータで戻る仕組みをスプレッドシートで作るとADCの選定が楽になります（表1～表3）．

表1がその目的で作られた部分で，左端のB列"B6"～"B25"が目標値の入力用カラムになります．上から順に最少測定値のカラム"B6"（＝0℃），"B9"最大測定値（＝200），最少処理値"B12"（＝0.001℃），PGAゲイン"B15"（＝32倍），およびデータ・レート "B19"（＝10SPS）と書き込んでいます．ここで，かっこでくくられた等号付きの数値は，"B6"や"B13"で示されたカラム（変数）の中身（値）と考えてください．

表2では，これらの条件から決まるシステムおよびADCに対する要求性能，そして要求性能にどの程度応えられるかをカラム"Q11～Q32"で計算して，その値を先ほどの表1にあるモニタ用カラム"D6～D18"から参照できるようになっています．

以下の説明では，これらのミラーリングを"D6←Q11"と表現し，この例ではカラム"Q11"における計算結果をモニタ用カラム"D6"へ反映させているという意味で使います．なお，モニタ用カラムは必須ではありませんが，これがあると，大きな表から見たいカラムにシートをスライドさせないで済むので便利です．

● ADCを選定する際に必要な計算と評価

ADCを選ぶには，まず自分のアプリに対して必要

表2 与えられた条件によるADCに対する要求性能とADS1247の計算性能

L AIN_0(V) GND基準	M PGA ゲイン	N RF/RI		O +フルスケール (V)	P -フルスケール (V)	Q 製品分解能 (Bit)		S +FSR変換値 (DEC)	
2.6	32	15.5	4	0.078125	-0.078125	24	4	8388607	4

ADCS1247のPGA入力 AIN-1				ADS1247の変換部					
差動入力 (V)	差動出力 (V)	CMVの許容 最大値(V)		レンジ 0〜200℃	レンジ -10〜210℃	精度計算		現実出力 コードHEX	
-0.003915	-0.125267	3.56900	9	最大表示(℃)	最大表示(℃)	必要ビット数		F9961B	9
0.000000	0.000000	実際の値(V)	10	200.00	206.17			000000	
0.003903	0.124896			最少表示(℃)	最少表示(℃)	17.61	11	066508	
0.007794	0.249420	2.64159	12	0.00	-10.00	ノイズフリー ビットNFB		0CC533	
0.011674	0.373574	マージン(V)		+FSR(V)	+FSR(V)			132082	
0.015542	0.497356			0.07813	0.07813	18.00	14	1976F3	
0.019399	0.620768	0.92741	15	入力(V)	入力(V)	NFB電圧換算 VLSB(V)		1FC888	
0.023244	0.743809	↑範囲内	16	0.07586	0.07953			26153F	
0.027077	0.866478	許容最少		マージン(V)	マージン(V)	5.96049E-07	17	2C5D1A	
0.030899	0.988777			0.00227	-0.00140	実質ビット数		32A018	
0.034710	1.110704	1.43100	19	↑範囲内	↑飽和			38DE39	
0.038508	1.232261	実際の値(V)		-FSR(V)	-FSR(V)	16.95	20	3F177D	
0.042295	1.353446			-0.07813	-0.07813	必要な平均化 データ数n		454BE4	
0.046071	1.474261	2.59804	22	入力(V)	入力(V)			4B7B6E	
0.049835	1.594704	マージン(V)		0.00000	-0.00391	3	23	51A61B	
0.053587	1.714777			マージン(V)	マージン(V)	達成可能 ビット数		57CBEB	
0.057327	1.834478	1.16704	25	0.07813	0.07421			5DECDF	
0.061057	1.953809	↑範囲内	26	↑範囲内	↑範囲内	17.7	26	6408F5	
0.064774	2.072768	PGA VO+ GND基準		負の最大 差動入力(V)	負の最大 差動入力(V)	達成電圧換算分 解能VLSB(V)		6A202F	
0.068480	2.191356							70328C	
0.072174	2.309574	3.97259	29	-0.00000	-0.12527	3.66911E-01	29	76400B	
0.075857	2.427420	PGA VO- GND基準	30	正の最大 差動入力(V)	正の最大 差動入力(V)	達成温度換算 分解能(℃)		7C48AE	
0.079528	2.544896							7FFFFF	31 ⎫飽 ⎬和
0.083188	2.662000	1.31059	32	2.42742	2.54490	0.000967	32	7FFFFF	32 ⎭

な分解能を知る必要があります．ここでいう分解能とは，ノイズに影響されないノイズ・フリー・ビット(以下，NFB)です．モニタ用カラムの必要ビット数"D6←Q11"(=17.61ビット)は，目標温度分解能0.01℃を達成するために行う内部処理の温度換算分解能，つまり最少処理値"B12"(=0.001℃)に必要なNFBです．この値は，最大測定値"B9"(=200℃)と"B12"(=0.001℃)との比である200,000(カウント)から計算され，計算結果の17.61ビットは200,000カウントを2進数で表すために必要な桁数となります［式(5-1)］．

$$Q11 = \mathrm{Log}_2\left(\frac{"B9"}{"B12"}\right) = \mathrm{Log}_2\left(\frac{200}{0.001}\right)$$
$$\fallingdotseq 17.61(ビット) \cdots\cdots (5\text{-}1)$$

これに対して，NFB"D9←Q14"(=18ビット)は，評価対象ADCであるADS1247のPGAゲイン"B15"(=32倍)，データ・レート=10SPSにおけるノイズ・フリー・ビットの標準値です(第2部 序章のColumn 1参照)．この値には，図2で示したアナログ・フロントエンド系の全てのノイズ波高値が含まれます．このNFBで決まる電圧換算分解能VLSB"Q17"(=5.96049E-07)［式(5-2)］で，差動入力の0℃と200℃の電圧幅(スパン)を割れば，このADCで可能な実

質の分解能"D12←Q20"(=16.95ビット)が得られます［式(5-3)］．

$$Q17 = \frac{"Q4" - "P4"}{2^{"Q14"} - 1} = \frac{0.15625}{2^{18} - 1}$$
$$\fallingdotseq 0.596 \times 10^{-6}(\mathrm{V}) \cdots\cdots (5\text{-}2)$$

$$Q20 = \frac{"L30" - "L10"}{"Q17"} = \frac{0.07586}{0.596 \times 10^{-6}}$$
$$\fallingdotseq 16.95(ビット) \cdots\cdots (5\text{-}3)$$

得られた実質分解能"D12←Q20"(=16.95ビット)は，必要ビット数"D6←Q11"(=17.61ビット)より小さいので，4のn乗の法則による複数データの平均値をとって分解能を向上させる必要があります．"D15←Q23"(=3)が，その必要な平均化データ数nになります［式(5-4)］．

$$Q23 = \mathrm{ROUNDUP}(4^{"Q11" - "Q20"}, 0)$$
$$= \mathrm{ROUNDUP}(4^{0.66}, 0) = 3(回) \cdots (5\text{-}4)$$

ここで，式(5-4)におけるROUNDUP(a, b)関数は，数値または式の計算結果"a"を，小数点以下"b"桁で切り上げる表計算ソフトの独自関数(以下，関数)です．"b"が0なので，計算結果は整数になります．では3データの平均値によって，どの程度分解能が向上するのでしょうか．"D18←Q26"(=18ビット)が，

表3 ADS1247のデータ・レートおよびPGAゲインの各条件におけるノイズ特性

表2のカラム"Q14"への記入式(式5-6):実際は1行の式
=IF($J$4=2.048,VLOOKUP($L$46,$L$47:$P$86,4,FALSE), ← V_{REF}=2.048V時の式
IF(J$4=2.5,VLOOKUP($L$46,$L$47:$P$86,5,FALSE),0)) ← V_{REF}=2.500V時の式

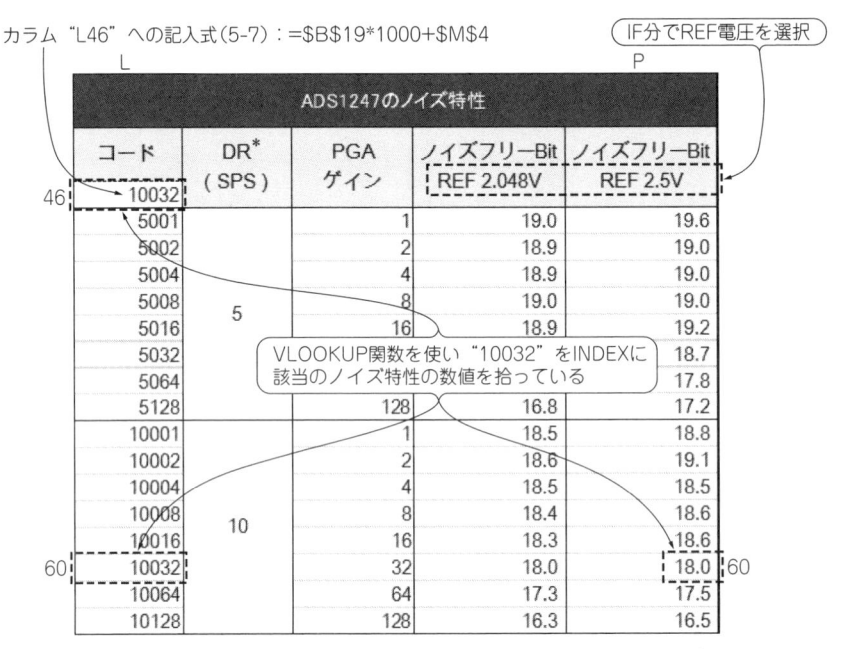

カラム"L46"への記入式(5-7):=$B$19*1000+$M$4

IF分でREF電圧を選択

コード	DR* (SPS)	PGAゲイン	ノイズフリーBit REF 2.048V	ノイズフリーBit REF 2.5V
10032	5			
5001		1	19.0	19.6
5002		2	18.9	19.0
5004		4	18.9	19.0
5008		8	19.0	19.0
5016		16	18.9	19.2
5032		32		18.7
5064		64		17.8
5128		128	16.8	17.2
10001	10	1	18.5	18.5
10002		2	18.6	19.1
10004		4	18.5	18.5
10008		8	18.4	18.5
10016		16	18.3	18.6
10032		32	18.0	18.0
10064		64	17.3	17.5
10128		128	16.3	16.5

VLOOKUP関数を使い"10032"をINDEXに該当のノイズ特性の数値を拾っている

*:DRはデータ・レートの略.単位SPSはSampling Per Second=1秒当たりのデータ出力回数.

実質分解能16.95ビットのデータ3個の平均値によって得られる達成可能ビット数です[式(5-5)].

$$Q26 = "Q20" + \frac{"Q23"}{4} = 16.95 + \frac{3}{4} = 17.7 (ビット) \cdots\cdots (5-5)$$

A-D変換3回のデータ平均をとると達成可能ビット数は17.7ビットで,一応,スプレッドシートから必要なビット数17.61を上回ることが確認できました.構想設計段階では,1フレーム4回のA-D変換を予定していたので,ADS1247採用に関する合否判定は採用可能という結論になりました.

ところで,NFB"D9←Q14"(=18ビット)は「どこから拾ってきたか?」ですが,これはVLOOKUP関数を使って,PGAゲイン"B15"(=32倍),データ・レート"B19"(=10SPS),および表1の外部REF電圧"J4"(=2.5V)の三つの条件を基に表3から拾ってきた値です."Q14"には表3中の式(5-6)が記入されており,IF文の中で外部REF電圧によるVLOOKUP関数の引き数を決めています.ちなみに"J4"(=2.5V)の値は,I_{DAC1}"F4"(=1mA)とI_{DAC2}"G4"(=1mA)の和2mAをREF抵抗"I4"(=1.25kΩ)に掛けた値です.

表3のコード"L46"はVLOOKUP関数が最初に参照するインデックス・コードですが,これは"B19"(=10SPS)を1000倍して"M4←B15"(=32倍)を足した値です."B19"を1000倍するのは"M4"の値と重ならないためで,それ以外の意味はありません.

以上のことから,自分のアプリに見合うADCの選択には,かなりたくさんの計算が必要になるということを実感していただけたと思います.ここで,表3を他のADCを含めてデータ・ベース化しておけば,眠気の強い午後一番に,候補のADCを取っ替え引っ替え比較するのも面倒になりません.

● ADS1247のピン配列とピンの機能

ADS1247を採用することにしたので,あらためて内部ブロック図と,ピン配列とピンの機能を紹介します(図3,図4).ピン9~ピン12までは,アナログ入力(AIN0~AIN3)か,または汎用ディジタルI/O(GPIO0~GPIO3)のいずれかの機能を選べます.アナログ入力として使う場合は,内部でセンサ励起用定電流源に接続することもできます.

GPIOとして使う場合は,MPUの拡張入出力の役割を担え,GPIOとMPU間のやりとりは"SCLK"のタイミングで"DIN"と"DOUT"を経由して行われます.

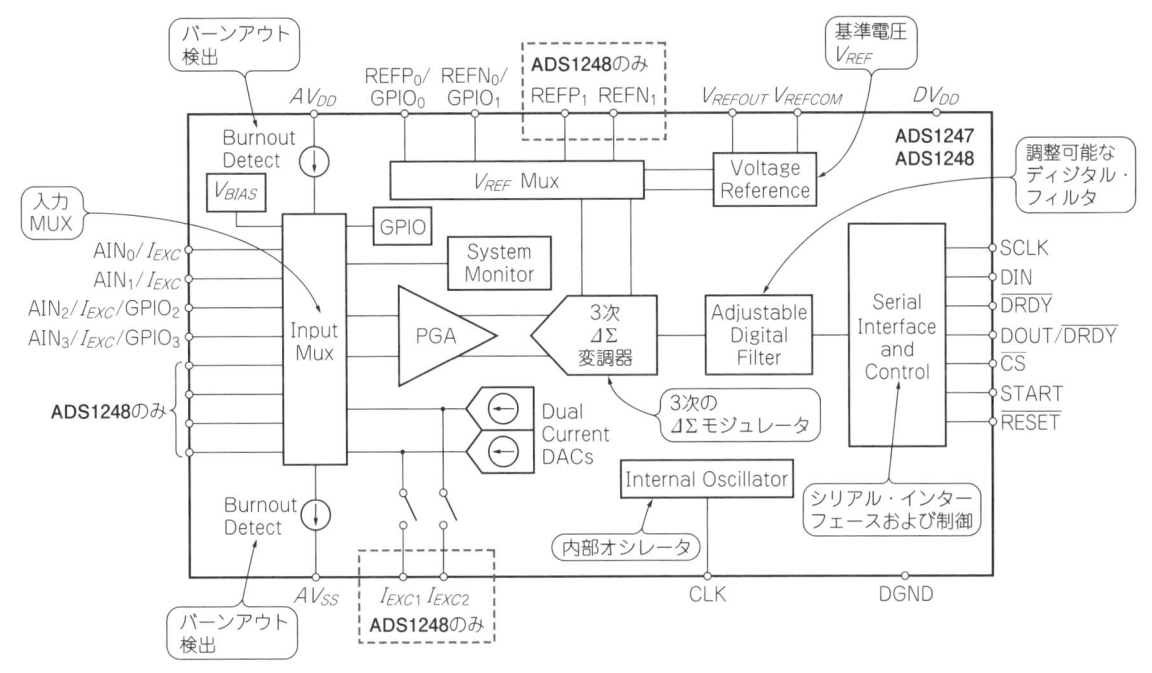

図3 ADS1247/48の内部ブロック図(データシートより)
ADS1247とADS1248の違いは入力のマルチプレクサ "MUX" のチャネル数だけで，機能などは共通．今回使用するのは，4ch入力のADS1247．

ピン	名称	機能	ピン	名称	機能
1	DV_{DD}	ディジタル電源	11	$AIN_2 + I_{EXC}/GPIO_2$	アナログ入力2 + 励起電流出力/$GPIO_2$
2	DGND	ディジタル・グラウンド	12	$AIN_3 + I_{EXC}/GPIO_3$	アナログ入力3 + 励起電流出力/$GPIO_3$
3	CLK	クロック入力	13	AV_{SS}	負のアナログ電源
4	$\overline{RESET}$	リセット入力	14	AV_{DD}	正のアナログ電源
5	$REFP_0/GPIO_0$	正の外部REF入力/$GPIO_0$	15	START	A-D変換スタート
6	$REFN_0/GPIO_1$	負の外部REF入力/$GPIO_1$	16	$\overline{CS}$	チップ・セレクト
7	VREFOUT	正のV_{REF}出力	17	$\overline{DRDY}$	データ・レディ
8	VREFCOM	負のV_{REF}出力	18	DOUT/$\overline{DRDY}$	データ出力/データ・レディ
9	$AIN_0 + IEXC$	アナログ入力0 + 励起電流出力	19	DIN	シリアル・データ入力
10	$AIN_1 + IEXC$	アナログ入力1 + 励起電流出力	20	SCLK	シリアル・クロック入力

"主機能/$GPIO_n$" のようにスラッシュを挟んだ機能は，設定で主機能かディジタルGPIOかの選択が可能．

(b) 各ピンの機能

こうしたピン機能の選択は，ADS1247内部にある機能設定用レジスタへ，ビット単位のコマンド書き込みで行います．ただし今回は，全てアナログ入力として使います．

なお，これ以降もIC系の部品の概要を紹介しますが，このADS1247を含めて詳細な内容は，それぞれのデータシートで確認してください．

● その他のデバイス選択
精密測定器のような工業製品であっても，性能さえよければいくら高くてもよいという風にはなりません．競合他社がある場合はなおさらです．そのようなことで，譲れぬADCは一点豪華主義でADS1247を採用し

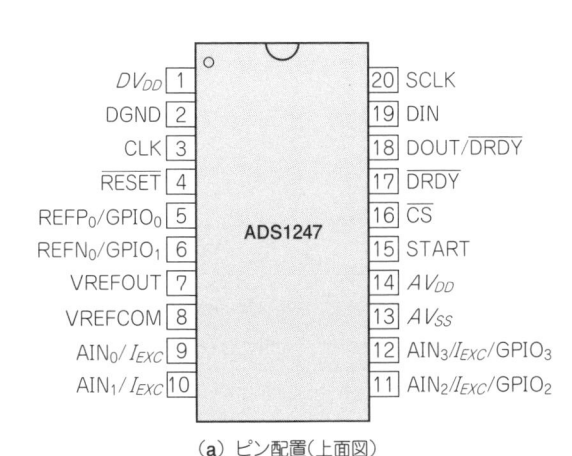

(a) ピン配置(上面図)
図4 ADS1247のピン配列とピンの機能(データシートより)

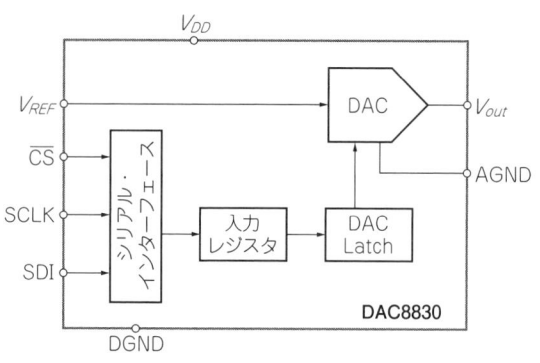

ピン番号	名称	機能
1	V_{OUT}	アナログ出力
2	AGND	アナログ・グラウンド
3	V_{REF}	基準電圧入力
4	$\overline{CS}$	チップ・セレクト
5	SCLK	シリアル・クロック入力
6	SDI	シリアル・データ入力
7	DGND	ディジタル・グラウンド
8	V_{DD}	アナログ電源

(a) 内部ブロック　　　　　　　　　　　(b) ピン機能

図5 DAC8830のブロック図とピン配置（データシートより）
$\overline{CS}$が"L"のとき，シリアル・データがSCLKの立ち上がりエッジで"Input Register"に取り込まれ，16個目のSCLKの立ち下がりエッジで"DAC Latch"にロードされる．

ましたが，他の部品については選択条件を大幅に減らします．

▶DACの選択要件

今回のDACの選択要件は三つに絞って行いました．まずロジック入力が3V系であること，2番目はシリアル入力であること，3番目はV_{REF}を含めて正電源だけでドライブできることの3点です．これに合致するものとして，16ビットDACのDAC8830を選択しました(**図5**)．

1番目の要件ですが，一次試作のときはDACの分解能にこだわり，20ビットで単調性(第2部 第4章のColumn 3を参照)が保証されたDAC1220を採用したものの，ロジック入力が5V系だったので，MPUのポートで直接ドライブできなかったことへの反省です．ロジックレベル・コンバータはそれほど高価なロジックICではありませんが，多少なりとも原価アップと基板スペースの消費は避けられません．仮にロジックレベル・コンバータを入れたとしても，16ビットよりもアナログ精度が得られればそれなりのメリットを感じますが，バッファ・アンプに局部的な屈曲区間があり放置すれば，DACの性能は無駄になることも今までの経験から学んでいます．

一方，20ビットDACから16ビットDACへグレード・ダウンすると，アナログ出力の温度分解能が心配になります．しかし，表示分解能0.01℃と同等でよいと割り切れば，20,000カウントなので16ビットDACで事足ります．

▶バッファ用アンプの選択要件

バッファ用アンプの選択要件は，DAC8830を選択したことによる受動的な要件となります．具体的にいうと，DACのアナログ出力レンジである0V～2.048V(グラウンド基準)を，0V～2V(V_{MID}=2.048基準)へスケーリングできるバッファ・アンプとなります(**図6**)．

実際には16ビット分解能の65,535カウントのうち，40,000カウントを0～200.00℃に割り当てるので，DACのフルレンジに対して60%程度目減りして0.75V～2Vになります．このとき，測定器から外へ

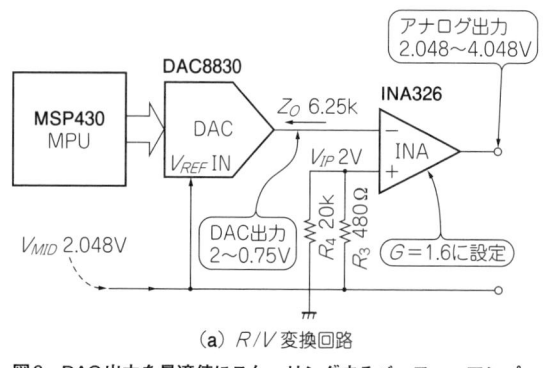

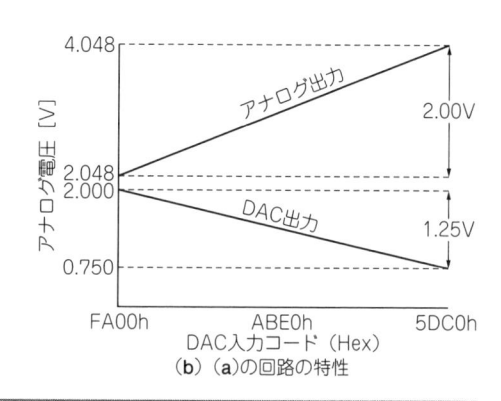

図6 DAC出力を最適値にスケーリングするバッファ・アンプ
DAC出力の振幅不足を反転アンプ構成のDAC用バッファ・アンプでレベル変換し，かつV_{MID}=2.048V基準で0～2Vのスパンを得るため1.6倍の増幅を行う．

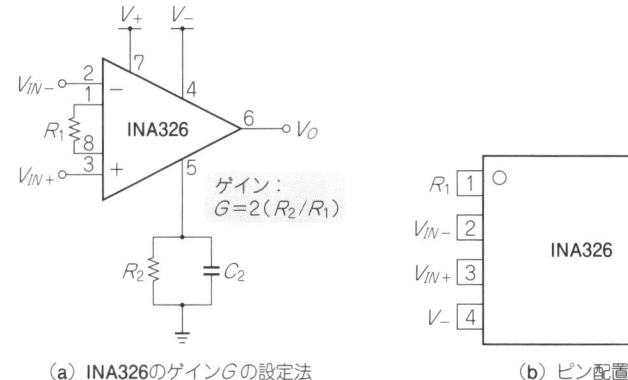

(a) INA326のゲインGの設定法
(b) ピン配置
(c) ピンの名称と機能

ピン	名称	機能
1	R_1	外部抵抗R_1の接続ピン
2	V_{IN-}	反転入力
3	V_{IN+}	非反転入力
4	V_-	負の電源ピン
5	R_2	外部抵抗R_2の接続ピン
6	V_O	アンプ出力
7	V_+	正の電源ピン
8	R_1	外部抵抗R_1の接続ピン

図7 INA326のピン配列と外付け抵抗の比とゲインGの関係

のアナログ出力を2.048 V～4.048 V(グラウンド基準)と決めているので，スケーリングは$V_{IP}=2V$基準の反転1.6倍増幅となります．

つまり，非反転入力電圧V_{IP}を抵抗R_3とR_4で分圧した2 Vに固定し，そこを中心にDAC出力の変化方向とは逆に正の方向へ1.6倍で振るということになります．問題は，DACのアナログ出力インピーダンスが6.25 kΩと高いことです．そこで一番目の選択要件は，反転・非反転入力ともに入力インピーダンスが高い，CMOS計装アンプとなります．

2番目の選択要件は，1/fノイズが小さいことです．局所的な屈曲区間はADC + MPUでモニタすれば何とかなりますが，1/fノイズは吸収できないのでアナログ出力がランダムに揺らぎます．これを実現するには，アンプ内部の信号伝達がスイッチト・キャパシタ式のタイプに限られてきます．スピードは全くいらないので，選択要件をこの辺で締め切るとINA326という選択肢が出てきました（**図7**）．図中のゲイン式では，外付けのR_1とR_2で設定するようになっています．

なお，データシートを見ると入出力の電圧範囲もR-Rで，局所的な屈曲点ははっきりと"ない"とうたわれているのでINA326に決定です．今回は関係ありませんが，入力側が負の電源レールよりいくらか負の値でも扱えるので，これはアプリによっては役立つ特徴です．

▶MPUの選択要件

MPUの1番目の選択要件は，超低消費電力で8 MIPS程度の処理能力があることです．処理能力が

(a) MSP430G2402のピン配置（上面図）

(b) ピンの機能割り付け表

Pin #	Port	I/O	Function : "/" Means Active Low	Remark	Set to
2	P1.0	IN	= /CAL AIN1 ;	Switch 1	X
3	P1.1	IN	= /CAL AIN3 ;	Switch 2	X
4	P1.2	IN	= No Use ;	Switch 3	X
5	P1.3	OUT	= ADC_DAC_SCLK ;	ADS1247	L
6	P1.4	OUT	= ADC_DAC_DIN ;	ADC / DAC	H
7	P1.5	IN	= ADC_DOUT/DRDY ;	ADS1247	X
14	P1.6	OUT	= DB6 ;	LCD	L
15	P1.7	OUT	= DB7 ;	LCD	L
8	P2.0	IN	= ADC_/DRDY ;	ADS1247	X
9	P2.1	OUT	= ADC_/CS ;	ADS1247	H
10	P2.2	OUT	= ADC_START ;	ADS1247	L
11	P2.3	OUT	= DAC_/CS ;	DAC8830	H
12	P2.4	OUT	= DB4 ;	LCD	L
13	P2.5	OUT	= DB5 ;	LCD	L
19	P2.6	OUT	= RS ;	LCD	L
18	P2.7	OUT	= E ;	LCD	L

特殊機能ピン：ファーム書き込み用とリセットを兼ねたピン．
・ファーム書き込み時は，16ピンがシリアル・データ入力で，17ピンがシリアル・クロック．
・16ピンはリセット・ピンを兼ね，一定時間以上"L"にすることでMPUがリセットされる．

図8 MSP430(TSSOP)のピン配列とピンの機能割り付け

高くても消費電力が大きいと，消費電流に比例してクロック・パルスの空中放射エネルギーが増大します．MPUにとって必要不可欠なクロックも，24ビットADCにとってはノイズ源でしかありません．高分解能ADC用に開発されたわけではないものの，MSP430シリーズがそれに相当し，ΔΣ型ADCの制御には筆者が好んで採用するMPUです．

2番目の要件は，手付けはんだが可能なパッケージであることです．社内でもMSP430という名称でひとくくりにされていますが，アーキテクチャの違いで実際には山ほど種類があります．魅力的なものとして，LCDドライバを内蔵したMSP430シリーズもあります．

しかし，こうした製品はピンがパッケージから外に向かって出ていないQFNやBGAタイプになるので，組み立てるときに扱いにくくなります．予算の関係で基板製作と部品実装を外に出せないので，機能よりも作業性が優先になります．そこで一次試作に引き続き，今回も20ピンTSSOPのMSP430G2402IPW20（以下，MSP430）を使います（図8）．

その代わりI/Oポートが16本しかないので，周辺部品とのピンの割り付けは超ケチケチ設計の工夫が要求されます．図中の表のように，ADCとDACへのデータ転送は，チップ・セレクトと共通のシリアル・バス経由で行います．LCDモジュールへの8ビットASCIIコードの転送は上位・下位と4ビットで2回に分けて送り，CALスイッチの類は，本来，ゼロとフルスケール調整用に4個欲しいところを，ソフト的な対応で2個に抑える工夫をしています．

▶LCDモジュールの選択要件

MPUのI/Oポートの制約から，表示部には外付けのLCDモジュールを使いますが，1番目の要件は少ないバス・ラインでデータを受け取れることです．いろいろ調べた結果，オプトレックス（現：京セラディスプレイ）のDMC16117AというLCDモジュールを採用することにしました（図9）．同図のパッド番号対機能表から分かる通り，ニブル（1束が4ビット構成）でのデータ受け渡しが可能です．

2番目の要件は必要な電源の種類です．電源はリニア系に+5VとMPUに+3.3Vを確保する予定ですが，できればこれ以上電源の種類を増やしたくありません．DMC16117Aの場合は，LCD用電源（ボリュームで電圧を調整して表示濃度を調整）の5Vとロジック用電源3.3Vの2電源方式なので要件と一致します．

3番目の要件は，表示文字に対するキャラクタ・コードの簡便性です．選択したMSP430G2402IPW20のプログラム用ROMエリアは，8Kバイトしかありません．よって，表示する文字はドット・イメージではなく，文字コードで指定できるのが望ましいところです．DMC16117Aの場合は，ASCIIコードで表示文字を指定できることも選択した理由の一つです．

写真1に使用したDMC16117Aの外観を示します．

▶電源用IC

AC100V電源からACアダプタ（6V出力）を介して

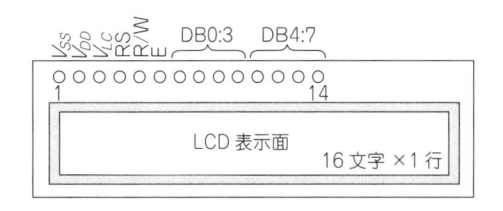

パッド	記号	機能
1	V_{SS}	グラウンド
2	V_{DD}	ロジック用電源
3	V_{LC}	LCD駆動用電源
4	RS	レジスタ選択信号
5	R/W	リード/ライト信号　H：リード，L：ライト
6	E	イネーブル信号（プルアップ抵抗なし）
7	DB0	
8	DB1	データ・バス
9	DB2	4ビット動作時は接続せず
10	DB3	
11	DB4	
12	DB5	データ・バス
13	DB6	
14	DB7	

図9　LCDモジュールDMC16117Aのピン配列とピンの機能（データシートより）

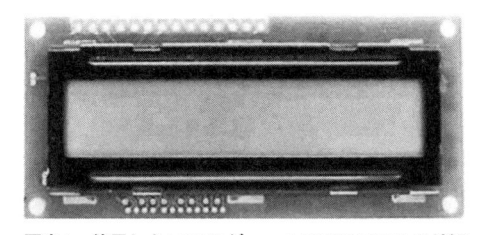

写真1　使用したLCDモジュールDMC16117Aの外観

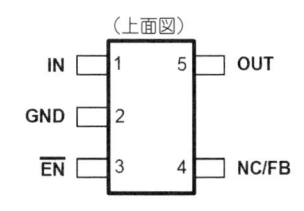

ピン	名称	機能
1	IN	入力ピン（10V最大）
2	GND	グラウンド
3	EN	イネーブル（通常接地）
4	OUT	出力ピン
5	NC/FB	接続せず

図10
TPS770XXのピン配列とピンの機能
TPS77033は3.3V出力，TPS77050は5.0V出力，データシートより．

電源を供給するので，1番目の要件は，V_{IN}とV_{OUT}の差が1V程度で済むLDOということになります．2番目の要件はパッケージ形態です．回路の全消費電流は10mA以下なので，パワーパッドなしのSOT23あたりが理想です．この要件を満たすものとして，TPS77033（3.3V系）とTPS77050（5V系）を選びました（図10）．これらは50mAの負荷電流でドロップアウト電圧が最大85mVなので6VのACアダプタの誤差を考えても余裕で使えます．

■ 信号収集／処理部の構成と動作概要

構想設計の段階で作成したブロック図と選択した製品のデータシートを基に，回路図を作成します．回路図は二つに分けてそれぞれ解説します．最初は信号収集／処理部から行います（図11）．なお，回路全体の動作シーケンスは第2部 第4章の図10とその本文を参照してください．

● MSP430の特定機能ピンとスイッチ類の扱い

ピン16と17は，電源ピンと同様にGPIOへ設定できない特定機能ピンで，ピン16と17のペアにより外部からファームをシリアル・データフォームで書き込めます．このときピン16がシリアル・データ入力，ピン17がシリアル・クロック入力となります．

ファームを書き込んだ後の通常動作時では，ピン16はイニシャルリセット・ピンとして使用されます．スイッチ"S_0"が強制リセットを行い，R_{10}の47kΩとC_{13}の1000pFでパワーオン・リセット回路を形成しています．

スイッチ1"S_1" CAL AIN_1とスイッチ2"S_2" CAL AIN_3はキャリブレーション（以下，校正）用スイッチ（以下，キャル・スイッチ）で，これらのうち一つを1秒以上の長押しをすると，ファームは校正モードに入ります．

ちなみに"S_1"がセンサ系入力（"AIN_0"と"AIN_1"のペアで"AIN_1"がホット）のオフセット校正とゲイン校正を兼ねたキャル・スイッチで，"S_2"がDACリターン系入力（"AIN_2"と"AIN_3"のペアで"AIN_3"がホット）のオフセット兼ゲイン校正用キャル・スイッチになります．

どちらの場合も校正モードに入ると，ADCの該当するアナログ入力"AIN_0/AIN_1"または"AIN_2/AIN_3"に加わっている外部電圧のA-D変換データを校正用データのメモリ領域にロードします．このとき，入力電圧がそれぞれのハーフ・スケール入力電圧以下であればゼロ，以上であればゲイン校正用データとして扱われます．校正用電圧はできるだけ正確な値を入力するので，ハーフ・スケールで分別しても何ら問題

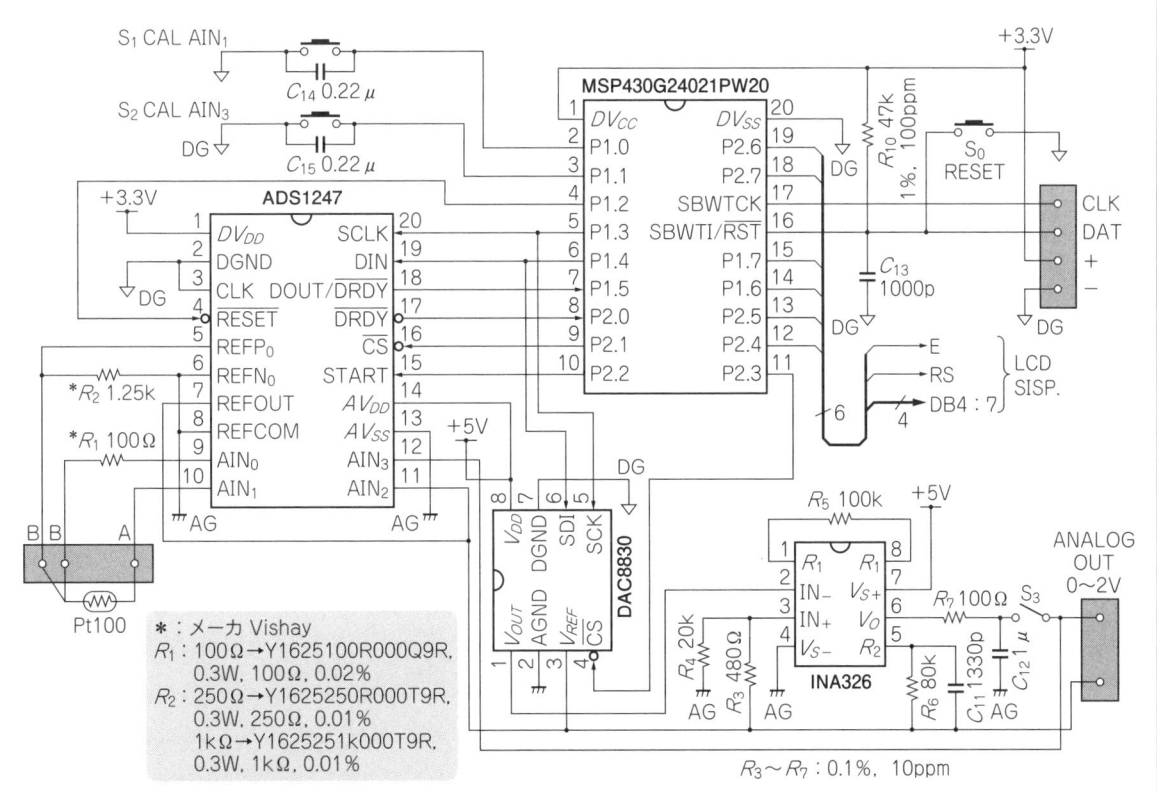

図11 信号収集／処理部の詳細回路

は起きません．

以降の記述はホット・チャネルを先にして，(AIN₁/AIN₀)ないしは(AIN₃/AIN₂)とし，ホット・チャネルのみを意識する場合は，単に"AIN₁"ないしは"AIN₃"とします．

● ADS1247とその周辺

ADS1247のようなデジアナ混在型ICでは，電源ピンとグラウンド・ピンにディジタル用とアナログ用があります．電源ピンは両者とも電圧が違うので問題ありませんが，グラウンド系はAG(アナログ・グラウンド)とDG(ディジタル・グラウンド)のように，図面上で接地シンボルも変えて区別しています．こうした措置により，基板設計を行う際にグラウンド・ラインの分離と引き回しが明確になります．

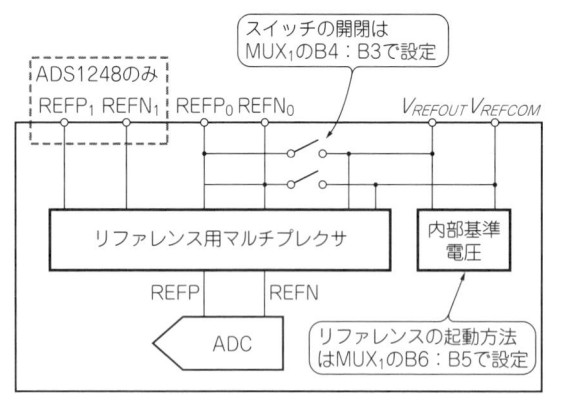

R_1とR_2の抵抗値安定性は，励起電流の増減によるセンサ感度の変化を抑えるレシオメトリック法の要になります．第2部 第4章(構想設計)の**表2**において，レシオメトリック回路構成の検証にはR_1とR_2は一定であることが前提になっています．そこで，この二つの抵抗には，値段を度外視した超高精度抵抗を使用しています．ただし抵抗の初期誤差は校正で対処できるので，抵抗値の絶対精度ではなく低TCR(Temperature Coefficient Ratio = 温度係数)0.2 ppm/℃の方を求めた結果です．

図12 リファレンス選択用マルチプレクサとA-Dコンバータ・コアとの内部接続図

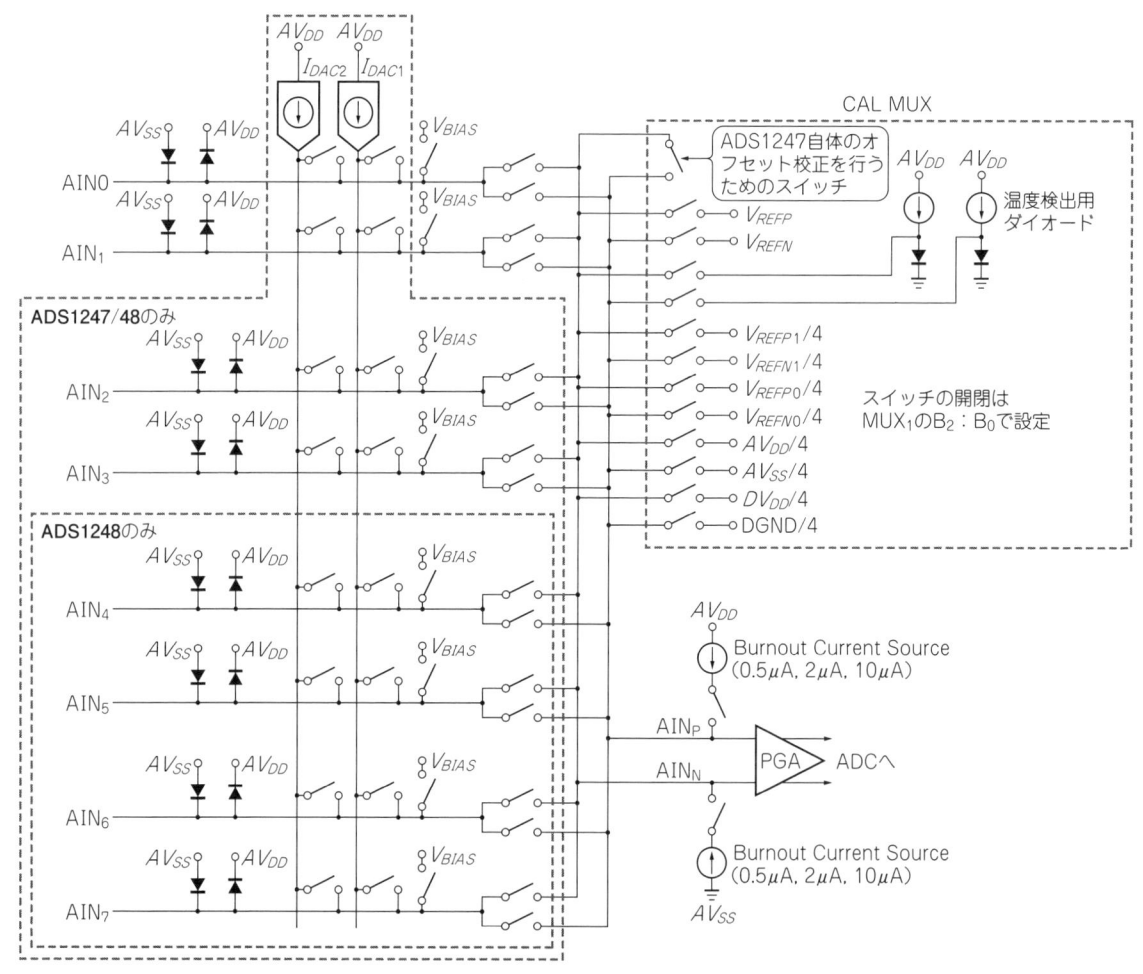

図13 マルチプレクサ"MUX"に対する"PGA"および"IDAC"の内部接続図

抵抗1本の値段が，今回使ったICの合計価格より高いので，ロー・コスト化に対しては，測定精度と周囲温度範囲のしばりを仕様書にうたう方が現実的でしょう．高精度抵抗の製造には，初期誤差よりTCRを低く抑える方がコスト高になり，TCRを10 ppmくらいまで許容すれば価格も百円台まで下がります．

● ADS1247の機能・動作設定

ADS1247を思い通りに使用するには，ADS1247に備わっている機能の選択と動作方法を設定する必要があります．全ての設定はMSP430により，ADS1247内部の設定用レジスタにビット・データを書き込むことで行います．

最初の設定は電源投入直後に大枠の設定(初期設定)を行います(表3を参照)．このとき，ADCのコアで使う基準電圧 "VREF" はR_2の両端電圧をV_{REF}として使うため，MUX_1の "B4:B3" の設定により外部を選択します(図12を参照)．その後システム・シーケンスの進行とともに，マルチプレクサ入力(以下，MUX)とPGAゲインについてのみ変更を行っていきます．

電源投入直後では，マルチプレクサ入力(以下，MUX)を "AIN3" に切り替え，AIN3の自己オフセット校正を実行させます．その後，ノーマル・オペレーションの前半に入ると，1フレームの前半ではMUXを "AIN1" に切り替え，"PGA" を32倍に設定して，センサV_Oの取り込みを行います．後半では "AIN3" に切り替え，PGAを1倍に設定してDAC系リターンのモニタと誤差補正を行います(表3とMUXの対応は図13を参照)．

● MSP430によるADS1274とDAC8830への制御・通信

再度，図11に戻ります．MSP430(以下，MPU)のポートを節約するため，ADS1247(以下，ADC)およびDAC8830(以下，DAC)との通信は共通のシリアル・バスを使って行います．MSP430から両者に，ピン5(P1.3)のシリアル・クロック・ライン，ピン6

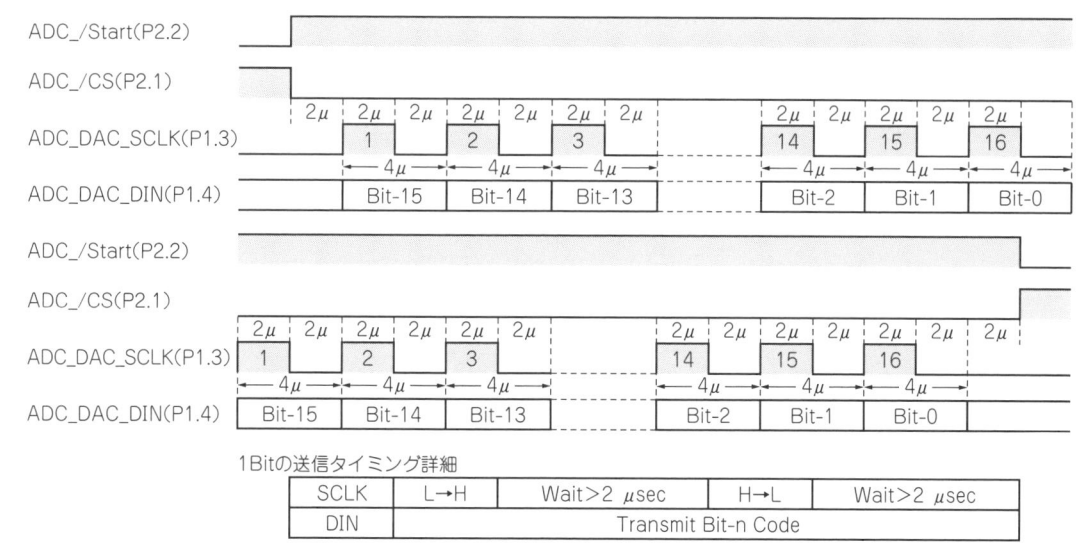

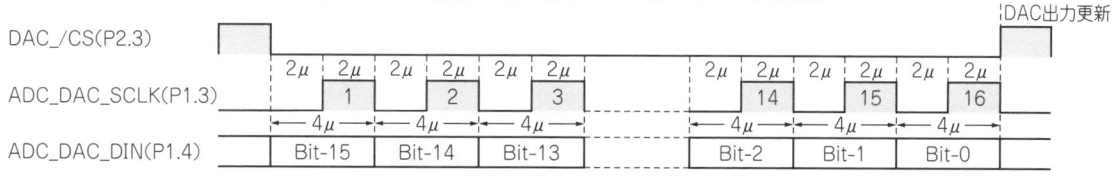

・ADCへの2ワード書き込みタイミング例．ファースト・ワードがコマンド，セカンド・ワードがレジスタ・データ

・DAC用の反転された送信データの送信タイミング（注意：立ち上がりエッジでクロッキングされる）

図14 MSP430からADS1274またはDAC8830へのデータ送信タイミング図

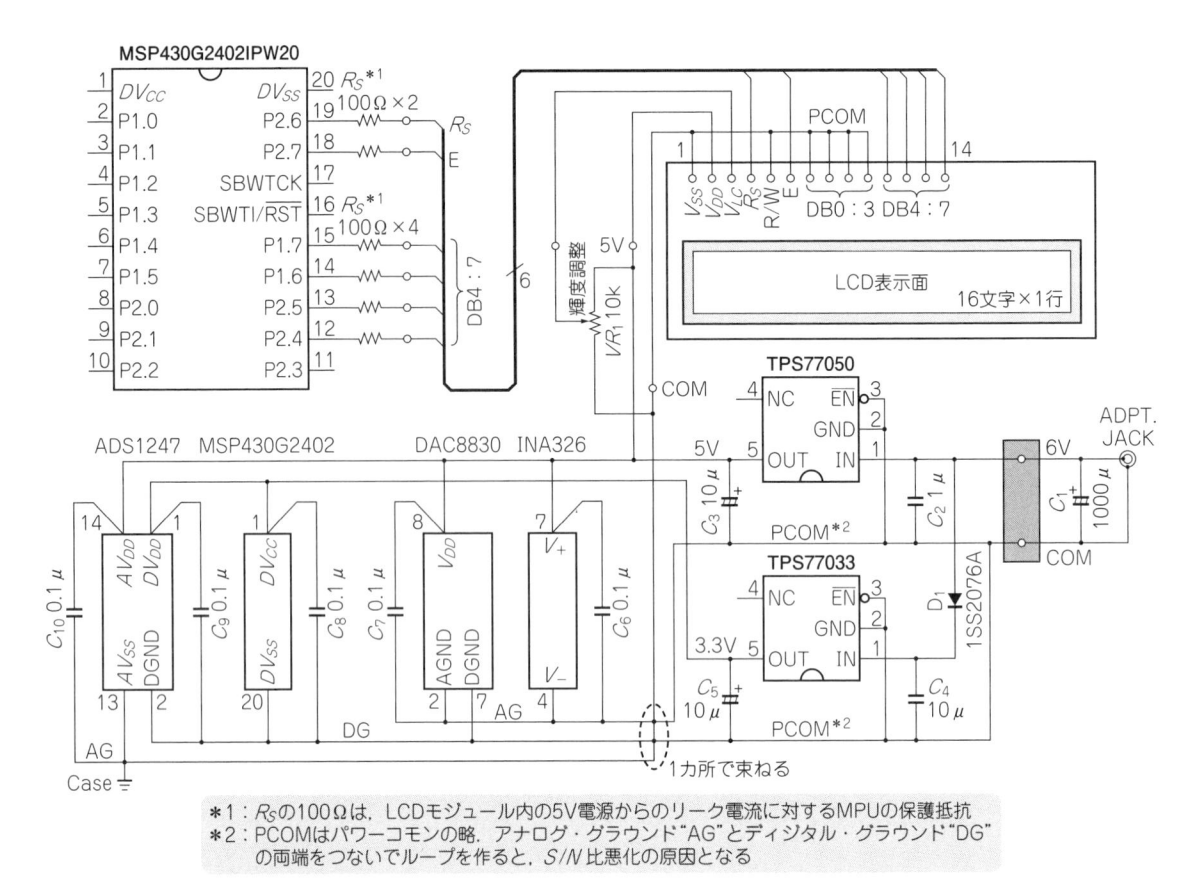

図15 表示/電源部の構成と動作概要

＊1：R_Sの100Ωは，LCDモジュール内の5V電源からのリーク電流に対するMPUの保護抵抗
＊2：PCOMはパワーコモンの略．アナログ・グラウンド"AG"とディジタル・グラウンド"DG"の両端をつないでループを作ると，S/N比悪化の原因となる

(P1.4)のシリアル・データ・ラインを介して，ADCへのコマンドおよびDACへのDAC用データを送信します．

送り先はそれぞれのチップ・セレクト(以下，"$\overline{CS}$")を操作によって仕分け，ADCの"$\overline{CS}$"はピン9(P2.1)，DACの"$\overline{CS}$"はピン11(P2.3)でドライブします(図14)．

また，MPUがADCとの通信を行うには，"$\overline{CS}$"をローにするほかに，図のようにピン10(P2.2)の"ADC_Start"をハイにする必要があります．それとADCとDACとでは，データ取り込みに対して，シリアル・クロックのエッジが異なる点に留意してください．ADCは立ち下がりエッジで，DACは立ち上がりエッジでデータを取り込み，DACのアナログ出力は，16番目のシリアル・クロックの立ち下がりエッジで更新されます．

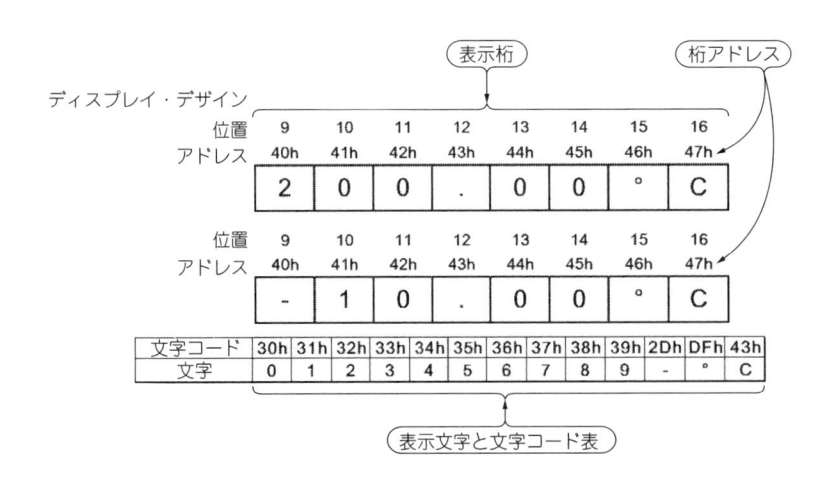

図16 LCD表示のデザインと，モジュールへの書き込みデータとそのアドレス
表は統合スプレッドシートのソフトウェア・デザイン用シートからの抜粋．

・LCDモジュールへのコマンド/文字コードの書き込みタイミング

ファースト・サイクル	E	L→H	Wait 2 μs	H→L	Wait 2 μs
	DB7:4		上位4ビットのコードを送信		
セカンド・サイクル	E	L→H	Wait 2 μs	H→L	Wait 2 μs
	DB7:4		下位4ビットのコードを送信		

図17
MPUからLCDモジュールへコマンド/文字コードを送信するタイミング図
表は統合スプレッドシートのソフトウェア・デザイン用シートからの抜粋.

■ 表示/電源部の構成と動作概要

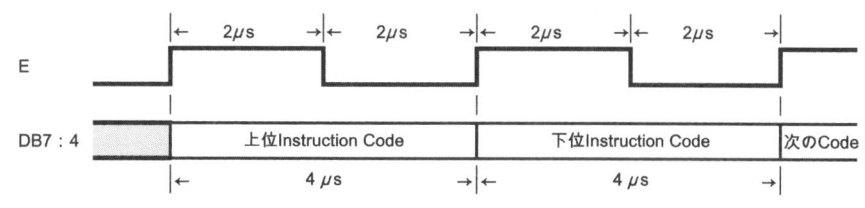

次に，表示/電源部の構成と動作概要について解説します(図15)．この回路図では，プリント基板上における，ディジタル・グラウンド"DG"とアナログ・グラウンド"AG"の分類と引き回しについて指示しています．こうした指示(同図の下段)を基板設計者にすることで，ディジタル回路で消費されたTPS77033の"PCOM"へのリターン電流が，アナログ信号ラインへ混入することを防げます．

● MSP430によるLCDモジュールへの制御・通信

ピン16と17を除いて，ピン12 "P2.4"～ピン19 "2.6"の8本のラインを使って，LCDモジュールへ制御信号とニブル単位のデータ(コマンドまたは文字コード)を送信します．各ポートに直列に入った100 Ωの抵抗は，LCDモジュールからリークしてくる5V系のリーク電流を制限するもので，MPUの保護抵抗になります．

LCD表示のデザインですが，温度表示は右詰めで行います(図16)．モジュールの表示文字数は1ライン16文字なので左側が余ります．余った部分は普段ブランクにしておいて，約5秒かかるアナログ系の校正動作中に，AIN$_1$系の校正は"CAL$_1$"，AIN$_3$系の校正は"CAL$_2$"と表示させます．

LCDモジュールはMPUにビジー・スタータスを発行することもできますが，ファームの構造を簡素化したいので，一方通行のブラインドでLCDモジュールを制御します．そのためLCDモジュールの最大データ受信速度を調べて，十分余裕を見たデータ転送を行います(図17)．

● 電源ICとその周辺

TPS77033(以下，電源IC)のピン1 "IN"に直列に入れたダイオード"D$_1$"は，MPUへファームを書き込む際に，MPU側から電源ICへ書き込み電流が逆流するのを阻止します．

各電源ICのピン5 "OUT"に接続するデカップリング・コンデンサの容量と"ESR"は，データ・シートに規定された値を守ります．これらを軽視すると，電源ICの起動不良や発振トラブルを招きます．

余談ですが，それぞれの電源ICにあるピン3 "$\overline{\text{EN}}$"は，出力を出すか出さないかの制御に使えます．もしMPUのポートに余裕があれば，5V系のTPS77050の"$\overline{\text{EN}}$"をMPUで操作すると，電源シーケンスを確定させられます．

部品の選定と詳細設計

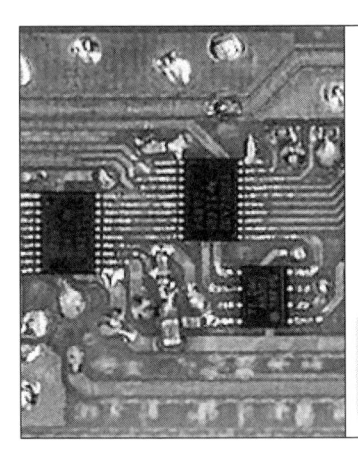

第6章 表計算ソフトによるスプレッドシートがものをいう
詳細設計ソフトウェア編
～センサ入力からDAC出力まで伝達式を導出～

中村 黄三

> 伝達式の導出はソフト屋ではなくハード屋の仕事です．しかし膨大な計算を電卓と大学ノートで進めるのは非効率です．本章では，欧米の技術者が実践している表計算ソフトを利用したスプレッドシートによる設計方法を紹介します．

　ADS1247などの高集積度リニアICとMPUを組み合わせて使うアプリでは，いわゆる*CR*パーツの定数計算はほとんどありません．しかし，各ステージ間の伝達式の導出作業は必要です．計算式の大部分はMPUのアキュームレータで実行されるので，計算式の導出はソフト屋さんの仕事とするのは間違いです．現実的な場面では，アナログ系リーダの仕事と考えるべきでしょう．

　本章では，PGA(Programmable Gain Amp.)入力からDACリターンまでの伝達式をスプレッドシート中で導出します(第5章の図1を参照)．PGAの部分は，本来なら前章(ハードウェア編)で扱う内容ですが，スプレッドシートの解説の中で扱う方が前後の関連性から分かりやすいと判断し，この章で取り上げます．

表1　PGA入力からPGA出力までの式と，許容できる最大同相モード電圧まで

	J	K	L	M	N		M	N	
	外部REF電圧(V)	オフセット電圧(V)	AIN_0(V) GND基準	PGAゲイン	RF/RI		PGAゲイン	RF/RI	
	2.5	0.1	2.6	32	15.5	4	64	31.5	4

G	ADS1247のPGA入力 AIN-1								
温度(℃)	AIN1(V) GND基準	VCM(V)	差動入力(V)	差動出力(V)	VCMの許容最大値(V)		差動出力(V)	VCMの許容最大値(V)	
9　-10	2.596085	2.598043	-0.003915	-0.125267	3.56900	9	-0.250533	2.23800	9
0	2.600000	2.600000	0.000000	0.000000	実際値の		0.000000	実際値の	
10	2.603903	2.601951	0.003903	0.124896	VCM(V)		0.249791	VCM(V)	
20	2.607794	2.603897	0.007794	0.249420	2.64159	12	0.498840	2.64159	12
30	2.611674	2.605837	0.011674	0.373574	マージン(V)		0.747148	マージン(V)	
40	2.615542	2.607771	0.015542	0.497356			0.994713		
50	2.619399	2.609700	0.019399	0.620768	0.92741	15	1.241536	-0.40359	15
60	2.623244	2.611622	0.023244	0.743809	↑範囲内	16	1.487617	↑飽和	16
70	2.627077	2.613539	0.027077	0.866478	許容最小(V)		1.732956	許容最小(V)	
80	2.630899	2.615450	0.030899	0.988777			1.977553		
90	2.634710	2.617355	0.034710	1.110704	1.43100	19	2.221408	2.76200	19
100	2.638508	2.619254	0.038508	1.232261	実際の値(V)		2.464521	実際の値(V)	
110	2.642295	2.621148	0.042295	1.353446			2.706892		
120	2.646071	2.623035	0.046071	1.474261	2.59804	22	2.948521	2.59804	22
130	2.649835	2.624917	0.049835	1.594704	マージン(V)		3.189408	マージン(V)	
140	2.653587	2.626793	0.053587	1.714777			3.429553		
150	2.657327	2.628664	0.057327	1.834478	1.16704	25	3.668956	-0.16396	25
160	2.661057	2.630528	0.061057	1.953809	↑範囲内	26	3.907617	↑飽和	26
170	2.664774	2.632387	0.064774	2.072768	PGA VO + GND基準(V)		4.145536	PGA VO + GND基準(V)	
180	2.668480	2.634240	0.068480	2.191356			4.382713		
190	2.672174	2.636087	0.072174	2.309574	3.97259	29	4.619148	5.30359	29
30　200	2.675857	2.637928	0.075857	2.427420	PGA VO - GND基準(V)		30　4.854841	PGA VO - GND基準(V)	
210	2.679528	2.639764	0.079528	2.544896			5.089791		
32　220	2.683188	2.641594	0.083188	2.662000	1.31059	32	32　5.324000	-0.02041	32

第2部 製作編

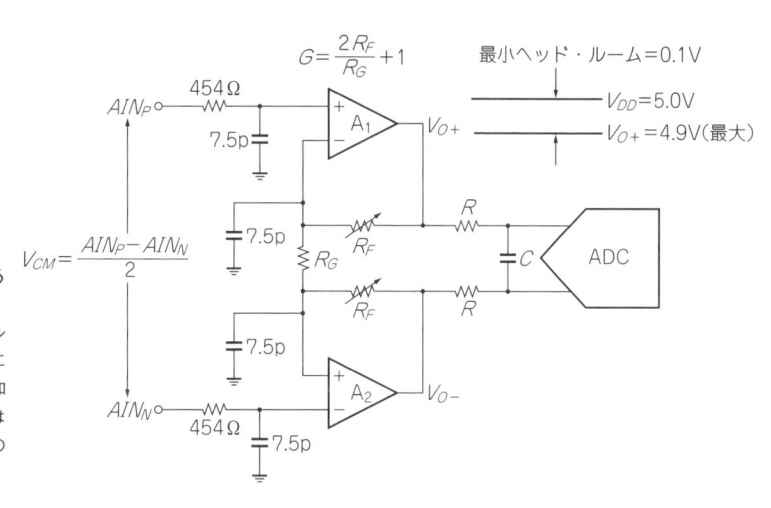

図1
PGAのゲインが32倍のときに許容できるPGA入力の最大同相モード電圧 "V_{CM}"
PGA用アンプが飽和せずに出力できる電圧レベルは電源V_{DD} − 0.1 Vまでである．ユーザはPGAに与えたV_{CM}と設定ゲインから，PGA出力が飽和しないかどうかを吟味する必要がある．この図はADS1247のデータ・シートから抜粋したPGAの概略図に数字を追加したもの．

作成したスプレッドシートは，プロジェクトに参加する他のエンジニア（ソフト担当やハード組み立てと実験担当）の間で共有するため，分かりやすさも一つのポイントになります．

用したことによります．

ところで，こうした表を作成する際は，表に対応する範囲の抜粋回路図を用意し，表のカラム・アドレスを対応する回路ノードに書き込んでいくとスムースに進みます（図2）．また，メモ書きによるレベル線図も考えをまとめるには有効です（図3）．

スプレッドシートの内容と意味

■ 表1：PGA入力からPGA出力までの式と，許容できる最大同相モード電圧まで

ADS1247には，MPUからゲインを設定可能なPGAが内蔵されています（図1）．ICに集積されたアンプであっても，個別アンプと同様に高ゲイン（32倍）の設定であれば，アンプの出力電圧と電源レールとの隙間（以下，ヘッド・ルーム）に対するマージン（余裕）は，スプレッドシート（以下，表）でチェックしておく必要があります．なお，同表で220℃まで調べているのは，測定範囲0～200℃に対して10%の設計マージンを採

● J列のAIN1入力～M列差動出力まで

表1の左端にあるG列は，J以降のデータと温度とを付き合わせるための参考用で，実際のスプレッドシートでは互いにかなり離れています．
▶J列のAIN1への入力電圧とL列の差動入力との関係
J列の〈AIN1(V)GND基準〉"J9"～"J32"ですが，これはグラウンドを基準としたAIN1への入力電圧です．その中身は，Pt100の − 10℃～ + 220℃における両端電圧"I9"～"I32"と，REF抵抗R_2"I4"（= 1.25 kΩ）の両端電圧の和です（ここで〈 〉でくくられた語句は，定数カラムまたは列のタイトル）．なお，I列について

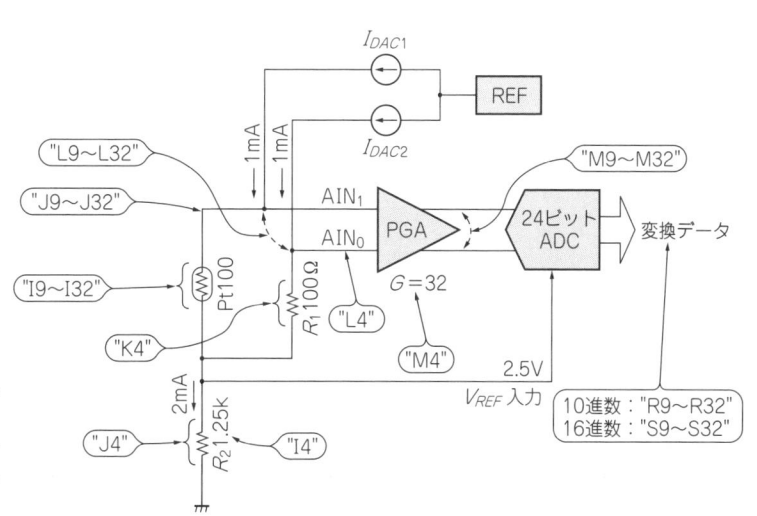

図2
表1がカバーしている回路のノード部分
ノードをポイントした英数字（例"L4"）は，表1のカラム・アドレスを示す．また，抵抗に中かっこを添えた場合はその抵抗の両端電圧を，矢印だけでノードを指している場合はそのノード電圧であることを意味する．

スプレッドシートの内容と意味 147

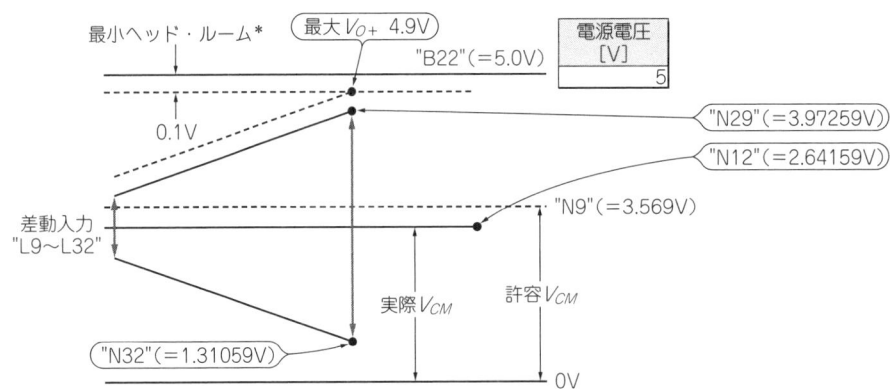

図3 表1をレベル線図として表したグラフ

PGAゲイン＝32倍で，出力V_{O+}"N29"(＝0.1 V)が最小ヘッド・ルームを守れる許容値の最大はV_{CM}"N9"(＝3.569 V)．設計では実際のV_{CM}"N12"(＝2.6416 V)であることから，マージンが"N15"(＝0.92741 V)とOKである．ヘッド・ルーム最小の出所はADS1247のデータ・シート．

は第5章の表1を参照してください．

AIN₁への入力電圧に関する式を，−10℃から220℃まで全て記載するのは無意味なので，代表して200℃における変数の値（小数点以下4桁まで）により今後は式を記述します［式(6-1)］．ただし"R4"や"S4"などの定数は4桁の縛りはかけません．

$$\text{"J30"} = \text{"I30"} + \text{"J4"} \quad \cdots (6-1)$$
$$= 0.1759\,V + 2.5\,V = 2.6759\,(V)$$

この電圧が，ADS1247のマルチプレクサ（以下，MUX）のAIN₁に温度信号として加わり，AIN₀"L4"(＝2.6 V)との差分，すなわちPGAへの差動入力"L9"～"L32"となります［式(6-2)］．

$$\text{"L30"} = \text{"J30"} - \text{"L4"} \quad \cdots (6-2)$$
$$= 2.6758\,V - 2.6\,V = 0.0758\,(V)$$

▶K列の同相モード電圧 "V_{CM}"

後先が逆になりましたが，1列戻ってK列の〈VCM(V)〉"K9"～"K32"です．同相モード電圧とは二つの電位の平均値を指し，ここでの二つの電位はAIN₁とAIN₀になります［式(6-3)］．

$$\text{"K30"} = \frac{\text{"J30"} + \text{"L4"}}{2} \quad \cdots (6-3)$$
$$= 0.1758\,V + 2.5\,V = 2.6379\,(V)$$

ところで，同相モード電圧はコモン・モード電圧と呼ぶ場合もあり，表に記入されているV_{CM}はコモン・モード電圧からきた記号です．変則的ですが，用語は同相モード電圧とし，記号をV_{CM}としています．

▶M列のPGAからの差動出力

次は同表の列関係の最後で，M列にあるPGAの〈差動出力(V)〉"M9"～"M32"です．差動入力はこのPGAの設定ゲイン"M4"(＝32)倍で増幅され，差動出力"M9"～"M32"として出力されます［式(6-4)］．

$$\text{"M30"} = \text{"L30"} \times \text{"M4"} \quad \cdots (6-4)$$
$$= 0.0758\,V \times 32 = 2.4274\,(V)$$

PGAの差動出力はADS1247のADC部をドライブし，アナログ信号の形態はこのステージで最後になります．ちなみに，ADC部のフルスケール入力電圧範囲は差動で±2.5 Vです．従って，PGA出力がこの範囲の外になると，そのレベルに関係なくADCからの出力コードは常に飽和コードになります．

● PGA入力の許容最大V_{CM}

ADS1247に内蔵されたPGAの無飽和最大出力電圧は，正の電源レールから0.1 V差し引いた値，グラウンドに対しては0.1 V足した値になります（図2）．今回の設計ではPGAをゲイン32倍で使うため，200℃以下でPGAの最大出力V_{O+}"N29"（図1ではA1側）が電源レールにヒットしないか気になるところです．そこで式を立ててチェックします［式(6-5)］．

$$\text{"N29"} = \text{"N4"} \times \text{"L32"} + \text{"J32"} \quad \cdots (6-5)$$
$$= 15.5 \times 0.083188 + 2.6832 = 3.9726\,(V)$$

計算結果を見ると，正規の入力では"N29"(＝3.9726 V)となり，電源レールに対し1 V弱のマージン"N15"(＝0.9274)が得られることが分かりました［式(6-6)］．

$$\text{"N15"} = \text{"N9"} - \text{"N12"} \quad \cdots (6-6)$$
$$= 3.569\,V - 2.6416\,V = 0.9274\,(V)$$

ちなみに"N16"と"N26"の"↑範囲内"は，"N15"＜0 Vおよび"N25"＜0 Vの条件式で表示させています．0 VとはV_{O+}とV_{O-}が，ヘッド・ルームに許される最小電圧0.1 Vを下回る条件です．こうすると，PGAの最小ヘッド・ルームの規格を知らないエンジニアでも，問題がないことを認識できます．表計算ソフトのシンタックスで書いた式で読みづらいですが，書き込んである式を紹介します［式(6-7)］．

$$= \text{IF}(\$\text{N}\$15<=0,\text{"↑飽和","↑範囲内"}) \cdots (6-7)$$

同表の右端のようにPGAゲインを64にすると，過剰増幅によりV_{O+}が電源レールをヒットし，その部分が"↑飽和"のサインに変わります．ついでに，PGAゲインごとに許容されるV_{CM}の許容最大値"N9"の式も求めてみます［式(6-8)］．

$$\text{"N9"} = (\text{"B22"} - 0.1) - \frac{\text{"L32"} \times \text{"M4"}}{2} \cdots (6-8)$$

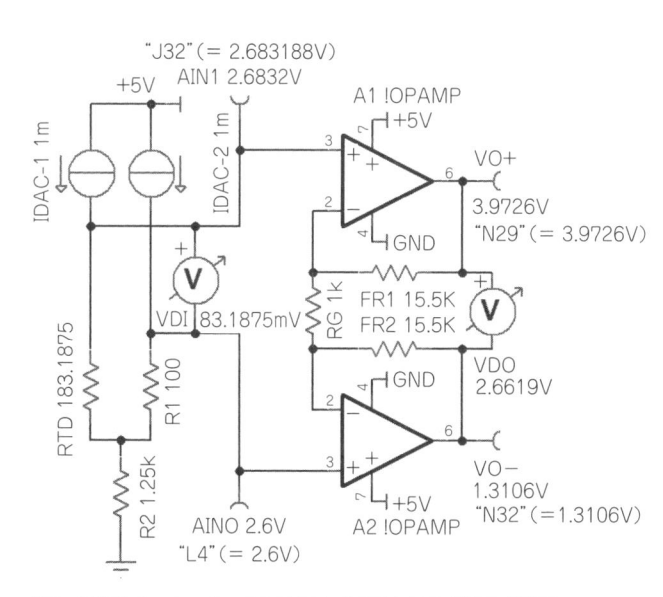

図4 回路シミュレーションで立てた式が正しいかどうかを確認
TINA-TIで提供されている仮想OPアンプ "!OPAMP" は，内部パラメータの大部分が設定可能なので理論動作の確認には大変有効である．この例の "A1"と"A2"には "*" 印付きのパラメータ，＊1：開ループ・ゲイン＝1M，＊2：入力インピーダンス＝10GΩ，＊3：最小ヘッド・ルーム＝0.1V に設定してあり，残りはデフォルト値のまま．

モデル・パラメータ

使い方：General	
Open loop gain *[1] [-]	1 M
Input resistance *[2] [Ohm]	10 G
Output resistance [Ohm]	1 m
Maximum slew rate [V/s]	5 M
Dominant pole [Hz]	5
Second pole [Hz]	10 M
Input offset voltage [V]	0
Input bias current [A]	0
Input offset current [A]	0
Offset voltage too. [V/O]	0
Current doubling int. [O]	10
Outp. offs. Lim. *[3] [Vcc +] [V]	100 m
Outp. offs. Lim. *[3] [Vcc -] [V]	100 m
Max. supply voltage [V]	40
Max. input voltage [Vcc +] [V]	0
Min. input voltage [Vcc -] [V]	0
Max. differential input voltage [V]	40
Max. input current [A]	100 m
Max. output current [A]	1
Max. power dissipation [W]	1

$$= (5\text{ V} - 0.1) - \frac{0.0832 \times 32}{2} = 3.569\text{ (V)}$$

式(6-8)を見るとV_{CM}の項が含まれていないので，式が正しいかどうか不安になる読者もいると思うので，この式の導出過程をお見せしましょう．

実は筆者が最初に立てた式は式(6-9)です．

$$\text{"N9"} = \left\{ (\text{"B22"} - 0.1) - \left(\frac{\text{"L32"} \times \text{"M4"}}{2} + \frac{\text{"J32"} + \text{"L4"}}{2} \right) \right\} + \frac{\text{"J32"} + \text{"L4"}}{2} \cdots (6\text{-}9)$$

同相モード電圧の部分("J32" + "L4")/2 が二つも含まれています．では式を見やすくするため，("J32" + "L4")/2をV_{CM}として式を整理していきます［式(6-10)］．

ここで$\frac{\text{"J32"} + \text{"L4"}}{2} = V_{CM}$と置いて…

$$\text{"N9"} = (\text{"B22"} - 0.1) - \left(\frac{\text{"L32"} \times \text{"M4"}}{2} + V_{CM} \right) + V_{CM} \cdots (6\text{-}10)$$

$$= (\text{"B22"} - 0.1) - \frac{\text{"L32"} \times \text{"M4"}}{2}$$

……………………前出の式(6-8)

するとかっこ内が$-V_{CM}$でかっこ外が$+V_{CM}$なので，両者が消滅して前出の式(6-8)と同じになりました．これで一安心ですが，自分で立てた式に自信が持てない場合は，回路シミュレーションで確かめてみるのもよいでしょう（図4）．

■ 表2：ADC出力からセンサV_Oの非直線性補正前の誤差確認まで

● 表の構成について

ここでは，表の構成についての説明からスタートしますが，スプレッドシート全体のイメージは第5章の図1を参照してください．表は2段で構成されており，上部はPGAやADCが飽和すること考慮した式の仕上げになっています．そのため，列タイトルをADCの"現実出力コードDEC"あるいは"現実出力コードHEX"としています．

下は，飽和を考慮しない式の仕上げになっており，列タイトルを"無飽和出力コードDEC"あるいは"無飽和出力コードHEX"としています．センサV_Oの補正式を求めるグラフの元データとしては，下の表を使います．

実施したスプレッドシートは，上下とも0℃〜220℃までの10℃ごとの連続した表になっていますが，ここでは中間を省略して示しています．またこれ以降も，全温度を表示する必要がない場合は同じく中間を省略した表とします．

● ADCの出力コードについて

▶R列の〈現実出力コードHEX〉

では本題に移ります．表の左端R列の〈現実出力コードDEC〉"R9"〜"R32"は，PGAの出力電圧に応じた10進表記のA-D変換データです（前出の図2を参

表2 ADC出力からセンサV_Oの非直線性補正前の誤差確認まで

	R	S	T	U		W	X
	製品分解能 VLSB(V)	＋FSR変換値 (DEC)	－FSR変換値 (DEC)	Bitシフト (Bit)		縮小用 分母D	比較係数
4	9.31323E-09	8388607	-8388607	6		100000	0.0063633

G		ADS1247の変換部		MSP430による入力処理				誤差の確認計算	
温度 (℃)		現実出力 コードDEC	現実出力 コードHEX	現実データの 平均値DEC	現実データの シフト値DEC	現実データの シフト値HEX	現実データの シフト値÷D	理想直線 ÷D	理想直線 との偏差(℃)
-10		-420325	F9961B	-420325	-6567	FE659	-0.06567	-0.063633	-0.3201
0	10	0	000000	0	0	00000	0.00000	0.000000	0.0000	10
10		419080	066508	419080	6548	01994	0.06548	0.063633	0.2903
90		3726905	38DE39	3726905	58232	0E378	0.58232	0.572697	1.5123
100	20	4134781	3F177D	4134781	64605	0FC5D	0.64605	0.636330	1.5275	20
110		4541412	454BE4	4541412	70959	1152F	0.70959	0.699963	1.5129
200	30	8145070	7C48AE	8145070	127266	1F122	1.27266	1.272660	0.0000	30
210		8388607	7FFFFF	8388607	131071	1FFFF	1.31071	1.336293	-4.0204
220	32	8388607	7FFFFF	8388607	131071	1FFFF	1.31071	1.399926	-14.0204	32

(a) 主表

	温度 (℃)	無飽和出力 コードDEC	無飽和出力 コードHEX	無飽和データ の平均値DEC	無飽和データ シフト値DEC	無飽和データ シフト値HEX	無飽和データ のシフト値÷D	理想直線 ÷D	理想直線 との偏差(℃)
	-10	-420325	F9961B	-420325	-6567	FE659	-0.06567	-0.06363	-0.320117
46	0	0	000000	0	0	00000	0.00000	0.00000	0.000000	46
	10	419080	066508	419080	6548	01994	0.06548	0.06363	0.290258
	90	3726905	38DE39	3726905	58232	0E378	0.58232	0.57270	1.512266
56	100	4134781	3F177D	4134781	64605	0FC5D	0.64605	0.63633	1.527509	56
	110	4541412	454BE4	4541412	70959	1152F	0.70959	0.69996	1.512894
66	200	8145070	7C48AE	8145070	127266	1F122	1.27266	1.27266	0.000000	66
	210	8539252	824C74	8539252	133425	20931	1.33425	1.33629	-0.321060
68	220	8932189	884B5D	8932189	139565	2212D	1.39565	1.39993	-0.671978	68

(b) 主表をサポートする無飽和理論値の補助テーブル

照］．これらは，PGA出力電圧をPGAゲインで決まる電圧換算の製品分解能VLSB"R4"(=9.3132E-09)で割った値です．そこで，まず"R4"から見てみましょう［式(6-11)］．

$$\text{"R4"} = \frac{\text{"O4"} - \text{"P4"}}{2^{\text{"Q4"}} - 1} \quad \cdots (6-11)$$

$$= \frac{0.0781\text{V} - (-0.0781\text{V})}{2^{24} - 1} = 9.3132\text{E} - 09 (\text{V})$$

ここで…"O4" = $\frac{\text{"J4"}}{\text{"M4"}} = \frac{2.5\text{V}}{32}$, "P4" = $\frac{-\text{"J4"}}{\text{"M4"}} = \frac{-2.5\text{V}}{32}$

ここで"Q4"と"P4"は，第5章の表2（既出）に記述されています．次に前例に倣い，200℃における変数で構成した"R30"の式を示します［式(6-12)］．

$$\text{"R30"} \leftarrow \text{"R66"} = \frac{\text{"L30"}}{\text{"R4"}} \quad \cdots (6-12)$$

$$= \frac{0.0758}{9.3132\text{E}-09} = 8145070 (\text{DEC})$$

式の先頭に立つ2の変数を，等号でなく"R30"←"R66"のように矢印で結んだのは，"R30"の値は条件式の結果次第で決まるという意味です．"R30"に書き込まれている実際の式は次のとおりです［式(6-13)］．

= IF($R$66<=$T$4,$T$4,IF($R$66>
= $S$4,$S$4,$R$66)) ･･･････････(6-13)

表計算ソフトのシンタックスで式を書くと，不慣れな読者には分かりづらいかもしれません．そこで，できるだけ一般的な表現に直した式を下段に示します［式(6-13′)］．以後も一般的な表現による式で記述しますが，オリジナルの式を見たい場合は，ダウンロード・データ（目次ページ参照）内のファイル"RTD_Temp_Meter_V11.xlsl"の該当するカラムを参照してください．

"R30" = IF{"R66"≦"T4","T4",IF("R66"≧"S4","S4","R66")} ･････････････(6-13′)

ここで…"R66" = 8145070，"T4" = -8388607，"S4" = 8388607

PGAの出力電圧がADCのフルスケール範囲内なら，"R66"の値(= 8145070)をカラム"R30"の値とします．範囲外なら入力飽和と見なし，正または負のフルスケール入力電圧における変換データ"S4"(= 8388607)または"T4"(= -8388607)を"R30"の値とします．

▶S列の〈現実出力コードHEX〉

次列の〈現実出力コードHEX〉"S9"～"S32"の値は，"R9"～"R32"の値(10進数)を"RIGHT"関数と

"DEC2HEX"関数の組み合わせで，16進数表記(以下，HEX表記)の固定文字数の文字列に変換したものです［式(6-14)］．

$$\text{"S30"} = \text{Right}\left\{\text{Dec2Hex}\left(\text{"R30"}, \frac{\text{"Q4"}}{4}\right), \frac{\text{"Q4"}}{4}\right\} \quad (6-14)$$

ここで…"R30" = 8145070, "Q4" = 24

ところで，「なぜ"RIGHT"関数が必要なのか」ですが，これはHEX表記に変換する元の数値が負の場合，40ビットのビット幅でHEX表記になるのを防ぐための措置です．例えば−10℃を例にとると，ADC出力コードの10進数は"−420325"であり，期待されるHEX文字列は"F9961B"ですが，結果は"FFFFF9961B"となります．そこでRIGHT関数によって，右から\$Q\$4/4(=6)文字分だけ抜き出した文字列にするよう指定しているのです．

このHEX表記に関しては「マスト」ではありませんが，ディジタル屋さんが見ることを考えて付け足しました．「あればベター」な列です．実際に"S31"〜"S32"(=7FFFFF)は，24ビットADCの正側飽和コードのビット・イメージとしてしっかりつかむことができます．

● **MSP430による入力処理について**
▶ T列〜U列と"U4"のビット・シフト

ここからはMPU内部の処理になります．最初に行うのは1フレーム4回のA-D変換データの平均値を求め，ノイズで揺らぐ下位ビットを切り捨てることです．T列の〈現実データの平均値DEC〉"T9"〜"T32"に格納されているのは，R列を単に投射した値で平均値ではありませんが，これを現実データの平均値であると見立てます．このデータを，"U4"(=6)で指定されたビット分だけ右シフトして縮小し，〈現実データのシフト値DEC〉"U9"〜"U32"に格納します［式(6-15)］．

$$\text{"U30"} = \text{Rounddown}\left(\frac{\text{"R30"}}{2^{\text{"U4"}}}, 0\right) \quad (6-15)$$

$$= \text{Rounddown}\left(\frac{8145070}{2^6}\right) = 127266$$

6ビット右シフトしていくことは，6回2で割っていくのと等価で，式(6-15)の分母は2の6乗となります．では，なぜ6ビット右シフトしてもよいのかその根拠を示します［式(6-16)］．

$$\text{"U4"} = \text{"Q4"} - \text{Roundup}\left\{\text{Log}_2\left(\frac{\text{"B9"} - \text{"B6"}}{\text{"B12"}}\right), 0\right\} \quad (6-16)$$

$$= 24 - \text{Roundup}\left\{\text{Log}_2\left(\frac{200℃ - 0℃}{0.001℃}\right), 0\right\}$$

$$= 24 - 18 = 6$$

この式も，できるだけ一般的な表現に直したものです．ROUNDUP関数は"| |"の中の計算結果に含まれる小数部を指定の桁で切り上げる関数です．この場合は"|計算結果，0|"と0の指定なので，小数部が全て切り上がり整数になります．

話を右シフト6回の根拠に戻すと，次のようになります．"B9"(=200℃)の計測範囲を"B6"(=0.001℃)で割ると(分解すると)，200,000になります．この数値に対する2を底とした対数を取ると，Log₂(200,000) = 17.61(一番近い整数は18)となり，2進数で表すために必要な桁数，すなわちビット数が求まります．ADC

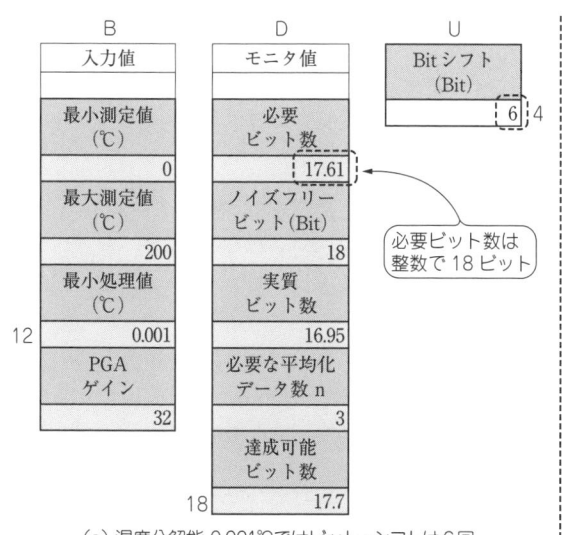

	B	D	U
	入力値	モニタ値	Bitシフト(Bit)
			6 ← 4
	最小測定値(℃)	必要ビット数	
	0	17.61	
	最大測定値(℃)	ノイズフリービット(Bit)	必要ビット数は整数で18ビット
	200	18	
	最小処理値(℃)	実質ビット数	
12	0.001	16.95	
	PGAゲイン	必要な平均化データ数 n	
	32	3	
		達成可能ビット数	
	18	17.7	

(a) 温度分解能 0.001℃ではビット・シフトは6回

	B	D	U
	入力値	モニタ値	Bitシフト(Bit)
			8 ← 4
	最小測定値(℃)	必要ビット数	
	0	15.29	
	最大測定値(℃)	ノイズフリービット(Bit)	必要ビット数は整数で16ビット
	200	18	
	最小処理値(℃)	実質ビット数	
12	0.005	16.95	
	PGAゲイン	必要な平均化データ数 n	
	32	1	
		達成可能ビット数	
	18	16.95	

(b) 温度分解能 0.005℃ではビット・シフトは8回

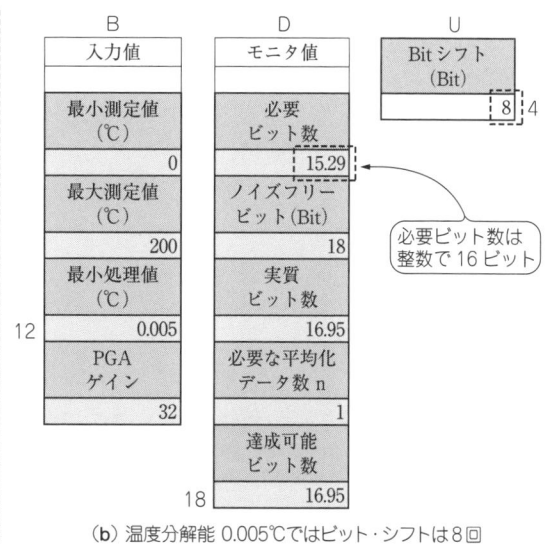

図5 カラム"U4"のビット・シフト回数は，数値ではなく式を立てて記入すると自動化が図れて便利
カラム"U4"へ式(6-14)を記入すると，温度分解能の仕様変更に応じたビット・シフト回数が即座に得られる．

の製品分解能は24ビットですから，24ビットから18ビットを引いた残りの6ビットを右シフトしてもいいということになります．A-D変換データ4個の平均値は2ビットの右シフトで求まるので，この時に，一気に8ビット右シフトするのも一つの手です．

ということで，カラム"U4"に数字の6ではなく，面倒でもこうした式を書いておくと，温度分解能を変えたときに直ちに適切なビット・シフトの回数が分かって便利です（図5）．なお，カラム"B6"と"B9"の内容については，第5章の表1を参照してください．

▶V列～W列と〈縮小用分母D〉"W4"の役割

〈現実データのシフト値HEX〉"V9"～"V32"は，〈現実データのシフト値DEC〉"U9"～"U32"の10進表記をHEX表記に変換したものです［式(6-17)］．

$$"V30" = \text{Right}\left\{\text{Dec2Hex}\left("U30", \frac{"Q4"}{4}\right),\right.$$
$$\left.\text{Roundup}\left(\frac{"Q4" - "U4"}{4}, 0\right)\right\} \cdots\cdots (6-17)$$

ここで…"U30" = 127266，"Q4" = 24，"U4" = 6

式(6-14)の時と同じようにRIGHT関数を使って文字数を固定していますが，文字数の指定方法を式で行っており複雑になっています．これは〈Bitシフト(Bit)〉"U4"で行ったシフト量を反映させるための方法です．

これらには，U列の〈現実データのシフト値DEC〉"U9"～"U32"を，〈縮小用分母D〉"W4"(=100,000)で割った値が入っています［式(16-18)］．

$$"W30" = \frac{"U30"}{"W4"} \cdots\cdots\cdots\cdots (6-18)$$
$$= \frac{127266}{100000} = 1.2727$$

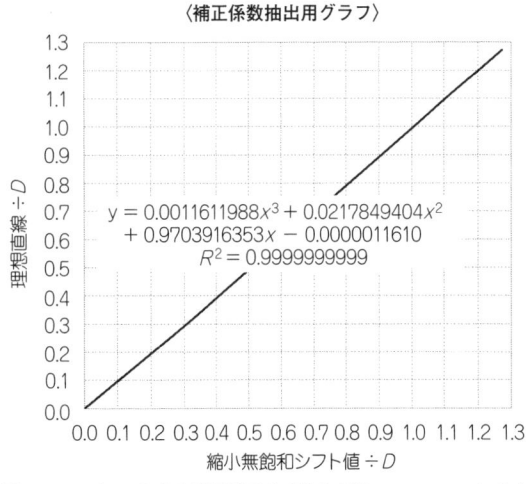

〈補正係数抽出用グラフ〉

図6　センサV_Oの非直線性補正式で使う定数 "a" ～ "d" を求めるためのグラフと近似曲線の式
グラフと式はPGA=32倍時のもの．

シフト値をさらに100,000で割るのは，第3章で述べた小数点以下の"0"の数を減らす工夫です（第3章の図14と表3を参照）．

▶X列～Y列の誤差の確認計算

X列上部の〈比較係数〉"X4"(=0.0063633)は，G列〈温度(℃)〉"G9"～"G32"の各値に掛けて，W列の〈現実データのシフト値÷D〉"W9"～"W32"に対する理想直線を形作るための係数です［式(16-19)］．

$$"X4" = \frac{"W66" - "W46"}{"G30" - "G10"} \cdots\cdots\cdots\cdots (6-19)$$
$$= \frac{1.27276 - 0}{200℃ - 0℃} = 0.0063633$$

〈比較係数〉"X4"を簡単にいうと，W列（無飽和データのシフト値をDで割って圧縮した値）のスパン("W66" - "W46")とG列のスパン("G30" - "G10")との比です．〈理想直線÷D〉"X9"～"X32"にはG列の温度に"X4"を掛けた値が入っています［式(16-20)］．

$$"X30" = "X4" \times "G30" \cdots\cdots\cdots\cdots (6-20)$$
$$= 0.0063633 \times 200℃ = 1.2727$$

実はセンサV_Oの非直線性補正式に使う補正定数a～dは，〈無飽和データのシフト値÷D〉"W46"～"W66"をX軸に，この〈理想直線÷D〉"X9"～"X32"をY軸にとったグラフの近似曲線の式から求めています（図6）．

表2の最後の列になりますが，Y列〈理想直線との偏差(℃)〉"Y9"～"32"です［式(6-21)］．

$$"Y30" = \frac{"W30" - "X30"}{"X4"} \cdots\cdots\cdots\cdots (6-21)$$
$$= \frac{1.2727 - 1.2727}{0.0063633} = 0$$

こちらは，W列の〈現実データのシフト値÷D〉"W9"～"W32"から〈理想直線÷D〉"X9"～"X32"を引いた値を〈比較係数〉"X4"(=0.0063633)で割っています．計算結果は理想直線からの"ずれ分"を表しますが，式(6-20)とは逆に"X4"で割っているので"ずれ分"は温度換算値になります．

■ 表3：補正定数の拾い出しからLCDによる表示誤差まで

● 〈補正定数〉"AA9"～"AA12"への拾い出し

▶拾い出しの流れ

〈補正定数〉"AA9"～"AA12"は前出の表2にある〈現実データのシフト値÷D〉"W9"～"W32"に含まれる非直線成分を補正するための補正定数です．補正定数はPGAゲインによって異なるため，PGAゲイン8～64までの4ステップに対応した補正定数を下段の別表〈PGAゲイン対補正定数〉で用意し，これをVLOOKUP関数で拾い出し，"AA9"～"AA12"へはめ込んでいます（図7）．

表3
センサV_Oの補正定数選択からLCDによる表示誤差まで

	AA	AB	AC	
	小数点以下の桁数	計算値桁数	表示用係数 T	
4	6	6	157.151164	4

		MSP430による補正処理		MSP430による出力処理			AD	AE	AF
		補正定数	補正値	表示値(℃) 補正値×係数T	理想温度(℃)	理想温度との偏差(℃)	表示誤差		
9	a	0.001161	− 0.063633	− 10.00	− 10	0.00	正側最大値		
10	b	0.021785	− 0.000000	0.00	0	0.00	補正前(℃)		
11	c	0.970392	0.063635	10.00	10	0.00	1.53		11
12	d	− 0.000000	0.127264	20.00	20	0.00	補正後(℃)		
			0.190905	30.00	30	0.00	0.00		13
			0.254531	40.00	40	0.00	負側最大値		
			0.318171	50.00	50	0.00	補正前(℃)		
			0.381796	60.00	60	0.00	− 0.32		16
			0.445534	70.00	70	0.00	補正後(℃)		
18			0.509067	80.00	80	0.00	0.00		18
30			1.272657	200.00	200	0.00			
			1.311943	206.17	210	− 3.83			
32			1.311943	206.17	220	− 13.83			

	AA	AB	AC	AD	AE
		PGAゲイン 対 補正定数, 0℃〜200℃			
	PGA	a	b	c	d
37	8	0.0183455260	0.0872109706	0.9703844588	0.0000008660	37
38	16	0.0044917402	0.0436860274	0.9703770280	0.0000000155	38
39	32	0.0011611988	0.0217849404	0.9703916353	− 0.0000011610	39
40	64	0.0002895153	0.0108976830	0.9703856895	− 0.0000031886	40

拾ってくる先は，〈PGAゲイン〉"B15"のミラー・カラム"M4"の値と一致した行の "a"〜"d" の定数で，〈補正定数〉"AA9"〜"AA12"にはめ込むときは，〈小数点以下の桁数〉"AA4"(=6)に従って桁を削ります．

▶拾い出しを行っている式のしかけ

これら一連の計算は，"AA9"〜"AA12"に書き込んだ式によって行われます．代表して"AA9"の式を元の式のまま示します［式(6-22)］．

= ROUND(VLOOKUP($M$4,$AA$37:$AE$40,
   2,FALSE), $AA$4) ・・・・・・・・・・・・・・・・・・・ (6-22)

ここで簡単に式を説明します．VLOOKUP( )内の最初の"$M$4(=32)"と一致する数値を"$AA$37〜

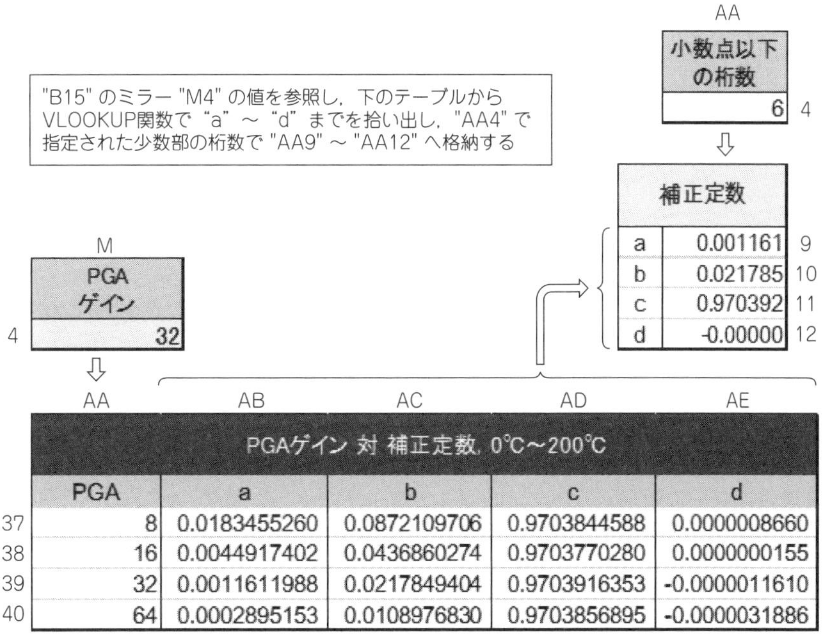

図7
PGAゲインを8倍〜64倍まで変えたときの，各ゲインの補正定数 "a"〜"d"

	AA	AB	AC	AD	AE	
	温度(℃)	補正値	表示値(℃) 補正値×係数T	理想温度(℃)	補正誤差(℃)	
46	−10	−0.0636	−10.0000	−10	0.0000	
	0	0.0000	−0.0002	0	−0.0002	46
	10	0.0636	10.0002	10	0.0002	
	90	0.5727	89.9995	90	−0.0005	
56	100	0.6363	99.9994	100	−0.0006	56
	110	0.7000	110.0000	110	0.0000	
66	200	1.2727	199.9994	200	−0.0006	66
	210	1.3363	209.9986	210	−0.0014	
68	220	1.3999	219.9984	220	−0.0016	68

表4
無飽和理論値の表により，−10℃～220℃までの補正具合を確認
温度データを小数点以下4桁まで拡張表示して誤差の大きさを確認する．210℃～220℃区間の誤差もまあまあの水準．

$AE$40"範囲内から探し出し，その数値がある行の左から".2"番目の数値をこのカラムに代入しなさいという意味です．探し出した"32"が1番目で，2番目は"0.0011611988"になります．

次に，外側( )のROUND関数で小数点以下 "$AA$4 (= 6)" 桁に丸められるので "0.001161" となります．式の中で，同じあるいは異なる関数を(一つの式に許される最大文字数32,767文字以内であれば)いくらでもネスティングできるので，見にくさを別にすればかなり複雑な取り回しができます．C言語で組んだファームの方は，PGAゲインが32倍の決め打ちなので，定数は a = 0.001161，b = 0.021785，c = 0.970392，d = −0.000001 の一組だけです．

● AB列の〈補正値〉～ AF列の〈補正誤差〉まで
▶補正結果の精度を確認する

AB列の〈補正結果〉"AB9"～"AB32"には，W列の〈現実データのシフト値÷D〉"W9"～"W32"の値を次式で補正した結果が入っています［式(6-23)］．

"AB30" = Round("AA9"×"W30"^{3} + "AA10"×"W30"^{2}
   + "AA11"×"W30" + "AA12","AB4") ……… (6-23)

〈温度換算の残留補正誤差〉

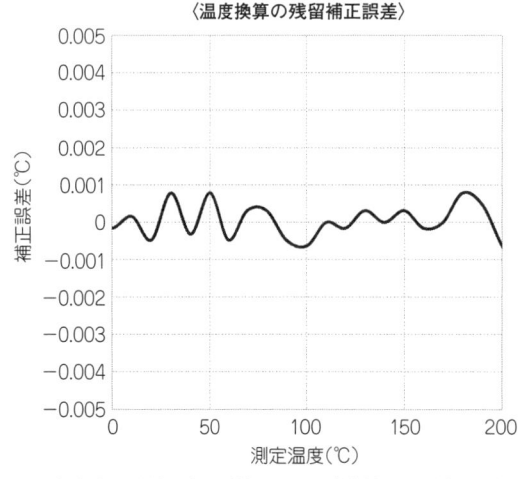

図8 **無飽和理論値の表で計算された温度換算の残留補正誤差**

= Round(0.001161×1.27266^3 + 0.021785×1.27266^2
   + 0.970392×1.27266 − 0.000001,6)
= 1.272656

次に AC列〈表示値(℃)補正値×係数T〉"AC9"～"AC32"です．これらには，前列"AB9"～"AB32"の値に〈表示用係数 T〉"AC4"(= 157.151164)を掛けて温度に直した値が入っています［式(6-24)］．

"AC30" = "AB30" × "AC4" ……………… (6-24)
   = 1.2727 × 157.1512 = 200℃

補正値を温度に変換すると，0.01℃の桁まで奇麗に補正されていることが分かります．小数点3桁以下と210℃以上が飽和していて誤差が見ることができないので，スプレッドシートだけのモニタとして，表〈PGAゲイン対補正定数〉のさらに下にある無飽和理論値の表を見てみましょう(**表4**)．

小数点以下4桁目にして初めて誤差が出現し，210℃より上は補正式の適用温度範囲(0℃～200℃)を超えているので悪くなっています．それでもマアマアというところでしょうか．誤差のシェープを見るため，0℃～200℃における温度換算の残留誤差を示します(**図8**)．これまで立ててきた伝達式によって，理論精度ではあるものの，ここまでの精度に到達したことが確認できたと思います．

ちなみに"AC4"(= 157.151164)は，実機でもLCDで表示する温度データへの変換定数としてそのまま使っています．整数部と小数部を合わせて9桁とダイナミック・レンジが大きいのですが，ソフト屋さん(あるいはCコンパイラ)の方で何とかしてくれました．では"AC4"の中身を見てみましょう［式(6-25)］．

"AC4" = Round$\left(\dfrac{"G30" - "G10"}{"X30" - "X10"}, "AB4"\right)$ ……(6-25)

= Round$\left(\dfrac{200℃ - 0℃}{1.27266}, 6\right)$ = 157.151164

この式を見れば分かる通り，温度のスパン(200℃)と縮小された理想値の比を取っただけです．スプレッドシートを広げていくと，必要な比例定数が以前求めたデータ列同士の比であっさりと求まります．

▶補正前と補正後の比較

表5 DAC用データ生成からDACのアナログ出力まで

	AG	AH	AI	AJ	AK	AL	AM
	DAC始点 コードDec	DAC出力 範囲(Cnt)	DAC オフセット	DAC用係数D	内部REF電圧 (V)	DAC分解能 (Bit)	DAC分解能 VLSB(V)
4	64000	40000	24000	31430	2.048	16	3.12505E-05

	G	MSP430によるDAC出力処理					DAC(DAC8830)	
	温度 (℃)	現実DAC用 元データDEC	現実DAC用 元データHEX	現実DAC用反転 データDEC	現実DAC用反転 データHEX	現実反転データ +オフセット	現実DAC入力 Hex	現実DAC出力 (V)
	-10	-2000	F830	42000	A410	65535	FFFF	2.047969
10	0	0	0000	40000	9C40	64000	FA00	2.000000	10
	10	2000	07D0	38000	9470	62000	F230	1.937500
	90	18000	4650	22000	55F0	46000	B3B0	1.437500
20	100	20000	4E20	20000	4E20	44000	ABE0	1.375000	20
	110	22000	55F0	18000	4650	42000	A410	1.312500
30	200	40000	9C40	0	0000	24000	5DC0	0.750000	30
	210	41235	A113	-1235	FB2D	22765	58ED	0.711406
32	220	41235	A113	-1235	FB2D	22765	58ED	0.711406	32

AF列〈表示誤差〉"AF11"～"AF18"はスプレッドシートだけのモニタ欄です．MAX関数とMIN関数を使って補正前と後の誤差の大きさを比較できるようにしています．最大の膨らみは，100℃のところで1.53℃なので，第1章のセンサの選択に出てきたPt100の誤差幅と一致しています．元式のままですが，代表例として"AF11"と"AF16"の式を見ておきましょう[式(6-26)，式(6-27)].

$$= \text{MAX}(\$Y\$45:\$Y\$67) \cdots\cdots\cdots (6-26)$$
$$= \text{MIN}(\$Y\$45:\$Y\$67) \cdots\cdots\cdots (6-27)$$

式(6-26)は"Y45"～"Y67"の範囲内で，一番大きな値を返し値とする関数で，逆に式(6-27)は一番小さな値を返し値とする関数です．なお，範囲"Y45"～"Y67"は，Y列〈理想直線との偏差(℃)〉"Y9"～"Y32"の下にある無飽和理論値による理想直線との偏差です．この表についてはダウンロード・データ内の"RTD_Temp_Meter_V10.xlsx"を参照してください．

■ 表5：DAC用データ生成から
　　　　DACのアナログ出力まで

ここではAB列を基にした，DAC用コードの生成からDACのアナログ出力までの伝達式と，それらの比例係数について解説します(HEX表記の解説は省略).

● DAC用元データを生成する

まず，AB列の値からDAC用元データを生成するための定数〈DAC用係数D〉"AJ4"(=31430)の中身から見てみましょう[式(6-28)].

$$"AJ4" = \text{Round}\left(\frac{"AH4"}{"X30" - "X10"}, 0\right) \cdots\cdots (6-28)$$
$$= \text{Round}\left(\frac{40000}{1.27266 - 0}, 0\right) = 31430$$

定数は，〈DAC出力範囲〉"AH4"(=40,000)と，100,000で割って縮小した〈理想直線÷D〉のスパン"X30"-"X10"の比になっています．40000カウントの出所は，第5章の"バッファ用アンプの選択要件"と同章の図6で立てたプランです．ここでDAC用元データとしたのは，図6で記述したDAC出力(反転)とアナログ出力(反転)の関係を作るための元データとするためです．

100,000で割って縮小した理想直線は，列ABの〈補正値〉と重みが一緒なので，その比31430を"AB9"～"AB32"に乗じたAG列〈現実DAC用元データDEC〉"AG9"(=0)～"AG32"(=40000)はDAC用の元データになります[式(6-29)]．もっとも"AG31"以上は飽和しているので，精度の考察には適用外です．

$$"AG30" = \text{Round}("AB30" \times "AJ4", 0) \cdots\cdots (6-29)$$
$$= \text{Round}(1.2727 \times 31430, 0) = 40000$$

● DAC用反転データの生成とオフセットの付加

図6で示したDAC8830とINA326の振れ方向の関係を作るため，DAC用元データを反転します[式(6-30)].

$$"AI30" = "AH4" - "AG30" \cdots\cdots\cdots (6-30)$$
$$= 40000 - 40000 = 0$$

C言語でのビット反転はティルデ"~"で簡単に行えますが，表計算ソフトの10進ベースではこれができないため引き算で代用しています．どちらにしても，0000がFFFFになればよいことにします．

式(6-30)の計算結果が入っているAI列〈現実DAC用反転データDEC〉"AI9"～"AI32"に，〈DACオフセット〉"AI4"(=24000)をシフトし，AK列〈現実反転データ+オフセット〉"AK9"～"AK32"へ格納します[式(6-31)].

$$"AK30" = \text{IF}("AI30" + "AI4" \geq 2^{"AL4"-1},$$

表6 内部REF基準のアナログ出力からADCのPGA入力（AIN-3）まで

	AN	AO		AQ	AR	AS
	INA326 IN+(V)	INA326 ゲイン		データレート (SPS)	外部REF 電圧(V)	AIN_2(V) GND基準
	2	1.6		10	2.5	2.048

G	温度(℃)	INA326 現実内部REF 基準出力(V)	内部REF基準 理想値(V)	AP 内部REF基準 誤差(V)	ADS1247のPGA入力 AIN-3 AIN_3(V) GND基準	CMV(V)	差動入力(V)	
	−10	−0.076750	−0.100000	0.023250	1.9713	2.0096	−0.0767	
10	0	0.000000	0.000000	0.000000	2.0480	2.0480	0.0000	10
	10	0.100000	0.100000	0.000000	2.1480	2.0980	0.1000	
	90	0.900000	0.900000	0.000000	2.9480	2.4980	0.9000	
20	100	1.000000	1.000000	0.000000	3.0480	2.5480	1.0000	20
	110	1.100000	1.100000	0.000000	3.1480	2.5980	1.1000	
30	200	2.000000	2.000000	0.000000	4.0480	3.0480	2.0000	30
	210	2.061750	2.100000	−0.038250	4.1098	3.0789	2.0618	
32	220	2.061750	2.200000	−0.138250	4.1098	3.0789	2.0618	32

$2^{"AL4"-1}$, "AI30" + "AI4") ……… (6-31)
= IF("0" + 24000 ≧ 2^{16-1}, 2^{16-1}, 0 + 24000)
= 24000

DACを飽和させるかどうかを決めるためにIF関数を入れてあります．この場合は不飽和なので"AI30" + "AI4"がDACへの出力データです．

次に，AM列の〈現実DAC出力〉"AM9"〜"AM32"は，"AK9"〜"AK32"のデータに対応するDACアナログ出力です．オフセットを履かせたことで，200℃に相当するDACアナログ出力の終点が，グランド基準で"AM30"（= 0.75 V）になりました［式(6-32)］．

$$\text{"AM30"} = \frac{\text{"AK30"}}{2^{16}} \times \text{"AK4"} \quad \text{……… (6-32)}$$

$$= \frac{24000}{2^{16}} \times 2.048 \text{ V} = 0.75 \text{ V}$$

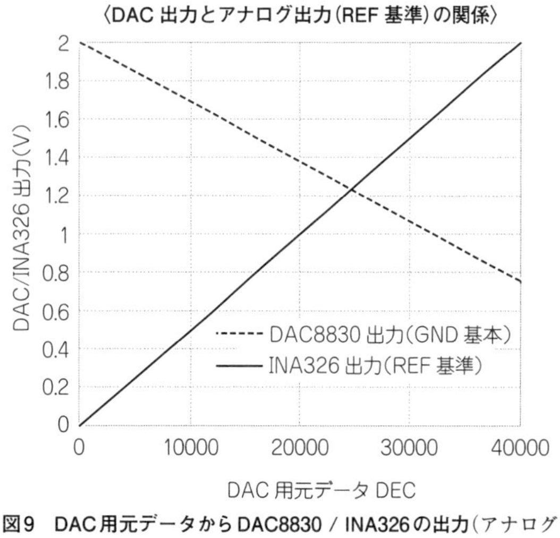

〈DAC出力とアナログ出力（REF基準）の関係〉

（グラフ：縦軸 DAC/INA326出力(V) 0〜2.0、横軸 DAC用元データ DEC 0〜40000、DAC8830出力（GND基本）破線、INA326出力（REF基準）実線）

図9 DAC用元データからDAC8830 / INA326の出力（アナログ出力）までのグラフ

表6：内部REF基準のアナログ出力からADCのPGA入力（AIN-3）まで

● AN列のINA326の出力

AN列の〈現実内部REF基準出力(V)〉"AN9"〜"AN32"は，DACの出力をINA326により反転"AO4"（= 1.6）倍増幅して，ADCの内部REF電圧（2.048 V）を基準としたINA326の出力，すなわちアナログ出力になります［式(6-33)］．

"AN30" = ("AN4" − "AM30") × "AO4" …… (6-33)
= (2 V − 0.75 V) × 1.6 = 2 V

この式の形から，AN列のDAC出力がINA326の反転入力ピンをドライブして，非反転入力ピンは〈INA326 IN + V〉"AN4"（= 2）Vに固定となります．ここにDAC用元データから，DAC8830 / INA326の出力（アナログ出力）までのグラフを示します（図9）．完全に図6を満足していることが分かります．

● AQ列とAS列のPGA入力（AIN3）

AQ列の〈AIN_3(V)GND基準〉"AQ9"〜"AQ32"はAN列の電位に内部REF電圧"AK4"分をシフトしてグラウンド基準にしたものです［式(6-34)］．

"AQ30" = "AN30" + "AK4" ……………… (6-34)
= 2 V + 2.048 V = 4.048 V

実機では，差動ペア入力の片側AIN2が"AS4"（= 2.048）Vに固定されています．そのため，ADCによる変換は，このAQ列と"AS4"の差であるAS列の〈差動入力(V)〉"AS9"〜"AS32"に対して行われます［式(6-35)］．なお，AR列は参考値なので飛ばします．

"AS30" = "AQ30" − "AK4" ……………… (6-35)
= 4.048 V − 2.048 V = 2 V

表7 ADC出力からDAC用元データの再構築と温度換算による最終確認まで

	AX	AY	AZ	BA					BF	
	+FSR変換値 (DEC)	−FSR変換値 (DEC)	Bitシフト (Bit)	REF電圧比率					温度変換用 係数C	
4	8388607	−8388607	7	1.220703					0.005	4

	ADCの変換部（ADS1247）				MSP430によるDAC出力モニタ処理				最終確認	
					BB	BC	BD	BE		
	現実出力 コードDEC	現実出力 コードHEX	現実シフト値 Dec	現実シフト値 Hex	ゲイン 調整値	DAC用元 データDEC	DAC用再生 データHEX	DAC用元 データHEX	温度換算値 ×係数C(℃)	
	−257530	FC1206	−2011	FF825	−1534	−2000	FA02	F830	−7.67	
10	0	000000	0	00000	0	0	0000	0000	0.00	10
	335544	051EB8	2621	00A3D	2000	2000	07D0	07D0	10.00	
	3019899	2E147B	23592	05C28	17999	18000	464F	4650	90.00	
20	3355443	333333	26214	06666	20000	20000	4E20	4E20	100.00	20
	3690987	3851EB	28835	070A3	21999	22000	55EF	55F0	110.00	
30	6710886	666666	52428	0CCCC	39999	40000	9C3F	9C40	200.00	30
	6917917	698F1D	54046	0D31E	41234	41234	A112	A112	206.17	
32	6917917	698F1D	54046	0D31E	41234	41234	A112	A112	206.17	32

■ 表7：ADC出力からDAC用元データの再構築と温度換算による最終確認まで

AX列の〈現実出力コードDEC〉"AX9" ～ "AX32"は，PGAゲイン1，外部REF = 2.5 Vの条件（分母の分解能"2.98023E-07"Vがそれに当たる）で"AS9" ～ "AS32"までをA-D変換した値です［式(6-36)］。

$$\text{"AX30"} = \text{Round}\left(\frac{\text{"AS30"}}{\text{"AW4"}}, 0\right) \quad \cdots \cdots (6\text{-}36)$$

$$= \text{Round}\left(\frac{2\,\text{V}}{2.98023\text{E}-07\,\text{V}}, 0\right) = 6710886$$

ADCとDACの分解能が違うことによるつじつま合わせで，〈Bitシフト(Bit)〉"AZ4"(= 7)ビットのシフトをしたのが，AZ列の〈現実シフト値Dec〉"AZ9" ～ "AZ32"です［式(6-37)］。

$$\text{"AZ30"} = \text{Round}\left(\frac{\text{"AX30"}}{2^{\text{"AZ4"}}}, 0\right) \quad \cdots \cdots (6\text{-}37)$$

$$= \text{Round}\left(\frac{6710886}{2^7}, 0\right) = 52428$$

7ビットのシフトはAX列の値を2の7乗で割ったものと等価になります．後はINA326で1増幅した分〈INA326ゲイン〉"AO4"(= 1.6)倍と，REF電圧の違いの比〈REF電圧比率〉"BA4"(= 1.220703)を考慮して，BB列の〈ゲイン調整値〉"BB9" ～ "BB32"に変換します［式(6-38)，式(6-39)］。

$$\text{"BA4"} = \text{Round}\left(\frac{\text{"AR4"}}{\text{"AK4"}}, 0\right) \quad \cdots \cdots (6\text{-}38)$$

$$= \text{Round}\left(\frac{2.5\,\text{V}}{2.048\,\text{V}}, 0\right) = 1.220703$$

$$\text{"BB30"} = \text{Round}\left(\frac{\text{"AZ30"}}{\text{"AO4"}} \times \text{"BA4"}, 0\right) \cdots (6\text{-}39)$$

$$= \text{Round}\left(\frac{6710886}{1.6} \times 1.220703, 0\right) = 39999$$

処理がこの段階まで終わると，MPUが前回DACへ送ったデータと付き合わせができるようになります．このスプレッドシートには誤差成分を混ぜていないので，DACへの送信データとDACリターン・データが同じになっていますが，アナログ部の誤差成分によって実機では必ず違いが出ます．そこで，送信した元データとの比較で，DACリターン・データの過不足を反映したデータを再生成してDACへ送信します．

この確認を表計算ソフトで行うとかなりキツイので，代わりにT-BASICでこのスプレッドシートのアルゴリズム評価用ソフトを作ってみました．ダウンロード・データ内にある"Temp_Meter_RTD.tbt"を走らせてみてください[注]．

表7の右端にあるBF列は，スプレッドシートで立てたH列からBB列までの一連の式に関して，正しいかどうかを判断するための部分です．実機のファームには不要な部分であり，BB列に〈温度変換用係数C〉"BF4"(= 0.005)を掛けただけです［式(6-40)］。

$$\text{"BF30"} = \text{"BB30"} \times \text{"BF4"} \quad \cdots \cdots \cdots (6\text{-}40)$$

$$= 39999 \times 0.005 = 200.00\text{℃}$$

本章の最後に"BF4"の中身を示します［式(6-41)］。

$$\text{"BA4"} = \text{Round}\left(\frac{\text{"G30"} - \text{"G10"}}{\text{"BC30"} - \text{"BC10"}}, 6\right) \cdots (6\text{-}41)$$

$$= \text{Round}\left(\frac{200\text{℃} - 0\text{℃}}{40000 - 0}, 6\right) = 0.005$$

注：ダウンロード・データについては目次ページをご覧ください．

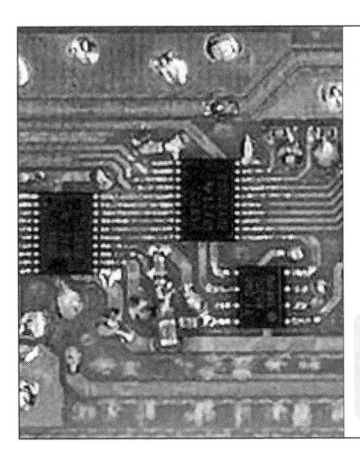

第7章 製作した精密温度計の精度検証実験と考察

μVオーダの信号を観測する実験では，外部誤差要因の徹底排除が重要な要素

中村 黄三

> 0.01℃の世界は誘導ハムや寄生熱電対が問題となるμVオーダの世界です．机上での設計と，実験による性能証明には異なるノウハウが必要です．本章では，シールド線の端末処理から取得データの考察まで幅広く解説します．

■ 実験準備

　本章で行う精度検証実験に向けて，0.01℃の桁（センサV_Oの電圧換算で38μV）以下までを定量的に測定できる環境を準備します．それには，可能な限り外的誤差要因（特に外来ノイズと風の影響）を排除する工夫が必要です．そのため，ケースは金属製のものを採用し，外部アナログ配線はシールド線で行います．

　筆者の経験から測定系は"シンプル・イズ・ベスト"なので，性能が確保された静かな測定器（DMM）1台だけで行います（図1）．特に，昨今のLCDパネル表示によるオシロスコープなどは，画面からDC測定のベースラインをふらつかせる高周波ノイズがかなり出ます．不要な測定器は遠ざけるか電源をオフにしておきましょう．

精度検証実験のための抵抗ボックスの製作

● 抵抗ボックスの製作

　温度計としての最終精度の確保には，Pt100が封入された実際の温度プローブと加熱用のオイル・バス（油漕），そして温度基準器が必要です．そこは会社が契約している校正業者に委託しました．本体に対する正確な検証を行うため，抵抗群による疑似信号源（図2）を一次試作時に製作しました（外観は序章の写真3を参照）．

▶多回転トリマの採用と調整範囲の抑制

　各温度におけるPt100の基準抵抗値を固定抵抗だけでは用意できません．多回点トリマを付加して調整により実現しています．どんなによいトリマでも，バックラッシュによる摺動子の位置ずれや接触圧変動などによる抵抗値変動があります．

　そこでトリマの可変範囲を，全抵抗値に対し±5%

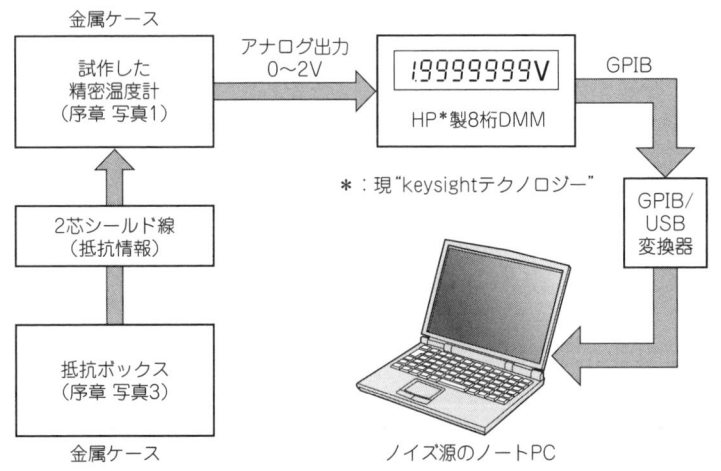

写真1
多回転（15ターン）**トリマの外観**

図1
製作した精密温度計（本体）の精度測定方法

第2部 製作編

に抑えた設計としました．基板の裏側で見えませんが，15±1回転トリマで機構に無理のない横長タイプを選んでいます(**写真1**を参照)．

▶調整による精度の追い込み

多回転トリマで調整範囲を±5％に抑えても，精度出しでかなり時間がかかります．調整は1mAの電流をA端子とB1端子間に流し，二つの端子間の電圧が**表1**の値になるようにします．精度を追い込む目標値は，端子間電圧を8桁のDMMでモニタしながら5桁まで調整し，6桁目の誤差は±3カウント以内としました．なぜDMMを抵抗計ではなく電圧計として用いているかは精度の問題で，どのようなDMMでも電圧測定モードが最も測定精度が高いためです．

ところで，一度調整してからのずれの少なさはどうも値段に比例するようです．数社の製品を試しました

が，やはり"Vishay"に軍配が上がります．1個1,200円のトリマを20個使いましたが，まあジグの製作費をケチっても仕方ないとの割り切りです．

実験環境の研究

● シールド線で抵抗ボックスと温度計を接続

抵抗ボックスと精密温度計との接続には，ハムなどの誘導ノイズを拾い込まないように2芯シールドを使っています(**図3**を参照)．2芯シールドの芯線のうち，赤線を端子A，白線を端子B_1，そしてシールドの網線を端子B_2といった具合です．

▶シールド効果を高める処置

しかし，シールド線で両者の配線を行っただけでは，誘導ノイズ対策は万全とは言えません．並行してシー

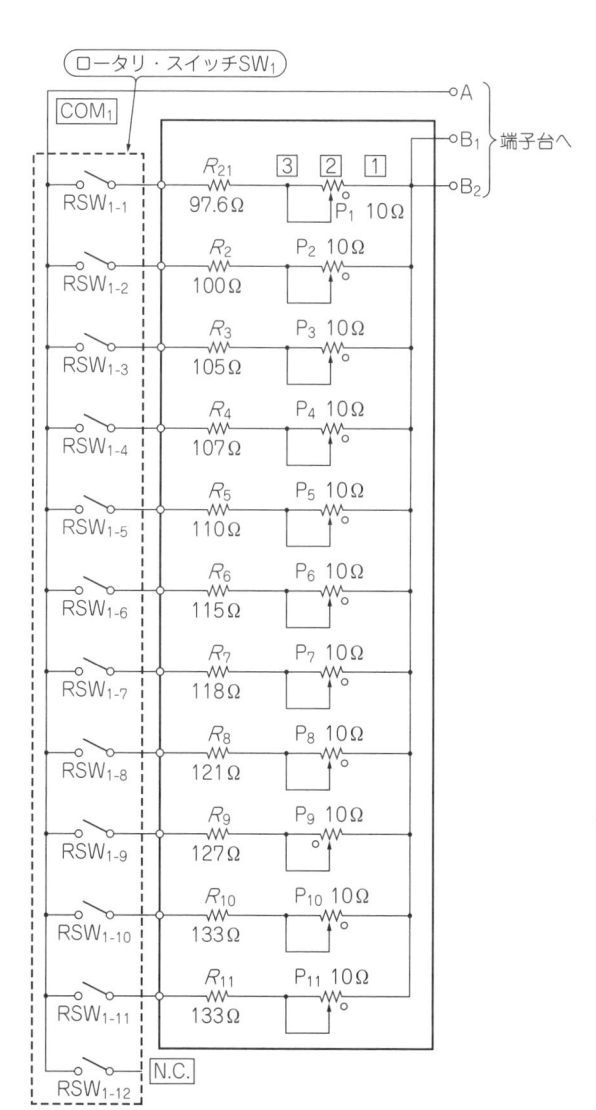

図2 抵抗網による"抵抗CAL BOX"の回路図

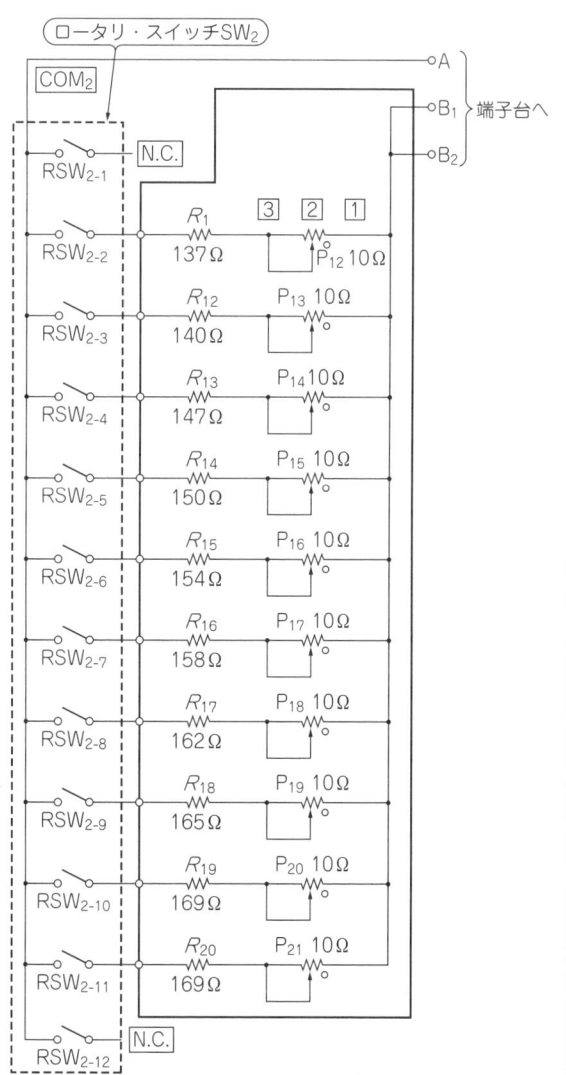

実験環境の研究

ルド線によるシールド効果を高める処置が必要です．両者の電流リターン部（B_2に相当するライン）を金属ケースに落とし，両者を導電性のマットの上に置いてシールド効果を向上させます．幸い筆者が会社で使用していたワークベンチ（以下ベンチ）の表面は，静電気対策として1MΩ程度の抵抗成分を持たせた導電性マットになっていたので，自然に図3の環境ができあがっていました（マットはアース・ターミナル経由で地面に接地）．

▶シールド効果を確かめるしかけ

前述したように，シールド効果を高める処置は必要です．では必要な理由を，ちょっとしたしかけを作って見てみましょう（写真2）．写真の左側は，トロイダル（ドーナツ状）のコアを用いた電源トランスです．トランスの2次巻き線の上にシールド線を4回ほど巻き付け，ガム・テープでベンチへ固定しています．

右側の穴あき基板には，シールドの端末を接続するターミナルと，実際の回路インピーダンスに似せた数本の抵抗が取り付けられています．ターミナルは，シールドの芯線2本と外縁の網線を接続するか浮かすかして，1芯シールド，2芯シールド，網線の接地ないしはフローティングなどの条件を作るものです．

抵抗は，信号の送り側に見立てた$R_O = 100$Ω，グラウンド抵抗に見立てた$R_G = 1$Ω，そして受け側インピーダンスに見立てた$R_I = 1$MΩからなります．

表1 抵抗BOX内の各温度に対応した構成抵抗の抵抗値
両端電圧は，1mAの励起電流を流した時の値．各抵抗値の調整は，1mAの電流を流した状態で端子間電圧を8桁のDMMでモニタしながら，多回転トリマにより5桁まで行った（6桁目の誤差は±3カウント以内）．

温度 [℃]	基準抵抗値 [Ω]	両端電圧 [mV]	変化分 [mV]
0	100.00	100.00	0.00
10	103.90	103.90	3.90
20	107.79	107.79	7.79
30	111.67	111.67	11.67
40	115.54	115.54	15.54
50	119.40	119.40	19.40
60	123.24	123.24	23.24
70	127.08	127.08	27.08
80	130.90	130.90	30.90
90	134.71	134.71	34.71
100	138.51	138.51	38.51
110	142.29	142.29	42.29
120	146.07	146.07	46.07
130	149.83	149.83	49.83
140	153.58	153.58	53.58
150	157.33	157.33	57.33
160	161.05	161.05	61.05
170	164.77	164.77	64.77
180	168.48	168.48	68.48
190	172.17	172.17	72.17
200	175.86	175.86	75.86

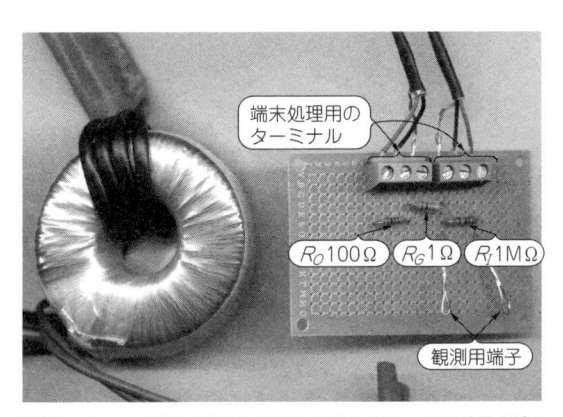

写真2 シールド線へ強引に磁束を照射してシールド効果を確かめる方法
2次巻き線の上にシールド線を約4ターン巻いて磁界にさらす．

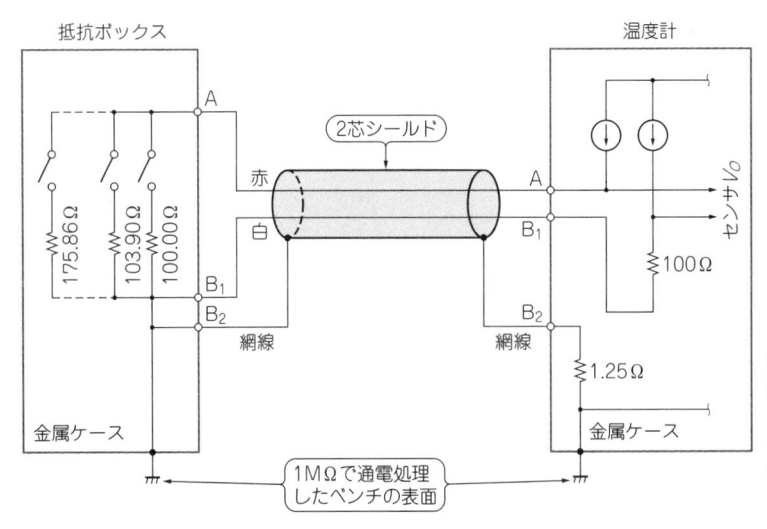

図3 抵抗ボックスと温度計を2芯シールドで接続
シールド線の端末処理を誤ると，期待した通りのシールド効果が得られないので注意する．図は，両回路の電流リターン側を金属ケースへ落とし，ケースを表面抵抗1MΩの実験台に置いたもの．

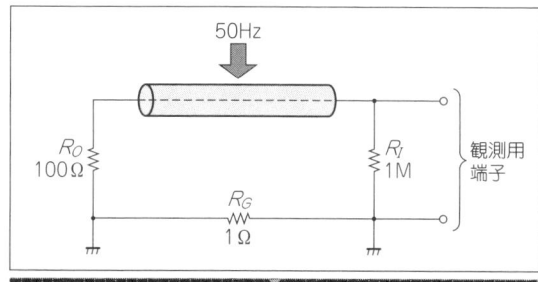

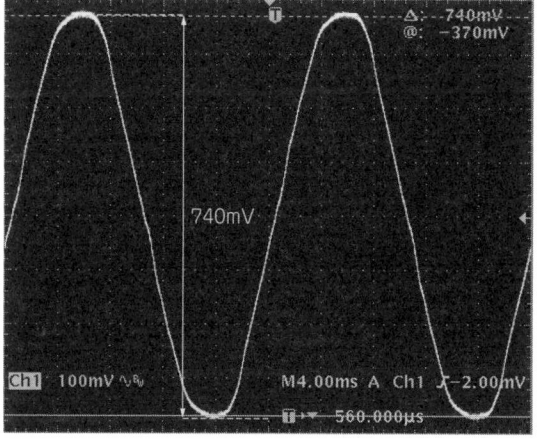

(a) 両端をフローティング
DMMの読み：267.283mV$_{rms}$.
シールド効果の基準用.

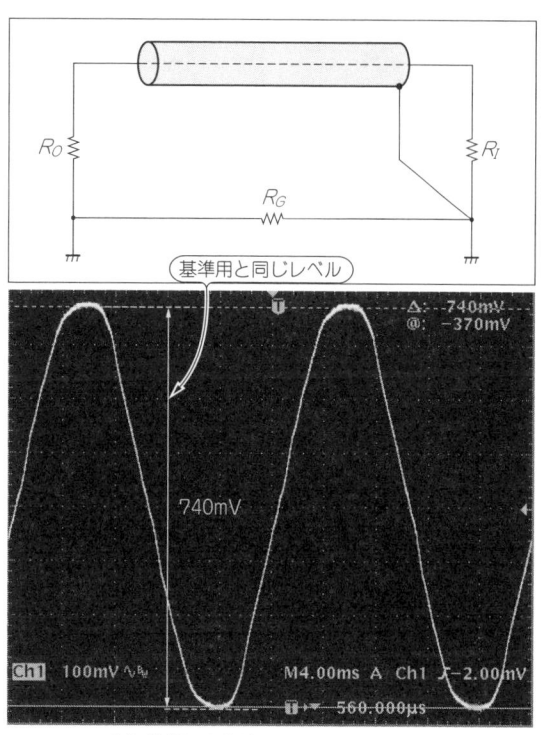

(b) 片側のみ接地
DMMの読み：267.283mVrms.
シールド効果：基準に対して0 dB.

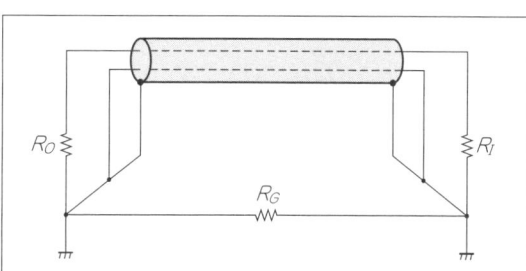

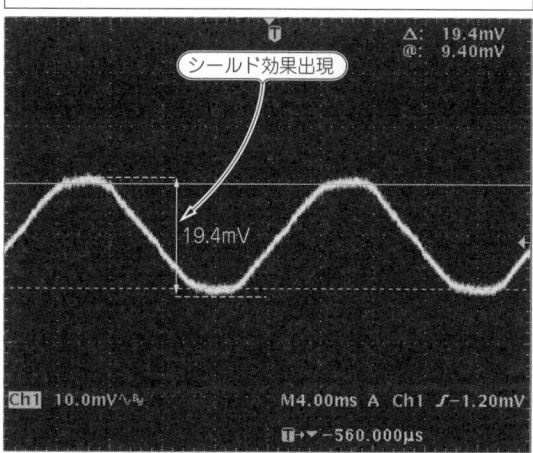

(c) 2芯シールドで両側とも接地
DMMの読み：5.833mV$_{rms}$.
シールド効果：基準に対して−27.6dB.

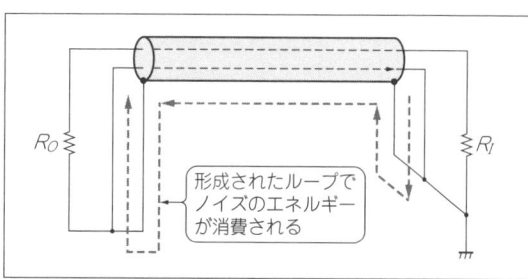

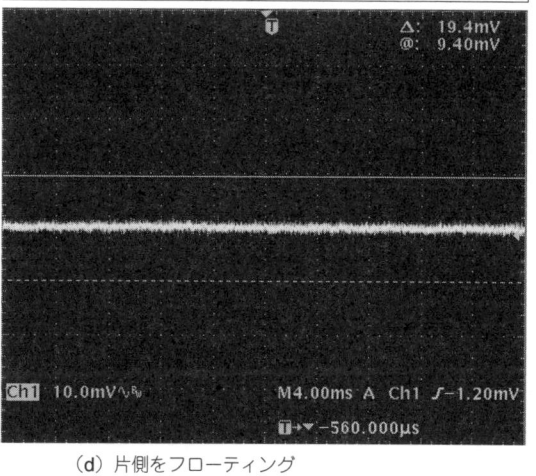

(d) 片側をフローティング
DMMの読み：0.053mV$_{rms}$.
シールド効果：基準に対して−74.1dB.

図4 シールド線の端末処理とシールド効果の確認実験
詳細なdB値はAC電圧計の読み(実効値)から算出.

実験環境の研究

また，測定器につなげるための観測用端子が，1 MΩの両端に取り付けてあり，これらの配線状況は図4から見ることができます．

▶基準シールドおよび端末処理対シールド効果

　図4の(a)は，観測用端子に接続したオシロスコープの波形です．シールド線の網線を両端ともフローティングしており，この値(740 mV$_{P-P}$)を基準減衰量とします．続いて(b)ですが，これは片側だけ網線を接地した場合です．いわゆる"なんちゃってシールド"の類で，基準用に対する減衰率は0 dBです．読者の中にも身に覚えのある人がいませんか？

　シールド効果が目に見えて発揮されてくるのが(c)の例です．19.4 mV$_{P-P}$と−27.6 dBほど誘導ハムが減衰しており，図1の実機の接続例に近い状態です．ここでdB表記の値は，DMMを交流電圧計にして読んだ基準用波形と他の波形との実効値の比をデシベルに変換したものです．

　もし図1で抵抗ボックスか温度計がどちらか一方，あるいは両方が絶縁物の上に置かれた場合は，シールド効果は(b)のケースと同じになります．

▶最良のシールド効果が得られる方法

　最良のシールド効果が得られる方法は(d)です．オシロスコープでは波形が見えないくらい減衰しているのが分かります．DMMの読みの比で−74.1 dBですが，実際にはDMMの内部ノイズが支配的で正しい値は分かりません．

　では，なぜこのように強烈なシールド効果が生まれるかを考えてみましょう．まずシールド線の材質です．外縁の網線には銅やアルミ箔が使われており，これらは非磁性体なのでフラックス(磁束)を容易に通過させます．(d)のように処理すると，外縁の網線と芯線の一本とで構成するループ(ワンターン・コイル)ができあがります．フラックスによって誘起した電流は，このループ内で消費され熱になって消滅します．これがシールドの原理で，網線でフラックスが遮断されているわけではありません．

　(c)の方法でも効果はありますが，グラウンド・ライン(ここではR_Gとして抵抗分1 Ωを持たせてある)にも分流するため，芯線と外皮線の電流量が同じにならず効果は(d)よりも劣ります．ちなみにR_G = 1 Ωは，シールド線の過熱防止用の電流制限抵抗で，これがないと被覆がかなり熱くなり危険です．

　では，図4の方法より高いシールド効果を得るため，シールド線とパラに，線(ショート用の線)をもう一本足すという手が考えられます(図5)．追加したショート線で強引にループを作り，抵抗ボックス側をフローティングにすれば，(d)と同じシールド効果が得られます．

精度検証実験と考察

　DMMから取り込んだ長時間の生データを解析して，温度の計測精度(DC的項目)をチェックします．そのほかに，序章の表1で示した"要求精度"の項目で，"表示安定性：最下位桁がチラつかないこと"(AC的項目)もチェックします．いろいろな角度から分析することで，DMMだけのデータでも，結構幅広い情報が得られるものです．実際に取り込んだ生データは，アーカイブ・データ中に"RTD実験データ_抵抗ボックス"として収録してありますので，参考にしてください．

● 測定データの取り込みと採用方法

　前出の図1において，DMMとノートPCとの物理的な接続環境は，DMM側がGPIB，GPIB/USB変換ボックスを通してノートPC側がUSBで接続されてい

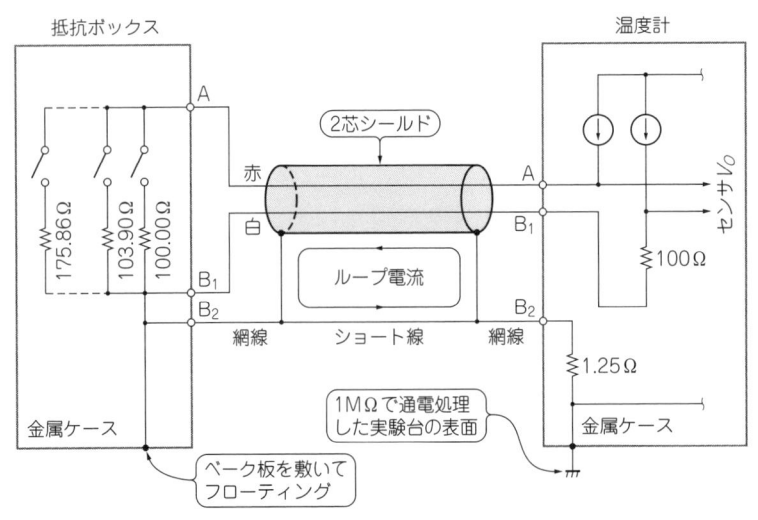

図5 シールド線にショート線を追加してシールド効果を高める

シールド線の両端をショート線で結合し，生成されたループで図4(d)の効果を狙った処理方法．

表2
データの測定間隔とデータの採用方法
DMMから3秒間隔で送られてくるデータを表計算ソフトのマクロで自動的に取り込む．抵抗ボックスの温度設定スイッチを切り替えてから30秒経過後の10データを測定データとする．

時刻	経過時間	測定値	備考
10:45:00	0:01:50	1.95278E-06	
10:45:03	0:01:53	-0.000165379	
10:45:06	0:01:56	-2.30694E-05	
10:45:09	0:01:59	3.04653E-05	
10:45:12	0:02:02	-3.211E-05	
10:45:16	0:02:06	0.000150694	
10:45:19	0:02:09	-6.2684E-05	0℃の10データ
10:45:22	0:02:12	-1.4227E-06	
10:45:25	0:02:15	-1.5783E-05	
10:45:28	0:02:18	-2.3923E-05	
10:45:32	0:02:22	-2.0416E-05	
10:45:35	0:02:25	-6.8031E-06	
10:45:38	0:02:28	-0.00012136	
10:45:41	0:02:31	-0.000151046	スイッチ切り替え
10:45:44	0:02:34	-0.000195747	
10:45:48	0:02:38	0.0747908	
10:45:51	0:02:41	0.09993526	
10:45:54	0:02:44	0.099785998	
10:45:57	0:02:47	0.099822996	
10:46:00	0:02:50	0.099695446	30秒分切り捨て
10:46:04	0:02:54	0.099629247	
10:46:07	0:02:57	0.099865164	
10:46:10	0:03:00	0.099793119	
10:46:13	0:03:03	0.099686998	
10:46:16	0:03:06	0.099807964	
10:46:20	0:03:10	0.099742183	
10:46:23	0:03:13	0.099846869	
10:46:26	0:03:16	0.099788097	
10:46:29	0:03:19	0.099836871	10℃の10データ
10:46:33	0:03:23	0.099732439	
10:46:36	0:03:26	0.099765426	
10:46:39	0:03:29	0.099804213	
10:46:42	0:03:32	0.099856687	
10:46:45	0:03:35	0.099786964	

（3秒間隔）

ます．もちろんノートPCは，抵抗ボックスと温度計から離れた場所に置きます．幸い職場に誰かが作った変換ボックスのデバイス・ドライバ越しに表計算ソフトへ取り込むマクロがあったので，これを使うことにしました．

DMMを最高精度にしてかつアベレージングさせると，DMMからのデータ送信は約3秒間隔になります（**表2**）．DMMから垂れ流しで送られてくるデータの

表3 測定データのまとめ
採用した10データの平均値を求め，確定データとする．このとき，目視したLCDの数値も表へ書き込む．

LCD表示誤差	0.00	-0.02	0.02	-0.01	0.00	-0.02	0.00	0.01
LCD表示	0.00	9.98	90.02	99.99	110.00	179.98	190.00	200.01
計測温度[℃]	0	10	90	100	110	180	190	200
	0.000030465	0.099807964	0.900135724	0.999952637	1.099982972	1.799790844	1.899875054	2.000009428
	-0.000032110	0.099742183	0.900079315	0.999863843	1.099978066	1.799875856	1.899936944	1.999943948
	0.000150694	0.099846869	0.900162590	0.999923182	1.100083540	1.799719022	1.900057134	2.000083134
	-0.000062684	0.099788097	0.900283577	0.999831780	1.100055062	1.799750221	1.899964195	2.000074788
	-0.000001423	0.099836871	0.900214098	0.999755869	1.100102295	1.799804304	1.899999552	2.000054566
	-0.000015783	0.099732439	0.900167832	0.999912336	1.099992185	1.799757521	1.900003560	2.00011547
	-0.000023923	0.099765426	0.900198038	0.999871139	1.100047525	1.799757341	1.900007867	2.000145382
	-0.000020416	0.099804213	0.900184272	1.000033278	1.100008279	1.799734068	1.900109901	2.000185436
	-0.000006803	0.099856687	0.900232015	0.999762328	1.100028111	1.799735923	1.899859379	2.0000225
	-0.000121358	0.099786964	0.900121363	1.000001107	1.099989224	1.799854469	1.899887587	2.000002757
平均出力[V]	-0.000010334	0.099796771	0.900177882	0.999890750	1.100026726	1.799777957	1.899970117	2.000063741
出力誤差[℃]	-0.001033396	-0.020322868	0.017788244	-0.010925015	0.002672588	-0.022204299	-0.002988277	0.0063741
出力誤差[V]	-0.000010334	-0.000203229	0.000177882	-0.000109250	0.000026726	-0.000222043	-0.000029883	6.3741E-05

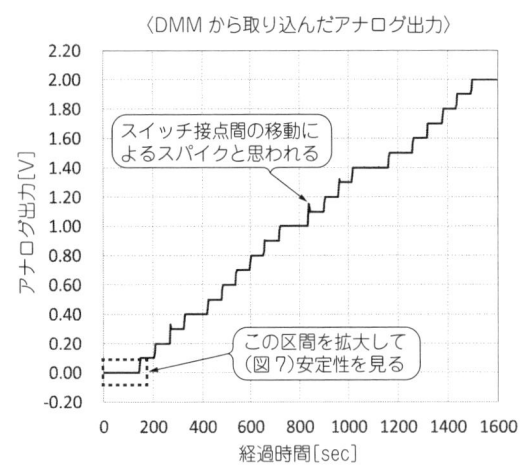

図6 0℃～200℃まで10℃ステップで抵抗ボックスを操作したときのアナログ出力

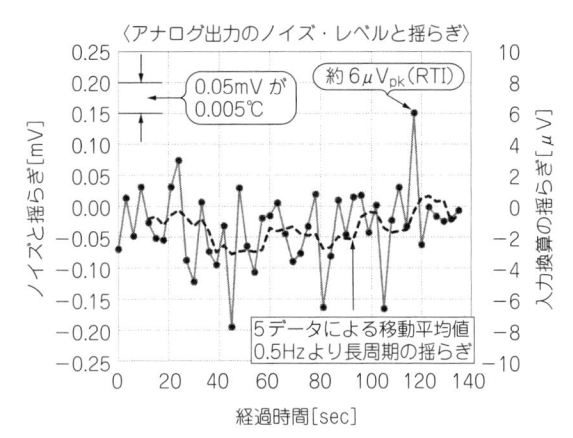

図7 測定開始から135秒間(抵抗ボックス100Ω)で見たアナログ出力の揺らぎ

全てを，いったん，表データに記録します．その状況で，抵抗ボックスの温度設定スイッチを切り替えて，30秒経過後の10データを切り取って採用しています．最終的には，別のシートで切り取った10データの平均値をとり，それを確定データとしています(表3)．

生データは約30分間の533データあり，これを全て表で示すのは無理なので，代わりに全体をグラフでお見せします(図6)．階段波形の最初にあるスパイク状の波形は，スイッチ切り替え時における系の暴れに間違いありませんが，ハード系の追従(セトリング)の問題か，ファーム系の脱調(異常事態における計算の乱れ)の問題かは特定していません．乱れは2データ(6秒間)続きますが，三つ目のデータからは正常なのでよしとしています．

● 波形から見たノイズ成分の感触

ノイズ分析は代表的なAC分析で，DC成分があると面倒なので図6の測定開始から10℃を測定する直前までの46データを分析に使います(図7)．本当は1000データぐらい欲しいのですがやむをえません．

同図のグラフにおいて，黒丸が実データ・ポイントでポイント間隔が3秒(X軸)，Y軸の0.05 mVが0.005℃相当です．従って0.1 mV以上の変動があると，0.01℃の桁が1カウント変化します．グラフからは138秒間で9回ほどカウントの変化が見てとれますが，この後の統計的解析によってもう少し詳しく分析します．

ところで，入力換算で見たときのレベル(右側のスケール)は，1カウントの振れ幅で約3.8 μVです．ここで点線のグラフに着目してください．グラフは生データ5個による移動平均で，0.1 Hzより長周期の2 μVの揺らぎが見てとれます．実はこの揺れ，デバイスのノイズだけではなく寄生熱電対の影響も含まれたものです．

後で気が付いたことですが，実験を担当したエンジニアのワークベンチが，空調の吹き出し口の真下でした．金属ケースで抵抗ボックスと温度計本体は風から遮蔽されていますが，シールド線を接続したターミナルはむき出しです．ターミナルに加えたクロム・メッキと銅線は異種金属の接合を形成し，立派な熱電対となります．後の祭りでしたが，このレベルになると寄生熱電対の影響も考慮し，実験する場所も考えなけれ

表4 アナログ出力のノイズを基本統計量で評価してみる
歪度から見ると，それほど大きな有色ノイズは混入していないようである．実効値が2.3397 μVで標準偏差が2.3656と比較的近いことからも分かる．

入力換算ノイズ + DC成分 (μV)	
平均	− 1.284327
標準誤差	0.348784
中央値（メジアン）	− 1.107350
最頻値（モード）	#N/A
標準偏差	2.365570
分散	5.595923
尖度	1.486536
歪度	− 0.118430
範囲	13.125239
最小	− 7.409409
最大	5.715830
合計	− 59.079021
標本数	46

実効値 [μV$_{rms}$]	2.339716
予想最大ピーク値 σ×3.3 [μV$_{pk}$]	7.806382
0.01℃の重み [μV]	3.793000

データ区間 (μV)	頻度
-10	0
-9	0
-8	0
-7	1
-6	2
-5	0
-4	2
-3	4
-2	6
-1	9
0	8
1	8
2	4
3	2
4	0
5	0
6	1
7	0
8	0
9	0
10	0
次の級	0

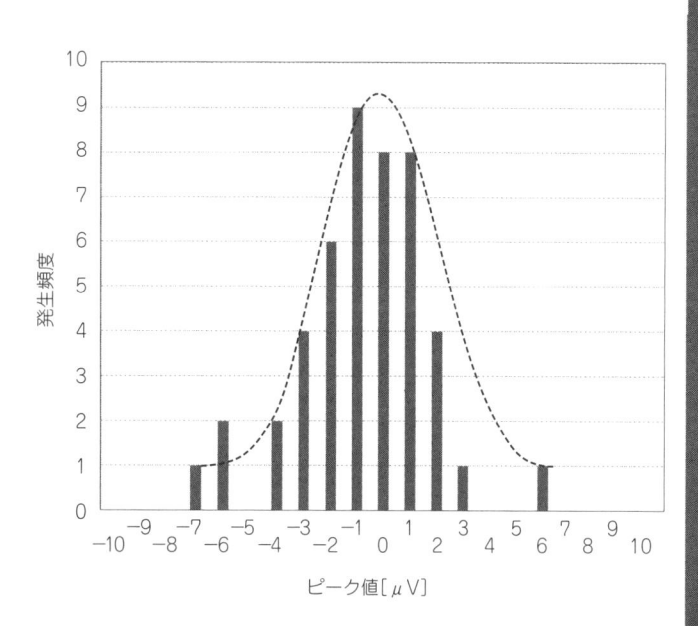

図8
アナログ出力の揺らぎを，振れ幅と発生頻度でグラフ化したヒストグラム

ばなりません．

● 基本統計量によるノイズの定量分析

ノイズのようにランダムに変化する事象を評価するには，統計学的手法が一番ふさわしいでしょう．表計算ソフトに備わる基本統計量（データ・タブ右端のデータ分析メニューから侵入）の計算機能はとても便利で，このようなときに重宝します（表4）．

表4は，計算ソフトが46個のデータを基に出力した基本統計量です．少しだけデザインを加えましたが，用語の並びと数字には手を入れていません．以下で，基本統計量と実際の温度計との関係を解説します．

▶平均，標準誤差，中央値，最頻値

まず平均ですが，ここではオフセット値（DC成分）の平均値になります．次に標準誤差ですが，この46個のデータの平均が，どの程度母集団の平均に近いかを示す指標です．ここでは意味がありません．中央値は46個のデータのうち，量的に真ん中に位置する値です．表では中央値が−1.10735 μVとデータ全体が負に偏っています（図7でも同じ）．

最頻値（モード）は，発生したノイズの振幅を一定区間に区切って（例えば1 mVrms以上から2 mVrms未満とか），同じ区間の振幅を持つノイズが何回現れたかを示す指標です．全体の頻度を表すにはヒストグラムと呼ばれる棒グラフが用いられます（図8）．グラフは46個のデータを1 μV刻みで階級を付けたときのヒストグラムで，点線は発生頻度がガウス（正規）分布している場合の包絡線です（手書きなので正確さについてはスルーしてください）．

▶標準偏差

上から5項目目の標準偏差（1σ）はバラツキの範囲で，ここでは発生するノイズの振幅になります．1σでカバーされる確率は時間方向で68.27％です．もう少し現実に即して言えば，ノイズの観測を一定時間行ったとき，振幅2.36557 μVまでのノイズが全観測時間の68.27％に現れるということです．

主表の下のサブ表にσ×3.3とありますが，3.3σがカバーする範囲は99.9％です．つまり，発生するノイズのピーク値を7.806382 μVpkと予想すれば，これより大きなノイズが発生する時間的確率は統計学的には0.1％以下（1000個のデータ中1個出現）であるということです．ただし，データのばらつきがガウス分布をしているという条件は付きます．前出の図8ではデータが少ないので，この段階ではいまだ何とも言えません．

余談ですが，筆者はかつてこれが本当かどうかを調べたことがあります．1万個の純粋なノイズ・データをベースに振幅の区間分けをして調べたところ，発生頻度が1σ（68.27％），2σ（94.45％），3σ（99.73％）のように一致しました．まったく先人の知恵と経験には頭が下がります．

▶実効値と標準偏差の比較

実効値と標準偏差は算出する式は異なりますが，デ

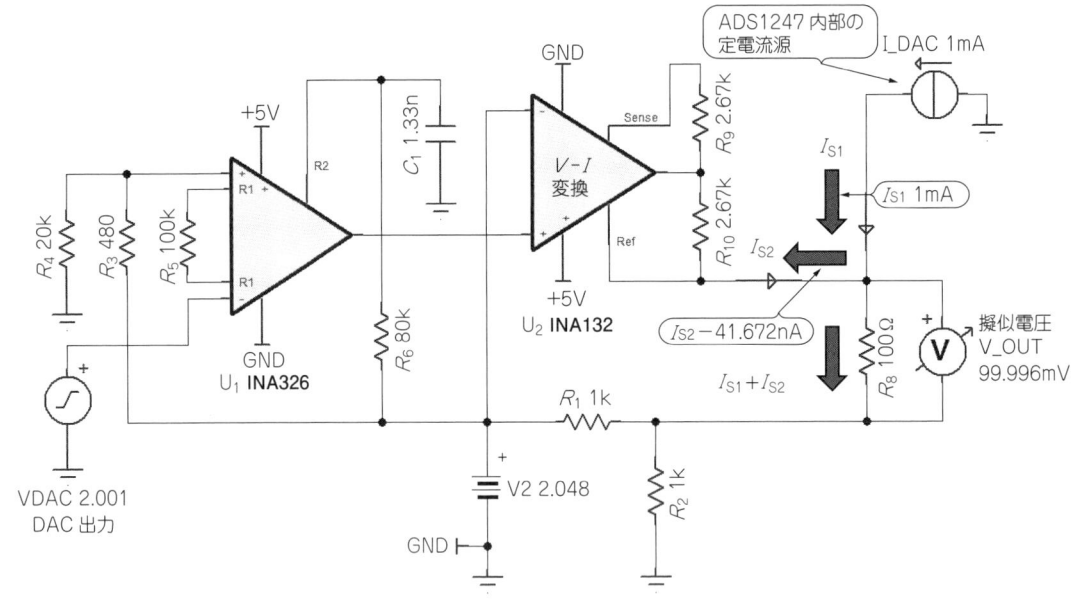

図9 電流加算による疑似電圧の原理
終段にHawland電流ポンプ回路による電流-電圧変換回路を入れ，電流加算により疑似電圧を得る．

ータがガウス分布していると，面白いことに実効値と標準偏差が一致します．そこで，46個のデータから実効値を求めサブ表に載せてみました．標準偏差 2.36557 μV に対する実効値 2.339716 μV の比較は1.1%の差異ですから，どうやらデータはガウス分布しているといえそうです．

▶歪度，尖度

そしてもう一つ重要な事柄は，ノイズ・データの振幅がガウス分布しているということは，ハムなどの有色ノイズの混入がないということで，**図5**の処置が効いている証です．有色ノイズが混入すると，**図8**のヒストグラムが左右対称になりません．**表4**であれば上から8番目の歪度(左右対称性)の値が悪くなります．また釣鐘型になることもあり，その場合はその上の尖度(とんがり具合)の値が悪くなります．

ではここで，表示安定度の結論です．サブ表では 0.01℃の重みは入力換算で約3.8 μV です．このデータを取った1600秒中，少なくとも1092秒(68.27%)は同じ表示が出ていることになり，まあー妥協できる範囲ではないでしょうか．

基本統計量によるノイズの評価は以上ですが，**表4**を読みこなすことで，ずい分と沢山の情報が得られることがお分かりいただけたかと思います．

■ 抵抗ボックスに変わる次世代ジグの考察

抵抗ボックスを運用していると，二つの点で不満を感じました．一つ目はトリマによる調整のずれで，もう一つは10℃刻みの試験しかできない点です．そこで，吸い込みと掃き出しができる可変定電流回路で代用できないか考えてみました(**図9**)．図は"Hawland"電流ポンプ(以下，V-I変換回路)と呼ばれる回路で，既に製作した温度計のアナログ出力部分を，図の回路に置き換えて実現しようとする試みです．

● 動作原理

図9に従って説明すると，温度計本体からは"I_DAC"により，Pt100駆動用電流1mAが R_8 の100Ωに供給されています．これをV-I変換回路で吸い取るか，逆に100Ωへ電流を足すかして R_8 の両端電圧

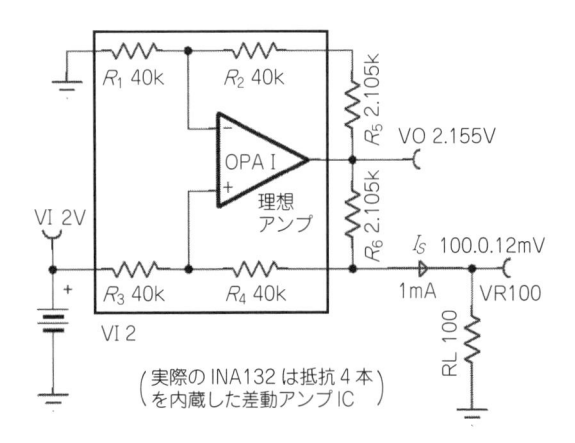

図10 Hawland電流ポンプ回路のシミュレーション
不明な回路の動作確認にかかわるシミュレーションは，理想OPアンプで単純化して行うと，誤差成分がなくて分かりやすい．

カーソル"a"= 175.86mV
　　　　　　　200℃における両端電圧
カーソル"b"= 100.034mV
　　　　　　　ほぼ0℃における両端電圧

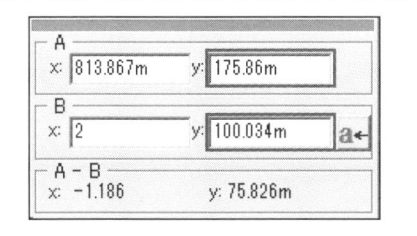

A
x: 813.867m　y: 175.86m
B
x: 2　　　　　y: 100.034m
A-B
x: -1.186　　 y: 75.826m

図11　疑似電圧発生回路のシミュレーション結果

をコントロールします．0℃の測定では，I_DACの電流が大きい場合はその分だけ吸い取り，少ない場合は電流を掃出してその分を足します(つまりR_8の両端は100 mV一定)．

0℃以外の測定では，I_DACの電流とR_8の値は変わりませんが，V-I変換回路から電流を足して，R_8の両端電圧を測定温度に見合った値にします．この回路形式のV-I変換回路は電流の吸い取り／掃き出しができるのでこれが可能です．

● **V-I変換回路のシミュレーション**

不明な回路の動作確認に関わるシミュレーションを理想OPアンプで単純化して行うと，誤差成分が含まれないので分かりやすくなります(**図10**)．DC解析の"節点電圧を計算"の実行で，既に電圧と電流が回路上に表示されていますが，伝達式も立てて数値を確認しておきましょう．

まずV-I変換回路の出力電流I_Oは，入力電圧とコンダクタンスg_mの積で決まります［式(7-1)］．

$$I_O = g_m V_I \text{ [A]} \quad \cdots\cdots 式(7\text{-}1)$$

図10では$R_1 \sim R_4$までが同じ値(40 kΩ)です．そこで，$R_1 = R_2 = R_3 = R_4 = R$，$R_5 = R_6 = R_S$と置いて$g_m$の式を求めます［式(7-2)］．

$$g_m = \frac{1}{R} + \frac{1}{R_s} \text{ [s]} \quad \cdots\cdots 式(7\text{-}2)$$

ここで，単位記号の(S)はジーメンスです．次に式(7-2)の右辺を式(7-1)に代入すれば，**図10**の伝達式が得られます［式(7-3)］．

$$I_O = \left(\frac{1}{R} + \frac{1}{R_s}\right) V_I \text{ [A]} \quad \cdots\cdots 式(7\text{-}3)$$

写真3　製作した電流加算型の精度測定ジグのケース内部

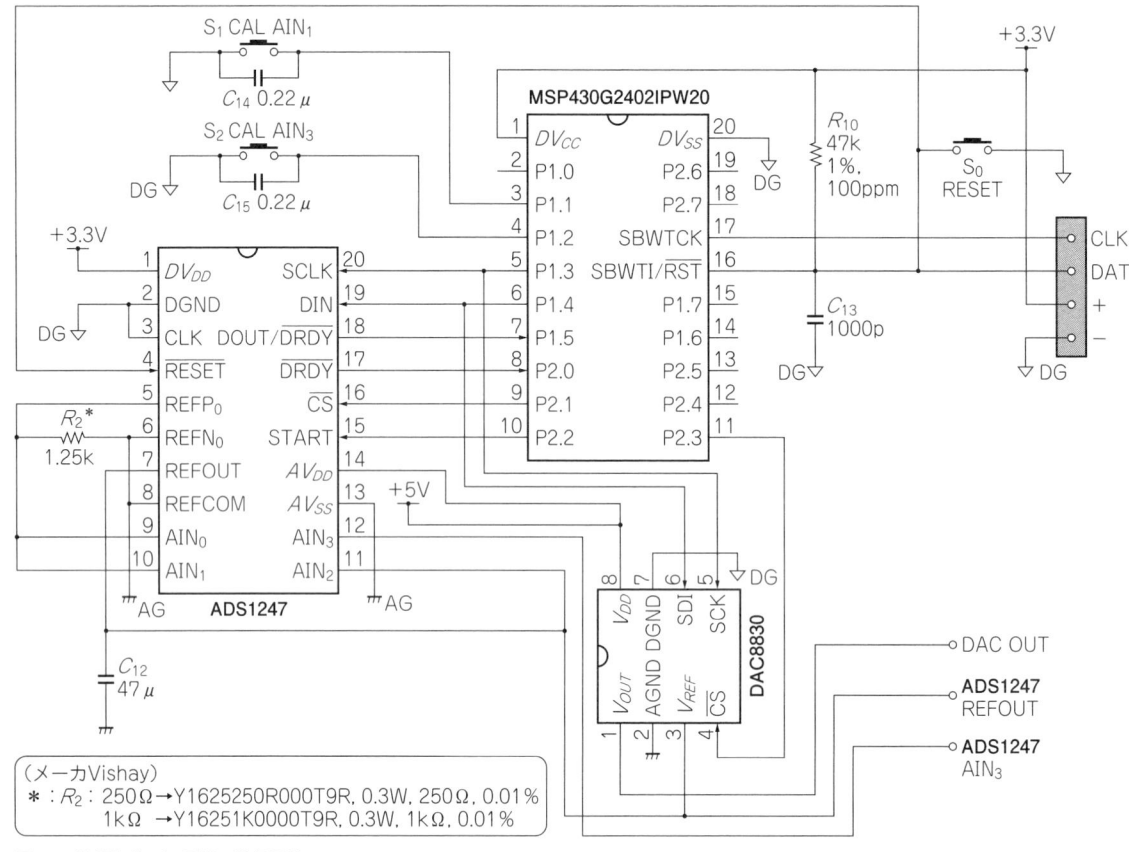

図12 情報収集/処理部の詳細回路

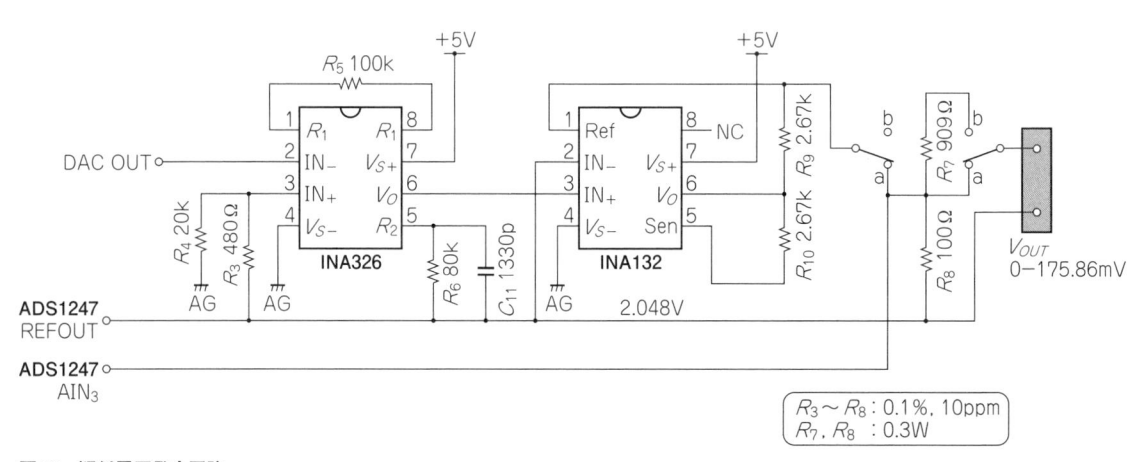

(メーカVishay)
* : R_2 : 250Ω → Y1625250R000T9R, 0.3W, 250Ω, 0.01%
　　　1kΩ → Y16251K0000T9R, 0.3W, 1kΩ, 0.01%

図13 擬似電圧発生回路

$R_3 \sim R_8$: 0.1%, 10ppm
R_7, R_8 : 0.3W

　V_Iは2Vと指定の値ですから，残りのR_Sを左辺へ移項して式(7-4)を得ます．

$$R_s = \frac{RV_I}{I_oR - V_I}$$

$$= \frac{40\text{k} \times 2\text{V}}{1\text{mA} \times 40\text{k} - 2\text{V}} = 2.105\text{k}\Omega \cdots\cdots 式(7\text{-}4)$$

算出された抵抗2105Ωを式(7-3)に代入すれば，答えは1mAとなります．後はDAC出力を813.867mV～2Vまで振れば，R_L(100Ω)の両端に100mV～175.86mVの電圧が得られます(図11)．

　TINA-TIの面白いところは，表示されたカーソル・ボックスのY軸に自分の必要な値を書き込むと，カーソルがX軸のそれに対応する所へ移動してX軸の値を表示してくれることです．このため，式を立てるのが

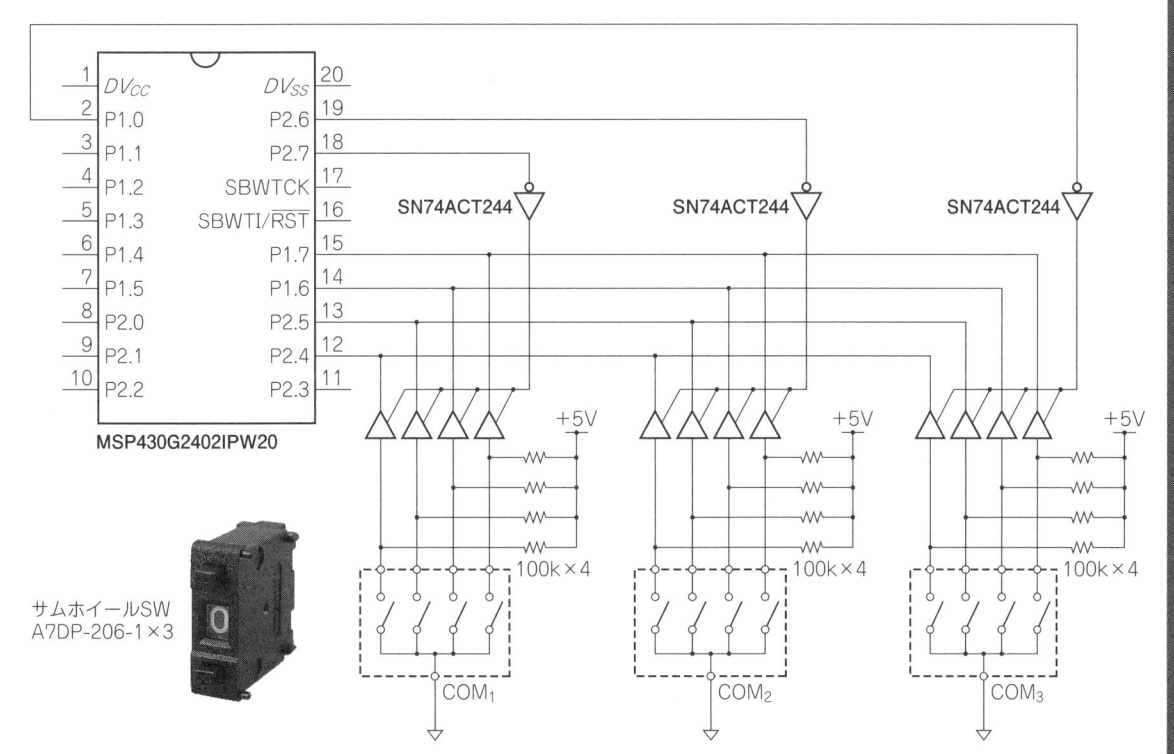

図14 温度設定スイッチ

面倒なときは，こうした操作で答えを求めることもできます．

● 回路図詳細と外観写真

回路図の詳細を図12～図14に，製作したジグの外観写真を写真3に示します．図12については，ADS1247のAIN₀とAIN₁のペアが2.5Vへ固定になっている以外は，温度計の回路そのものです．また，電源部も全く一緒なので，ここでの記述を省略します．

図13は先ほどから出てきている$V\text{-}I$変換回路です．INA326でDACの振れを-1.6倍することから$R_9 = R_{10} = 2.67\,\mathrm{k\Omega}$として$g_m ≒ 0.63999$にしています．ちなみに，温度計と同じで，DACの振れ方向とINA326の振れ方向は逆極性です．

図14は，温度設定用のサムホイール・スイッチからMPUへのインターフェース回路です．MPUのポートが足りないため，P1.0，P2.6，およびP2.7をコモンとするマトリックス接続にしています．サムホイール・スイッチ3個を取り付けたことにより，0℃～200℃まで1℃ステップで温度計本体の試験が行えます．温度設定の細かさもさることながら，接点圧の変化で調整かずれるトリマがないことが，最も喜ばしいことです．

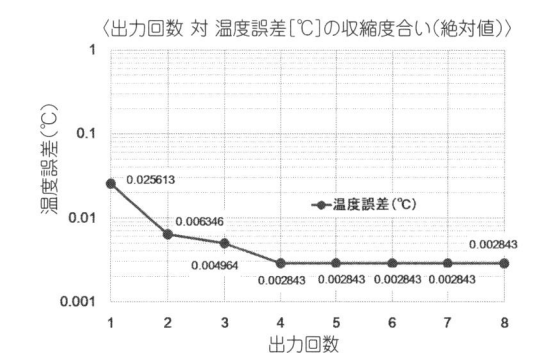

〈出力回数 対 温度誤差[℃]の収縮度合い(絶対値)〉

図15 サムホール・スイッチの設定変更からアナログ出力が安定するまでのループ回数

● スプレッドシートとファーム

写真3は実際に製作したジグで，仮のファーム(β版)を起こして作動させています．アナログ出力はスイッチ設定に従って正しい値を示しますが，どうかすると動きが固まってしまいます．

ただし，完全なスプレッドシートを収納しています．アンプなどの誤差源を入れた計算式なので温度計のものより複雑です．図15はスプレッドシート上でシミュレーションした，サムホール・スイッチの設定変更からアナログ出力が安定するまでに要するループ回数です．1フレーム4回ループを回してアナログ出力を補正しているので，1秒後には最終精度が得られます．

図17
専門業者に測定してもらった
温度計の納品書兼合格書
温度計の型番は使ったADCの型番
(ADS1247)と同名にした．

■ 外部へ出した校正表

本章の最後に，専門業者へ依頼した精密温度計とプローブの校正表と納品のコピーを図16，図17に示します．最初にプローブの校正データをもらい，それに合わせて補正式の定数（ゲイン項）をわずかに調整しています．図17の納品書にあるADS1247は温度計本体の型番代わりの記号で，面倒なのでADCと同じ型番で発注しました．

いずれにしても，分解能0.1℃ ± 0.3℃程度の温度計なら，今回開発したファームと無校正のプローブで気軽に実現できるのに，0.01℃ ± 0.03℃となると10倍どころか，100倍くらい大変であることがよく分かりました．

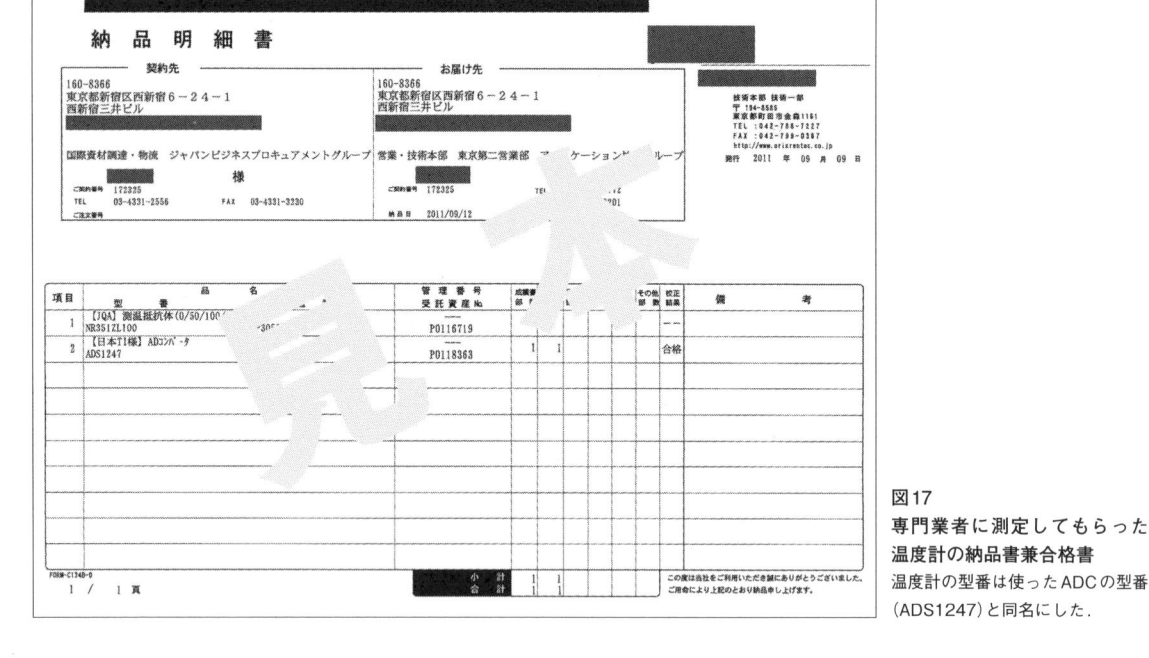

図16 専門業者に測定してもらった温度プローブの校正データ

第7章 製作した精密温度計の精度検証実験と考察

第2部 製作編

Appendix B　精密温度計の一次試作詳細回路図

　図1から図4までの回路は第2部 第4章で解説した一次試作（原理試作）で用いたものです．二次試作と異なる点は，精度の追い込みが全てハードウェアに依存していることです．ページの関係で図の順序が変則的になっていますが，以下に図1から順に回路の解説をします．

● 図1：センサ・インターフェース回路

　この回路全体で，3線式のセンサ・インターフェース回路を構成し，図の上部が3線式接続を実現する2本の定電流回路です．1本はPt100を励起し，他の1本はPt100の初期電圧と配線抵抗をキャンセルします．ちなみに，この定電流回路の伝達式は第2部の第7章に記載しています．

　図の下部がセンサV_Oを受けて増幅するためのアンプで，U_1（INA333）の出力は200℃（Pt100両端電圧＝175 mV）において約2.011 V，後段のU_2（OPA333）で少し減衰させて2 Vにします．なお，U_2の出力電圧は，後段のADC用入力バッファ・アンプ（以下，単にバッファ）に送られます．

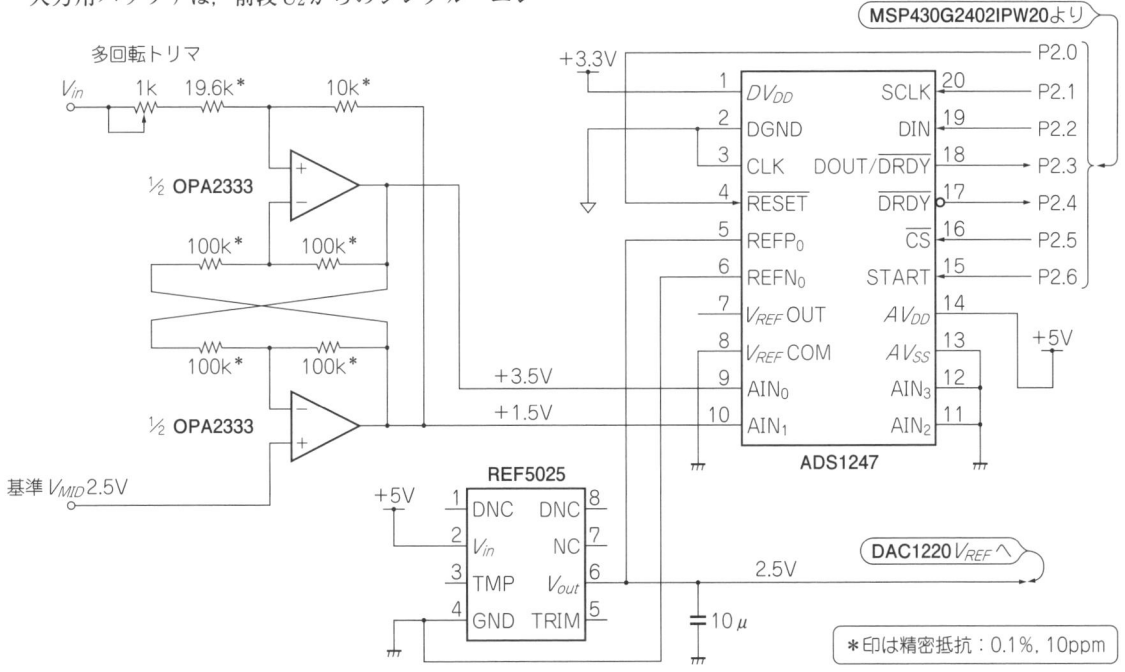

● 図2：ADCと入力用バッファ回路

　入力用バッファは，前段U_2からのシングル・エンド信号を差動信号に変換してADC（ADS1247）の入力をドライブします．この回路の特長は，上段と下段のアンプの信号伝搬遅延が等しい（＝位相差がない）ことで，高周波回路ではよく用いられます．

　アンプのゲイン式は，$2 \times R_F(10\,\mathrm{k}\Omega) \div R_I$（トリマ$1\,\mathrm{k}\Omega + 19.6\,\mathrm{k}\Omega$）で，トリマを調整してゲインを1倍に設定しています．なお，REF5025は基準電圧源（2.5 V）で，ADCとDACで共有されます．

● 図3：MPUとレベル・シフタ回路

　MPU（MSP430G24021PW20）は，ADCからのデータ取り込みとセンサの非直線性を補正してからDACへデータを送ります．MPUの電源電圧が3.3 Vなので，5 Vの元電源からTLV70233DBにより3.3 Vへドロップダウンして供給しています．

　TLV70233DBの出力ピンとMPUの電源ピンとの間にあるスイッチは，書き込み用端子を経由してMPUにファームを書き込むためのもので，書き込み時はこれをオフにします．

　なお，SN74LVC2T54は，MPUの3.3 V系I/OからDAC（DAC1220）の5 V系ロジックへシフトするためのレベル・シフタです．

図2　ADCと入力用バッファ回路
OPA2333×2によるたすき掛け帰還アンプは，図1のU_2の出力を差動信号に変換してADC（ADS1247）を駆動する．基準電圧源REF5025の出力2.5 VはADCとDACへ供給される．

＊印は精密抵抗：0.1%, 10ppm

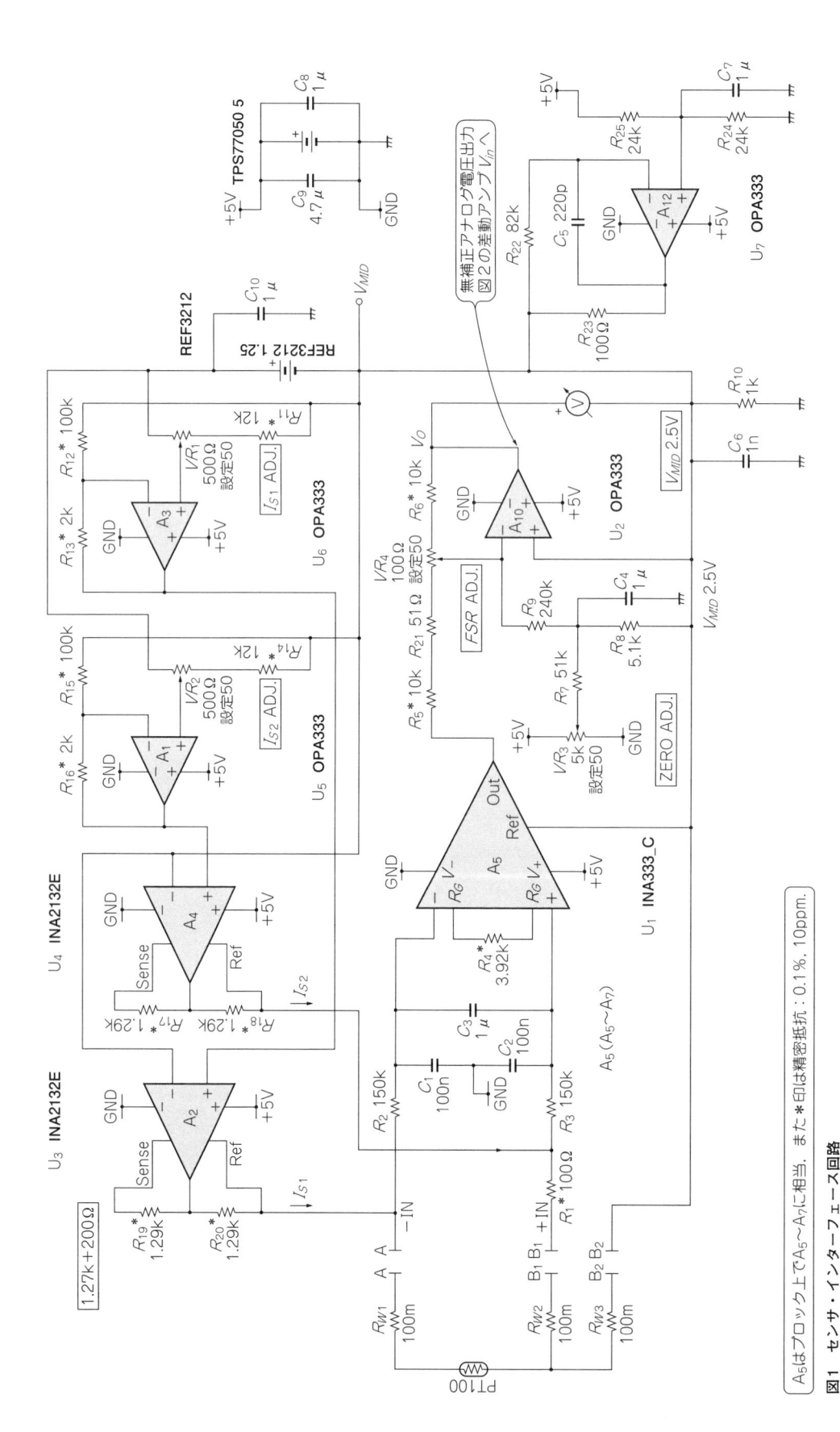

図1 センサ・インターフェース回路

上段の回路が二つの1mA定電流源（U3とU4）と、それぞれの電圧源（U5とU6）。U3とU6、U4とU5のペアにより、いわゆる可変V-I変換回路を構成し、V_{R1}とV_{R2}より抵抗や基準電圧（REF3212）の誤差を調整する。下段の回路がセンサ信号用アンプ（U1）で、U2の回路に付随するV_{R3}とV_{R4}によりオフセットとゲイン誤差を調整し、ADCのバッファ・アンプ入力へ供給する。

A5はブロック上でA5～A7に相当。また＊印は精密抵抗：0.1%、10ppm。

172 Appendix B 精密温度計の一次試作詳細回路図

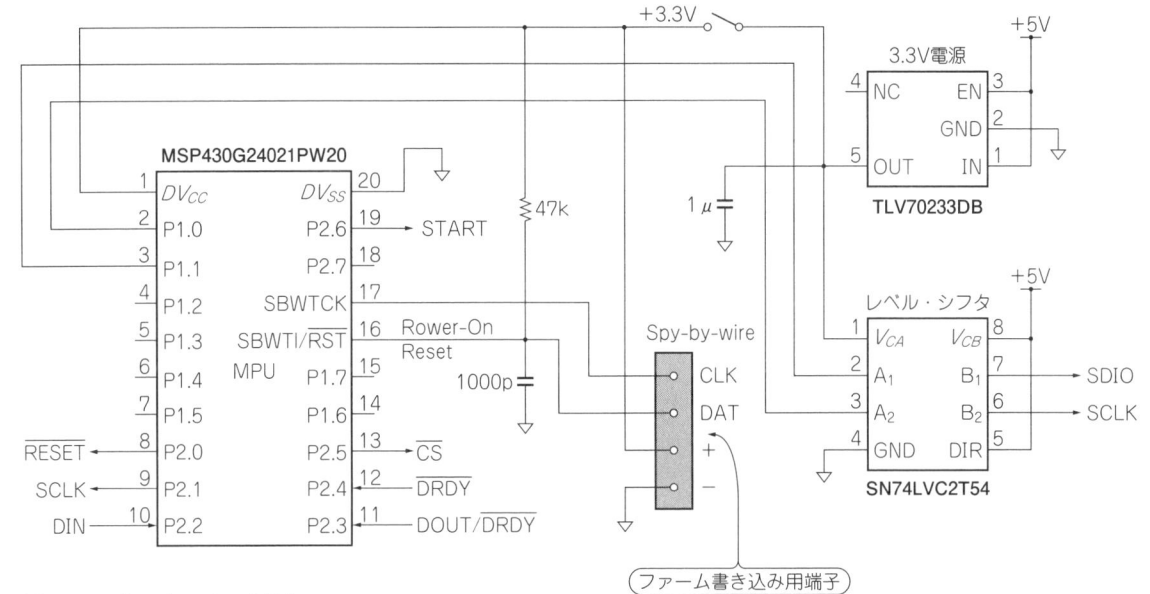

図3 MPUとレベル・シフタ回路
MSP430G24021（PW20はパッケージ・コード）はADCとDACの制御用MPUで，センサの非直線性の補正も行う．TLV70233DBでMPU用電源3.3Vを供給し，SN74LVC2T54は3.3Vから5V系へのロジックレベル・シフタである．

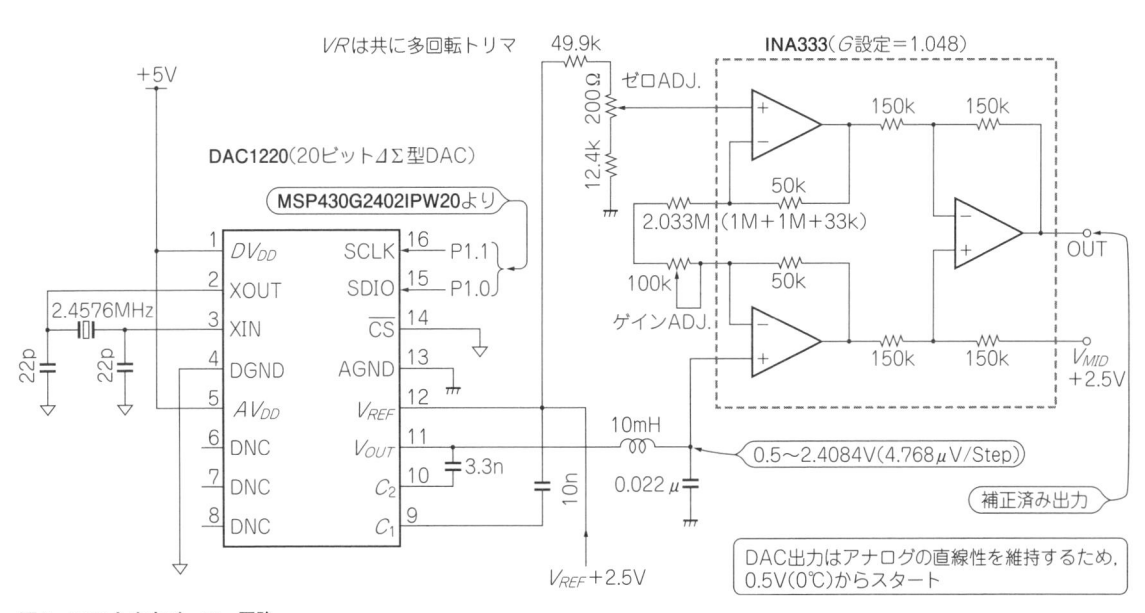

図4 DACと出力バッファ回路
20ビットのΔΣ型DAC（DAC1220）と出力用バッファ・アンプ（INA333）で，バッファ・アンプにゲイン1.048倍を持たせ，DAC出力4.768μV/ステップを5μV/ステップに変換している．0～200℃に対応するバッファ・アンプ出力は，2.5Vを基準に0から2V．

● 図4：DACと出力バッファ回路

DAC出力の直線性を保持するため，グラウンド基準で0.5V～2.4084Vの間で振らせ，その後でDAC出力用バッファ（INA333）により，中点電位を基準に0～2Vに変換しています．

ちなみに，バッファのゲインを1.048倍に設定してあるのは，DACの出力4.768μV/ステップを切りよく5μV/ステップにするためです．なお，思いがけない誤差が発生したのも，このバッファの回路の構成方法が原因でした（第2部の第4章を参照）．

Appendix B 精密温度計の一次試作詳細回路図

索 引

【アルファベット・数字】

Acquisition time	41
ACカレント・トランス	76
AC的な仕様	35
ADC	8
A-Dコンバータ	8
Aperture delay	42
Aperture jitter	42
CDAC	23
CMRR	65
Conversion time	41
DAC	9
D-Aコンバータ	9, 13
dBc	39
dBFS	39
DCカレント・トランス	76
DC的な仕様	35
Delay time	43
Differential linearity	37
DLE	38
DNL	38
ENOB	46, 88
Full-scale input voltage span	36
Gain error	36
Hawland電流ポンプ	166
ILE	37
INL	38
Integral linearity	37
LSB	10
LVDS	17
Maximum throughput rate	41
MSB	9
No missing code	38
Offset error	36
Over voltage recovery	43
PGA	61
PN接合	79
Pt100	49
*R-2R*ラダー	13
RTD	49, 96
*R-V*変換	104
S&H	39
S/N	44
SAR	12
SFDR	45
Signal-to-noise ratio	44
SINAD	45
SINCフィルタ	29
SNR	44
Step response	43
TC	96
THD	41, 44
TINA-TI	104
Total Harmonic Distortion	44
*ΔΣ*型	23
1/*f*雑音	54

【あ・ア行】

アクイジション・タイム	25
圧電素子	66
アナログ・マルチプレクサ	21
アンダーサンプリング	40
位相余裕	71
一次試作	119, 171
エイリアス	40
エキサイテーション	51, 104
エンド・ポイント	38, 97
オフセット・シフト	124
オフセット温度ドリフト	37
折り返し	40

【か・カ行】

ガード・リング・パターン	83
寄生熱電対	99
基本統計量	165
基本波	41
キャリブレーション	131
近似式	110
ゲイン・ピーク	70
ゲイン温度ドリフト	37
決定係数	109
構想設計	91
高調波	41
コンパレータ	19

【さ・サ行】

サージ波形	29

最頻値	165
サンプリング	40
サンプリング・レート	11
サンプル＆ホールド	39
シールド	160
試作・実験	94
事前調査・検討	90
実効値	165
シャント抵抗	77
詳細設計	91, 132, 146
初期誤差	37
初期電圧	107
シリアル出力	15
信号源抵抗	51
振動センサ	66
ステップ応答	43
ストップ・バンド	67
ストレイン・ゲージ	59
スパークル・コード	17
スルー・レート	70
静電結合方式	60
ゼーベック効果	48
積分アンプ	81
積分直線性	38
設計ツール	93
ゼロ入力クロスオーバひずみ	125
尖度	166
総合高調波ひずみ	44
測温抵抗体	49, 96
【た・タ行】	
逐次比較型	12
中央値	165
抵抗性信号源	104
抵抗ボックス	158
定電流駆動	76
ディレイ・ラッチ	31
データ・レイテンシ	21
デカップリング・コンデンサ	57
デシメーション	29
同相モード除去比	65
トランスインピーダンス・アンプ	81
ドリフト	49
【な・ナ行】	
ナイキスト周波数	43
二次試作	125
入力インピーダンス	69
熱起電力	48

熱電対	48, 95
ノイズ・ゲイン	81
ノイズ・シェーピング	26
ノイズ・フリー・ビット	45, 89
ノーミッシング・コード	38
ノッチ	33
【は・ハ行】	
配線抵抗	108
バイパス・コンデンサ	57
パイプライン型	20
バイポーラ入力型	53
白色雑音	54
パス・バンド	67
バッファ・アンプ	27
バブル・コード	19
反転アンプ	121
ビート	37
ヒストグラム	73, 165
歪度	166
ビット幅	10
微分直線性	38
標準誤差	165
標準偏差	165
フォト・ダイオード	80
部品選定	132
フラッシュ型	17
フローティング状態	59
分解能	11, 88
平均	165
ベスト・フィット	38
変換時間	41
ホール素子	76
補正式	112
【や・ヤ行】	
有効分解能	46, 88
【ら・ラ行】	
リニア・アンプ	11
リニアリティ	120
量子化	11
量子化誤差	11
ループ・ゲイン	70
励起	51, 104
冷接点補償	49, 101
レシオメトリック	60, 129
ロードセル	59

〈筆者紹介〉
中村 黄三（なかむら・こうぞう）
　東海大学電気工学科中退，医療用計測器メーカにて心電計・血圧計などの設計に従事．1986年，日本バー・ブラウン㈱へFAEとして入社．2001年，日本テキサス・インスツルメンツ㈱との合併により同社へ．2004年に部長（上級主任技師）就任．2007年に定年退職し，専門職契約にて社員教育やセミナ講演などを担当した．

● **本書記載の社名，製品名について** ── 本書に記載されている社名および製品名は，一般に開発メーカーの登録商標または商標です．なお，本文中では™, ®, © の各表示を明記していません．
● **本書掲載記事の利用についてのご注意** ── 本書掲載記事は著作権法により保護され，また産業財産権が確立されている場合があります．したがって，記事として掲載された技術情報をもとに製品化をするには，著作権者および産業財産権者の許可が必要です．また，掲載された技術情報を利用することにより発生した損害などに関して，CQ出版社および著作権者ならびに産業財産権者は責任を負いかねますのでご了承ください．
● **本書に関するご質問について** ── 文章，数式などの記述上の不明点についてのご質問は，必ず往復はがきか返信用封筒を同封した封書でお願いいたします．勝手ながら，電話でのお問い合わせには応じかねます．ご質問は著者に回送し直接回答していただきますので，多少時間がかかります．また，本書の記載範囲を越えるご質問には応じられませんので，ご了承ください．
● **本書の複製等について** ── 本書のコピー，スキャン，デジタル化等の無断複製は著作権法上での例外を除き禁じられています．本書を代行業者等の第三者に依頼してスキャンやデジタル化することは，たとえ個人や家庭内の利用でも認められておりません．

JCOPY 〈㈳出版者著作権管理機構委託出版物〉
本書の全部または一部を無断で複写複製（コピー）することは，著作権法上での例外を除き，禁じられています．本書からの複製を希望される場合は，㈳出版者著作権管理機構（TEL：03-3513-6969）にご連絡ください．

実験研究に！ 測る電子回路の作り方

編　集	トランジスタ技術SPECIAL編集部	2015年7月1日発行
発行人	寺前 裕司	©CQ出版株式会社 2015
発行所	CQ出版株式会社	（無断転載を禁じます）
	〒112-8619　東京都文京区千石4-29-14	
電　話	編集 03-5395-2148	定価は裏表紙に表示してあります
	広告 03-5395-2131	乱丁，落丁本はお取り替えします
	販売 03-5395-2141	編集担当者　鈴木 邦夫
振　替	00100-7-10665	DTP・印刷・製本　三晃印刷株式会社
		Printed in Japan